（第二版）

海洋地质学

Marine Geology

徐茂泉 陈友飞 / 编著

厦门大学出版社 XIAMEN UNIVERSITY PRESS
国家一级出版社
全国百佳图书出版单位

图书在版编目(CIP)数据

海洋地质学/徐茂泉，陈友飞编著. —2 版. —厦门：厦门大学出版社，2010. 11(2015. 12 重印)
ISBN 978-7-5615-1464-1

Ⅰ. ①海… Ⅱ. ①徐…②陈… Ⅲ. ①海洋地质学-高等学校-教材 Ⅳ. ①P736

中国版本图书馆 CIP 数据核字(2010)第 225686 号

厦门大学出版社出版发行
(地址：厦门市软件园二期望海路 39 号 邮编：361008)
http://www.xmupress.com
xmup@public.xm.fj.cn
厦门市明亮彩印有限公司
2010 年 12 月第 2 版 2015 年 12 月第 2 次印刷
开本：787×1092 1/16 印张：18.5
字数：473 千字
定价：38.00 元

内 容 提 要

本书较系统地阐述了海洋地质学的研究对象、发展历程、调查研究方法及本学科所涉及的基本知识和基础理论，着重介绍了地质年代与地质作用、海洋地质作用、全球海面变化、海岸带的现代过程、河口与三角洲、大陆边缘地质构造、深海沉积、海洋矿产资源。同时，还结合海底扩张、板块构造和古海洋学等新理论，较深入地探讨了地球与海洋的发展演化史。全书以地质作用过程为主线，贯穿的内容既经典又新颖，反映了近期国内外地球科学、尤其是海洋地质学研究的最新成果。本书结构严谨、图文并茂、深入浅出、循序渐进，并注意理论联系实际，便于教学和自学。

本书适合作为高等院校海洋科学各专业的基础教材和研究生的选修教材，亦可作为有关院校“海洋地质学”课程的教材或参考书，并可供从事海洋科学、地理科学、环境科学及其他地球科学研究的科技工作者和希望了解、学习地球科学的人员参考。

前 言

在人类发射宇宙飞船和卫星上天探测太阳系和宇宙空间生存环境的同时，面对世界粮食、能源、资源日益匮乏及当前面临各种全球性问题的现实，加强海洋科学研究和全面开发利用海洋资源与能源已成为当代非常紧迫而又极其重要的课题。许多科学事实证明，21世纪确实是生动的海洋开发的世纪。

海洋地质学作为海洋科学的四大支柱学科之一，其研究对象是被广袤海水覆盖下的岩石圈。20世纪60年代以来，随着先进仪器设备的应用及继海底扩张说之后板块构造理论的问世、深海钻探的实施和古海洋学的创立，海洋地质学获得迅速发展并成为海洋科学中的前沿学科。2003年10月1日开始启动、2008年全面实施的国际大洋钻探计划(IODP)，在"地球系统科学"思想指导下，必将为解决人类生存可持续发展中所面临的全球资源和环境问题作出重大贡献并推动海洋地质学乃至整个海洋科学的进一步发展。

我国海域辽阔、岛屿众多、海(岛)岸线漫长、大陆架宽缓，可管辖海域约300万km^2。在这片蓝色国土上不但拥有得天独厚的海洋地质环境，而且蕴藏着丰富的海洋生物、化学、交通、旅游、矿产等各种海洋资源。自主而合理地开发海洋资源和能源，发展海洋经济是我国的重要国策，而海洋在当今全球事务中的战略地位也日益凸显。要将我国由海洋大国建设成为海洋强国，关键是要打造一支高素质的海洋科技人才队伍。鉴于海洋科学强调多学科互相交叉、互相渗透、互相联系、互相依存的特点，了解并掌握一定的海洋地质学知识，对于每一个肩负着发展我国海洋科学重任的科技人员和莘莘学子来说都是很有必要的。

本书的基础是徐茂泉为满足教学需要而于1986年7月编写、并于1988年8月和1992年8月进行过两次修编的《海洋地质学》讲义。1994年7月经厦门大学"南强丛书(教材系列)"评审出版领导小组评议决定，资助出版。此后，又历时四年认真改编，于1999年2月由厦门大学出版社出版该书第一版，先后在厦门大学和国内有关院校使用至今。随着海洋地质学的迅速发展，有必要对原有各章节内容作适当地调整、修改和补充。为适应知识更新，本书第二版除在第一章和第十三章补充了新的内容外，还将"地质年代与地质作用"与"全球海平面变化"单独列为一章，并删节了第四章第五节和第六章第四节与之相关的内容。

本书的特色在于，单独列出"地壳"一章，并以地质学基础知识到海洋地质学专业知识由浅入深地阐述，循序渐进、深入浅出、简明易懂。全书以地质作用过程为主线，贯穿的内容既经典又新颖。根据最新研究成果，重新编制了地质年代表。第二版依然如同行专家对第一版评价的那样："该书图文并茂、资料翔实，从陆地到海洋，从海岸到海底，从浅海到深海，科学性、逻辑性强，并注意理论与实践相结合，力求反映近年来国内外的科研成果。”

全书共十三章，第一至六章、第十至十三章由徐茂泉执笔；第七、八、九章由福建师范大学地理科学学院副院长陈友飞博士执笔。本书图文的增删、统稿、编纂均由徐茂泉完成。

本书由徐茂泉执笔的十章中的插图主要由方惠瑛清绘。本书第二版的出版得到厦门大学海洋与环境学院的资助和领导的支持，还得到厦门大学出版社的大力支持，谨此一并致以衷心感谢。

由于编著者水平有限，书中不当或疏漏之处敬请读者批评指正。

徐茂泉

2010 年 12 月于厦门

目　录

第一章　绪　论

第一节　海洋地质学的研究对象、内容和意义

海洋地质学是研究被广袤的海水所覆盖的这一部分地球在时间上的发生、发展，在空间上的分布、变化规律的科学。所以，它既是海洋科学的重要分支学科，也是当代地质学发展的三个主要前沿学科（海洋、外层空间和深部地质）之一。1984 年莫斯科第二十七届国际地质大会曾强调五大重点问题，其中之一就是对地球要进行整体研究。同时要求科学家们不仅要从宇宙物质、太阳系的角度来研究地球，而且要将岩石圈的研究与生物圈、水圈、大气圈的研究结合起来，加强海洋地质、深部地质和极地地质的研究。正因为如此，占地球表面2/3以上的海洋，理所当然地更加受到海洋学家和地质学家的青睐。随着板块构造学说的兴起和海底地质调查技术的发展，近年来显得特别活跃的海洋地质学已成为海洋科学和现代地质学中最引人注目的重要领域之一。

海洋地质学的研究对象是占地球表面积 70.8%的广阔海底，即被浩瀚无垠的海水所覆盖的这一部分岩石圈。具体来说，就是从海岸线起，经大陆架、大陆坡、大陆裙直至深海洋底，其地理范围环绕七大洲，遍布四大洋。

海洋地质学的主要研究内容是：在海洋动力（波浪、潮汐、海流等营力）作用下海岸地貌的塑造演化、泥砂运动和沉积作用；三角洲与河口湾的研究；海平面变动及其地质意义；海底地壳的组成物质及其分布规律；珊瑚礁的成因、特征与成岩作用；海底地壳的运动及其所引起的构造和形态特征；海洋沉积物及其成岩过程；大洋盆地的起源和发展演化历史；海洋矿产资源的分布规律和成矿条件的探讨；以及海岸工程、港口建设、滩涂开发等所涉及的海洋地质学知识在人类生产斗争中的应用。随着海洋调查技术的革新，海洋地质研究正向纵深发展，古海洋学已成为该学科的前沿。

长期以来，人类对神秘的海底世界认识甚少，有的国外文献曾称之为“被忽视的地带”或“朦胧地带”。这是由于过去，直到 20 世纪 40 年代以前，由于受科学水平的限制，人们对巨厚海水所淹没的海底几乎一无所知。这就不可避免地限制了人类对整个地球结构和发展历史的认识。第二次世界大战以后，进行海底研究的学者们发现，在各大洋中部横贯着一条全球性的大洋中脊和裂谷体系；洋底地壳较重而薄，其物质组成也不同于大陆地壳；尤其是洋底地壳的年龄远比大陆地壳年轻。来自海底的一系列发现，为新兴的海底扩张、板块构造理论的建立奠定了基础。完全可以说，没有海洋地质学的发展，就没有板块构造理论。诞生于海洋地质领域里的板块构造学说一经问世即表现出强大的生命力，它不仅向奠基于大陆地质的传统地质学理论提出了严峻的挑战，刷新了人们的许多传统认识，而且更重要的是开阔了人们的视野，从而对整个地球的运动状态和发展规律的认识发生了根本的改变，对以前许多无法解释的地质现象提供了新的理论依据。海洋地质学的研究导致了新的全球构造理论——板块构造学说的

诞生，这是其重要的理论意义之一。

海底是正在进行并且长期接受沉积的场所，与陆上相比很少遭受侵蚀，因而保留了较为连续的沉积记录。对现代海洋沉积作用和成岩机理的研究，不仅可以大大地丰富沉积学的内容，而且根据“将今论古”的现实主义原则，还可以利用已知，推断未知。例如，20 世纪 50 年代提出的浊流及其沉积作用理论，60 年代中期发展起来的等深线流及其沉积作用理论，不但动摇了沿用已久的沉积物机械分异传统理论，而且为合理地解释古代复理石建造的成因、阐述海陆变迁史以及再造古海洋、古地理和古构造提供了合理的依据。目前对各种沉积相模式的研究表明，沉积作用、沉积物的生成，不只是由浅海到深海的简单机械分异作用，还受到洋底地形、洋流、古气候等多种因素的控制和影响。这种正在形成和发展的新的沉积分带理论的提出，是海洋地质学研究的重要理论意义之二。

就矿产资源来说，海洋是个巨大的天然宝库。在世界人口逐年增加，陆地资源日益消耗的情况下，为了满足人类物质文明发展不断增长的需求，转向海底寻找新的原料基地，显得十分迫切。浩瀚的海洋蕴藏着占全球石油资源总量 34%的石油资源，全球水深在 300 m 以内的大陆架面积，大约为 28×10^6 km^2，其中 57%是可能蕴藏石油的沉积盆地。在 40×10^6 km^2 的大陆坡和大陆隆（裾）内，已发现有石油资源。由于勘探技术的限制，目前对海洋石油的储量还缺乏准确的判断。据海洋石油专家估计，截止 2008 年 12 月全球石油可开采储量为 3 000 亿 t，其中 1 350 亿吨蕴藏在大陆架内，现已探明储量 379 亿 t，占世界石油探明储量的三分之一；海底天然气蕴藏量 180 万亿 m^3，已探明 96 万亿 m^3，占世界天然气探明储量的 90%以上。20 世纪 90 年代已在海底发现 820 多个含油气盆地，计 1 600 多个油气田。据估计，海底石油和天然气的远景储量占世界总储量的 65%～70%。另外，海岸及近岸海底含有锡石、锆石、金红石、独居石、钛铁矿、磁铁矿、金刚石等砂矿床；在深海底表层还分布着大量锰结核、锰结壳，其成分除锰、铁外，还富含镍、钴、铜等，其数量远远大于陆地储量，而且锰结核至今仍在继续堆积生长着。分布于海底裂谷或扩张中心附近的多金属硫化物矿床以块状或软泥状赋存于海底，富含铜、铅、金、银等多种金属，被称为“海底的金银库”。上述海底矿产资源的合理开发和利用，显然是造福于人类的一件大事。同时，也有赖于加强海洋地质学的研究工作，以便为迫在眉睫的国际海底矿产资源的开发做好充分地准备。此外，诸如军事活动、海洋疆界的划分、水产捕捞、海洋工程和交通运输事业也都需要参考海洋地质资料。以上这些表明，海洋地质学研究在实践上具有极其重要的意义。

我国海域辽阔，岛屿众多，海（岛）岸线漫长，大陆架宽缓，具有十分优越的海洋地质环境。渤、黄、东、南四海海域面积达 473 万 km^2，大陆岸线长 1.8 万余 km，6 500 多岛屿岸线长 1.4 万 km，两者共达 3.2 万余 km。在宽阔的大陆架上铺盖着亿万年来形成的沉积物，这里生物繁盛、蕴藏着极为丰富的石油和天然气矿藏。经初步调查，已发现 300 多个可供勘探的沉积盆地，面积约为 450 多万 km^2，其中海相沉积层约 250 万 km^2。20 世纪末我国已探明海底石油储量 22×10^8 t，海底天然气储量 $1\ 700\times10^8$ m^3。目前，我国已与几十个国家和地区的近百个石油公司签订了合同和协议共同勘探和开发海洋油气资源，海底原油产量已经突破 3×10^7 t，海底天然气产量突破了 62×10^8 m^3。仅 2006 年，海洋油气业的产值就达 1 121 亿元。据悉，国家 973 计划中“南海天然气水合物富集规律与开采基础研究”项目，已从 2009 年年初正式启动，到 2013 年结束。虽然天然气水合物（可燃冰）的实际应用是个长期的研究课题，商业化开发可能需要二三十年，但是我们不可能等待观望，向海洋要“气”已势在必行。另外，我国沿岸还有丰富的滨海砂矿和许多天然良港。这都需要大力开展海洋地质研究，充分开发和利用。

特别值得一提的是，我国东、南二海被岛弧—海沟系所环抱，隶属太平洋西部的边缘海，其位置正好濒临大洋板块和大陆板块俯冲汇聚的边界地带，有许多理论问题有待探索。我国海岸类型众多，三角洲、河口湾的发育颇具特色。渤、黄、东、南四海的大陆架又是世界上最宽阔的大陆架之一。因此，在我国海域开展有关海岸、三角洲、大陆架、岛弧—海沟系和边缘海、古海洋学及海洋环境乃至全球变化等方面的海洋地质学基本理论研究，可为地球科学的发展作出重大贡献。

21 世纪是海洋全面开发的世纪。在人类发射宇宙飞船和卫星上天探测太阳系和宇宙空间生存环境的同时，也十分重视对海洋资源、能源的开发和利用。我国既是陆地大国，也是海洋大国。我们拥有 200 海里经济专属区约 300 万 km^2，领海面积约 38 万 km^2，滩涂面积 2.2 万 km^2（但目前仅利用 20%），这些海域的开发利用都需要海洋地质学知识。我国开发海洋的方针是维护祖国的海洋权益，不受外部势力的侵犯。因此，自主而合理地开发海洋资源、有效保护海洋环境、尽力减轻海洋灾害、及时防治海洋污染是使海洋经济发展与整个国民经济发展相适应的重要国策，同时也是我国海洋开发事业沿着可持续发展道路不断前进的根本保证。

综上所述，海洋地质学的科学理论与实际应用意义重大，她是了解地球发展变化——过去、现在与将来的关键学科，是人类生命、生产与生活活动赖以存在和发展的重要研究领域。

第二节 海洋地质学的研究历程

人类对海洋的认识和利用，可以追溯到很久以前的历史时期，但是海洋地质学作为一门科学参与人类活动，则仅有百余年的历史。一百多年来，海洋地质学随着人类的进步而发展，其研究历程大致可划分为三个阶段：即早期的缓慢起步，中期的蓬勃发展和近代的快速腾飞。

一、早期的缓慢起步

早在 1842 年，达尔文（C. Darwin）随“猎犬”号（*Beagle*，1835—1840）在印度洋、太平洋进行考察后，就曾提出了关于珊瑚礁发育的模式，并首次指出研究海底将具有远大的前途。19 世纪中叶，为实现欧洲和北美的远距离通讯，必须横跨大西洋铺设海底电缆，因而详细调查海底地形及沉积物的性质就变得非常重要。美国海洋学家莫莱（M. F. Maury，1855）在这项调查的基础上绘制了第一幅大西洋深度图。

但是，真正揭开海洋地质学研究史序幕的是英国“挑战者”号（*H. M. S. Challenger*）1872 年 12 月—1876 年 5 月历时 3 年 5 个月的环球航海调查。这一著名的有组织、有计划的海洋考察，自大西洋，经印度洋（至 65°S 以南）入太平洋，绕地球一周，航程 12.6 万 km，所得资料经过分析整理，于 1895 年编辑出版了《挑战者号报告》50 大卷。报告里的海洋物理、海洋化学、海洋地质、海洋生物的丰富见解，奠定了近代海洋学的基础。这次航行广泛采集了各大洋不同纬度带的底质样品共 12 000 个，由地质工作者默莱（J. Murray）和伦纳德（A. F. Renard）进行研究整理，写出《深海沉积》（1891）一书，编制了第一幅世界大洋沉积物分布图。

“挑战者”号环球考察的巨大成就极大地促进了人们对神秘海底调查探索的兴趣。如美国渔轮“信天翁”号（*Albatross*）于 1888—1920 年间的调查作业期间曾带回来一些宝贵的地质资料，荷兰的“西博加”号（*Siboga*）1899—1900 年在印尼近海也采集了大批底质样品。20 世纪初，德国的“行星”号（*Planet*）和“埃迪·斯蒂芬”号（*Edi Stephan*）在欧洲海区所取得的样品，经研究由安德烈(K. Andree,1920)写成《海底地质学》,这是一部海洋地质学方面的先驱性著作。

第一次世界大战后,海洋地质—地球物理调查有了新的进步,不仅开始用回声测深法探测海底地形,而且从点测深发展到线测深,由表层取样发展到利用爆破式取样装置采取海底柱状泥样。如德国“流星”号(*Meteor*)1925—1927 年在南大西洋的考察用回声测深首次揭示了洋底的地形起伏,发现了大西洋中部巨大的海底山脊,并且用柱状采泥器取得 1 m 长的海底样品;荷兰“斯内吕斯”号(*Snellius*)1929—1931 年在印尼近海考察,奎年(Ph. K. Kuenen,1935,1942)根据此次调查资料绘制了海底地形图,并详细地论述了印度尼西亚群岛周围的地质构造;魏宁·曼奈兹(F. A. Vening Meinesz)1923—1932 年在潜水艇中进行重力测定,对海洋地壳结构作了研究;1930 年,美国伍兹霍尔海洋研究所的斯特村(H. C. Ctetson)开始对北美东海岸沉积物进行调查,毕考脱(C. S. Piggot)利用爆破式取样管采取海底柱状样品。与此同时,斯克利浦斯海洋研究所的谢帕德(F. P. Shepard)及埃默里(K. O. Emery)、迪茨(R. S. Dietz)在“斯克利浦斯”号(*Ellen W. Scripps*)上,对美国西海岸的海底峡谷及深海底作了调查研究,并用岩芯取样管首次在加利福尼亚湾取得 5.6 m 长的软泥柱样。1932 年谢帕德在研究全世界沿岸海图底质分布状况的基础上,提出大陆架上的沉积物并不是从粗到细地朝外海方向变化的。

综上所述,这一阶段由于科学技术条件的限制,调查方法比较原始,相当长时期内进展缓慢。直到第二次世界大战前,海底调查大都是由科学家出资,方法单一,技术手段简陋,调查区域狭小,海底取样以抓取表面沉积物为主,少量柱样深度也不大(最长 5.6 m),基本上属于平面海底地质调查。因此,该阶段的海洋地质学研究尚属缓慢的起步阶段。

二、中期的蓬勃发展(1933—1960 年)

从第二次世界大战开始一直到 20 世纪 50 年代,由于军事上的需要和海上油田的勘探开发,海洋地质研究受到各国政府的重视和财团的关注。投资的激增,使得海底调查的技术方法大为改观。声呐的发明,重磁、地震仪器的较大改进,新式取样装置的研制,加快了人们对海底世界的认识进程。赫斯(H. H. Hess)在第二次世界大战中的太平洋服役期间,获得了海底平顶山和太平洋西北部地质构造方面的资料,并于战后陆续发表。1947 年 7 月—1948 年 10 月瑞典“信天翁Ⅲ”(*Albatross*Ⅲ)号在环球大探险中,使用彼得逊(Hans Peterson)研制的真空式取样管采到 22 m 长的底质柱样,并用魏勃尔(W. Weibull)设计的人工地震波勘探法探测海底地壳构造。经改装于 1949 年下水的前苏联“勇士”(Витязъ)号在西太平洋取得 34 m 长的柱状样,从而推进了立体的海底调查,使海洋地质不再仅仅局限于第四纪地质调查,而可追溯到较老的海洋演化史。尤因(M. Ewing)领导的拉蒙特地质研究所在大西洋进行了一系列地球物理调查,也为以后的海底地球物理研究工作带来引人注目的影响。二次大战后海洋考察船逐渐装备了自动记录的回声测深仪,并随着声波测深法不断完善和精度的提高,加上定位方法的改进,而大大地促进人们对海底地形的认识和调查资料的积累。20 世纪 40 年代末 50 年代初,一些海洋地质学著作在总结以往研究成果及工作方法的基础上相继问世了。其中以谢帕德(1948)的《海底地质学》(*Submarine Geology*)、克莲诺娃(М. В. Кленова,1948)的《海洋地质学》(Морская Геология)、奎年(1950)的《海洋地质学》(*Marine Geology*)为代表,标志着海洋地质学逐渐发展成为一门独立的学科。

1955 年前后,古地磁研究取得长足进展。布来克特(P. M. S. Blacket)等通过对岩石剩余磁性的研究,证明各大陆曾发生过漂移,从而使沉寂多年的魏格纳(A. Wegener,1912)的“大陆漂移说”获得新生。这一学说的复活,给那些用相对静止的观点探索海底的学者们以强烈的震动。

虽然美国早在1937年就首先在墨西哥湾发现了浅海陆架油田,但第二次世界大战前海上石油勘探还仅仅处于实验阶段,战后到20世纪50年代初才是海上石油勘探的大发展时期。当时不仅在南美(马拉开波湖)和美国近海进行海上石油勘探,而且已经扩展到波斯湾、里海等地。到了20世纪50年代末,海上石油勘探发展到了生产阶段,并获得较大的经济效益。于是,一些国际性的联合海洋调查开始了,如“国际地球物理年”(IGY,1957—1958)有40多个国家60艘船参加调查,不仅查明了大洋中脊系统,还为国际联合调查开创了先例,积累了经验。1959年,美国地质界提出通过洋底钻达莫霍面的“莫霍计划”(Mohole Drilling),试图获取莫氏面以下的上地幔物质样品。尽管该计划由于技术和经济上的原因而于1966年宣告结束时仍未能达到预期目的,然而其大胆设想却吹响了向地球深部进军的号角,从此使蓬勃发展的海洋地质学研究进入了一个崭新的阶段。

三、近代的快速腾飞(1960—现在)

20世纪60年代以来是海洋地质学的飞速发展时期,科学技术的飞跃,现代科技成果在海洋地质中的应用,使得海洋地质调查能力大大提高。其标志是从20世纪60年代起,大规模的国际联合调查广泛展开。如1959—1966年的“莫霍计划”、1960—1965年的“国际印度洋调查”(IIOE)、1964—1981年的“深海钻探计划”(DSDP)、1975—1983年的“国际海洋钻探计划”(IPOD)、1985年开始的“大洋钻探计划”(ODP,原定1994年结束)、1971—1980年的“国际海洋勘探十年计划”(IDOE)、1962—1970年的“国际上地幔计划”(IUMP)、1980—1990年的“国际岩石圈计划”(ILP)、1973年开始至今仍在进行中的“国际地质对比计划”(IGCP)都有几十个国家共同参加调查研究。这些有组织的经过周密计划的大型调查,不仅为各国最优秀的海洋学家和地质学家提供了施展才华的机会,而且开创了海洋地质学研究由区域性转入全球性、由地球表面发展到地球深部的新局面。从而使得人们以广阔的视野站在更高的角度去研究整体的地球,乃至把地球作为观测天体的一个前哨阵地,进而去了解宇宙。

在上述国际联合调查中,“深海钻探计划”既标志着海洋地质学进入理论探讨的新时期,又展示了海洋科学一项登峰造极的新成就。所以有必要对其作一简要介绍。如上所述,1959年美国地质界提出“莫霍计划”,试图钻穿洋壳最薄处,获取地壳深部和上地幔物质样品。1961年,“卡斯—Ⅰ”号钻探船在东太平洋瓜达户佩岛附近水域,水深3 560 m处,开始世界上第一次深海钻探,但由于该船没有动力定位和重返井孔设备,未能钻达莫霍面。1964年,美国几个主要海洋研究所和大学共同组成“地球深部取样联合海洋机构”(JOIDFS),在总结“莫霍计划”的基础上,制定了“深海钻探计划”,其主要任务是综合研究位于玄武岩层之上的海底沉积层。该计划从1965年开始试验,1968年深海钻探船“格洛玛·挑战者”号(*Glomar Challenger*)正式投产,分为三个阶段进行:第一阶段从1968年8月至1970年8月(第1～24航次);第二阶段从1970年8月至1972年8月(第25～31航次);第三阶段从1972年8月至1975年8月(第32～44航次),历时7年,打了573口钻孔*。从1975年8月起,由于前苏联、联邦德国、英、法、日五国的参加,遂将“深海钻探计划”(DSDP)命名为“国际海洋钻探计划”(IPOD)。到1983年11月,作为第四阶段完成了第45～96航次的调查,并陆续有20多个国家参加该项研

* 资料来源:А. С. Монин, А. П. Лисичын《геология океана》,9～10,Издательство《наука》москва 1980

究计划。1981年后,又由美国投入"格洛玛·探险者"(*Glomar Explorer*)号在极区海域进行初始钻进和在大西洋边缘进行深孔钻进。其间,1980年3月在美国休斯敦召开的深海钻探会议上,讨论和拟订了20世纪80年代的10年需在大洋边缘钻探中解决的问题。1981年11月16—18日"JOIDES"又在美国得克萨斯洲奥斯汀召开了首次"大洋钻探科研会议"(COSOD),来自美、前苏联、英、法、加拿大、联邦德国、澳大利亚、荷兰、挪威等国的150名科学家就"深海钻探计划"的延续方案进行组织和协调讨论,选择了12个课题作为下一个10年的任务,其中优先考虑了洋壳的成因和演化、陆缘和洋壳构造的演化、海洋沉积层的形成和演化,以及大气圈、大洋水圈、冻土圈、生物圈和地磁场变化的原因。根据这次会议的结果,制订了深海钻探的后续计划——"大洋钻探计划"(ODP),以1985年1月1—29日的第100航次作为该计划的首航,共分三个阶段:1985—1988年为第一阶段;1989—1991年为第二阶段;1992—1995年为第三阶段(后延至2003年)。由"乔迪斯·决心者"(*JOIDES Resolution*)号承担钻探任务。

从执行"DSDP"到"IPOD"工作任务的15年中,共完成了96个航次调查,航程60.34×10^4 km。在各大洋624个站位钻井1 092口,钻入海底总进尺50多万米,采取岩芯15万多米,钻探最大水深7 049 m(第60航次461A孔,马里亚纳海沟),海底以下单孔最大钻探深度1 740 m(第47航次398孔,水深3 910 m),钻进玄武岩地壳最大深度为1 080 m。

"ODP"在其第一年(1985年1—12月)即完成了100~106航次的调查,在22个站位钻井54口,采取岩芯9 979.83 m;1986年在大西洋和太平洋东部完成107~113航次;1987—1988年主要在印度洋进行114~123航次的调查。之后进入西太平洋岛弧地区,1989年初进入我国南海海域。单孔钻进玄武岩壳层已加深至1 350 m(第111航次,哥斯达黎加重返1979年504B孔),并获取了地幔橄榄岩的资料,先后共16次成功地重返井口钻进。到2002年6月止,"乔迪斯·决心者"号共接受来自40多个国家的近2 700名科学家上船考察,钻取岩芯累计长达215 km,钻探最深达海底以下2 111 m,钻探最大水深达5 980 m,共在全球各大洋钻井近3 000口。1998年4月中国正式加入大洋钻探计划。1999年2—4月,中科院院士、同济大学汪品先教授作为首席科学家,成功地实施了我国南海第一次大洋钻探第184航次。这是首次由中国人设计和主持的"ODP"航次,实现了中国海域大洋钻探零的突破。该航次揭示了南海演变的历史,发现了3 000万年前海底扩张、2 000万年前地质和气候突变等证据,所取得的成果使我国深海基础研究一跃而跻身于世界前列。"ODP"于2003年9月结束,这是迄今为止历时最长、成效最大的国际科学合作计划。通过该计划,科学家们揭示了洋壳结构和海底高原形成的原因,证实了气候演变的轨道周期和地球环境的突变事件,分析了汇聚大陆边缘深部流体的作用,发现了海底深部生物圈和天然气水合物,导致地球科学一次又一次的重大突破。

从"DSDP"到"IPOD"及"OPD"的每一个航次都有一卷报告,根据这些调查报告撰写的几千篇论文则散见于各国出版的书刊。

特别值得关注的是,国际综合大洋钻探计划(Integrated Oce Drilling Program,缩写为IODP)已于2003年10月1日开始启动。该计划的规模和目标最为雄心勃勃,以"地球系统科学"思想为指导,计划打穿大洋地壳,揭示地震机理,查明深部生物圈和天然气水合物,理解极端气候和快速气候变化过程,为国际学术界构筑起新世纪地球系统科学研究平台,同时为深海新资源勘探开发、环境预测和防震减灾等实际目标服务。钻探船将由"ODP"时的一艘增加到两艘以上,其钻探范围扩大到全球所有海区(包括陆架海和极地海区),研究领域从地球科学扩大到生命科学,研究手段从钻探扩大到海底深部观测网和井下实验。经国务院批准,我国已正式加入这项计划。中国IODP专家委员会于2004年2月28日在上海同济大学举行第一次会议,中国 IODP 办公室同时在同济大学揭牌。中国 IODP 专家委员会由国内 15 所高校和科研院所的 16 名高级研究人员组成,其中包括 5 名院士。其主任由中科院孙枢院士担任,副主任为同济大学汪品先院士和中科院海洋所秦蕴珊院士。美国是世界上第一个提出综合大洋钻探计划的国家,而支持并加盟此项计划的伙伴有多家(俄罗斯、日本、欧盟等)。针对这一计划,美、日已加大投资,欧盟也力争建成大洋钻探的"第三条腿"与美、日分庭抗礼。2008 年 IODP 全面实施后,当今世界上已呈美、日、欧"三国争雄"、深海研究空前热烈的局面。

与此同时,海洋地质学在理论方面也取得了重大突破,如继 1958 年英国学者梅森(R. G. Mason)在北美洲西海岸发现海底磁异常条带后,美国的赫斯(H. H. Hess,1960,1962)和迪茨(R. S. Dietz,1961)几乎同时提出了海底扩张说;1963 年剑桥大学的瓦因(F. J. Vine)和马修斯(D. H. Matthews)提出海底磁异常条带起因的假说并证实了海底扩张说;加拿大多伦多大学的威尔逊(J. T. Willson,1965)提出转换断层机制并首次使用"板块"一词;美国普林斯顿大学的青年教授摩根(W. J. Morgan,1968)阐明了全球板块构造学说的基础,并绘制了第一幅全球板块分布图;法国的勒皮雄(X. Le Pichon,1968)则创立了现今常用的全球六大板块分布图,从此诞生了"板块构造学说"。众所周知,板块构造学说是新兴的全球构造理论,它刷新了人们以往建立在大陆地质研究基础上形成的许多传统认识,把各种地质作用统一到板块的相互作用这一根本性的动力之中,从而将地球科学的发展推向一个崭新的阶段。因此,它的诞生被誉为地质学的一次革命。另外,1960 年在加利福尼亚岸外钻到玄武岩,1968 年在墨西哥湾钻获深海盐丘,1977—1981 年先后在红海发现热卤水、在太平洋发现热液喷口,1986 年在大西洋中脊钻达洋壳层的橄榄岩等,都是海洋地质调查研究中的一些重大事件,并使地质理论得到突破性的发展。同时,国际上大规模的海底调查,又从各个方面为"板块构造"提供了具有说服力的证据,使得全世界地球科学家(少数突出的反对者例外)大都接受板块构造学说的理论,这显然是海洋地质学独特而巨大的贡献。海洋地质学的发展还表现在近期经济效益的提高方面,如海底石油、陆架砂矿正被开发利用,大洋锰结核和锰结壳、海底热液矿床和多金属软泥已引起广泛的兴趣,有的国家已进入试验开采。

20 世纪 60 年代以来,海洋调查船队的增加,各种探测、深潜装置和遥测遥感技术的应用也是海洋地质学飞速发展的重要标志之一。在 1958 年以前的 100 多年中,全世界调查船共约 250 艘,至 1972 年,已经增加到 800 多艘*。也就是说,仅在 20 世纪 60 年代前后的 10 多年间,调查船增加的数量就比以前一个世纪调查船的总和多两倍多。而且,20 世纪 60 年代以后新设计的调查船,其性能和设备也远非昔日可比。据 1981 年资料,仅美、苏、法、联邦德国、日、加等国就有无人潜艇 49 艘(其中美国有 30 艘),最重 5 300 kg(日本"SCEWS"号),最大潜深 6 500 m(美国"海上雄峰—1 号"),潜艇速度以联邦德国"企鹅 B6"最大,达 7 n mile/h;法国建造的载人潜艇"阿尔斯米德"可达 1×10^4 m 深的海底;日本在 1988 年开始建造世界第一台 1×10^4 m 深海无人探测器,并配合 6 000 m 深潜器进行深海调查,已经在 1991 年建成。美国正研制一种具有小型原子反应堆的海洋科学考察潜艇"NR-1",它的排水量为 400 t,乘员 7 名。为了便于对海底进行连续观测作业,"海底基地"的实验与研究已成为一种世界性倾向。此外,国际上利用卫星观测海洋也始于 20 世纪 60 年代。海洋卫星数据经处理后可绘制整个海底地貌图。航天、遥感等新技术、新方法的应用,形成了空中、海面、水下的多兵种联合立体调查,它提供的全新资料,使海洋地质学的各个领域在近期正快速腾飞。

---

* 据杨殿荣主编:《海洋学》,高等教育出版社,1986,第 14 页

四、中国的海洋地质研究概况

很久以前，我们的祖先就在认识海洋、开发利用海洋方面积累了丰富的经验，并对人类作出过一定的贡献。例如，公元前4000多年以前，沿海居民就开始"煮海为盐"。龙山文化时期，山东沿海地区的造船和航海技术就有了显著进步。唐宋时期海洋航运已相当兴盛，宋末元初泉州港已成为当时世界上著名的贸易大港。我国人民首先发明的指南针，在北宋时期（公元960—1127年）已在航海上普遍使用，这不仅在航海史上是一次伟大的技术革命，而且在人类的生产斗争中所产生的深远影响举世公认。到了宋元时代（960—1368年），我国沿海渔民和航海家又发明了"用长绳下钩，沉到海底取泥；或下铅锤，测量海水深浅"等方法。以后几百年来，人们仍沿用这些方法来测量海深和粗略地了解海底的特征。

我国也是世界上最早进行规模较大的海洋调查观测的国家之一。公元1405—1433年（明朝永乐三年至宝德八年），著名的航海家郑和就曾率领庞大的船队七下西洋（印度洋），途经40多个国家。其中规模最大的一次率大船62艘，27 000人随行。在最后一次航行中，穿越南海，横渡印度洋和红海，沿东非洲前进，发现了马达加斯加岛。这一发现比欧洲人要早60年。此次航行中，不仅用指南针定向，并且对途经的海岸、岛屿、水深、风向和海水运动都作了观测记载，同时还考察了我国南海诸岛。这一历时28年的航海观测，其规模之大，航程之远，在人类的航海史上实属空前壮举。

而近代中国，由于封建制度的日益腐朽和帝国主义的侵略，我国海洋科学技术则大大落后了。到20世纪30年代，我国海洋专业调查虽然开始进行，然而却很难得到当时国民党政府的重视和支持，经常使规模很小的调查也被迫中断。到新中国成立前夕，海洋调查处于"三无"状态，即无船、无人、无资料。也就是说解放前我国在海洋地质方面基本上没有开展过什么工作。

真正的海洋地质调查研究是解放后开始的，特别是最近40多年来，中科院、国家海洋局、地质矿产部，石油部等系统相继建立了有关海洋地质机构，先后进行了中国海海洋普查、综合调查、地质矿产概查等工作，对我国近海环境和资源状况有了一个基本了解。在油、气勘探方面，先后在渤、黄、东、南四海进行了试钻，1976年以后，渤海湾的海上油田已初具规模，南海、东海相继获得工业性油流。1986—1987年，分别在渤海、南海北部湾等地打了多口高产油气井，为我国石油工业作出了贡献。现在，我国已初步形成了具有一定规模、拥有一定数量调查船的海洋地质专业队伍。据不完全统计，截止1980年，全国各部门海洋调查船共约100艘，其中国家海洋局50余艘。

目前，我国对渤、黄、东、南四海的海洋地质研究方兴未艾。各有关单位已经或正在这些海域开展工作。如1986年6月福建海洋研究所和中科院南海海洋研究所合作对台湾海峡的地球物理调查已获取一些宝贵资料，发现了储油构造，并已引起国家的重视。中科院青岛海洋研究所对历年来所获取的海洋地质资料进行研究整理，于1982年3月正式出版了《黄、东海地质》，1985年2月又正式出版了《渤海地质》。这两本专著的问世，促进了海洋地质工作的发展。至2009年，我国已发现10个大型含油气盆地（渤海盆地、北黄海盆地、南黄海盆地、东海盆地、台湾西部盆地、南海珠江口盆地、琉东南盆地、北部湾盆地、莺歌海盆地和台湾浅滩盆地），已探明各种类型的储油构造400多个。

1979年我国开始对太平洋海底锰矿进行调查。1979—1983年，在太平洋西中洋区进行了十几个航次的调查；1983年5月7日—7月11日，"向阳红16号"调查船在167°—178°E、7°—13°N的北太平洋海域对海底锰结核的一般特征、分类、分布特征及控制因素、化学组成与环境等进行了详细调查，采到了 310.9 kg 锰结核样品；1986 年 11 月 30 日—1987 年 6 月 18 日，“海洋四号”出航太平洋期间，在中太平洋和东太平洋近 70 万 km^2 海底多金属结核富集区，获得了 608.8 kg 的不同类型多金属结核和富钴结壳样品。至 20 世纪末，我国已在太平洋初选出两个具有远景的富集多金属结核的矿区，含金属品位均在 2% 以上，超过了国际开发标准，为向国际海洋组织申请矿区开采权奠定了基础。

但是，由于我国海洋地质研究起步晚、基础差，所以在人才培养和技术设备方面与发达国家相比还有较大差距。目前，尽管我国的海洋地质调查还多是在近海海域进行，然而从 1984 年中国首次登上南极大陆至 2009 年 12 月，已进行了 26 次南极考察。1995 年 5 月 6 日中国首次北极科学考察队登上了北极点进行科学考察。这充分显示出，我们不仅可以在近海，而且可以在远海、甚至大洋进行海洋地质调查了。

前已述及，由中国科学院汪品先院士领衔的首次中国南海 ODP 第 184 航次已成功实施。执行该航次任务的 20 世纪全球最大的科学考察船——大洋钻探船“乔迪斯・决心者”号于 1999 年 2 月 18 日从澳大利亚 Fremantle 港起航，跨越 40 个纬度，行程 5 000 km 余到达我国南海进行钻探，于 1999 年 4 月 12 日停泊在香港尖沙咀码头。历时近两个月，在南海南、北 6 个深水站位钻孔 17 口，从水深 2 037～3 294 m 的海底钻入地下岩层，取得高质量的连续岩芯共计 5 500 m，取芯率达 95%，超额完成了任务。ODP 第 184 航次的主题是“东亚季风史在南海的记录及其全球气候意义”，这是在由同济大学汪品先教授等为主提出的以“东亚季风演变”为研究目标的南海大洋钻探建议书(在全球科学家提出的同类建议书中，获 1997 年国际排名第一)的基础上而确立的。作为中国海域的首次大洋钻探，该航次是根据中国学者的思路，在中国学者的主持下，以中国人(海内外、海峡两岸 9 位优秀科学家)占全体科学家队伍 1/3 的情况下实施的，无疑是我国地球科学界的一大胜利。而该航次在南沙海区可能遇到安全问题时，又及时得到了我国主管方面的积极支持。其航次后的室内研究工作，更是一场激烈的学术竞赛。我国自 1998 年加入 ODP，在短短的 5 年内不仅实现了南海深海钻探零的突破，而且建立了西太平洋最佳的深海地层剖面，在气候演变周期性、亚洲季风变迁和南海盆地演化等方面取得了创新成果，初步形成了一支多学科结合的深海基础研究队伍。

南京大学原地理学系(现地理与海洋科学学院)教授、全国著名学者任美锷院士曾经指出：“我国地质科学虽有良好的基础，并已取得重大成就，但海洋地质学起步晚，基础薄弱，陆地地质学家对海洋地质学的最近发展了解不够，使我国地质科学在理论上明显地落后于世界前进的步伐。”* 随着“四化”建设的发展，国民经济实力的增强，从国家的长远利益出发，我国必将不失时机地使海洋地质学研究得到更快地发展与进步。

第三节　海洋地质调查研究方法

海洋地质学的主要任务是研究海岸和海底的地貌形态、物质组成、岩石分布、构造特征、海洋沉积等各种地质现象，探讨海底地壳、地幔和各种地质现象的演化、发展规律，从而向海岸和海底索取矿产资源并改造自然环境，使之更好地为人类服务。然而，由于海底被平均厚约 3 700 m的海水所覆盖，要对其进行研究，必须克服巨厚海水带来的重重障碍，其难度是可想而

* 见同济大学海洋地质系编著:《古海洋学概论》序言，同济大学出版社，1989。

知的。所以,从事海洋地质工作与陆地地质工作存在较大的差别,有着一套独特的研究方法。现择其要点,概述如下:

一、海面调查

迄今为止,大部分海底研究都是在海面上进行的。因此,海面调查是海洋地质学研究采用最早,而且至今仍很重要的一种方法。

只要海况允许,有一定的水深,船只可以自由地、远距离地航行到任何地方。人们正是利用航行在海面上的各种调查船、钻探船上所装配的仪器、设备,如测深仪、重力仪、磁力仪、地震仪等来间接了解海底形态和构造,用取样器具和钻探设备直接采取海底表层及深部物质样品,研究其成分、结构,测定其时代,并据此编绘海底地形图、沉积物分布图等各种地质图件,供海洋地质学研究之用。

对于初学者,重要的是要熟悉和掌握下列方法和手段:即定位、测深和取样。

(一)定位

一般来说,在陆地上确定调查对象的准确位置是比较容易的,只要把所测目标控制在根据工作需要而设置的基线和三角点围成的三角测量网内就可以了;或者利用航空照片绘出地形图,再在其上标出山峰、树木、楼房之类的固定目标,测定调查对象与上述目标之间的距离和方位就行了。这就是利用陆地上可以设立不动点作为目标的方便之处。

然而在茫茫大海之中,很难找到这样的不动点。所以,在海上要想高精度地确定自己所在的位置就必须使用和陆上完全不同的方法,即海上定位。自古以来,海上定位都是关系到航船存亡的大事。在海洋科学考察中,能否准确的定位,更直接影响到所获资料的可靠性和可用性。因此,无论是东方还是西方国家,都把定位作为航海术的关键之举而倍加重视。随着近代科学技术的发展,海上定位日趋进步。可是,在海洋科学研究中,船只的定位问题至今仍是一个古老而新颖的重要课题。

海上定位有不同的方法,往往根据调查范围和研究目的、设备状况而决定。但都需要一定的精度。

1. 近岸导航定位

依靠从船上所能看到的海岸上的目标来进行,常用的方法有两种。一是前方交会法:利用布设在陆地(或岛屿)的测站上的两台经纬仪测定船只所在的水平角或方位角,交会出船只的位置;二是后方交会法:使用两架航海六分仪在船上测定陆地(或岛屿)上已知其准确位置的三个物标之间的两个水平夹角,确定调查船所在的位置(图 1-1)。其原理是测量学中的三点二角后方交会法。应用此法时,要注意物标之间的夹角不能太大或太小,而且所用的三个物标不能与船只本身位于(或靠近)同一圆周之上,否则定位不准确。

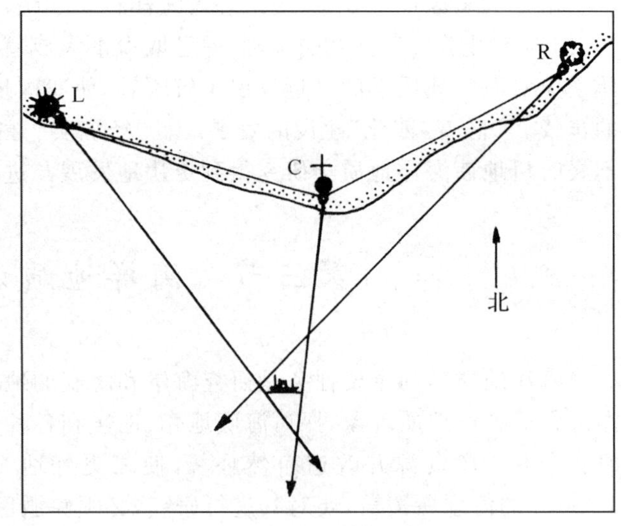

图 1-1 后方交会定位法

L. C. R 为陆上三个参照目标

上述两种方法受海况和能见度的影响较大，有时因天气的影响而不能使用。

2. 远海导航定位

(1)天文导航　这是一种在远海(公海)里导航定位使用的古典方法。它通过观测太阳、月球、行星和恒星的位置，并与已经精确制成表格的这些天体运转资料相比较来进行定位。因为太阳或恒星在天穹上运行的状况均按照天文年历被精密地确定，只要从船上测出某一时刻天体的高度，便可求出船舶的位置。而天体的高度是用航海六分仪读出地平线和天体之间的夹角求得的。因此，必须满足的条件是能同时观测到地平线和某一天体。一般以黎明前和日落后的一段短暂时间最为适宜。所以，此法有许多不足之处：一是观测工作相对来说比较费力、费时；二是其精度不够，最小误差范围也有 2 000 m 左右。

(2)无线电导航　其原理是利用船舶上的接收器(或无线电导航仪)接收来自设置在陆地上不同台站所发射的无线电波或脉冲电波，求出船位。

无线电定位按位置线的形状又分为：方位线式、方位—距离式、二距离式和双曲线式等。

方位线式是根据船舶至电波发射台的方位来确定船位。

方位—距离式即通常使用的雷达定位，其原理与方位线式相同。为了减少误差，最好用雷达测定至少三个点，求出距离和方位，按照海图的比例尺用一副大号两脚圆规划出三个圆弧，即可交会出较为准确的船位。

二距离式是利用距某一固定点等距离轨迹是圆弧的原理，测定船舶与设立在陆地上的两个固定无线电发射台之间的距离，二圆弧的交点即船位(图 1-2)。

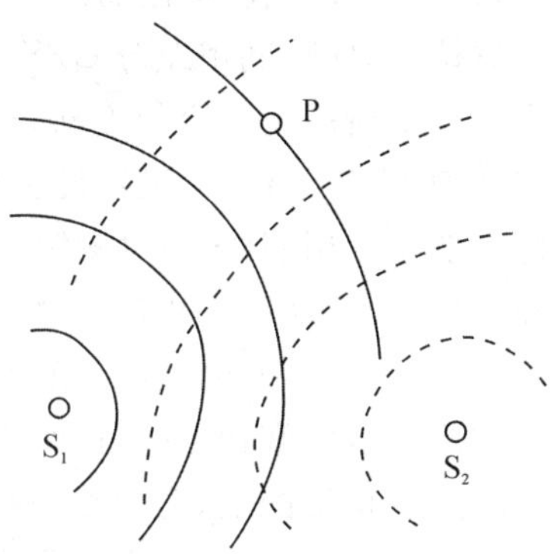

图 1-2　二距离式海上定位

S：无线电发射台；P：船位

双曲线式是在船上接收两个固定岸台发射的无线电波，测定其先后到达的时间差，求出距离差。依据距二定点有等差的轨迹是双曲线的原理，由两组双曲线相交求得船位，此即时差双曲线罗兰 A(Loran A)导航法；若用测定连续波的相位差来求位置线，交会出船位则是相位双曲线系统台卡和奥米伽(Ω)导航法。

(3)卫星导航　这种导航系统最初是由美国海军 1964 年首先在潜艇上使用而发展起来的，它是利用美国发射的专用导航卫星，由船上的天线接收卫星所发出的电波信号和它的多普勒频移，并且用附属的小型计算机自动求出船位的一种装置。因为这种方法是美国海军在琼斯·霍普金斯大学的协助下发明的，1967 年正式向全世界开放，才成为通用，所以叫做海军卫星导航系统(NNSS)。卫星定位起步晚、发展快，目前已进入第三代——全球定位系统(Global Positioning System，简称 GPS)。美国研制的该系统有 24 颗Ⅱ型高轨道卫星(20 183 km)环球运行(图 1-3)，能够覆盖地球表面的任何地方，不仅能全天候、三维定位，而且精度高、速度快，几乎可以取代其他定位系统。利用 GPS 定位的用户，按其设备的性能、价格可以选择高、中、低三档中的任何一档。

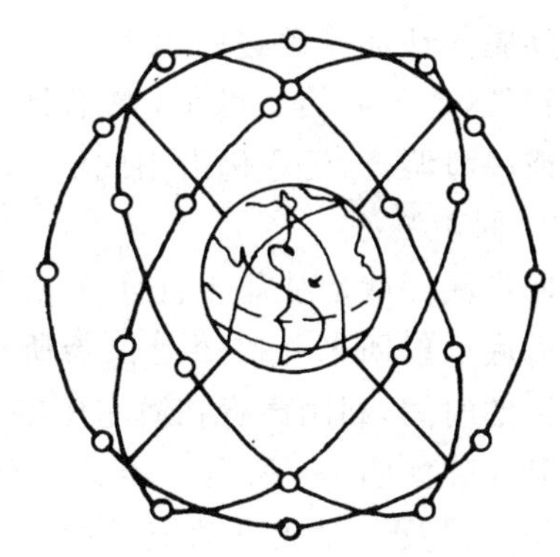

图 1-3　GPS 定位系统(邱醒亚等，1986)

现将上述各种导航方法的定位距离和精度列表如下：

表 1-1　海上各种导航方法的定位距离和精度*

导航类型	定位距离	精度范围
沿岸:目测和雷达	视线范围(大约在 50 km 以内)	10～200 m
无线电导航系统	远近不等:台卡系统为 500 km±	10～100 m
	奥米伽系统则为 7 000 km±	1～15 km
天文导航	世界范围	2～10 km
卫星导航	世界范围	50～200 m

* 据英国开放大学教材研究室编:《海洋学导论》,第 78 页修改

为了获得高精度的定位,一般采用 GPS 接收机与船舶的导航设备组合起来进行定位。例如,在 GPS 伪距法定位的同时,用船上的计程仪(或多普勒声呐)、陀螺仪的观测值联合起来推求航位。另外,利用差分 GPS 技术可以进行海洋物探定位和海洋石油钻井平台定位。GPS 作为一种全新的现代定位方法,已逐渐在越来越多的领域取代了常规光学和电子仪器的定位。1990 年以来,GPS 卫星定位和导航技术与现代通信技术相结合,在空间定位方面引起了革命性的变化。用 GPS 同时测定三维坐标的方法将测绘定位技术从陆地和近海扩展到整个海洋和外层空间,从静态扩展到动态,从单点定位扩展到局部或广域差分,从事后处理扩展到实时(准实时)定位和导航,绝对和相对精度精确到了米级、厘米级乃至亚毫米级,从而大大拓宽了它的应用范围和在各行各业中的作用。

应该指出的是,定位是一项复杂而细致的工作,观测人员必须经过专门的技术培训才能胜任。一般来说,调查船上均配有专门的定位工作人员。

(二)测深

测量海底深度是海洋调查的基本项目之一。常用测深方法如下:

1. 重锤测深

所谓重锤测深,是将一条坚固的末端拴有重金属块(一般为铅锤)的绳子自船头放入海中,当它接触到海底时,就可以根据绳子松弛的那一瞬间所记录下的长度直接量出海水深度。此法,我国始于宋、元。1840 年,罗斯(S. J. Ross)首次在大西洋用麻绳进行深海测深。由于麻绳浸水后会被重锤拉长,影响测深的精度,所以后来改用钢丝,并配备空心铁管测锤或自动脱落铁球测锤进行测深。这种方法不但费时,而且精度较低,也很原始。可是,在不具备完善条件时,尤其是近海或浅海调查,至今仍沿用此法。

2. 回声测深

回声测深就是从船上向水下发射声脉冲讯号,这个讯号从海底反射回来并被船上仪器所接收,根据声讯号发射和返回的时间,利用声音在海水中的传播速度换算出海深。

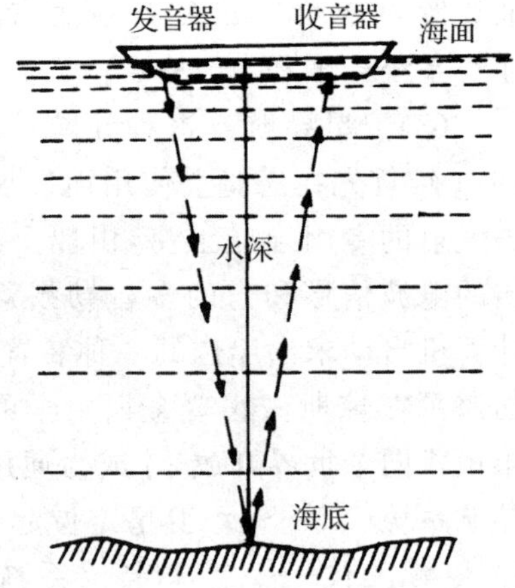

图 1-4　平坦海底回声测深法原理

其原理如图 1-4 所示。船底装有一部可向海底发射声波的发声器及一部能自动记录回声的接收器(收音器),发射器向海底发射声脉冲,接收器接收自海底返回的声脉冲,并测定其往返时间,据声波在海水中的传播速度(平均为1 500 m/s),即可算出海深。如某地从声音发出到声音返回水面的时间为 8 s,则该地海水深度为 $1\ 500\times\frac{8}{2}=6\ 000$(m)。

近代回声测深仪在接收器上都装配有自动记录设备,记录器笔尖(记录针)输出接收器传来并经放大的电流,当带电的笔尖(记录针)与以适当匀速移动的电化石墨记录纸接触时即留下燃烧的痕迹。这样,就能够沿着船只航行的方向连续不断地在记录纸上直接画出海底地形的起伏曲线。同时,还可根据记录纸上线条的清晰程度来判断海底组成物质的性质。因为物质的密度不同,对声波的反射系数亦不同。如石质的海底对超声波的反射性能良好,收到回声强烈,记录纸上的线条就清晰;如果海底是软泥,就可以吸收声波的部分能量而使回声微弱,线条模糊;若为沙砾质海底,则记录纸带上显示出断断续续粗糙的线条。

回声测深仪虽然能迅速地、比较精确地反映海底地形,但它所描绘的只是船只航行所经过的一条线上的地形变化情况。为了克服这一缺点,目前则经常使用浅层剖面仪和旁侧声纳、地质远程倾斜声呐(Gloria)等先进仪器。浅层剖面仪可以对海底数十米疏松沉积地层的构造进行自动的连续观测,在记录纸上除了能反映海底表面地形起伏形态外,还能反映海底沉积物浅层的地质构造。而旁侧声呐则是一种新的海底调查扫描技术,它能在船只航行中通过类似于回声测深仪所用的模拟记录器,在记录纸上连续显示航船两侧一定宽度、较大面积海底的细微地形,甚至可以辨别出细砂和粗砂、岩石露头、地层褶皱等地质现象。

需要指出的是,绝大多数回声测深仪由于分辨率较低,往往会影响测深精度。其原因是因为回声测深仪向下发射的声脉冲波束通常以 30°的角度发散。这样,就不能反映深水区声脉冲所覆盖的大面积海底地形起伏的细微特征。要消除这一缺陷,就必须使声脉冲波束顶角变小(如小到几度),然而为此却要安装笨重的仪器来配套,所以目前这种仪器尚没有普遍使用。另外,声波在海水中的传播速度是随着温度、压力、盐度的变化而变化的,因此,尚需在观测值的基础上利用《海洋学常用表》加以校正。

(三)取样

样品的采集在海底地质探测和研究中是最基本、也是最重要的。就海底取样而言,大致可分为三类:

1. 表层取样

所谓表层取样就是用采样工具获取海底表面物质样品。常用的表层取样工具是“蚌式”取样器,又称“抓斗式”采泥器(图 1-5)。它是由二个斗壳(或半瓣)和主轴构成。当系于绞车钢丝绳上的采泥器触及海底时,铁索自动脱钩,斗壳(或半瓣)张开,靠自身重力切入泥土;当提升时,斗壳(或半瓣)关闭而挖取一块底质。其型号大小不一,近岸取样常用小于 0.025 m^2 的,大洋取样则用大于 0.25 m^2 的。它结构简单,工作可靠,是海洋调查常用的工具。

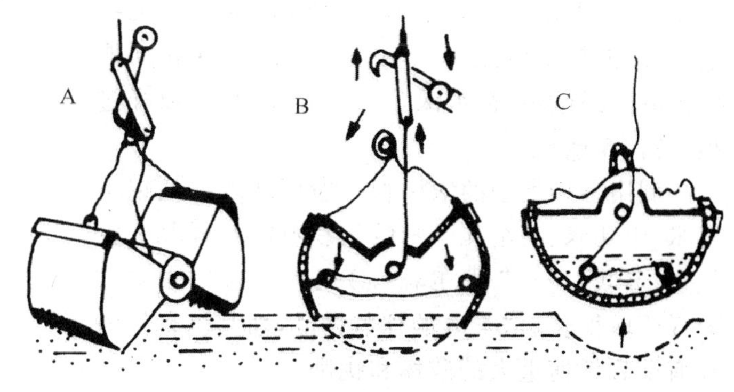

图 1-5 蚌式采样器

A、B、C 表示取样过程中的三个阶段

另外,较常用的还有由金属链条或绳索构成的拖斗式或拖网式表层采样器(图 1-6),斗和网都具有细孔,可以漏水。它们一般是在深海中用以捞取结核矿、岩块、砾石等样品。这种古老而又新颖的取样方法,因其成本低、灵活机动、不受海水深度的限制而使用较广。但所获样品往往会混在一起，所以仅能用作定性研究，不能定量分析。

2. 柱状取样

柱状取样即用各种取样管采取海底以下一定深度的柱状样品。根据对柱状样品的研究，可以判别海底近期沉积物的性质和较早期形成的沉积层的特征。最常用的取样管有重力取样管(国外叫做艾克曼管)、水压式(真空式)取样管、活塞式取样管〔又叫活塞柱状采样器(piston corer)〕。后者是给地球科学带来最多资料的一种采样工具*。活塞式取样管(图 1-7)的工作要点是：着底时，活塞的下面通常要紧紧地贴在海底泥土的表面不动，而只让管子完全插入泥中。

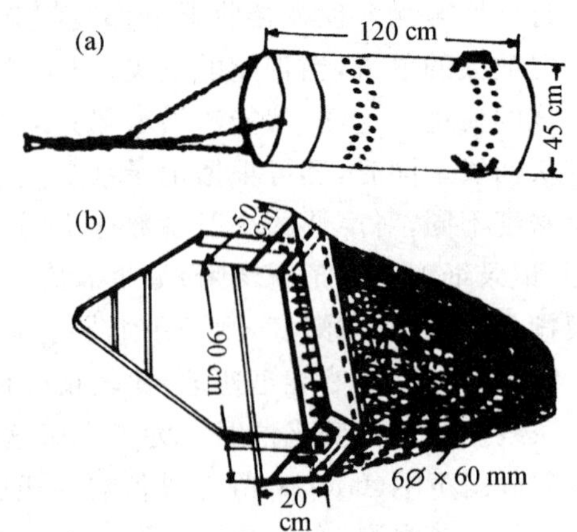

图 1-6 采样器用具的实例

(a)在采集柔软的岩石时是比较方便的；
(b)对坚硬的岩石碎块和锰质团块有效(取设计者的名字称为诺沃尔克式挖泥器)

上述柱状取样都需船只停止航行用钢缆吊着取样管到达海底取样。这种方法既费时，又费事。近年来，国外研制了一种"自动返回沉积物取样器"，又称"无缆地质取样管"。如布默安斯无缆地质取样管就是其中一种，它是美国伍兹霍尔海洋研究所设计的新型取样管，可以不用钢缆直接获取几千米水深的海底沉积物柱状样品。当船只到达取样地点后，将取样管从船舷抛入海中，便以每分钟 425 m 的垂直速度下潜，当仪器的取样部分钻入海底并取得样品后抛掉所负重荷，高压空心玻璃球自动充气后上浮，连同获取的样品一起上升，一旦露出水面，讯号器立即启动，发射无线电信号，使船上的工作人员很容易地发现它而取回样品。经试验，在水深 1 000 m 处，整个取样过程仅需 15 min。

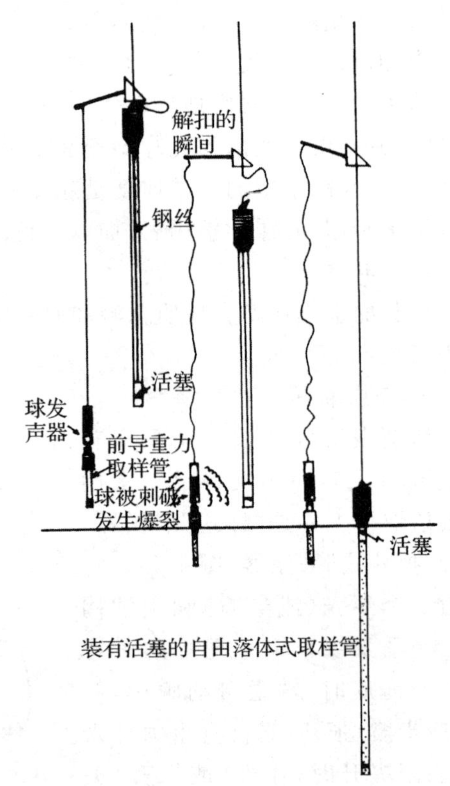

图 1-7 自由落体式取样方法的工作步骤和活塞的作用示意图

活塞使取样管内的摩阻减少，因而取得较长的柱状样品。图中还表示球发声器的作用。由于不大实用，球发声器现在已不再使用

利用各种类型的取样管一般可获取海底以下几米、十几米、甚至几十米的沉积物柱状样品。据报道，苏联"勇士"号(Витязь)调查船曾用真空式取样管取得长达 34 m 的柱状样品，而其沉积结构没有受到任何重大的破坏和扰乱。

3. 钻探取样

海上钻探取样和陆上钻探取样的工艺过程相似，也分浅孔钻探和深孔钻探两类，只是海上钻探比陆上钻探的难度要大得多。

* 见小林和男著，袁家义、吕先进译：《海洋底地球科学》，海洋出版社，1980，第 126 页。

浅孔钻探适用于海底砂层的下部取样，钻孔深度一般视砂层的厚度而定，可由 1 m 至 30 m 左右。取样钻机一般安装在固定式平台、坐底式平台或特制的船上，有些国家亦利用潜艇打钻。钻孔直径由 10 cm 到 90 cm，使用的都是空心钻，以便提取岩芯，供定量分析之用。浅孔钻探一般用于浅海砂层下部的金刚石、锡石和沙金等砂矿的岩芯取样。

深孔钻探适用于海底深部坚硬岩层的钻探取样，一般是在对海底石油、天然气、煤、铁等矿床进行详细勘探时使用。海上深孔钻探比陆上更是困难得多，它必须具备两个条件：一是要把钻机及附属设备支托在海面上；二是要在钻台和海底钻孔之间设置一个引入钻头和导出冲洗液的套管式通孔。近年来，深孔钻探的技术发展很快，现在陆地上钻孔的最大深度已超过万米，而海底钻孔的深度则已达到 6 966 m。

目前海上钻探取样装置有两种。一种是固定的，通称为固定式钻井平台；另一种是可移动的，即钻探完后能够拖运到其他海域使用的平台，如坐底式钻井平台、升降式钻井平台、半潜式钻井平台和船式钻井平台。

著名的"格洛玛·挑战者"号钻探船(图 1-8)，在执行深海钻探计划期间，"把地质工作和石油工程出色地结合在一起，结果取得了惊人的成就"*。该船设备先进，采用动力定位。不用锚系，而用一套声学、电子及机械设备，自动测量和调节船位，使船体自动保持在海底井口上方的海面上；同时还设有陀螺仪控制的减摇稳定装置，即使在风速 5.0 kn、浪高 4.5 m 的大风浪条件下，船的横向纵向摇晃都不会超过 3°，能保证钻探作业的正常进行，是全天候、高效率的深海钻探设备。其钻探能力可达水面以下 8 000 m，穿透海底沉积层、玄武岩层，甚至进入上地幔，获取橄榄岩样品。

图 1-8 深海钻探计划所用的"格洛玛·挑战者"号船

二、海下调查

20 世纪 60 年代以来，由于深潜技术、深海摄影机、海底电视等现代装备的迅速发展，海下

* 见 F. P. 谢帕德著，梁元博、于联生译：《海底地质学》，科学出版社，1979，第 24 页。

调查成为一种研究海底地质有效而又新颖的方法。

自从1948年法国科学家奥古斯特·皮卡尔(Augusts Piccard)首次研制深潜器*FNRS*-1号,并成功地下潜几千米深的海底以来,到目前为止,世界上已出现数十种用于水下科研工作的深潜装置。其中应用最广的要算深海潜艇,艇身通常是用耐高压的钢板和有机玻璃做成的。工作人员乘坐它可以下沉到几百米的海底,甚至数千米的海沟,利用机械手采取地质样品,利用水下电视和水下摄影机拍摄海底地貌,用超声波探测装置查明海底地质构造。其自持力(即所携带的能源、呼吸气体和食物等)因任务不同可相差很大,短的几小时,长的可达6周。这样,海洋地质工作者则可亲自到大洋底进行实地考察,有目的地选择理想的底质样品。

1960年1月23日,舍克·皮卡尔(奥古斯特·皮卡尔的儿子)和美国科学家乘坐"特里亚斯特"(*Trieste*)号深潜器在关岛西南约200 n mile处,潜入马里亚纳海沟11 022 m深处考察,创造了人类下潜最深的世界纪录。

目前,装有机械手的自持式载人深潜器(艇)(图1-9)在水下任何方向都可移动,也可在指定深度上停留,甚至停放在海底。对水下悬崖峭壁上的岩石露头、海底泥沙运动、大洋中脊顶部的裂谷形态等许多地质问题都可进行直接考察和研究。

图1-9 装有机械手的自持式深潜器

为了更好地开发利用海洋,并从加强防御与抑制力量的军事战略出发,"海底基地"的实验与研究已成为一种世界性倾向。"海底作业基地"又称"水下居住实验室",它是一种沉放在海底表面或在海底现场组装的人工金属构筑物,设有撑脚,立于海底,可分"高压型"(相当于海底压力)和"标准气压型"两种。这种装置是20世纪60年代后期才发展起来的,一般可住5人,并可在海底长期停留,从数天乃至一年;潜水深度为数十米至300 m左右。利用它不但可以研究海底地形、地质构造及工程地质条件、观察海底沉积物的生物改造作用、选取样品并进行相应摄影,而且在军事上亦有重要价值。如用来作为水下观通站、水下监视体系、潜艇指挥中心、水下补给基地等。

"海底基地"的另一种类型是"海底岩基基地"。它是在海底地下或海底山脉"岩基"中采用新技术开凿的、具有标准大气压的隧道和岩洞系统,可以容纳上千人。既可用于海洋探测和开发研究,亦可用于军事目的。如作为海军水下作战中心指挥部、核武器试验场、海底仓库、海底兵工厂、海军导弹基地等。

三、遥测遥感调查

遥测遥感调查,是指用遥感器在远离目标的位置上对被测目标的特性进行测量和记录的一门综合性探测技术。广义上是指一切非接触性的探测和识别技术。如地球资源卫星主要用于探测地表以及地表以下一定深度的资源状况,具有较高的遥感分辨能力,它的应用为海洋地质调查开辟了一个新的途径。据地球资源卫星相片判读海陆轮廓的变化,分析浅海海域的海底地貌和泥沙运动的效果良好。

另外,从1957年人类发射第一颗人造卫星、1972年第一次用于导航定位和资源调查,到1978年美国发射第一颗海洋专用卫星"海洋卫星—A"、1979年苏联发射海洋卫星"宇宙—

1076”以来，利用在卫星、航天飞机中装载各种仪器进行遥测遥感的调查方法有了迅速的发展。它的优点是调查范围大、速度快、能够克服一些船只和测量器具无法到达的缺点。例如，一颗地球资源卫星就可以覆盖地面 34 000 km^2，18 d 就能覆盖地表一遍。卫星中安放的高度仪和其他传感器，可测定大洋的几何形态以及极地运动、地球旋转和大陆漂移等。地球资源卫星中的反射束光导管摄像系统、多光谱扫描仪、宽频磁带机以及数据收集系统，不仅可对地球进行大面积遥测，而且可研究地球的演化和地质构造特征；同时对研究海岸带的动态变化、沿岸泥沙流的运动等都有独特的作用。

四、海洋地球物理勘查

海洋地球物理勘查是运用先进的仪器设备探测被海水覆盖着的这一部分地球的某些物理性质及其变化，并经过解释而得知海底以下的岩层性质、地质构造和矿产分布等特征。这是揭示海底深处奥秘的最简便有效的方法。

目前，使用最广的海洋地球物理勘查方法有地震勘探法、磁力探测法、重力勘探法和热流测量法。

地震勘探法就是利用人工地震的方法对海底进行勘探。这是海上地球物理勘查中经常使用，也是目前国内外寻找储油构造最主要、而且精度较高的一种方法。其原理是，当人工震源发生震动或爆炸时，会产生向各个方向传播的地震波，当地震波遇到两种不同岩层的分界面时就会被反射或折射而返回海面。根据通过预先放置在海面上的接收仪器（检波器）接收反射（折射）波到达时间的先后，就可识别地层界面的深度及其产状。地震勘探多采用低成本的非炸药震源，目前应用最广的是气枪和电火花。

在海上进行地震勘探（图 1-10）可利用无线电定位或卫星定位，测量出测线在海面上的位置。地震仪装设在船上，检波器系在漂浮电缆上，拖在船尾的水中。当勘探船按照定位方向以一定的速度前进时，就可计算出测线的距离；同时检波器连续接收震源发出的地震波信号并通过电缆传至地震记录仪（亦称数字磁带地震仪），地震仪则将地震波信号按一定格式编码以二进制数记录在磁带上，将所获原始数字记录磁带用电子计算机进行数据处理，就能很快地编绘出海底剖面图和平面图，经过地质解释之后，就可知道海底地质构造。

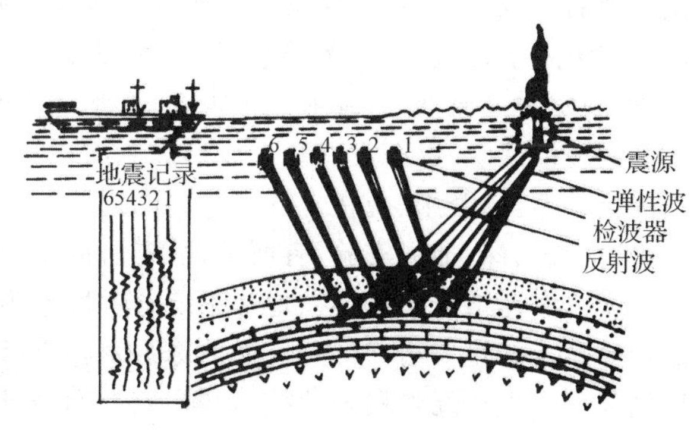

图 1-10 海上地震勘探示意图

磁力探测法则是利用磁力仪进行海上磁性勘探。因为地球是一个巨型磁化球体，所以其内的岩石也具有强弱不一的磁性，火成岩磁性最强，沉积岩磁性较弱。也就是说，某一地区磁场的大小是由其下伏岩石磁性强弱所决定的。局部地区磁力与该区正常磁力的差异叫做磁力异常，而磁力异常又是地下磁性物质发生局部变化的标志。因此，利用磁力仪在海上来测量某地磁力异常的大小就可了解该地海底以下岩石和磁性矿产的分布情况。目前在海上磁力探测中使用最广泛的是质子磁力仪和磁通门磁力仪。

重力勘探就是利用重力仪来测量某一地区的重力值，并根据重力值的大小了解海底地质情况。其原理有如一根悬有重荷的弹簧秤，当重荷受地球引力较强时，弹簧便下垂；反之则上升，从而可以得出不同地区的重力值。重力的大小实际上是地下岩石密度分布不均匀的表现。经过分析、计算重力值就可帮助人们了解海底下伏地质体的密度大小、产状变化和埋藏深度。海底重力测量仪主要有三类，即海底重力仪、海洋重力仪及走航式海洋重力仪。

热流测量是海洋地球物理勘查的重要方法之一。所谓热流量(heat flow)是单位时间内通过单位面积的热量。热流总是从高温向低温方向流动，由于地球内部温度高，所以它总是从地内流向地表。热流测量的常用方法是把温度梯度测量探针(国外又称之为"枪")插入海底，通过等距离地安装在探针("枪")内的数个热敏电阻就可以测出该处的地温梯度，再用专门仪器测定取样管所采柱状样品的导热率，即可算出该测点的热流值。现在的热流测量多是在柱状取样的同时进行的，因为探针("枪")就直接装置在取样管内。热流测量结果表明，大洋中脊(包括东太平洋洋隆)轴部的热流量值较高，这一事实成为海底扩张学说的重要根据之一。

第四节　学习海洋地质学的任务和方法

海洋地质学(Marine Geology)一般又称地质海洋学(Geological Oceanography)，起初则叫做海底地质学(Submarine Geology)。著名海洋地质学家谢帕德(F. P. Shepard)认为，这三个名称可作为同义语使用*。它的研究内容既涉及海洋水文、海洋物理、海洋化学、海洋生物方面的知识，又涉及天文、地质、地理、气象方面的学科，知识领域极其广阔。通过学习，要求学生在对海洋学有系统认识和了解的基础上，重点掌握海洋地质学的基本内容及其研究方法，以便为将来从事海洋科学研究打下坚实的基础。

学习海洋地质学要在理解的基础上加强记忆，这就需要运用辩证唯物主义的认识论和方法论。因为辩证唯物主义正确地阐明了世界上一切事物的共同规律：世界是物质的，物质是变化发展的，发展的形式是从量变到质变。海洋地质学正是遵循这一规律，从观察海岸、海底的地质现象入手，通过对海上调查所获取的大量第一手资料的实验分析、综合研究，应用"将今论古"的现实主义原则，正确地认识现在，客观地推断过去、预测将来，不断积累资料，由感性认识上升到理性认识，逐渐发展壮大而形成一门学科的。这就要求学习海洋地质学要在辩证唯物论的指导下，学会用"现在是认识过去的钥匙"，开启海底世界知识宝库的大门，由此及彼，由表及里，由浅入深，加强实验，有所发现，有所创新。

学习海洋地质学还要以地球系统科学思想为指导，因为海洋在地球上不是孤立存在的，它是地球系统的重要组成部分。而地球系统科学(Earth System Science，简写为ESS)正是把地球当作一个由相互作用的地核、地幔、岩石圈、水圈、大气圈、生物圈(包括人类社会)等组成部分构成的统一整体，是一门重点研究地球各组成部分之间相互联系、相互作用的科学。ESS诞生于20世纪80年代，它是从行星角度出发，综合研究地球系统(各圈层)形成的机制和变化规律，为区域可持续发展和全球变化提供理论依据和调控方法的科学。ESS自诞生之日起，就引起了全球科学家的高度重视。很多学者认为，ESS的诞生和发展是地球科学领域的一场理论革命，它将为人类更加深刻地理解地球系统运行机制提供更加清晰的图像，使我们看到了解决当前人类面临的各种全球性问题的曙光。ESS强调地球不同圈层相互作用的整体性和关联性，因而科学研究必须从"整体地球系统"的视野出发，但研究过程又必须从关键区域入手。我

* 见F. P. 谢帕德著，梁元博、于联生译：《海底地质学》，科学出版社，1979，第1页。

国海、陆辽阔，是地球系统科学的关键地区之一。因此，只有在地球系统科学思想指导下，才能学好海洋地质学，并有望为攻克全球性重大科学问题作出贡献。

学好了海洋地质学，将会在海岸工程、港口建设、滩涂围垦、水产养殖、海底矿产资源的开发和利用等方面大有用武之地。在为发展沿海经济、加速现代化建设作贡献的同时，也必将会在理论上把海洋科学事业推向前进。

复 习 思 考 题

1. 海洋地质学的研究对象和主要内容是什么？
2. 研究海洋地质学有何理论和实际意义？
3. 概述海洋地质学的研究历程。
4. 为什么说大洋钻探计划(ODP)是迄今为止历时最长、成效最大的国际科学合作计划？
5. 你对我国海洋地质学的研究现状和发展前景有何感想。
6. 海洋地质学的调查研究方法有哪些？分别阐述之。
7. 海洋地球物理勘查的方法有哪几种？简述地震勘探法的原理。
8. 何谓地球系统科学？它的诞生有何重大意义？
9. 你认为应该如何学习海洋地质学。

第二章 地球与海洋

地球形成至今已有46亿年，它处在永恒的不断运动之中。我们今天所看到的地球，只是它全部运动和发展、演化过程中的一个阶段。大陆的漂移，大洋的张开和闭合，以及经常发生的火山爆发和地震，都无可辩驳地证明地球是一颗仍在演变着的行星。远古时代，人类的祖先在繁衍生息的土地上登高极目远舒，四周陆地遥接蓝天，误将自己所在的这个星球叫作地球；时至今日，人们甚至在孩提时代就已知道，地球表面有着汪洋大海。横无涯际、波涛汹涌的海洋是生命的摇篮、资源的宝库，与陆地相比，似乎更具迷人的魅力。随着生产的发展、科学的进步，人类对地球与海洋的认识日臻完善。展现在读者面前的，正是有关这方面的知识，它是一切科学研究的基础。

第一节 地 球

一、地球的形状与大小

人类对地球形状的认识，是在生产活动和科学实践中由浅入深，由低级向高级逐步发展的。大致可分三个阶段：第一，认为地球是圆球形；第二，认为地球是椭球形；第三，认为地球是近似的“梨”形。

公元前530年左右，古希腊学者毕达哥拉斯(Pythagoras)从哲学观点出发，认为球形是最完美的形状，因而提出地球为球形的臆测。公元前350年左右，亚里士多德(Aristoteles)根据月食时地球投到月亮上的影子是弧形以及海上来船先露船桅后现船身等现象，得出地球是球形的科学概念。早在战国时期，我国哲学家惠施就提出地球是球形的看法，只是这一见解当时很少有人接受。直到公元1522年麦哲伦(F. Magalhães)及其伙伴完成了绕地球一周的航行之后，才彻底地证实了地球是圆球形。

1672年，法国天文学家里舍(J. Richer)携带了天文钟从巴黎(49°N)出发到南美圭亚那(5°N)，该钟每天要慢2分28秒，而带回巴黎后又恢复正常。牛顿(I. Newton)根据万有引力定律，把这种现象解释为是因赤道带上重力减小、钟摆的振动周期加大的缘故，并据此提出地球是椭球体的概念。17世纪末，他又从理论上进行了论证：由于地球绕轴自转，产生的惯性离心力的分力一是使质点重力减小，二是使质点趋向赤道，所以赤道较为凸出，两极则较扁平。因而地球不是圆球形，而是椭球形。1735年，巴黎天文台派出两个测量队，通过大规模的实测，证实了这一结论。

1924年在马德里召开的第二届国际大地测量与地球物理协会，决定用一个国际统一的椭球体作为测量的基准椭球体。地球表面有高低起伏，测量山高海深时就需要有一个共同的基准面。这个基准面就是平均海平面和该面扩展到大陆下面构成的一个理论上的连续面，叫作大地水准面。它既是计算海拔高程的起点，又反映了地球体的形状。

1957 年人造卫星上天以来，许多不同倾角的人造卫星轨道变化的观测数据表明，大地水准面和基准椭球体存在着全球性偏差。根据卫星轨道分析测算，南极表面比基准面凹进25.8 m，而北极的海面比基准面突出18.9 m；赤道到南纬 60°之间比基准面略高，而赤道到北纬 45°之间比基准面略低。因此，地球的真正形状近似“梨形”(图2-1)。然而由于它的凸凹量和其半径相比是那样微小，所以从宇宙空间看地球，它仍是滚圆的球形。

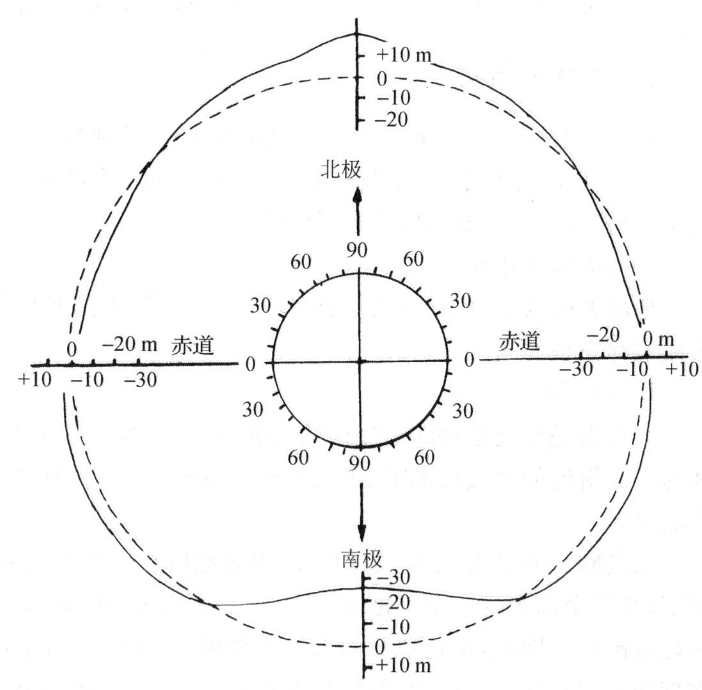

图 2-1　通过人造卫星轨道运转测得的地球真正形状(实线)

断线表示理想的扁球形

总之，地球的形状很不规则，不能用简单的几何形状来表示。确切地说，它具有独特的地球形体。

最早实测地球大小的是希腊天文学家埃拉托色尼斯(Eratosthenes)。大约在公元前 250 年，他注意到这样一个事实：任何年份的 6 月 22 日夏至那天正午，埃及塞恩城上空太阳正当头顶，而同一时刻在该城之北约 800 km 的亚历山大城(两城几乎位于同一条经线上)，太阳光线则向南偏斜 7.2°(图 2-2)。他由此判断，地球是圆的，并用两城之间的距离乘以 50(7.2°等于整个圆的 1/50)，计算出地球的周长为40 000 km，半径为 6 400 km。这是一个非常接近后来精确测量的数字，因此被作为巨大科学成就而载入史册。

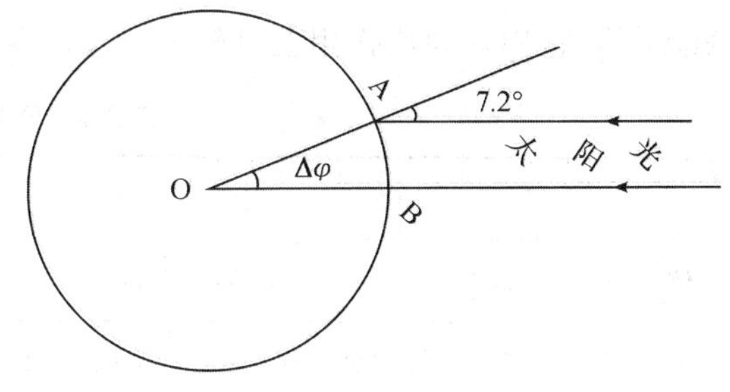

图 2-2　地球大小的最早测量

近代大地测量应用的原理与上述方法相同，只是用测恒星代替测太阳的方法来定两地的纬度差。近年来，通过人造卫星所获得的有关地球大小的数据愈来愈精确。

1979 年根据国际大地测量和地球物理协会决议，采用有关地球大小的数据如下：

赤道半径 a	6 378.140 km
两极半径 c	6 356.755 km
平均半径 $R=(a^2c)^{\frac{1}{3}}$	6 371.004 km
扁率$(a-c)/a$	1/298.257=0.003 352 8
赤道周长 $2\pi a$	40 075.036 km
子午线周长 $2\pi c$	39 940.670 km
表面积 $4\pi R^2$	510 064 471.9 km^2

体积 $4/3\pi R^3$ 1 083 206 900 000 km³

二、地球的结构

地球并不是一个均质体,而具有圈层结构。从地球的外部到内部,根据其物质成分和存在状态可分为大气圈、水圈、生物圈、地壳、地幔、地核等圈层。大致以地表为界,地表以上为外部圈层,地表以下为内部圈层(即固体地球)。

(一)地球的外部圈层

地球表面以上,根据物质性状可分为大气圈、水圈和生物圈。它们包围着固体地球,各自形成连续完整的圈层。

1. 大气圈

大气圈是环绕地球的最外面的气体圈层,其厚度达几万公里以上。由于受地心的引力,以地球表面附近的大气最稠密,越向外空气越稀薄,并逐渐过渡为宇宙气体,所以大气圈没有明确的上界。

大气圈总质量为 5.136×10^{21} g,约为地球总质量的百万分之一。在地球的强大吸引力作用下,几乎全部大气集中于地面至 100 km 的高度范围内,其中有 3/4 又集中在地面到 10 km 高度范围内。因此,接近地面的大气密度最大,大气压力也最大。干燥空气 0 ℃时在海面上的密度为0.001 23 g/cm³,压力为 1 个大气压(=760 mmHg≈1 bar),这两个数值叫做大气的标准密度和标准压力。大气密度和压力与温度、高度成反比,温度增加或高度增加,则大气的密度和压力减小。

大气的成分亦随离地面的高度不同而有所变化。在 100 km 高度以下的大气就是人们通常所说的空气,它由 18 种气体混合组成。其主要成分是 N_2 和 O_2,次要成分为 CO_2、O_3、$H_2O^ˇ$等,它们在地质作用上有较大意义。现将低层大气的主要成分百分比列于表 2-1。

表 2-1 低层大气成分百分比

	N_2	O_2	Ar	CO_2	Ne	CH_4	O_3	$H_2O^ˇ$	其他
体积%	78.084	20.946	0.934	0.033	18×10^{-4}	1.8×10^{-4}	1×10^{-5}	0.01～2.8	0.001
重量%	75.523	23.142	1.280	0.05	13×10^{-4}	1×10^{-4}	2×10^{-5}	0.006～1.7	0.005

依照大气的成分、密度、温度以及流动状况,大气圈又可分为对流层、平流层、中间层、暖层(又称电离层)、散逸层等。对流层是大气圈的最低层,也是地面之上风、雨、雪、雹等气象变化的主要源地。平流层最重要的特点是在高约 15～35 km 范围内有厚约 20 km 的臭氧层,它强烈地吸收太阳辐射的紫外线致使气温升高,同时又使地球上有机生命免受紫外线的刺激或致命伤害,因此是人类的保护层。电离层是大气圈的外层,其实际意义在于能反射无线电波,得以实现环绕地球的长距离通讯。

2. 水圈

水圈是地球表层的水体,它由海洋、河流、湖泊、地下水等组成;此外,两极和高山地区有大面积的固态水,大气下层和生物体中也有水分。这些水包围着固体地球形成一个连续而不规则的圈层。水圈总质量为 166.4 亿亿吨,总体积达 13.9 亿 km³。海洋水体积为陆地水体积的 34 倍。各种水体的分布情况如表 2-2 所示。假如地表完全没有起伏,则全球将被深达 2 745

m 的海水所覆盖；如果地球上的冰川、冰盖全部融化，则海洋水位将会升高 70 m。

陆地水和海洋水是水圈的两大组成部分，而以海洋水为主体，它们的物质成分和物理性质有一定差别。陆地水在体积和质量上虽然比海洋水小得多，但它们广泛分布于陆地上，活力大，所以对陆地地形的改造起着重要作用。一般说来，水圈的上层受阳光和大气作用，活动强烈，而在深水层里则比较平静黑暗。

表 2-2 地球上水圈的分布

	千立方公里	百分比
海洋水	1 350 000	97.16
陆地水 — 地面水 — 湖泊、河流	2 000	0.14
陆地水 — 地面水 — 冰层	29 000	2.09
陆地水 — 地下水	8 400	0.6
陆地水共计	39 400	2.83
生物圈水	0.6	0.00004
大气圈水	13	0.0009
水圈总计	1 389 413.6	99.99…

据 J. P. Peixoto & M. A. Kettani: *The Control of the Water Cycle*, 1973

3. 生物圈

生物圈可以视为动物、植物和微生物的总和，其范围应扩展到地球上能够有生物存在的部分，从大陆表面到深海洋底，从大气圈 10 km 高空到地下 3 km 深处均有生物存在，所以生物也构成一个几乎连续的圈层。或者说，凡是有生物出现并感受生命活动影响的地区都称为生物圈。由于地球上生物分布的广泛性，以及生物作用在地质过程中的重要性，前苏联学者维尔纳茨基(В. И. Вернадский)院士才把生物圈独立出来。

尽管在大气圈 10 km 高空，大洋水面下 10 km 深处，陆地上 7.5 km 深的钻井中都有生物存在，但其数量稀少，或只是暂时停留，或者处于休眠状态。大量的生物基本上都生存在从地表到水下 100 m 的空间里，构成生物圈的核心部分。因这一范围具有适合生命活动的光能、水分、温度、营养元素等各种环境条件。

生物圈中各种有机体的总质量为 11.48×10^{12} t，占地壳总质量的十万分之一。自然界(大气、水、土壤、岩石)中的各种元素，特别是碳、氢、氧、氮等元素和一些金属元素不断地通过生物光合作用产生复杂的化学循环，使地表物质成分发生变化，所形成的生物地质作用是推动地壳发展的有力因素，也是使地球向着自己独特方向发展而有别于其他天体的重要因素之一。

(二)地球的内部圈层

依据万有引力定律，可以计算出地球的总质量为 5.974×10^{27} g，而地球的总体积为 1.083×10^{27} cm^3，所以地球的平均密度应为 5.516 g/cm^3。然而，目前测得地球表层各种岩石的平均密度仅为 2.65 g/cm^3，少量地表出露的超基性岩石的比重也仅为 3.30 g/cm^3。如何解释地球的平均密度和表层密度之间的差异呢？人们只能设想地球深部应该存在着高密度的致密物质。

对于地球的外部圈层，一般可以用直接观察的方法进行研究。但对于地球的内部构造完全采用直接的方法进行研究是很困难的，目前最深的钻井也只能达到地下 11 km。因此，现阶段研究地球内部构造及其物质状态，只能依靠一些间接的方法，其中最主要的方法就是分析研究地震波。因为地震产生的地震波通过地球内部后再回到地面，能够被地震仪接收，并可加以研究。而地震波在地球内部的传播状况，正是了解地球内部构造的科学依据。

众所周知，在发生天然地震或人工爆炸引起地震时，在地球介质体内都会产生两种地震波，即纵波(P)和横波(S)。纵波在介质中传播时，质点振动的方向与传播方向一致，传播速度较快，并能通过固体、液体和气体；横波在介质中传播时，质点振动方向与传播方向垂直，它是依靠介质的剪切变形来传播的。所以横波不能在流体中传播，只能通过固体，且传播速度较慢。地球物理学家根据大量地震波的研究资料发现，纵波和横波在地球内部传播的速度不但随深度增加而增大，而且同一深度的波速相同；而当其通过某些深度时，波速又会发生急剧的变化，并产生折射、反射现象。这种波速发生急剧变化的界面称为不连续面(突变面)。上述发现说明两个问题：其一，地球内部物质是不均一的，亦即在不同的深度上物质具有不同的密度和弹性；其二，地球内部物质的不均一性不是随意的，而是呈现出被不连续面分开的几个环带。由此就得出了地球内部呈圈层结构的概念。也就是说，根据不连续面的深度，可以将地球内部划分为若干个同心圈层。

研究结果表明，地震波在地球内部传播显示出二个波速变化最显著的界面，叫做一级不连续面。一个在地下平均 35 km 处(指陆地部分)，在此不连续面以上纵波速度为 7.0 km/s，以下急增为 8.0 km/s；而横波则由 4.0 km/s 增加到 4.4 km/s。这个不连续面是南斯拉夫地球物理学家莫霍洛维契奇(A. Mohorovičic)于 1909 年发现的，故称莫霍洛维契奇不连续面，简称莫霍面或莫氏面(Moho)。另一个在地下 2 900 km 处，这里纵波由 13.64 km/s 突然降低为 8.1 km/s，而横波至此则完全消失。这个一级不连续面是美国地球物理学家古登堡(B. Gutenberg)于 1914 年提出的，故称古登堡面。根据这两个一级不连续面将地球内部划分为三大圈层：地壳、地幔和地核(图 2-3)。随着研究的深入，又根据次一级不连续面将地幔分为上地幔和下地幔，将地核分为外核、过渡带和内核。并分别给以代号 A、B、C、D、E、F、G(表 2-3)。

表 2-3　地球内部圈层及其物理数据

圈　层		代　号	深度 (km)	P 波速度 (km/s)	S 波速度 (km/s)	密　度 (g/cm³)
地　壳		A		5.6 6.0 6.6 7.0	3.4 3.6 3.8 4.0	2.7 2.8 2.9 3.0
莫 霍 面			大陆 35			
地幔	上地幔	B	60 250 } 低速带	8.0 7.8 8.1	4.4 4.2 4.5	3.32 3.4 3.6
			400	8.97	4.98	3.64
		C	720 最深地震	10.2	5.65	4.60
			1 000	11.42	6.35	4.64
	下地幔	D		13.64	7.11	5.66
古登堡面			2 900			
地核	外　核	E		8.1 8.9	0.0 0.0	9.71 10.4
			4 703	10.4	2.07	11.76
	过渡层	F				
			5 154	11.23	3.6	12.7
	内　核	G		11.3	3.7	13.0

本书综合编制

1. 地壳

位于莫霍面以上，即固体地球的最外一圈叫地壳。地壳由固体岩石组成，属于岩石圈的上部。地壳又分为两种类型，即大陆型和大洋型，其厚度变化很大，大约变化于 5～70 km之间。大陆地壳较厚，平均厚 35 km，最厚处达70 km（如青藏高原）；大洋地壳较薄，平均厚 6 km，最厚处约 8 km，最薄处不足5 km。这说明地壳下界是起伏不平的。由于海洋约占全球面积的7/10，所以整个地壳平均厚度约为 16 km，仅有地球半径的 1/400，因而地质学家将其形象地比喻为“蛋壳”。

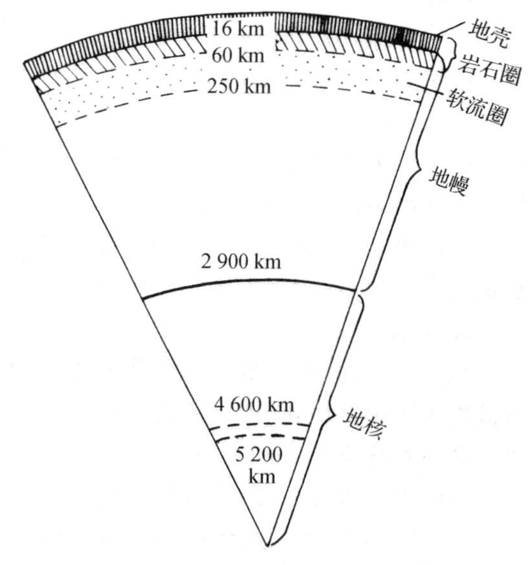

图 2-3　地球内部圈层结构示意图

在大陆地区，莫霍面之上还有一个次一级界面，叫康拉德面（Conrad. D），它将地壳分为上下两层（图 2-4）。上层叫硅铝层，主要成分是氧、硅、铝等轻元素，平均密度 2.7 g/cm³，主要岩石为酸性岩浆岩和变质岩，如花岗岩、片麻岩等，故又叫花岗质（岩）层；下层叫硅镁层，主要成分是氧、硅、铁、镁，平均密度 3.0 g/cm³，主要岩石为基性岩，如玄武岩、辉长岩，故又叫玄武质（岩）层。因此，大陆地壳具有双层结构，其内部构造复杂，形成年代古老。地壳中最古老的岩石仅见于陆壳之中。

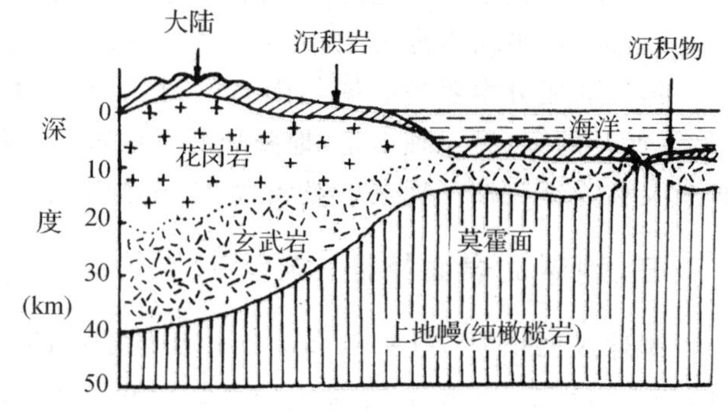

图 2-4　地壳结构示意图

（图中点线为康拉德面）

大洋地壳位于大洋底，占地壳面积的 2/3，它缺失硅铝层，仅有硅镁层。

地壳表层长期与大气和水接触，遭受各种外动力地质作用改造，形成一层沉积层，平均厚 1.8 km。沉积层主要是由花岗质层表面被外力改造而成，在大陆区较厚，最厚可达 10 km，局部地方缺失；在大洋区较薄，只有大陆沉积层的1/10，且为现代松散沉积物。

2. 地幔

莫霍面以下到古登堡面以上的圈层称为地幔，其深度从地壳下界到 2 900 km 处。根据地震波速变化情况，以 1 000 km 深度为界（该处波速明显增大）把地幔又分为上地幔和下地幔。

上地幔由于其地震波速和在实验室所测橄榄岩的地震波速数值相似，故又称为橄榄岩层或榴辉岩层（高压相）。高温高压岩石实验表明，上地幔物质是由橄榄石（55%）＋辉石（35%）＋石榴石（10%）组成的混合物，此称地幔岩。

具有重要意义的是，在上地幔深约 60～250 km 范围内，地震波速相对较低，称为低速层（带）。据推测，这是因为放射性元素大量集中，蜕变生热，出现高温异常，使这里的岩石温度接近熔点，形成潜柔性的塑性层，或局部呈熔融状态，所以又称软流圈。此层的存在为板块运动提供了理论依据。板块构造学说兴起后，对于地幔热对流也曾进行过一定的研究，特别是中源和深源地震的震源都发生在上地幔，这儿又是岩浆的发源地。因此，对上地幔的研究日益受到重视。软流圈以上较坚硬的岩石部分连同固体地壳合称为岩石圈，它包括沉积层、花岗质层、玄武质层和超基性岩层，而莫霍面则位于其中(见图 2-3)。

从 1 000 km 到 2 900 km 之间的部分叫下地幔。关于下地幔的物质组成目前有两种观点：其一，认为下地幔主要由金属硫化物和氧化物组成；其二，认为这里不是金属层，仍是硅酸盐物质在高温高压下形成的一种密度很大的简单氧化物，属高压型矿物。

上地幔和下地幔对于地震波的传播有一共同特点，即纵波和横波都能通过，而且其速度比在地壳中大得多。因此，认为地幔的硬度比钢还大，应属固态物质。

3. 地核

从 2 900 km 直到地心部分称为地核，古登堡面把其与地幔分开。在此界面附近，由于地震波发生了突然变化，即纵波速度从 13.64 km/s 下降到 8.1 km/s，而横波消失，表明组成地核的物质在化学成分和物理性质上均有很大变化。

根据地震波速的变化情况，又把地核分为外核、过渡层和内核。

(1)外核：平均密度为 10.5 g/cm^3，由于纵波速度急剧降低，横波不能通过，说明刚性为零，是为液体。呈液态的原因是这里的温度超过了熔点。

(2)过渡层：波速变化复杂，并测到速度不大的横波，应是液态开始向固态过渡的象征。

(3)内核：平均密度约 12.9 g/cm^3，并测到纵波和横波，因此肯定是固体。

地核的成分主要是依据与陨石的对比，认为相当于铁陨石的成分，即主要是铁，并含有 5%~20%的镍；另一理由是，地磁来源于地核，也可证明地核应由强磁性的铁镍组成。因此，地核又称为铁镍核。现在一般认为，地核是由铁与少量镍、硫组成的混合物。

三、地球的表面特征

地球表面积为 5.1×10^8 km^2。由于地表凹凸不平，凹下去的部分被液态水所淹没形成海洋，占总面积的 70.8%，约为 3.62×10^8 km^2。凸出的陆地部分只占地表总面积的 29.2%，约为 1.49×10^8 km^2。海陆面积之比为 2.5∶1。

(一)海陆的水平分布

翻开世界地图，我们会发现，地球表面海陆分布是极不均匀的，陆地主要集中在北半球，约占其总面积的 39%(海洋面积占 61%)；而南半球则主要为海洋所占据，约占其总面积的 81%，陆地面积仅为 19%。

此外，地球上的海陆分布在外貌构成上还具有以下一些特征：

1. 除南极大陆外，所有的大陆似乎都是成对的。例如北美洲和南美洲，欧洲和非洲，亚洲和大洋洲。每对大陆都被地壳断裂带所分开组成一个"大陆瓣"，汇合于北极，形成"大陆星"(图 2-5)。

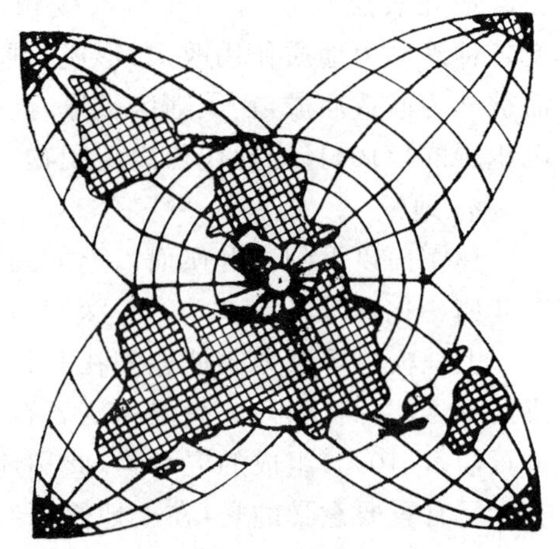
图 2-5 大陆星

2. 大部分大陆北部较宽，南部较窄，像一个底面朝北的三角形。如南、北美洲，非洲和亚欧大陆。多数大陆还有一个共同的特点，即边缘有高大的山脉或隆起的高地，中部为下陷的低地。如在南、北美洲的西部有落基山和安第斯山脉，东部有阿巴拉契亚山脉和巴西高原边缘山脉；非洲北部有阿特拉山脉；亚洲有喜马拉雅山脉；澳大利亚也是西部为高原，东部有山脉，而中部则为平原或低地。

3. 南北半球各大陆西部凹进，而东岸凸出。非洲的西海岸和南美洲的东海岸，红海两岸，在形态上具有明显的相似性。如将南美洲和非洲，北美洲、格陵兰和欧洲拼接，红海两岸靠拢，则可连成一片，似乎这些陆地原来是完整的一块，后来才被撕裂开的。

4. 大多数岛屿分布在大陆东岸，断续相连，呈弧形分布，此称岛弧。这些岛弧往往向东凸出，外侧则为一系列的深海沟。

上述海陆分布所反映出来的地球外貌特征，不但和地壳的物质运动有关，而且很有可能和地球更深部（地幔）的物质运动有关。这正是地质学家、海洋学家和地球物理学家们努力寻求解答的课题。

（二）地表（海陆）的垂直起伏

地球上最高的山峰是我国与尼泊尔接壤的珠穆朗玛峰，海拔 8 844.43 m；大陆上最低处在死海，海拔 −392 m；海洋中最深的地方是西太平洋的马里亚纳海沟，在海面以下 11 034 m。由上可知，地表最大垂直起伏约 20 km。

为了较直观地反映地表的垂直起伏状况，可用统计方法计算出陆地的各级高度和海洋的各级深度所占面积及其所占地球总表面积的百分比（表 2-4）。再以高度和深度为纵坐标，以相对应高程所占面积的百分比为横坐标，做出地表起伏统计曲线图（图 2-6），该图明显地表示出地表高低起伏的轮廓。

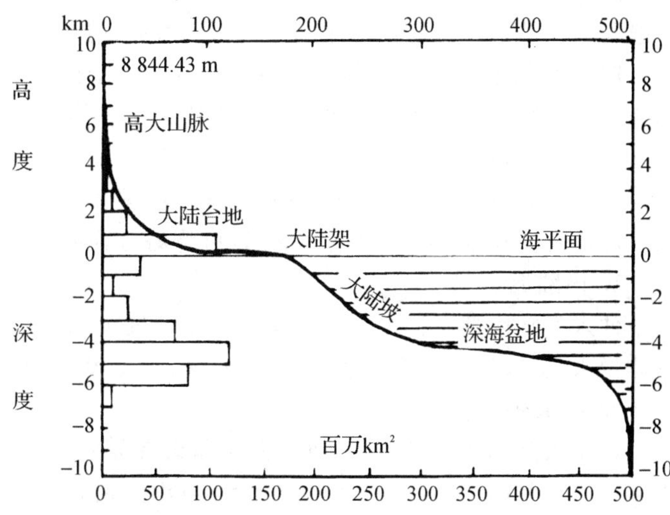

图 2-6 海陆起伏曲线

表 2-4 地球上各种高度和深度所占的面积

陆地高程 (m)	各级高度 百万 km²	各级高度 占全球面积%	海洋深度 (m)	各级深度 百万 km²	各级深度 占全球面积%
3 000 以上	8.5	1.6	0～200	27.5	5.4
3 000～2 000	11.2	2.2	200～1 000	15.3	3.0
2 000～1 000	22.6	4.5	1 000～2 000	14.8	2.9
1 000～500	28.9	5.7	2 000～3 000	23.7	4.7
500～200	39.9	7.8	3 000～4 000	72.0	14.1
200～0	37	7.3	4 000～5 000	121.8	23.9
0 以下	0.8	0.1	5 000～6 000	81.7	16.0
			6 000 以上	4.3	0.8
	148.9	29.2		361.1	70.8

另外,从该图左侧的直方图可以看出,陆地上相当于1 000 m以下的平原、低山、丘陵的面积最大,占地球总表面积的20.9%;海洋中4 000~5 000 m的海盆面积最广,占地球总表面积的23.9%。通过计算可知,陆地的平均高度为0.88 km,海洋的平均深度约为3.7 km。

上述地球表面的海陆分布状况,仅是地球演化至今的外貌特征。决不可认为,地球的表面特征自古如此,将来亦然。因为宇宙万物都处在不停地运动和发展变化之中,一切都是变化的过程。

第二节　海　洋

一、海洋概况

海洋是地表巨大盆地中的水体,是陆地水的主要供给源泉,又是一切陆地水的汇聚场所。一般而言,近陆为海,远陆为洋,海洋是二者的总称。它们的水体互相沟通,均称为海水。

广义上说,海洋是由作为其主体的海水、生活于其中的海洋生物、邻近海面上空的大气和围绕海洋周缘的海岸和海底等几部分组成的统一体。

(一)海及其分类

靠近大陆,位于大洋边缘的水体叫海。面积小,水深相对较浅(一般在3 000 m以内)。海只占海洋总面积的11%,根据其形态,可将海分为内陆海、边缘海、陆间海三种类型。

1. 内陆海

伸入大陆内部者称之。其水文要素主要受大陆的影响,虽然与大洋有不同程度的联系,但总体说来,受大洋的影响不大。如渤海、黑海、波罗的海等。

2. 边缘海

位于大陆的边缘,因岛屿而与大洋隔离者称之。其水文状况在外侧主要受大洋的影响,而内侧则主要受陆地的影响。它可与大洋自由沟通,潮汐和海流是由大洋直接传播而来。如日本海、东海、南海等。

3. 陆间海

位于相邻大陆之间者称之。其水深很大,往往有海峡与毗邻的海洋相通。如欧洲与非洲之间的地中海,南、北美洲之间的加勒比海和墨西哥湾等。

(二)洋及其分类

洋,亦称大洋,为地球表面特别广袤的水域。它面积很大,约占海洋总面积的89%;水特别深(一般大于3 000 m),而且远离大陆。通常把世界大洋分成四大部分:太平洋、大西洋、印度洋、北冰洋。

1. 太平洋

地球上最大、最深和岛屿最多的洋,位于亚洲、大洋洲、南极洲和南北美洲之间,面积约占全球海洋面积的一半。其北部有巨大的海盆,西部有多条岛弧,岛弧外侧有深海沟,其中马里亚纳海沟的斐查兹(Vitiaz)海渊深1 1034 m,为世界已知最深处。

2. 大西洋

地球上四大洋之一,略具“S”型。位于欧洲、非洲与南北美洲之间,南接南极洲,北以冰岛附近的威维亚、汤姆孙海岭同北冰洋分开。洋底中央部分有显著的隆起,南北延伸,亦略具

“S”型，称大西洋海岭。海岭的东西两侧，分布着宽广的深海盆地。

3. 印度洋

为地球上的四大洋之一，位于亚洲、南极洲、非洲与大洋洲之间，大部在南半球。洋底有南北延伸的隆起，将其分为东、西两大海盆：东海盆较深，并有数条海沟；西海盆则有多处隆起。

4. 北冰洋

地球上四大洋中最小的洋，大致以北极为中心，介于亚洲、欧洲和北美洲北岸之间，面积 12.30×10^6 km²。经白令海峡通太平洋，以威维亚、汤姆孙海岭与大西洋分界。罗蒙诺索夫海岭把其分成两个海盆。

需要指出的是，60 年代以来，随着海洋学研究的深入，越来越多的海洋学者认为，太平洋、大西洋和印度洋的南部相互连接的广大水域，具有自成体系的环流系统以及独特的水团结构，是一个在海洋学上有着独特意义的地理区域，并因此将其划分为一个独立的大洋，称为南大洋。其北界为“副热带辐合线”，由于该线的平均地理位置随季节不同而变化于 38°～42°S，故南大洋的面积不固定，约为 77×10^6 km²，占世界大洋总面积的 22%左右。

(三)海与洋的区别

海与洋虽然彼此以水体沟通而构成统一的世界海洋，然而在其形成和演化的过程中却有以下根本区别：

1. 洋盆是相对稳定的蓄水盆地，地球上的四大洋(太平洋、大西洋、印度洋、北冰洋)至少是中生代以来即已出现，尽管其范围、轮廓、深度自形成以来有过许多变化，但一直是接受沉积的地区。而海盆的形成时间较短，不论是位于陆地边缘的陆缘海(包括内陆海和边缘海)，或位于大陆之间的陆间海，主要是在第三纪时初具规模，到第四纪才完全形成的，其位置、范围、规模变化剧烈。

2. 洋底地壳具有洋壳性质，海底地壳除了少部分具有洋壳性质(如日本海及我国南海的一部分)外，多数海底地壳为陆壳性质。

3. 大洋海水深，面积广阔，形态不受大陆直接影响；海域一般水浅，范围局限，形态受陆地轮廓直接影响。表 2-5 将我国四大陆缘海的面积与水深和四大洋进行了比较，从中可以看出这种区别。其中南海的水深和面积较大，接近于大洋，这与它的发展演化程度有关。

表 2-5　海与洋的面积和深度比较

	太平洋	大西洋	印度洋	北冰洋	渤　海	黄　海	东　海	南　海
面积(10^4 km²)	18 130	9 430	7 410	1 230	8	38	77	350
平均水深(m)	3 940	3 575	3 840	1 117	18	44	370	1 212
最大水深(m)	11 034	8 750	7 450	5 180	70	140	2 719	5 559

据夏邦栋，1984

此外，海与洋在水体的含盐度、海水温度及水文特征等方面也有一定的不同之处。

二、海水的化学成分和物理性质

(一)海水的化学成分

海水含有盐分(表 2-6)。1 kg 海水中一般含盐分 33～38 g，以 3.3%～3.8%表示。在雨量丰富及有大河流注入的海域含盐量较低，在雨量稀少、干旱炎热而又封闭孤立的海域(如红海)因蒸发量大，含盐度较高，常达 4%以上。在开阔的大洋里，由于海水充分循环，含盐度变化不大，一般是 3.5%。盐分主要是氯化物、硫酸盐、碳酸盐等，它们在海水中都呈溶解状态。

表 2-6 海水的化学成分

海水中盐类名称	NaCl	$MgCl_2$	$MgSO_4$	$CaSO_4$	K_2SO_4	$CaCO_3$	MgBr 等	总计
占总盐重的百分数	77.758	10.875	4.737	3.600	2.465	0.345	0.217	100.00
1 000 g 海水中的含量(g)	27.2	3.8	1.7	1.2	0.9	0.1	0.1(弱)	35.0

海水中除含上述化合物外，尚含有 Au、Ag、Ni、Co、Mo、Cu 等几十种微量元素。某些元素的含量较高，如 Au 的含量由 0.001 mg/t 到 60 mg/t，U 的含量为 3.3 μg/L。目前有许多国家正在进行从海水中提取 Au 与 U 的试验，我国也开展了这方面的工作。

此外，海水中还溶解有多种气体。其中具有重要地质意义的是氧与二氧化碳，它们来自于空气以及海洋生物的生命活动。在阳光可以透过的浅水区域，生活在海底的植物及在海水表层营漂浮生活的微体植物通过光合作用而制造氧。因此海水表层 200 m 以内富含氧，并且由于海水的运动和垂直循环氧还可以达于海水深处。另一方面，海洋中生活的动物吸取氧并呼出二氧化碳，使氧的含量减少；同时，海底有机质腐烂要消耗氧，因此在海水垂直循环不畅的较深海底往往缺氧。海水中二氧化碳的含量较大气中丰富，平均达 45 cm^3/L。但是海水中二氧化碳的含量是可变的，它随着海水温度的升高而减少，随着海水压力的增高和盐度的增大而增加。而海水中的二氧化碳和大气中的二氧化碳二者又是可以交换的，这种交换作用能够调节大气中二氧化碳的含量。总的趋势是，高纬度地区大气中的二氧化碳进入海洋，而低纬度地区则海洋中的二氧化碳进入大气，但总的结果是大气中的二氧化碳进入海洋。而二氧化碳含量的多少又影响到海水的酸碱性质，对于碳酸钙的沉淀有重要控制意义，表现为碳酸钙在碱性介质中发生沉淀，在酸性介质中就要溶解。

(二)海水的物理性质

海水的密度是单位体积海水的质量，其符号为 ρ。海水的密度略大于蒸馏水(纯水)，一般为 1.02～1.03 g/cm^3(蒸馏水在 4 ℃时密度最大，为 1 g/cm^3)，并随温度、压力及含盐度的变化而有所改变。

海水的压力是由上层海水的重力产生的。海水的压力随深度的增加而增加。海水深度每增加 10 m，其压力就增加 1 个大气压。水深 1 000 m 处，压力为 100 个大气压，这种压力可以使木材的体积压缩一倍而下沉。水深7 600 m处的压力可以使空气变成水一样的密度。

海水的颜色又称海色，可用水色计测定。海色一般分为 12 级，编号最小者为蓝色，随着号码的增大，颜色由黄绿色转变为褐色。海水的颜色通常为蓝色。这是因为随着海水深度的增加，太阳光中的红、橙、黄等色光被吸收，而蓝、绿色光被反射出来之故。但是在靠近大陆的海域中，海水的颜色会受到海水中的生物以及泥沙含量等因素的影响而改变。如红海海水具有浑红色调，系因海水中富含红色藻类；又如我国的渤海、黄海海水多呈黄色，则因含有大量泥沙之故。

海水的温度是以摄氏度(℃)表示的，简称水温。海水的温度各处不同。海水表层温度在赤道附近是 25～28 ℃，最高可达 35 ℃。在南、北纬 50°附近是 10 ℃左右，而在南、北纬 80°以上的极地则降到 0 ℃以下，最低为－16 ℃。此外，海水的温度随着海水的深度增加而降低，但表层海水中热的传导仅限于一定深度(200～300 m)以内，300 m 以下海水的温度变化很小，洋底水温一般在 2～3 ℃之间。

三、海洋中的生物

海洋是生命的摇篮，是生物的发源地，现代海洋中生活着大量动、植物。据初步统计，海洋生物约有26万种，其中海洋植物约10万种，海洋动物约16万种。

海洋生物按其生活方式可分为三大类：

1. 底栖生物

移动不远，或固着在海底生活的生物，其身体一般较重，有的有厚而重的外壳，有的则富含石灰质。如珊瑚、腕足类、苔藓虫等。

2. 游泳生物

生活在海水中的一些身体较大、运动器官发达、能主动游泳的生物，主要为鱼类、鲸类及无脊椎动物中的头足类和大型虾类。

3. 浮游生物

浮游生物是指在水体运动的作用下，被动地漂浮在水层中的生物群。在海洋中游泳能力很差，甚至没有游泳能力而随水漂移的生物，叫海洋浮游生物。主要分布于真光带，也有分布于弱光带者。如各种漂浮的藻类、变形虫、有孔虫、放射虫等。

绝大部分底栖生物及部分浮游生物骨骼(介壳)的成分是 $CaCO_3$，而硅藻、放射虫及硅质海绵等生物骨骼的成分为 SiO_2。

海水及海底沉积物中还生活着大量细菌。细菌具极强的繁殖能力。据统计，1 cm^3 的海水中细菌可达50万个以上，1 cm^3 的海底沉积物中细菌有数千万到数亿个。大多数细菌能分解有机质，形成还原环境。

海洋生物对于海洋沉积物的形成、有机质的堆积以及某些矿产资源的形成均有重要意义。因为一方面生物骨骼或有机体是海洋沉积物的一种来源；另一方面，海洋生物的生命活动本身对海洋沉积作用的进程起着重要的制约作用。

复习思考题

1. 固体地球可划分几个一级圈层？简述划分的依据及各圈层的特征。
2. 为什么说大气圈中的臭氧层是人类的保护层？
3. 何谓岩石圈？地壳和岩石圈的区别是什么？
4. 地球表面海陆的水平分布和垂直起伏状况各有哪些主要特征？
5. 什么是海与洋？二者的根本区别是什么？
6. 简述海水的化学成分和物理性质。
7. 名词解释：大地水准面、生物圈、莫霍面、软流圈、地幔岩、内陆海、边缘海、南大洋。

第三章 地 壳

地壳，作为固体地球的最外圈层，是人类赖以生存的自然环境，也是人类所需一切物质资源的直接发掘场所。如果人类想把自身的生存与自然环境协调起来并不断提高其生活质量，那么就必须尽可能充分地认识和了解地壳。尽管第二章已涉及有关地壳的某些基本知识，但就其深度和广度来说显然是不够的。因此，本章将重点讨论地壳表面的地形（地貌）特征及其物质组成、构造变动和演化历史等问题。

第一节 地壳表面的地形（地貌）特征

一、地壳表面形态的一般特征

地壳位于岩石圈的上部，其表面高低不平。现代陆地大地测量和海洋测深已经积累了相当丰富的数据资料，据此可以提供有关地壳表面形态的基本特征。众所周知，陆地与海洋是地壳表面两个最大的地形（地貌）单元。从宏观上看，陆地和海底不仅仅是高度不同，而且都具有明显的平面特点，分别代表了两个高程不同的平台。大陆平台平均高 880 m，而海底平台则以平均深度为 3 700 m 的深海底部作为主体，两者相差 4 580 m。这个高差远远超过海洋与陆地内部的一般相对高差；另外，不论陆地或海底，都有线状延伸的特殊地形，如陆地上和海水下的巨大山脉、沟壑等。它们之间的地带，则为相对较平坦的平原或高原。因此，可以说，地表形态是由高低悬殊的"条条"与相对平坦的"块块"镶嵌而成的。这种"条条块块"，既是地壳表面形态的基本特征，又反映了地下地质状况的基本格局。

地壳本身并不是永恒不变的，而地壳表面的地形（地貌）更不是抽象的几何形态的组合。确切地说，地壳表面的地形（地貌）是由各种具有一定的地质构造，并受到大气圈、水圈中的各种过程和地球内力不断作用或影响的个体形态的综合体。所以，不清楚组成个体地形（地貌）的岩石成分和性质，不了解影响地形（地貌）并起因于地壳、大气圈、水圈和生物圈的物化状态不断变换的各个过程，就不可能真正认知地壳。

总之，地壳由岩浆岩、沉积岩和变质岩组成，它们在地球内部及外部各圈层内各种过程所产生的内力和外力作用下形成的产物即为我们今天所看到的地壳表面地形（地貌）的形态特征。

二、陆地地形（地貌）特征

陆地地形（地貌）按照高程和地势起伏特征，一般可分为山地、丘陵、平原、高原、盆地、洼地和裂谷。

（一）山地

海拔在 500 m 以上，地势起伏很大的地区称为山地。按其高程又可分为低山（海拔 500～

1 000 m)，中山(海拔 1 000～3 500 m)，高山(海拔 3 500 m 以上)。呈线状延伸的山岭叫山脉；成因上相联系的若干相邻的山脉叫山系。大陆上的高大山脉主要分布在现今的大陆边缘或古大陆边缘，前者如美洲西岸的科迪勒拉山脉、安第斯山脉等，后者如喜马拉雅山脉、阿尔卑斯山脉等。

大多数山脉属于褶皱山。山脉是地壳活动性较大的地带，根据山脉中有关地层的时代，可以确定山脉是何时形成的，其近代地震的频率则表明这一造山作用是否仍在持续进行或再次活动。

(二)丘陵

海拔一般在 500 m 以下，相对高程不超过 200 m，为高低不平、连绵不断的低矮浑圆山丘地形。如我国的东南丘陵、川中丘陵。其特点介于山地和平原之间。从成因上看，可以是山地发展的晚期，向平原方向转化；或者是正在向山地转化的平原。一般来说，丘陵是山地和平原之间的过渡产物。

(三)平原

平原是海拔在 600 m 以下，一般低于 200 m 的宽广平坦或略有起伏的地区，其内部相对高差多不超过数十米。典型的平原一般为冲积平原，如我国的华北平原、松辽平原等。主要为巨厚的松散沉积物覆盖，其下伏基岩表面有时有较大起伏，表明原来是个低洼下沉地区，以后被沉积物填平而成平原。但也有海拔较高的平原，如成都平原，其高程为 200～600 m。

还有少数不很典型的平原，其上面的松散沉积物很薄，许多地方基岩直接裸露。这些地区不像冲积平原那样平坦，常有低丘出现。我国淮河中下游有此类地形。

世界上最大的平原是亚马逊平原，面积达 5.6×10^6 km^2。

不论上述哪一种情况，大面积平坦地形的出现表明这一地区内部是比较稳定的。所谓稳定当然是相对的，如华北平原近期还有地震，说明基底还有构造运动。但其产生的后果小于地表水系沉积淤平的效果，所以仍保持为平原。

(四)高原

高原是海拔在 600 m 以上，顶部较为平坦，大多经过切割并稍有起伏的广阔地区。从成因上来说，高原为近期大面积整体隆起上升的地区。如我国西北黄土高原，东、南、西三面均为地震较多、活动性较强的地带，地表被新生代的黄土覆盖，表面平坦，但由于地势高，被地表水系冲刷出许多很深的沟谷，实际上是个上升了的平原。不过高原这个术语在地形(地貌)和成因上有时不十分严格，需具体分析。如青藏高原海拔 4 000 m 以上，是世界上最高的高原，但其内部的唐古拉、念青唐古拉山脉，实际上是密集并排的活动带。

世界上最大的高原是巴西高原，其面积达 5×10^6 km^2 以上。

(五)盆地

四周为高原或山地，中间低平的地区，外形似盆而得名。如我国的四川盆地、柴达木盆地，非洲的刚果盆地。

(六)洼地

陆地上高程在海平面以下的低洼地区。如我国新疆艾丁湖，最低处低于海平面 155 m，称为克鲁沁洼地。

(七)裂谷

大陆上呈线状分布的大规模谷地，许多地质和地球物理证据表明，这些地带是地球表面的巨型裂隙。地壳在这些地方被拉张而裂开，称为裂谷或大陆裂谷系。如东非大裂谷，世界著名。其两侧为高出谷底数百至一二千米的大断崖,平面上呈开阔的"之"字形曲折延展,为一系列湖泊和峡谷,全长约 6 500 km。

三、海底地形(地貌)特征

古时候,人们把海底称为神秘的世界,并编造了许多美丽的神话。随着科学的进步,可以连续记录的回声测深仪发明后的最近几十年中,已知海底地形和大陆地形一样复杂多样,既有高山深谷,也有平原丘陵,而且在规模上非常庞大,外貌上更为奇特壮观。

根据海底地形(地貌)的基本特征,一般把海底地形分为大陆边缘(包括大陆架、大陆坡、大陆裙、岛弧、海沟)、大洋盆地和大洋中脊三个一级单元。它们的面积及其百分比如表 3-1。

表 3-1 海底地形单元的面积

地形单元		面积($\times 10^6\ km^2$)	占海洋面积%	占地球面积%
大陆边缘	大陆架、大陆坡	55.4	15.3	10.9
	大陆基	19.2	5.3	3.8
	岛弧、海沟	6.1	1.7	1.2
大洋盆地	深海盆地	151.5	41.8	29.7
	火山、海峰等	5.7	1.6	1.1
	海底高地、海岭	5.4	1.5	1.1
洋中脊		118.6	32.7	23.2

引自《地质矿产研究》1974 年 1 期

(一)大陆边缘

大陆边缘是大陆表面和大洋底面之间的一个广阔过渡带,从地形变化和地壳结构的角度来说,它是一个巨大而复杂的斜坡带,也是大陆地壳和大洋地壳之间的过渡带,属过渡型地壳。

大陆边缘按其地形组合特征,可分为三种类型,即大西洋型、东太平洋型和西太平洋型(图 3-1)。

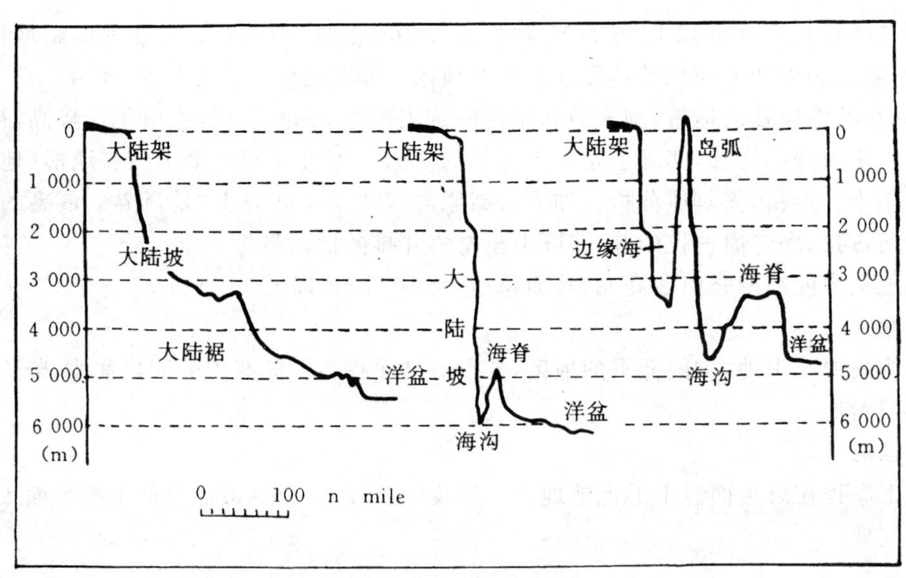

图 3-1 大陆边缘剖面的三种类型(据 Tchernia. 1980)

也有人把后二者合称为太平洋型。大西洋型大陆边缘通常由大陆架、大陆坡和大陆裙组成，整体地形表现出宽阔而平坦的特征，是一个没有火山和地震、较为稳定的大陆边缘，包括大西洋、印度洋和北冰洋的大部分大陆边缘；东太平洋型（又称安第斯型）大陆边缘由大陆架、大陆坡和深海沟等地形单元组成，整体地形险峻陡峭、高差悬殊，沿岸的安第斯山脉通过狭窄的大陆架、大陆坡直接与“秘鲁—智利”海沟相连，而无大陆裙；西太平洋型（又称东亚型）大陆边缘由大陆架、大陆坡、边缘海盆、岛弧和海沟组成，整体地形复杂而宽阔，亦无大陆裙。

现将大陆边缘所包含的次一级地形单元分述如下：

1. 大陆架

大陆架也称陆棚，它是大陆周围较平坦的浅海海底，从岸边低潮线开始向外海延伸至海底坡度显著增大的边缘，这个边缘称陆架外缘，陆架外缘以内的浅海海床，便叫大陆架。

谢帕德（F. P. Shepard，1973）统计了大量实际调查资料后指出，大陆架的平均宽度为75 km，平均坡度为0°07′，陆架外缘的平均水深为130 m。

过去，根据海图上一般都有200 m这条等深线，习惯地把水深200 m作为陆架外缘的水深。其实，这是一条人为的界线，因为大陆架不一定终止在这个深度。世界各地大陆架外缘的深度很不一致，浅者只有50 m，最深者可达500 m，其平均水深为130 m。因此，按照这种实际存在的自然状况，大陆架可分为两类：陆架外缘水深在200 m以内者称为浅大陆架，水深大于200 m者称为深大陆架。

1958年，根据国际海洋法会议的建议，国际海底地形命名委员会规定：大陆架是从低潮线延伸至坡度向深海显著加大的一段环绕大陆的地带。如果陆架外缘存在两个或两个以上的下折带时，则以比较显著的一个下折带为大陆架的边界，其深度一般不超过600 m。大陆架在国际上被认为是沿海国家领土的自然延伸。沿海国家有权在其领海或经济区以外，根据本国地理条件，合理地确定在其专属管辖下的大陆架范围，以保护其海洋资源。

通常，又以水深50 m为界，将大陆架划分为内陆架和外陆架。此外，大陆架表面一般还发育有以下几种常见的水下地形：

(1)陆架平坦面　据回声测深记录，大陆架表面并非单一倾斜面，而是有许多平坦面构成的。全球大陆架有六个平坦面，水深分别为：15 m、32 m、52 m、68 m、87 m、100 m（谢帕德，1937）。我国东海大陆架有五个平坦面，水深分别为20 m、50 m、75 m、130 m、150 m（图3-2）。大陆架平坦面的形成主要与海水的进退有关。

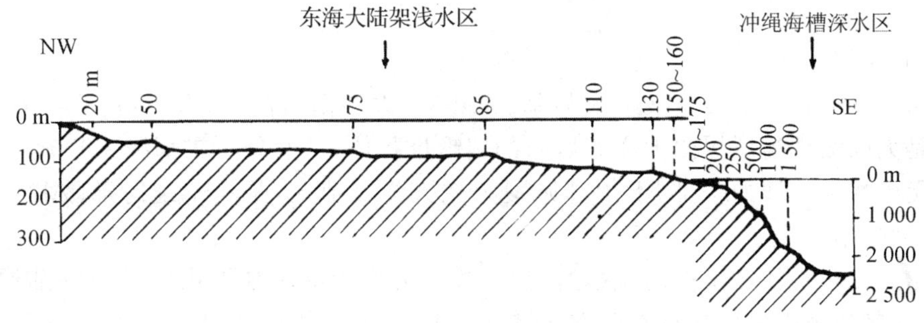

图3-2　东海海底平坦面

（据林美华，1978）

(2)陆架谷　其外形与陆地上的河流沟谷相似,大多分布在世界各大河口外的大陆架上,也有人称之为沉溺河谷或水下古河道。如我国东海陆架上,有长江延伸的沉溺河谷,全长270 km;非洲的刚果河、欧洲的易北河、莱茵河和泰晤士河在其口外的陆架上均有沉溺河谷。陆架沟谷的成因,一般认为是从前陆地上的河流侵蚀或冰川刨蚀而形成的谷地,由于后来海水侵进陆地而沉溺于现今陆架上。此外,也有潮汐作用形成的,如海南琼州海峡两端的沟谷。

(3)陆架边缘坝(堤)　大西洋和太平洋大陆架的部分外缘,地形呈坝状突起,称陆架边缘坝(堤)。当其露出水面时则形成岛屿,如我国东海陆架外缘上的钓鱼岛、赤尾屿等。陆架边缘坝(堤)的成因主要是内力作用的结果,也有的是生物礁成因。

(4)陆架砂丘　我国台湾海峡南部的陆架上有一片水下浅滩,其面积达 3 000 km^2,水深为30～40 m。浅滩上分布着数以百计的水下砂丘,此称陆架砂丘。

2. 大陆坡

大陆坡一词最早由瓦格纳(Wagner. H,1900)提出,当时发现陆架外存在一个坡度较大的斜坡地形,他便将这一地形命名为大陆坡。现在是指自大陆架外缘至洋底这一陡峻的斜坡地带,其平均坡度为 4°17′(谢帕德,1963),最大坡度可达 35°～45°,各地水深不一,平均水深从130 m 到 2 000 m,个别地方可达 3 000 m 以上。大陆坡是地球上最长、最直和最高的斜坡,呈平均宽度为 20～40 km 的条带围绕着大陆架。大陆坡地形复杂,通常发育着二个主要的次一级地形单元:

(1)海底峡谷　大陆坡上最显著的特征是有许多两岸陡峭甚至直立、高差很大的凹槽横切其上,有的甚至切穿大陆架与现代或近代河口相连。这种切割很深,外形呈"V"字形的凹槽(或谷地)犹如陆地上的峡谷一样,称为海底峡谷。许多研究海底峡谷的学者认为,它们是由河流切割而成,也有人认为是构造成因或是浊流的侵蚀作用形成的。回声测深结果证明,海底峡谷出口处有两种情况:第一,与大陆裙相邻,谷口水深 2 000 m,口外形成大规模的深海扇;第二,与海沟相遇时,海底峡谷可延续至水深 4 000～5 000 m,成为陆源碎屑物质搬往深海沟的通道,其平面形态与陆地上的河谷相似。

(2)大陆坡平坦面　据回声测深资料,大陆坡表面亦不是一个连续的倾斜面,而是由若干个阶梯状平坦面构成的。大西洋陆坡上有三个平坦面,水深分别为 550 m、1 650 m、2 950 m(B. C. Heezen,1959)。我国东海陆坡上,从陆架边缘到冲绳海沟,可分辨出 6～8 个平坦面,其水深分别为 170 m、200～210 m、230 m、250～255 m、400～500 m、800 m、1 000 m 和 1 500 m(见图 3-2)。

3. 大陆裙

大陆裙(Continental rise)又称大陆基、大陆隆、大陆裾,首先由希曾(B. C. Heezen,1959)命名。它是大陆坡坡麓缓缓向大洋底展布的扇形堆积体,一般分布在水深 2 000～5 000 m处,其上半部覆盖在大陆坡的基部,下半部则覆盖在大洋盆地上,是一个地跨陆坡和洋底的沉积体,故称为大陆裙。

大陆裙的沉积物往往是由河流搬运、浊流或重力作用沿着陆坡携带而下的陆源碎屑物质组成的,在其底部再由底层流重新分布。其特征是坡度非常平缓,仅 5′～35′(李叔达,1983),面积广阔,宽度可达 100～1 000 km,最厚处可达 10 km。海沟发育的太平洋地区没有这一地形单元,而在海沟不发育的印度洋、大西洋中大陆裙则广为分布(图 3-3)。

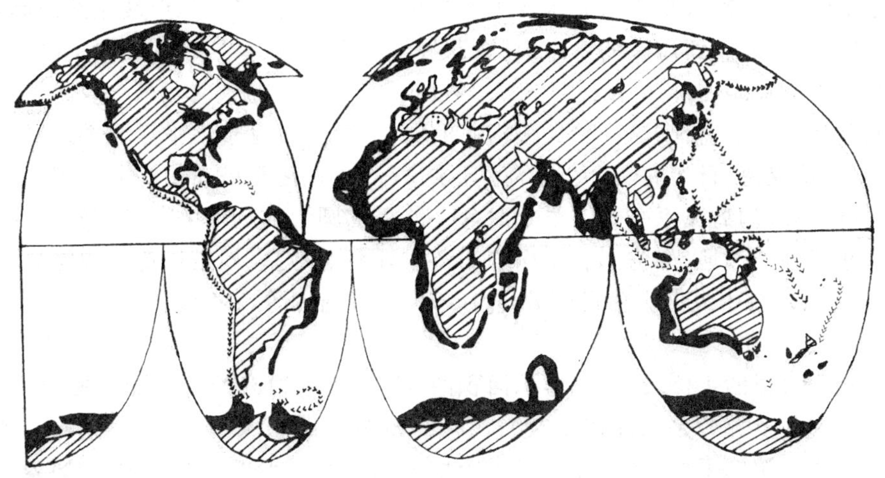

图 3-3 世界大洋大陆裙分布(据谢帕德,1979)

4. 海沟与岛弧

位于大陆边缘靠近大洋一侧、深度大于 6 000 m,延伸数千千米的狭长槽形海底凹地叫作海沟;而靠近大陆一侧(海沟的内侧)延伸距离很长,呈弧形分布的火山列岛称为岛弧。二者平行伴生,构成一个不可分割的统一体。也有人(如梁元博等)把海沟与岛弧的这种伴生关系称为共轭体系。

海沟与岛弧共轭体系(沟弧系)在平面上呈同心弧状展布,凸面朝向大洋。岛弧是现代火山与地震强烈活动的地带。太平洋北部、西部及西南部有一系列弧形岛屿都属于岛弧,如阿留申群岛、库页岛、千岛群岛、日本列岛、印度尼西亚及新西兰的许多岛屿,它们向洋的一侧都伴生有海沟(图 3-4)。

已知世界大洋共有约 30 条海沟,大多分布在太平洋周边,少数几条也分布在靠近太平洋的大西洋和印度洋周边地区(图 3-4)。

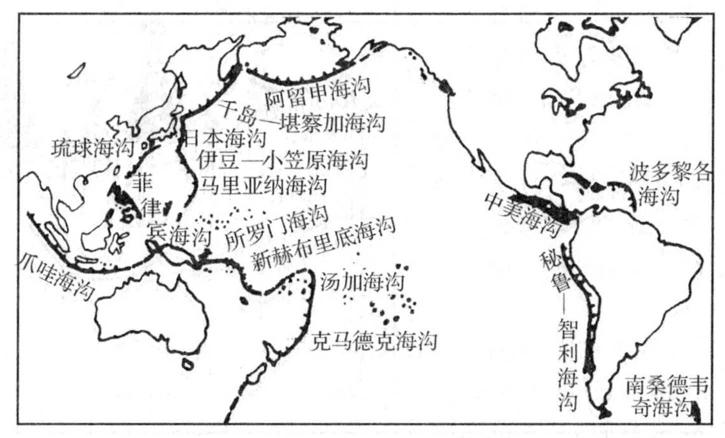

图 3-4 世界大洋海沟分布(据小林和男,1980)

海沟通常长达数千千米,宽数十至成百千米,其横剖面呈不对称的"V"字形,靠大陆一侧坡陡,靠大洋一侧坡缓,坡壁上往往发育平坦面。

需要指出的是，在东太平洋与海沟伴生的是位于美洲西海岸呈弧形展布的山脉，即南美西海岸的安第斯山脉、北美西海岸的海岸山脉，此称海沟山弧系。

5. 边缘海盆

边缘海盆又称弧后盆地，是一种岛弧内侧的深水盆地，多见于太平洋西部边缘。北起白令海，向南经鄂霍茨克海、日本海、东海、南海、苏录海等，再往南至塔斯曼海分布着一长串边缘海盆，其延伸方向与海沟岛弧系一致。单个海盆一般呈椭圆形或近似的菱形，乃是一些平坦或为个别海底隆起切割的洼地，多为第三纪塌陷构造或埋藏的地垒、地堑构造。边缘海盆平均深度为 3 500 m，我国南海中央深水盆最深处达 5 559 m(秦蕴珊等，1982)。

(二)大洋盆地

大洋盆地是海洋的主体，约占海洋总面积的 45%，其周边有的与大陆裾相邻，有的直接与海沟相接。其中主要部分是水深在 4 000～5 000 m 的开阔水域，称为深海盆地。深海盆地中最平坦的部分称为深海平原，其坡度一般小于 1/1 000，甚至小于 1/10 000，是地表最平坦的地区。

大洋盆地并不是真正的“平原”，其内也有凹凸不平。凸起的部分，构成“海底高地”、“海岭”、“海峰”、“海山”及“平顶山”；凹下的洼地即为海盆。现把大洋盆地中常见的几种地形(地貌)单元简介如下：

1. 海底高地及海岭

大洋盆地中的一些比较开阔的隆起区，其高差不大，没有火山活动，构造活动比较宁静的地区，称为海底高地或海底高原。如大西洋中的百慕大海底高地。

有些无地震活动的长条状隆起区，则称为海岭。如印度洋中的九十度海岭、马尔代夫海岭。

2. 海山、海峰和平顶山

深海平原中分布范围不大、地形比较突出的孤立高地，称为海山；如果海山呈锥形，比周围海底高出 1 000 m 以上，隐没于水下或露出海面者则叫海峰。太平洋中的夏威夷群岛为一系列海峰，高出海底 5 000 多米，其中冒纳罗亚火山海拔 4 205 m，高差达 9 000 m 以上，超过珠穆朗玛峰与海平面的高差；如果海山顶部被海浪侵蚀削平，现今位于海面以下者，则称为海底平顶山(也叫盖约特)。海底平顶山在太平洋中最常见。

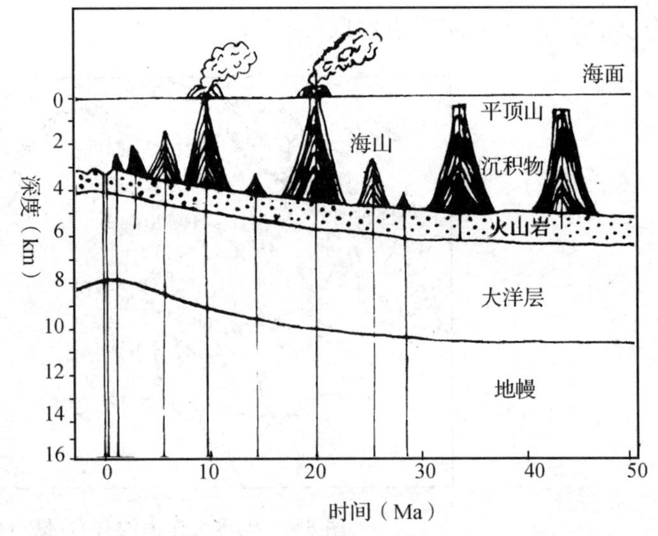

图 3-5 海底火山

海山和平顶山大多由已熄灭的火山组成，它们往往排列成行，有时密集成群，除少数露出海面外，大部分位于水下，外形象巨大的圆锥体，山坡陡峭(图 3-5)，也有人将其称为火山。

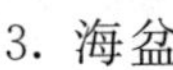

3. 海盆

在大洋盆地中，外形呈圆形的巨大凹地叫海盆。其深度大致在 4 000～5 000 m 左右，一般分布在洋脊或海底高地之间。由于海盆与海盆之间为洋脊或高地所隔，因而很少完全相通，各海盆之间的海水交流十分困难，每个海盆中都有其完全不同的鱼类。海盆的基底多由超基性和基性火山岩组成，其上覆盖有红黏土及海洋生物沉积。

(三)大洋中脊

大洋中脊亦称洋脊，也有人称之为中央海岭。它是一条横穿世界各大洋、线状延伸、遍及全球的海底巨型山脉(图 3-6)，总长 8×10^4 km，平均深度约 2 500 m，相对高程约 1 000～3 000 m，其规模超过陆地上最大的山系，约占洋底总面积的 32.8%。

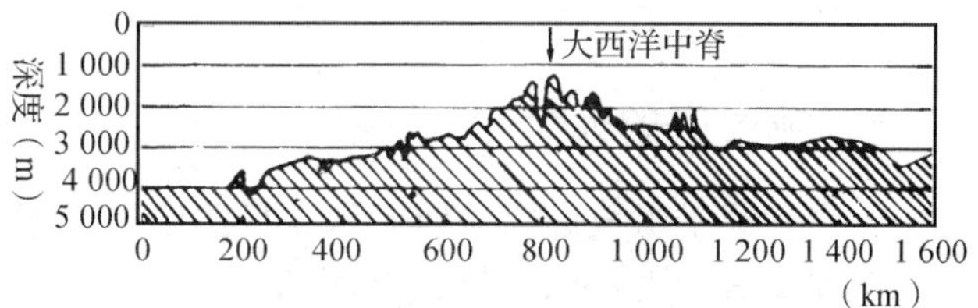

图 3-6 横过大西洋中脊剖面

[引自《地球动力学原理》]

环绕全球的洋脊可以从靠近勒拿河三角洲的西伯利亚陆架追溯起，穿过北冰洋(以南森海岭为代表)，经挪威海至冰岛，再往南呈"S"型穿过大西洋，绕过非洲南端向东进入印度洋。在马达加斯加和印度之间开始分裂，其中一支向西北进入亚丁湾，并在那里再次分裂，一支延续至红海，另一支进入非洲裂谷系；在印度洋的另一个分支向东经澳大利亚和新西兰以南伸入南太平洋，再转向北呈反"C"字形，经东太平洋进入加利福尼亚湾，潜没于北美大陆西海岸与圣安德列斯大断裂相连。

洋脊轴部高程最大，并向两翼倾斜。其特征是两翼对称，坡度平缓，基底几乎全由玄武岩组成，起伏由中等到崎岖不平(100～1 000 m)。其上的沉积盖层通常随离洋脊顶部距离的增大而加厚。另外，洋脊往往被一系列横向断裂(转换断层)错开，错距可达数百公里。

大西洋、印度洋、北冰洋的洋脊顶部中央有明显的大裂缝，深 1～2 km，宽达数十甚至数百公里，称为中央裂谷(图 3-7)；而位于东太平洋的洋脊比起其他洋脊要宽阔平坦得多，而且其顶部无明显的中央裂谷，为区别起见，把前者称为洋脊，后者称为洋隆。因大西洋洋脊恰位于大西洋中央部位，故又称为洋中脊；而太平洋洋隆则在太平洋的东侧，故叫做东太平洋洋隆。现以大西洋中脊和东太平洋洋隆为例，将二者的区别列于表 3-2。

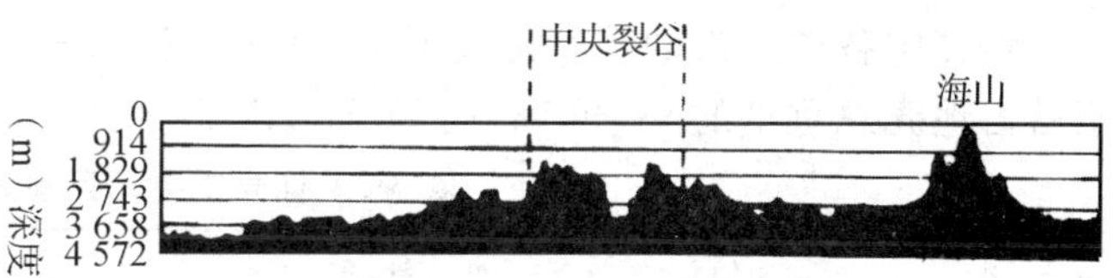

图 3-7 大西洋中脊在北纬 30°的横剖面

(据 J. Gilluly: *Principles of geology*, 1975)

表 3-2 洋脊与洋隆的区别

大西洋中脊	有中央裂谷，分成两条脊峰	两麓崎岖	地震较强	其下地幔流动性小	扩张半速度为 1～2 cm/a
东太平洋洋隆	有中轴面而无中央裂谷	两麓比较平缓	地震较弱	其下地幔流动性大	扩张半速度为大西洋的 3～4 倍

据尹赞勋，1972

洋脊是现代地壳最为活动的地带，那里经常有岩浆上升、火山喷发和地震活动，其构造与成因，是大洋形成和演化的根本问题。

第二节　矿物

地壳由岩石组成，岩石是由矿物组成的，而矿物又是由各种元素组成的，所以研究矿物则要从了解元素入手。

一、地壳中的元素

由同种原子组成的物质叫元素。目前已知元素有108种，其中在自然界存在的为92种。在元素周期表中占据同一位置，具有不同原子量(质子数相同、中子数不同)的同种元素的变种称为同位素。原子核不稳定的同位素会自行放射出能量，即具有放射性，故称为放射性同位素。不具放射性的同位素则称为稳定同位素。同种元素的同位素其物理与化学性质相同。

研究元素在地壳中的平均含量(即地壳的平均化学成分)，是一项地球化学的重要基础工作，历来受到世界各国地球科学家的重视。美国著名的地质学家和化学家克拉克(F. W. Clarke)最早测定了地壳中元素的平均含量。他根据采自全世界各地的5 159个岩石样品的化学分析数据，于1889年首次求出了16 km厚的地壳内50种元素的平均重量。鉴于他在这项工作中所作的突出贡献，国际上决定把各种元素在地壳中平均重量的百分比称为克拉克值。后经他本人和华盛顿(H. S. Washington)共同修订，于1924年发表了地壳中50种元素的含量资料。

在地球科学家的共同努力下，元素的克拉克值不断地得到补充和修正。通常将元素在宇宙体或地球化学系统(如地球、岩石圈、地壳、水圈、大气圈或某一岩体)中的平均含量(即克拉克值)称为丰度。

地壳中各种元素的丰度是极不均匀的。仅O、Si、Al、Fe、Ca、Na、K、Mg、Ti、H等10种元素就占地壳总重量的99.96%，而O、Si、Al、Fe 4种元素则占88.31%(表3-3)。

表3-3　地壳主要元素重量百分比

氧	O	46.30	钠	Na	2.36
硅	Si	28.15	钾	K	2.09
铝	Al	8.23	镁	Mg	2.33
铁	Fe	5.63	钛	Ti	0.57
钙	Ca	4.15	氢	H	0.15

据刘英俊等，1984

地壳中的化学元素，除少数以自然元素(如S、Au等)产出外，大部分都以各种化合物形式出现，尤以氧化物最为常见。

二、矿物的概念

矿物是由地质作用形成的单质或化合物，它具有一定的化学成分和物理性质。由一种元素组成的矿物，称为单质矿物，如自然金(Au)、自然铂(Pt)、金刚石(C)、自然硫(S)等；由两种或两种以上元素化合而成的矿物，称为化合矿物，如黄铁矿(FeS_2)、赤铁矿(Fe_2O_3)、方解石

$(CaCO_3)$、岩盐$(NaCl)$等。

绝大多数的矿物是固体，也有少数呈液体状态，如自然汞(Hg)。固体矿物按其内部构造可分为结晶质矿物和非晶质矿物。结晶质矿物是指其内部质点（原子或离子）在三维空间按一定方式作规则排列，不仅具有一定的化学成分，而且具有一定的结晶构造和几何外形，故又称为晶体。如岩盐就是由钠离子和氯离子按立方格子式排列（图 3-8）的晶质矿物。非晶质矿物是指其内部质点在三维空间作不规则排列，虽有一定的化学成分，但无一定的几何外形，所以又称为非晶质体。如蛋白石$(SiO_2 \cdot nH_2O)$，就是由胶体粒子凝聚而成的非晶质矿物。自然界中绝大多数矿物是结晶质，非晶质随着时间的增长，可自发地转变为结晶质。

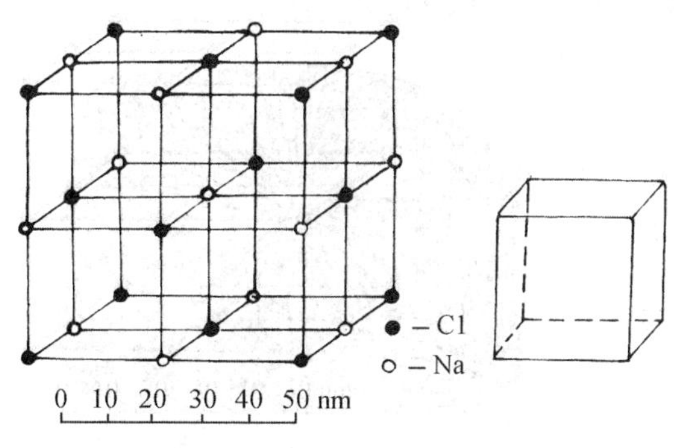

图 3-8 岩盐的内部构造和晶体

矿物是组成地壳的基本物质，自然界中至今已发现的矿物有 3 000 多种，目前被利用的只有 200 余种。随着科学技术的发展，今后将会有更多的矿物被人类利用。

由于矿物的化学成分与内部结构不同，因而不同的矿物就具有不同的形态和性质，人们根据其形态和性质等特征就可识别和鉴定它们。

三、矿物的特性

（一）矿物的形态

1. 矿物的单体形态

矿物的单个晶体称为单体，均具有一定的几何外形。如岩盐是立方体，磁铁矿是八面体，石榴子石是菱形十二面体（图 3-9），辉锑矿呈一向伸长的针状，云母为两向延展的片状，水晶则呈六方锥柱状，等等。

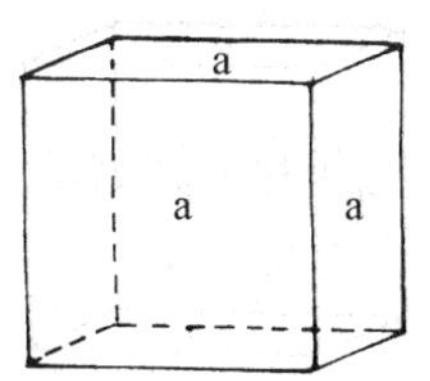

1. 六面体(a)

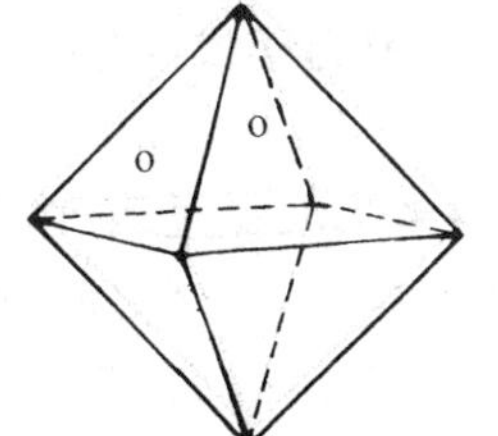

2. 八面体(o)

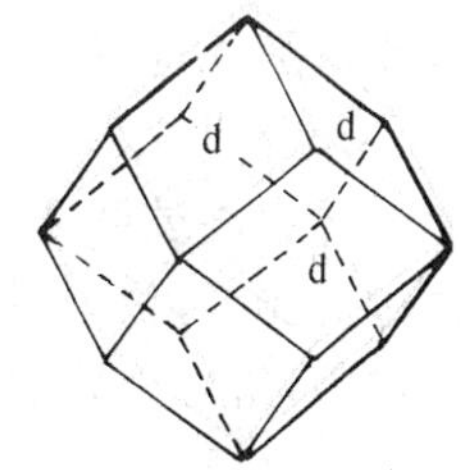

3. 菱形十二面体(d)

图 3-9 矿物的几种外形

2. 矿物集合体的形态

晶质矿物晶粒的聚集体或非晶质矿物微粒的聚集体称为矿物集合体。矿物集合体也往往具有某些习惯性的形态，如磁铁矿为粒状集合体（肉眼能分辨颗粒界限）或块状集合体（肉眼不能分辨颗粒界限）；云母为鳞片状集合体；赤铁矿为鲕状（颗粒大小如鱼卵称之，图 3-10）或肾状集合体；石棉为纤维状集合体；放射状集合体则是由长柱状或针状矿物以一点为中心向四周呈放射状排列而成的，形似菊花，如红柱石（图 3-11）；此外，尚有钟乳状集合体（如方解石），形似冬季北方屋檐下凝结的冰锥，横切面为圆形，具有同心

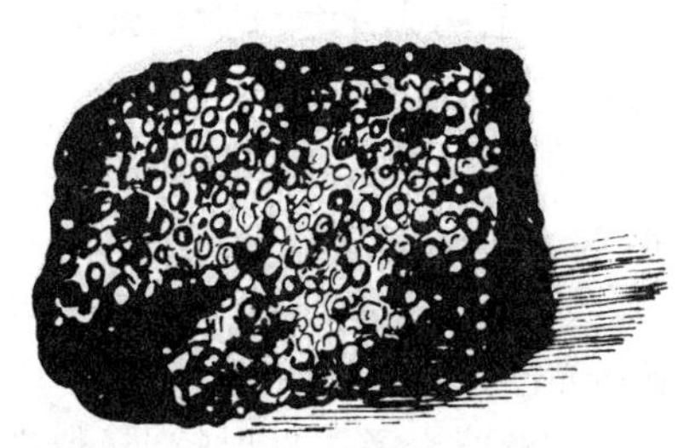

图 3-10 赤铁矿的鲕状集合体

层状构造。菱铁矿可呈结核状、葡萄状、土状集合体；而晶簇则为聚生于岩石裂隙或空洞中的晶体群，如石英晶簇(图 3-12)。

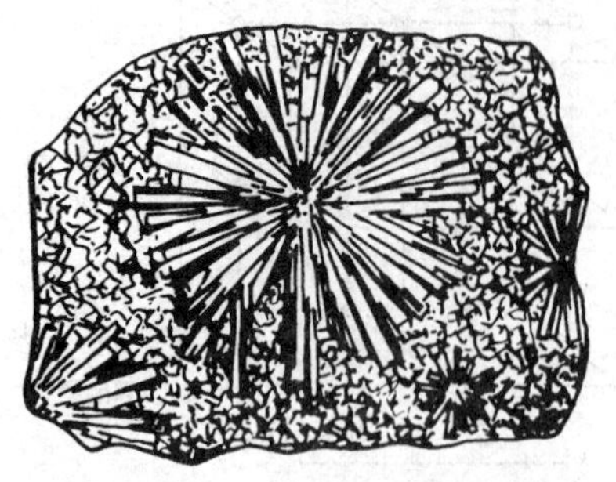
图 3-11　红柱石的放射状

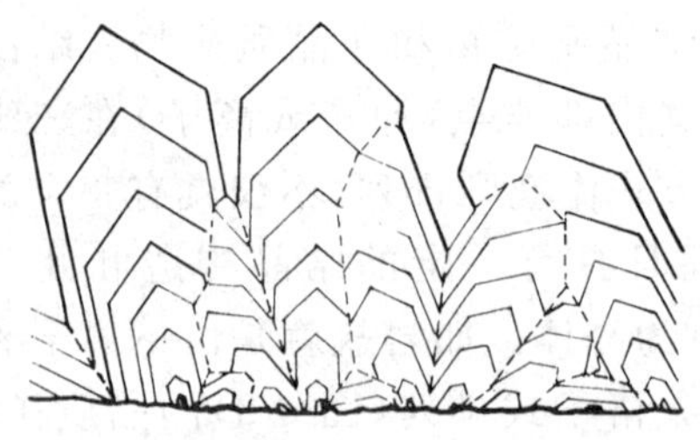
图 3-12　晶簇形成过程图解

(二)矿物的光学性质

指矿物在可见光照射下所表现出来的性质，包括颜色、条痕、透明度、光泽。

1. 颜色与条痕

颜色是矿物吸收了白光中某种波长的色光后所表现出来的互补色。如果矿物对各种色光都均匀吸收，则表现为黑色或灰色，如基本上都不吸收则表现为白色。

矿物由其化学成分与内部结构所决定的颜色是固定不变的，如赤铁矿为红色，褐铁矿为褐色，孔雀石为翠绿色，黄铜矿为金黄色，方铅矿为铅灰色等。但有些矿物常常由于外来原因而呈现出不很固定的颜色，如纯净的石英是无色透明的，若混有杂质则可呈现红色、紫色、黄色、黑色等；黄铁矿本应为铜黄色，但风化后则呈暗褐色。

矿物粉末的颜色称为条痕。它比矿物表面的颜色更固定，如赤铁矿块体表面可呈赤红、钢灰或铁黑色，但其条痕却恒为樱桃红色，因而更具有鉴定意义。

2. 透明度

矿物透过可见光的能力叫做透明度。矿物薄片能透过光线者，称为透明矿物；基本上不能透过光线者，称为不透明矿物，二者之间可以有过渡类型。广义上说，所有非金属矿物都是透明矿物，所有金属矿物都是不透明矿物。

矿物透明度的差异与矿物对光的反射及吸收的程度相关。通常，矿物对光的吸收与反射强，其透明度就低；反之，则高。

3. 光泽

矿物的新鲜面对可见光的反射能力称光泽。根据反射能力的强弱，通常分为金属光泽、半金属光泽、非金属光泽三种。

(1)金属光泽　反射很强，类似镀有铬的金属器皿表面所呈现的光泽，如黄铁矿、方铅矿的光泽。

(2)半金属光泽　反射较强，似一般金属的反射光，暗淡而不刺目，如磁铁矿、赤铁矿的光泽。

(3)非金属光泽　是一种不具金属感、主要为透明或半透明矿物所具有的光泽。它又包括下列光泽：

①玻璃光泽　反射较弱，似玻璃表面的反光，如石英的晶面或方解石的光泽。

②金刚光泽　反射光很强，灿烂耀眼，如金刚石、闪锌矿的光泽。

③油脂光泽与松脂光泽　前者如同涂上油脂的反光，见于浅色的透明矿物，如石英的断

口;后者类似松脂表面的反光,为较深色的透明矿物所具有,如部分闪锌矿。这两种光泽都出现在透明矿物的断面上,是由于反射面不平滑,反射光呈散射现象的缘故。

④丝绢光泽 如同丝绢的反光,为纤维状集合体的透明矿物所具有,如石棉、纤维状石膏的光泽。

⑤珍珠光泽 有如珍珠的反光,柔和而多彩。这是由于光线通过几层解理面而产生的连续反射和相互干涉现象,如白云母、片状石膏的光泽。

⑥土状光泽 反光暗淡,如同土块,为土状集合体矿物所具有的光泽,如高岭石。这是由于颗粒细小,粒间多空隙,当光线投射其上时因发生散射而全部被"吸收"的缘故。

(三)矿物的力学性质

矿物在外力作用(如刻划、敲打)下所表现出的性质,包括矿物的硬度、解理、断口、弹性、挠性、延展性等。

1. 硬度

硬度是指矿物抵抗外力机械作用(如刻划、压入、研磨)的能力。在肉眼鉴定中,则主要指矿物抵抗外力刻划的能力。根据硬度大的矿物可以刻划硬度小的道理,德国矿物学家摩斯(F. Mohs)选择了10种软硬不同的矿物作标准,组成相对硬度系列,这10种表示硬度级别的矿物即称摩斯硬度计(表3-4)。

表3-4 摩斯硬度计

硬度	代表矿物	化学组成	硬度	代表矿物	化学组成
1	滑石	$Mg_3[Si_4O_{10}][OH]_2$	6	正长石	$K[AlSi_3O_8]$
2	石膏	$CaSO_4 \cdot 2H_2O$	7	石英	SiO_2
3	方解石	$CaCO_3$	8	黄玉(晶)	$Al_2[SiO_4][F,OH]_2$
4	萤石	CaF_2	9	刚玉	Al_2O_3
5	磷灰石	$Ca_5[PO_4]_3[F,Cl,OH]$	10	金刚石	C

只要把需要鉴定硬度的矿物与表中矿物相互刻划即可确定其硬度。如某矿物能刻划萤石,又能被磷灰石刻划,则该矿物的硬度可定为4.5。

在野外工作中,通常用指甲(硬度为2.5)、铜钥匙(硬度为3)、小钢刀(硬度为5.5)及玻璃片(硬度约6.5)来代替摩斯硬度计中的矿物,粗测矿物的硬度。

矿物表面常因受到风化而降低其硬度。因此,在测试硬度时应在矿物单体的新鲜面上进行。

2. 解理与断口

矿物晶体受力后沿一定方向发生破裂并产生光滑平面的性质叫解理,裂开的面叫解理面。解理面一般平行于晶体格架中质点联结力最强的晶面,因为质点密度最大的面网(即内部质点排列而成的平面)之间的距离最大,其联结力最弱,所以解理面就往往沿这种面网发生。按解理面的完好程度,一般将解理分为五级,即极完全解理、完全解理、中等解理、不完全解理、极不完全解理(无解理)。解理是反映矿物晶体内部结构的重要特征之一,因此具有重要的鉴定意义。

如果矿物受力后,不是沿一定方向破裂,破裂面呈凹凸不平的不规则形状,这种破裂面则叫断口。没有解理或解理不清楚的矿物才易形成断口。根据断口的形态,可将其分为贝壳状断口、参差状断口、锯齿状断口、平坦状断口等。

3. 弹性、挠性、延展性

弹性　矿物受外力作用发生弯曲而不断裂，当外力解除后能恢复原状的性质。如云母和石棉均具有弹性。

挠性　矿物受外力作用时发生变形，而当外力解除后不能恢复原状的性质。如滑石和绿泥石都有挠性。

延展性　矿物在锤击和外力拉引下能发生可塑性变形的性质。如金、银、铜均具有良好的延展性，既可锤成薄片，也可拉成细丝。

(四)矿物的其他性质

矿物的比重、磁性、电性、发光性等性质，对某些矿物的鉴定具有重要意义。如重晶石的比重较大，磁铁矿能被普通磁铁所吸引，石英具有压电性，白钨矿在紫外线照射下可发出美丽的天蓝色萤光等。

四、常见造岩矿物

组成岩石的最重要矿物称为造岩矿物。现将最常见的造岩矿物及其特征简介如下：

1. 正长石　$K[AlSi_3O_8]$

单晶体常为柱状或板状。通常为肉红色、玫瑰色、褐黄色，也有呈白色者。玻璃光泽，硬度6，有二组互相垂直的解理。比重2.54～2.57。

2. 斜长石　$Na[AlSi_3O_8]-Ca[Al_2Si_2O_8]$

常为板状晶体。一般为白色或灰白色，有时可为黄色与玫瑰色。玻璃光泽，硬度6～6.5。有二组完全解理，彼此近于正交。比重2.61～2.75。

3. 石英　SiO_2

常发育为六方双锥柱状的晶体，并可形成晶簇(见图3-12)，柱面上有许多平行条纹(图3-13)；或呈致密块状或粒状集合体。纯净的石英无色透明，称为水晶。石英因含杂质可呈乳白、紫、烟黑、玫瑰等色，其晶面为玻璃光泽，断口为油脂光泽。无解理，贝壳状断口，硬度7。比重2.65。

隐晶质的石英称为玉髓(石髓)，常呈肾状、钟乳状、葡萄状集合体。一般为浅灰、淡黄、乳白等色，偶有红褐色及苹果绿色。微透明。具有多色环状条带者则叫玛瑙。

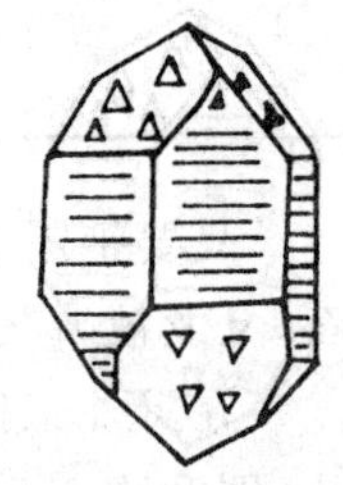

图3-13　石英晶体

4. 黑云母　$K(Mg,Fe)_3[AlSi_3O_{10}][OH,F]_2$

通常为鳞片状集合体，单晶体为短柱状、板状。棕褐色或黑色，偶见绿色。玻璃或珍珠光泽，一组极完全解理，易剥成薄片，薄片具弹性。硬度2～3。比重2.7～3.3。

5. 白云母　$KAl_2[AlSi_3O_{10}][OH,F]_2$

集合体呈鳞片状或致密块状，其中晶体细微者称绢云母。薄片一般无色透明，但因含杂质时亦可呈淡绿、浅黄、淡褐色。其他性质同黑云母。比重2.7～3.1。

6. 普通辉石　$(Ca,Mg,Fe,Al)_2[(Si,Al)_2O_6]$

单晶体为短柱状，横切面呈近正八边形(图3-14)，集合体为粒状。绿黑色或黑色，玻璃光泽。二组解理，其交角为87°。硬度为5.5～6。比重3.2～3.4。

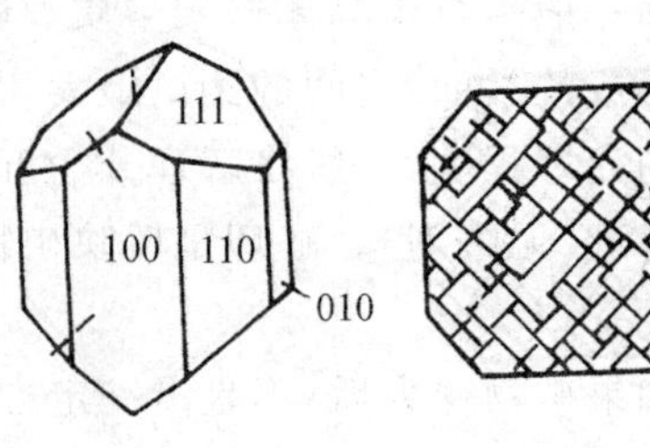

图3-14　普通辉石晶体及断面

7. 普通角闪石 $Ca_2Na(Mg,Fe)_4(Al,Fe)[(Si,Al)_4O_{11}][OH]_2$

单晶体为长柱状，横切面呈近于菱形的六边形（图3-15）。绿黑色或黑色，条痕浅灰绿色。玻璃光泽。二组柱面解理完全，其交角为56°。比重3.02～3.45，随含Fe量的增多而加大。

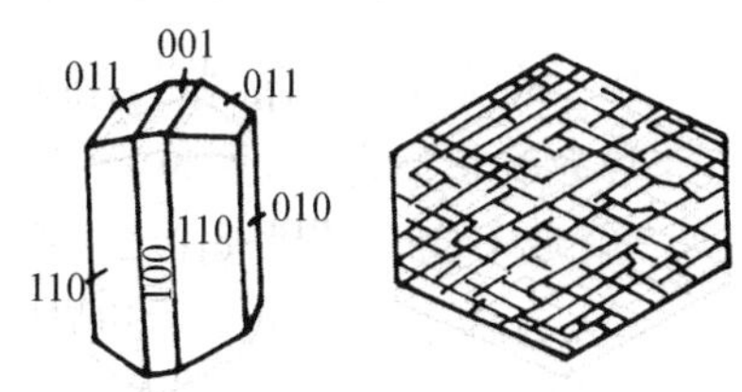

图3-15 普通角闪石晶体及横断面

8. 高岭石 $Al_4[Si_4O_{10}][OH]_8$

一般为土状或块状集合体，白色，常因含杂质而呈浅灰、浅黄、浅绿等色。条痕白色。土状者光泽暗淡，块状者蜡状光泽，具可塑性。硬度2。比重2.61～2.68。

9. 滑石 $Mg_3[Si_4O_{10}][OH]_2$

单晶体为板状，通常为鳞片状、纤维状、致密块状集合体。白、浅褐、浅绿、粉红等色，条痕一般为白色。解理面为珍珠光泽，块状者为油脂光泽。一组极完全解理，薄片具挠性。硬度1，比重2.58～2.83，有滑感。

10. 绿泥石 $(Mg,Al,Fe)_{12}[(Si,Al)_8O_{20}](OH)_{16}$

常呈鳞片状集合体，颜色为绿色，其深浅可随含铁量的多少而不同。有平行片状方向的完全解理，解理面上为珍珠光泽。硬度2～3。比重2.6～3.3。其薄片具有挠性。

11. 蛇纹石 $Mg_6[Si_4O_{10}](OH)_8$

一般为细鳞片、显微鳞片及致密块状集合体，呈纤维状集合体者称为蛇纹石石棉。颜色为黄绿，或深或浅。块状者常具油脂光泽，纤维状者为丝绢光泽。硬度2.5～3.5。比重2.55。

12. 蓝晶石 $Al_2[SiO_4]O$

多为单晶体，呈长板状或刀片状，常为蓝灰色。玻璃光泽，解理面上可见珍珠光泽。平行长轴方向有完全解理。硬度5.5～7，平行长轴方向的硬度小，垂直长轴方向的硬度大，故又称二硬石。比重3.53～3.65。

13. 硅线石（夕线石） $Al[AlSiO_4]O$

通常为针状、纤维状集合体，颜色为灰白色，有平行长轴方向的完全解理。玻璃光泽。硬度7。比重3.38～3.49。

14. 红柱石 $Al_2[SiO_4]O$

单晶体呈柱状，集合体为放射状（图3-11）或粒状。一般呈灰白色、肉红色，但也有呈白色、蓝色、绿色或紫色者。玻璃光泽。硬度6.5～7.5。不完全至完全解理。比重3.13～3.16。

蓝晶石、硅线石（夕线石）、红柱石同属蓝晶石族，其化学成分为Al_2SiO_5，是三种不同的同质多象变体。蓝晶石为典型的应力矿物，是划分变质相带的标志矿物；硅线石（夕线石）是典型的高温变质矿物；而红柱石则是典型的中低级热变质矿物。

15. 绿帘石 $Ca_2(Al,Fe)_3[SiO_4][Si_2O_7]O(OH)$

单晶体为柱状，集合体为粒状或块状。颜色淡黄绿至绿色，其色调可随含铁量的增加而变深。玻璃光泽。硬度6～6.5。完全解理平行柱状方向。比重3.38～3.49。

16. 硅灰石 $Ca[Si_3O_9]$

多为放射状、纤维状集合体。颜色呈白至灰白色。玻璃光泽。硬度4.5～5。有平行长轴方向的完全解理。比重2.87～3.09。

17. 海绿石 $(K、Na、Ca)(Fe^{3+},Al,Fe^{2+},Mg)_2[(Si,Al)Si_3O_6](OH)_2 \cdot nH_2O$

常呈小圆粒状集合体分散在石灰岩、砂岩中。颜色为黄绿至绿黑色。光泽暗淡。现代海底的绿砂、绿泥、蓝泥等沉积物中均含有一定数量的海绿石，往往形成不同形状（舌状、乳头状、沟槽状、圆板状、盘状、放射状、书页状、椭球状）的团粒。硬度 2。比重 2.4～2.95。

18. 橄榄石 $(Mg,Fe)_2[SiO_4]$

常为粒状集合体，多为浅黄绿至橄榄绿色，一般随含铁量增多而加深。玻璃光泽。硬度 6～7。解理不完全。比重 3.2～4.4，随含铁量增高而增大。

19. 石榴子石 $X_3Y_2[SiO_4]$

化学式中 X 代表二价阳离子 Ca^{2+}、Mg^{2+}、Mn^{2+}、Fe^{2+} 等，Y 代表三价阳离子 Al^{3+}、Fe^{3+}、Cr^{3+} 等。阳离子为 Fe、Al 者称为铁铝榴石；阳离子为钙、铝者，称为钙铝榴石。尽管它们的化学成分有某种变化，但其基本结构相同，基本特征近似。石榴子石常形成等轴状单晶体，集合体则成粒状或块状。颜色由浅黄白、深褐至黑色，这是由于其含铁量增多的缘故。玻璃光泽。硬度 6～7.5。无解理。断口为贝壳状或参差状。比重 4。

20. 石墨 C

通常为鳞片状或块状集合体，单晶体少见。颜色与条痕均为黑色，有滑感，可污手。半金属光泽。有一组极完全解理，易劈成薄片。硬度 1～2。比重 2.2。

21. 黄铁矿 FeS_2

完整的晶体为立方体或五角十二面体，立方体者晶面上常有相互垂直的三组晶面条纹（图 3-16），通常呈块状或粒状集合体。浅铜黄色，条痕为绿黑色。金属光泽。无解理，断口参差状。硬度 6～6.5。比重 5。

图 3-16 黄铁矿

22. 黄铜矿 $CuFeS_2$

通常为致密块状或粒状集合体，单晶体呈四面体，但罕见。深铜黄色，条痕为绿黑色。金属光泽，无解理，断口参差状。硬度 3～4。比重 4.1～4.3。以其较深的颜色和较小的硬度可与黄铁矿相区别。

23. 方铅矿 PbS

单晶体为立方体，集合体通常呈粒状或块状。颜色铅灰，条痕灰黑色。金属光泽。有三组直交的完全解理，沿解理面易破裂成立方体。硬度 2～3。比重 7.4～7.6。

24. 赤铁矿 Fe_2O_3

多为致密块状、鳞片状、鲕状（见图 3-10）、豆状、肾状及土状集合体。单晶体呈片状，但少见。显晶质者多为铁黑至钢灰色，隐晶质者为暗红色，条痕樱红色。金属、半金属至土状光泽，不透明，无解理。硬度 5～6，土状者硬度可大大降低。比重 4.0～5.3。

25. 磁铁矿 Fe_3O_4

通常为致密块状或粒状集合体，单晶体呈八面体或菱形十二面体。铁黑色、条痕黑色。半金属光泽，不透明，无解理。硬度 5.5～6.5。比重 5。具强磁性。

26. 褐铁矿 $Fe_2O_3 \cdot nH_2O$

通常为土状、豆状、葡萄状和蜂窝状集合体，褐至黄褐色。硬度 1～4。无解理。其形成的铁帽是找矿的重要标志。

27. 萤石 CaF_2

单晶体常呈立方体或八面体，集合体通常为致密块状或粒状。紫红、浅绿或无色，条痕白色。玻璃光泽，透明。有四组解理，易沿解理面破裂成八面体小块。硬度 4。比重 3.18。

28. 方解石 $CaCO_3$

单晶体为菱面体，集合体多呈粒状、块状、鲕状、钟乳状及晶簇。纯净者无色透明，叫冰洲石，具显著的重折射现象（图 3-17）；但常因含杂质而呈白、灰、黄、绿、蓝、浅红等色。玻璃光泽。三组完全解理。硬度 3。比重 2.72。遇稀盐酸强烈起泡。

图 3-17 冰洲石的重折射现象

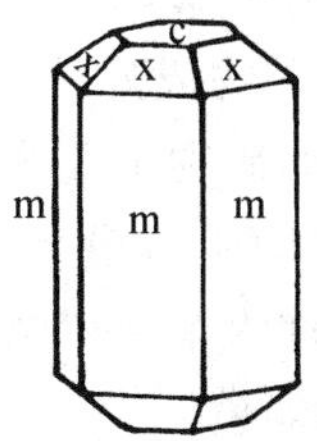

图 3-18 磷灰石晶体

m. 六方柱；x. 六方双锥；c. 平行双面（底面）

29. 石膏 $CaSO_4 \cdot 2H_2O$

通常呈块状、粒状或纤维状集合体，单晶体为厚板状。无色或白色，有时透明。玻璃光泽，纤维状者为丝绢光泽。一组极完全解理，薄片具挠性。硬度 2。比重 2.30～2.37。

30. 磷灰石 $Ca_5[PO_4]_3[F,Cl,OH]$

常为六方柱状之单晶体（图 3-18），集合体为块状、粒状或结核状。纯洁者为无色或白色，但少见；多为绿、黄、蓝、紫及玫瑰红色。条痕为白色，玻璃光泽（晶面）及油脂光泽（断口）。硬度 5。比重 2.9～3.2。

第三节 岩石

岩石不仅是组成地壳的基本物质，而且也是反映地壳演化历史乃至整个地球运动的真实记录者。因此，存在于自然界中的岩石就成为研究大陆、大洋地壳发展历史以及探讨各种地质构造的客观依据和物质基础。

一、岩石的概念

在各种地质作用下所产生的由一种或多种矿物有规律组合而成的矿物集合体称为岩石。由一种矿物组成的岩石叫单矿岩，如纯净的大理岩；由两种或两种以上矿物组成的岩石叫复矿岩，如花岗岩、辉长岩等。

自然界中岩石种类很多，但按其成因只有三大类，即岩浆岩（火成岩）、沉积岩和变质岩。

二、岩浆岩

地壳下面存在着的高温高压的硅酸盐熔融物质称为岩浆。岩浆的温度一般在 800～1 200 ℃之间，但也可低至 650 ℃，高达 1 400 ℃。其成分除硅酸盐物质外，尚含有部分挥发性组分。岩浆沿着地壳薄弱地带侵入地壳或喷出地表冷凝而成的岩石称为岩浆岩（亦称火成岩）。岩浆冲破上覆岩层喷出地表的作用叫喷出作用（又叫火山作用）。喷出地面而失去了挥发性组分的岩浆称为熔岩，由熔岩冷凝而成的岩石叫喷出岩（又叫火山岩）。地下深处的岩浆向上运移，当上覆岩层的压力大于岩浆的内压力，迫使岩浆停留在地壳之中而未达到地表，称为侵入作用。岩浆在侵入作用过程中在地表以下冷凝、结晶而形成的岩石叫侵入岩。

(一)岩浆岩的矿物成分和颜色

1. 岩浆岩的矿物成分

组成岩浆岩的矿物主要为石英、正长石、斜长石、黑云母、角闪石、辉石和橄榄石等。前三种矿物中 SiO_2、Al_2O_3 含量高，颜色浅，称为浅色矿物；后四种矿物中 FeO、MgO 含量高，硅铝含量少，颜色深，称为暗色矿物。

2. 岩浆岩的颜色

岩浆岩颜色的深浅取决于岩石中暗色矿物的百分含量，即色率。色率大，颜色深；色率小，颜色浅。如色率>35 的岩浆岩，其颜色为黑、灰黑、灰绿色；色率<20 者，其颜色则为浅灰、灰白、淡黄、肉红等色；色率为 35～20 的岩石，其颜色介于前两者之间。

(二)岩浆岩的结构与构造

1. 岩浆岩的结构

岩浆岩中矿物的结晶程度、晶粒大小与形态及晶粒间的相互关系，称为岩浆岩的结构。其主要结构有以下几种：

(1)显晶质结构　岩石全部由晶粒较大的矿物组成，肉眼和放大镜可以辨认不同的矿物颗粒。根据晶粒大小，又可进一步分为粗粒(直径>5 mm)、中粒(直径 5～2 mm)和细粒(直径 2～0.2 mm)结构。

(2)隐晶质结构　岩石全部由晶粒细小(直径<0.2 mm)的矿物组成，肉眼或放大镜均不能辨认，仅在显微镜下可以识别。

(3)玻璃质结构　岩石中的矿物为非晶质，玻璃状。

(4)等粒结构　组成岩石的矿物颗粒大小大致相等。

(5)不等粒结构　组成岩石的矿物颗粒大小不等。如有大小相差悬殊的两类颗粒并存，其中粗大者称为斑晶，晶形较好；细小者称为基质，其形状不规则。如果基质为隐晶质或非晶质者，称为斑状结构；如果基质为显晶质，基质的成分又与斑晶的成分相同者，则称为似斑状结构(图 3-19)。前者见于火山岩及部分浅成岩，后者见于侵入岩。

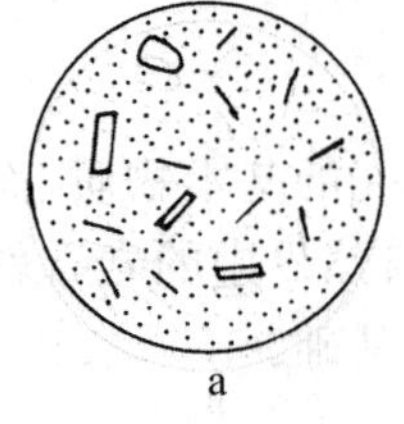

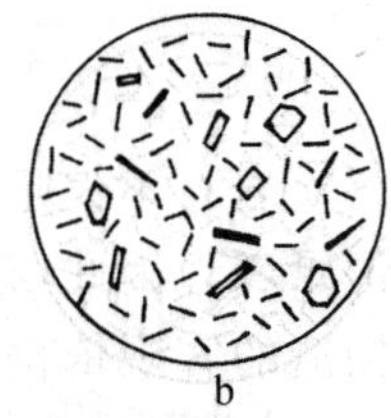

图 3-19　斑状结构(a)与似斑状结构(b)

图中细点代表隐晶质或玻璃质的基质，细短线代表显晶质的基质，粗大者为斑晶

2. 岩浆岩的构造

岩浆岩的构造是指岩石中矿物集合体的形态、大小及相互关系所反映出的岩石外貌特征，它可以指示岩浆岩的形成条件。常见的构造有：

(1)块状构造　组成岩石的矿物颗粒均匀展布，无一定的排列方向，称为块状构造。这是岩浆岩最常见的构造，往往为深成岩所具有。

(2)流纹构造　岩石中不同成分和颜色的条纹以及拉长的气孔相互平行排列而形成的构造。这种构造为喷出岩所具有，尤以流纹岩最典型。它表明是在熔浆一边冷凝，一边流动时形成的，流纹则表示当时熔岩流动的方向。

(3)气孔构造与杏仁构造　岩石中分布着大小不同的圆形、椭圆形或不规则形状的空洞称为气孔构造；若气孔被后期形成的矿物充填者，则叫杏仁构造。这两种构造为喷出岩所具有，多分布于熔岩的表层。

（三）岩浆岩的分类

岩浆岩的种类很多，各类岩石的差异主要表现在矿物成分上，而矿物成分则取决于岩浆岩的化学成分。对岩浆岩所做的大量化学分析资料说明，地壳中已发现的元素在岩浆岩中几乎都能见到，它们主要是以 SiO_2、Al_2O_3、Fe_2O_3、FeO、MgO 等 10 种氧化物的形式出现，占氧化物总重量的 99.0%以上。其中又以 SiO_2 的含量最高，达 59%以上。因此，SiO_2 是岩浆岩最主要的化学成分，铁、镁氧化物也占一定分量。硅的氧化物和铁、镁氧化物在不同的岩浆岩中互为消长关系，形成一对对立的组分。它们在含量上的变化导致了岩浆岩种类上的不同，尤以 SiO_2 的含量变化起的作用最大。所以通常根据 SiO_2 的含量，将岩浆岩分成超基性岩、基性岩、中性岩及酸性岩四大类（表 3-5）。需要指出的是，所谓基性、酸性只是岩石学中的习惯用语，只反映 SiO_2 含量的相对高低，并不具通常化学上的含义。

表 3-5 岩浆岩类型及其特征简表

岩 类	SiO_2 含量(%)	主要矿物	色率
超基性岩	<45	橄榄石、辉石、角闪石	>75
基性岩	45～52	钙长石、辉石、角闪石	35～75
中性岩	53～65	中长石、角闪石、黑云母	20～35
酸性岩	>65	正长石、钠长石、石英	<20

（四）最主要的岩浆岩

1. 花岗岩　肉红、浅灰、灰白等色，主要矿物为石英（含量>20%）、正长石和斜长石，黑云母、角闪石等为次要矿物。中、粗粒等粒结构，块状构造。

2. 流纹岩　灰白、浅红、黄白色，矿物成分同花岗岩。隐晶质或斑状结构，斑晶为正长石或石英。流纹构造。

3. 闪长岩　浅灰、灰绿等色，矿物成分以普通角闪石和斜长石为主，次要矿物为正长石、黑云母、辉石，很少或无石英。中粗粒等粒结构，块状构造。当石英含量>20%时，称石英闪长岩。

4. 安山岩　深灰、灰绿或紫红色。斑状结构，基质为隐晶质，斑晶多为中性斜长石，有时可为角闪石、辉石及黑云母。斑晶往往呈定向排列形成流线构造，也有具气孔和杏仁构造者。

5. 辉长岩　灰绿、暗绿色，主要由斜长石和辉石构成，也可有少量角闪石和橄榄石。中粒等粒结构，块状构造。

6. 玄武岩　灰绿、绿黑或黑色，矿物成分同辉长岩。隐晶质、细粒或斑状结构，斑晶为斜长石、辉石、橄榄石等。气孔或杏仁构造发育。

7. 橄榄岩　暗绿、灰黑或黑色，组成矿物以橄榄石、辉石为主，其次为角闪石，少有或无长石。中、粗粒等粒结构，块状构造。橄榄石和辉石等常因后期风化，部分或全部变为蛇纹石，使岩石成为蛇纹石化橄榄岩或蛇纹岩。新鲜的橄榄岩自然界中极为少见。

8. 科马提岩　色率>75，主要矿物成分为橄榄石、辉石及钛铁矿、磁铁矿、铬尖晶石等。斑状或隐晶质结构，枕状构造。典型者因产于南非科马提河流域而故名。

三、沉积岩

沉积岩是在地表或接近地表的常温常压条件下，由母岩（早先形成的任何岩石）遭受风化剥蚀的产物以及生物作用与火山作用的产物在原地或经外力搬运所形成的沉积物经过固结硬化而成的岩石。

沉积岩在地表分布最广，约占地表面积的75%，是最常见的岩石。其特征是有明显的成层构造，并常含有各种化石。由于它们是在大气、水、生物参与下形成的，因此其化学成分中要比岩浆岩多H_2O、CO_2和C，而Fe_2O_3多于FeO。

(一)沉积岩的物质成分与颜色

1. 沉积岩的物质成分

组成沉积岩的常见物质成分有各种矿物、岩屑、化学沉淀物、有机质及胶结物。

沉积岩中最常见的矿物是：石英、白云母、正长石、钠长石、黏土矿物、方解石、白云石、石膏、赤铁矿、褐铁矿、玉髓、蛋白石、海绿石等。在这些矿物中，前四种为母岩经物理风化作用后继承下来的碎屑矿物；黏土矿物是由母岩经化学风化作用分解而成的，如高岭石、胶岭石、水云母、铝土矿等；而其余矿物则是在沉积成岩过程中的新生矿物，它们也是化学沉淀物。岩屑为母岩经风化剥蚀作用而形成的岩石碎屑。有机质包括动物和植物的遗体或碎片。此外，沉积岩中还可以出现火山物质及宇宙物质(如陨石)。填充在沉积物孔隙中的矿物质称为胶结物。最常见的胶结物有硅质(SiO_2)、钙质($CaCO_3$)、铁质($Fe_2O_3 \cdot nH_2O$)、泥质等。它们是化学成因的物质，可以使沉积物中的矿物或岩石碎屑胶结、粘联起来，硬化而成岩石。

2. 沉积岩的颜色

沉积岩的颜色既取决于沉积物的颗粒成分和胶结成分，同时又深受沉积环境的影响。暗色矿物和岩屑含量多的沉积岩颜色深，而浅色矿物含量多的沉积岩颜色则浅；硅质和钙质胶结的沉积岩呈白色或灰色，而铁质胶结的沉积岩则呈现红色或褐色。在气温高的氧化环境下，有机质易分解，低价铁被氧化为高价铁，沉积岩就成为红色或褐色；在还原环境下，有机质不易分解而含量高，铁仍为二价，沉积岩的颜色则为蓝灰、绿、深灰至黑色。因此，沉积岩的颜色是研究沉积环境的重要标志之一。

(二)沉积岩的结构与构造

1. 沉积岩的结构

构成沉积岩颗粒的性质、大小、形态及其相互关系叫沉积岩的结构。主要有如下四种：

(1)碎屑结构　是指碎屑物质被胶结物胶结而成的一种结构。具此结构的岩石叫碎屑岩。按碎屑颗粒的粒径大小又可分为：

砾状结构　粒径>2 mm

砂状结构　粒径2～0.05 mm

粉砂状结构　粒径0.05～0.005 mm

(2)泥质结构　由极细小的碎屑和黏土矿物组成的、比较均一致密的结构，粒径<0.005 mm。

(3)化学结构　是化学沉积物结晶而成的矿物所组成的结构，其本质与晶质结构相同。

(4)生物结构　由生物的遗体或碎片组成的结构。如贝壳结构，珊瑚结构等。

2. 沉积岩的构造

沉积岩形成时各个组成部分的空间分布和排列形式所反映出的外貌特征称沉积岩的构造。主要有如下二种：

(1)层理构造　简单地说，层理构造就是沉积岩的成层性。它是由先后沉积下来的不同成分、颜色及结构的物质所显示的层状分布现象。分隔不同性质层的界面叫层面，由层面分隔的各单层厚度(即单层的顶、底面之间的距离)可以是不同的。单层厚度>1 m者，称巨厚层(或块层)；厚度1～0.5 m者，称厚层；厚度0.5～0.1 m者，称中厚层；厚度0.1～0.01 m者，称薄层；厚度＜0.01 m 者称微层。单层的厚薄程度反映了沉积环境的变化频率。

按层理的形态，可分为水平层理、斜层理和波状层理(图3-20)。

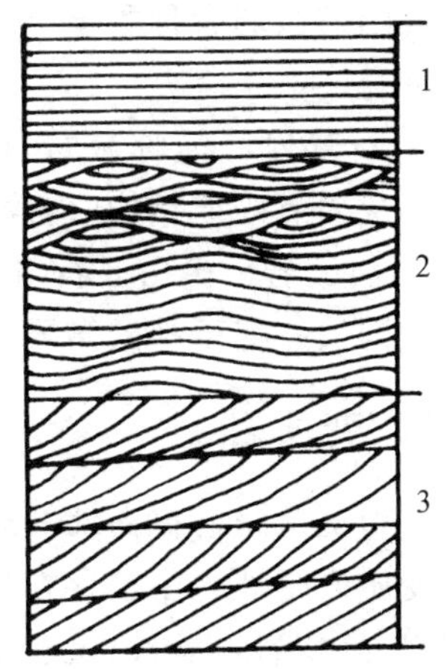

图 3-20　沉积岩层理的形态类型

1—水平层理；2—波状层理；3—斜层理

(2)层面构造　岩层层面上保留的能反映沉积物形成时环境条件的形态痕迹叫层面构造。常见的层面构造有：

波痕　层面呈波状起伏的现象，见于岩层顶面。它是地质历史中由风、水流或波浪等作用形成的一种波状构造(图3-21)。

雨痕　地质史中雨滴打在未成岩的沉积物表面而留下的痕迹，成岩后保留下来，称为雨痕。但比较少见。

泥裂　岩石层面上的多边形裂缝称之，又叫干裂或龟裂。裂缝上宽下窄，呈楔形尖灭，常被泥沙等物质充填(图3-22)。它是由沉积物失水后体积收缩而成，其形成环境主要为滨海、滨湖等浅水地带。

层理和层面构造不仅反映了沉积岩的形成环境，而且是区别于岩浆岩和某些变质岩的特有构造。

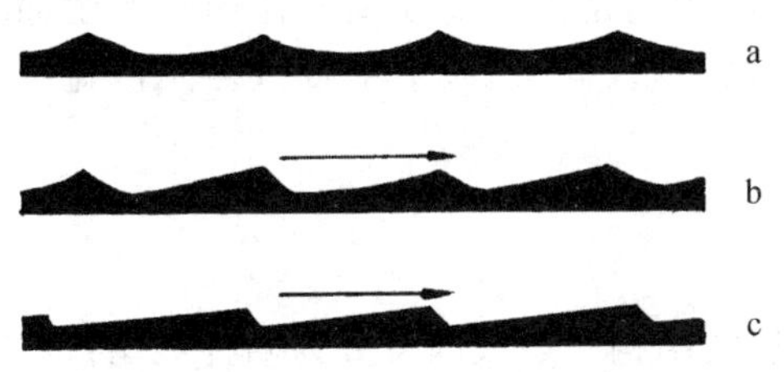

图 3-21　波痕构造

a. 浪成波痕；b. 流水波痕；c. 风成波痕

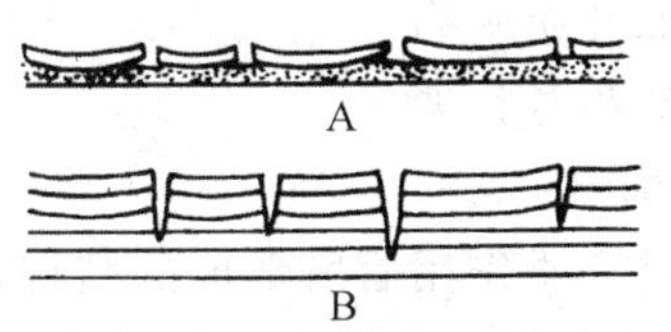

C

图 3-22　干裂构造

A、B. 两种干裂剖面；C. 干裂平面(裂缝已被细砂充填)

(三)最主要的沉积岩

沉积岩的种类很多，现将最主要的沉积岩简述如下：

1. 砾岩　由粒径＞2 mm 的砾石(含量＞50%)和胶结物组成，砾状结构。碎屑为圆形或次圆形者称砾岩，碎屑为棱角状或半棱角状者称角砾岩。碎屑成分为岩屑，胶结物常为硅质、钙质、铁质、泥质。

2. 砂岩　由含量＞50%的粒径为 2～0.05 mm 的碎屑和胶结物组成，砂状结构。碎屑成分常为石英、长石、白云母、岩屑及生物碎屑，胶结物一般为泥质、硅质、钙质、铁质。有时具有黏土及细粉砂的基质。按其主要组分可分为石英砂岩、长石砂岩、岩屑砂岩三类，三者之间还可能存在一些过渡类型。

3. 粉砂岩　由含量＞50%的粒径为 0.05～0.005 mm 的碎屑和胶结物组成，粉砂状结构。碎屑及胶结物的成分与砂岩类似，常有黏土作为基质，有时含有较多的白云母。

4. 黏土岩　由黏土矿物组成，其粒径＜0.005 mm，泥质结构。断面细腻，手摸之无粗糙感。除黏土矿物外，常可混有一定量的粉砂、细砂以及各种化学沉淀物，有时含有机质。黏土岩中若固结微弱者称黏土;固结较好但没有层理者称泥岩;固结较好且具良好层理(状如书页)者称页岩。

5. 石灰岩　简称灰岩,由方解石组成。一般呈灰色、灰黑色或灰白色,遇稀盐酸剧烈起泡。石灰岩有碎屑结构(内碎屑及生物碎屑)与非碎屑结构两种类型,其成因较复杂。

6. 白云岩　由白云石组成。外观与灰岩相似,但风化面常呈污浊的黄、黑等色,且具刀砍状溶蚀沟纹。遇稀盐酸微弱起泡。

四、变质岩

(一)变质岩的概念及其物质成分

变质岩是地壳中已存在的各种岩石经变质作用后的产物,其前身称为原岩。原岩可以是岩浆岩、沉积岩,也可以是变质岩。基本上处于固体状态的原岩,在特定的地质和物理化学条件下,由于温度、压力及化学活动性流体的作用使其矿物成分与结构、构造发生变化的作用,叫变质作用。由变质作用形成的岩石称变质岩。在变质作用过程中,由岩浆岩所形成的变质岩称正变质岩;由沉积岩所形成的变质岩称副变质岩;而早先形成的变质岩亦可进一步再变质。

变质岩中的物质成分既有原岩成分,也有变质作用过程中新生的组分。前者是指那些在变质条件下,能够适应温度、压力较大幅度的变化而保持稳定状态的矿物,如石英、长石、云母、角闪石、辉石、磁铁矿、磷灰石等,它们大多是从原岩中继承下来的,或者是在变质作用中形成的。这类矿物在岩浆岩、沉积岩、变质岩中均可出现;而后者则是指只能在变质作用中产生而为变质岩所特有的矿物,如红柱石、蓝晶石、矽线石、石榴子石、硅灰石、十字石、透辉石、蛇纹石、石墨等,此称特征变质矿物。

(二)变质岩的结构与构造

1. 变质岩的结构

原岩的结构经过变质作用后所形成的结构称变质岩的结构。按成因可分为四种类型:

(1)变晶结构　变晶结构是原岩在变质作用过程中发生重结晶而形成的结构。其特征与岩浆岩的晶质结构相似,主要表现为矿物长大、晶粒相互紧密嵌合。

(2)变余(残留)结构　变质岩中残留下来的原岩结构叫变余(残留)结构。这种结构说明原岩变质作用不彻底,因而可以帮助恢复原岩。

(3)交代结构　由交代作用所形成的结构叫交代结构。其特征是,岩石中原有矿物的溶解消失和新矿物的产生是同时进行的。这种结构广泛发育于某些高级变质岩中。

(4)碎裂结构　刚性原岩在低温下所受定向压力超过其弹性限度时,由于岩石本身及其组成矿物发生破裂、移动、磨损等所形成的结构。这种结构为动力(碎裂)变质岩所具有。

2. 变质岩的构造

变质岩的构造是指岩石中各种矿物的排列特点和空间分布状态。常见的有三种:

(1)变成构造　原岩在变质作用过程中所形成的构造。如斑点状构造、板状构造、千枚状构造、片状构造、片麻状构造、块状构造等。

(2)变余(残留)构造　变质岩中残留的原岩构造叫变余构造,又叫残留构造。如变余层状构造、变余气孔构造、变余杏仁构造、变余流纹构造等。

(3)混合岩构造　原岩经过混合岩化作用所形成的构造叫混合岩构造。其特征是通过混合岩中基体和脉体的形态综合表现出来。如眼球状构造、网脉状构造、条带状构造、雾迷状构造等。

(三)最主要的变质岩

1. 板岩 具板状构造,由黏土岩、粉砂岩及中酸性凝灰岩经浅变质而成。主要矿物为石英、绢云母、绿泥石等,变余或变晶结构。可根据颜色进一步命名。

2. 千枚岩 具有千枚状构造,比板岩变质程度深的一类岩石。原岩性质与板岩相似,但基本上已全部重结晶。大多为浅红、灰、暗绿等色,主要由绢云母、石英、绿泥石组成,矿物颗粒极细小,为细粒鳞片变晶结构。片理(千枚理)面上常能见到定向排列的绢云母,呈丝绢光泽。

3. 片岩 具明显的片状构造,变晶结构。原岩已全部重结晶,主要由片状矿物(云母、绿泥石、滑石)、柱状矿物(阳起石、角闪石)和粒状矿物(长石、石英)组成,有时也含有石榴子石、十字石、蓝晶石、蓝闪石等。可根据岩石中所含主要矿物或特征变质矿物进一步命名。

4. 片麻岩 具片麻状构造,中、粗粒粒状变晶结构。主要矿物为长石、石英、黑云母、角闪石等,有时出现辉石或石榴子石。石英与长石的含量之和>50%,而且长石的含量大于石英。

5. 麻粒岩 主要由斜长石、铁铝榴石或辉石组成,不含云母、角闪石等含羟基(OH)矿物。粒状变晶结构,块状或条带状构造。是一种颗粒较粗,变质程度较深的岩石。根据矿物共生组合,常见者为长英麻粒岩、辉石麻粒岩。

6. 大理岩 主要由方解石、白云石组成,粒状变晶结构,块状构造。原岩为碳酸盐类岩石。不含杂质的纯大理岩洁白如玉,称汉白玉。含杂质者则呈灰、绿、黄等色。此岩在我国云南大理所产称著,故名。

7. 石英岩 主要由石英组成,亦可含少量长石、白云母。粒状变晶结构,块状构造。岩石极为坚硬,一般色浅,由石英砂岩变质而成。

8. 矽(硅)卡岩 大多为暗绿或暗棕色,主要矿物为石榴子石、绿帘石、透闪石、透辉石、阳起石、硅灰石等,粒状变晶结构,块状构造。是由酸、中酸性侵入体与碳酸盐类岩石接触交代所产生的岩石,其中常伴有某些金属矿床。

9. 蛇纹岩 一般为黄绿至黑绿色,色调常不均一。质软,具滑感。主要由蛇纹石组成,也可含少量石棉、滑石及磁铁矿。变晶结构,块状构造。该岩石是由超基性岩经水热变质作用而成,故其中常有橄榄石及辉石等残留矿物。

10. 混合岩 由混合岩化作用形成的岩石,属超级变质岩。其基本组成物质有基体和脉体两部分。基体是指混合岩形成过程中残留的变质岩,是区域变质作用的产物,主要为斜长角闪岩、片麻岩、片岩、变粒岩等。具变晶结构、块状或定向构造,颜色较深;脉体是指在混合岩形成过程中处于活动状态的新生成的部分,又称活动物质。通常为花岗质、长英质的伟晶岩、细晶岩或石英脉等,与基体相比其颜色较浅。脉体和基体可以不同的数量和方式相混合,形成不同形态的混合岩。常见者有角砾状混合岩、网状混合岩、条带状混合岩、眼球状混合岩、肠状混合岩、阴影状(雾迷状或云染状)混合岩、混合花岗石等。

第四节 构造运动与地质构造

构造运动主要表现为地壳的机械运动,过去常称为地壳运动。但在很多情况下,构造运动不仅只限于地壳,而且还涉及到岩石圈,所以改称构造运动。通常情况下,构造运动速度缓慢,一般不易为人们直接觉察。在特殊情况下,构造运动较为快速而激烈,这就是地震。它可以引起山崩、地陷、海啸,这时人们就能够直接感受到构造运动的存在。

构造运动尽管速度一般很缓慢，却在持续进行，它可以直接引起各种规模和类型的地质构造，控制着沉积作用，导致岩浆活动和变质作用。因此，它在地壳演变的过程中具有十分重要的意义。

一、构造运动及其基本形式

由内力作用引起地壳或岩石圈结构改变并使其内部物质发生变化的机械运动称为构造运动。按其运动方向可分为水平运动和垂直运动。

（一）水平运动

水平运动是指地壳或岩石圈块体沿大地水准面切线方向的移动。它表现为相邻地块或相互分离裂开，或相向汇聚、挤压、弯曲，或水平剪切、错动。其结果是形成巨大而强烈的褶皱和断裂等地质构造。如昆仑山、祁连山、秦岭、喜马拉雅山等以及世界上许多著名山脉，都是水平挤压形成的。

大地测量能够准确测定出岩石圈块体水平运动的速度。全球各大陆就是一些巨大的块体，其水平运动的速度大约是每年几毫米到数厘米。

（二）垂直运动

垂直运动是相邻地块或同一地块的不同部分沿着地球半径方向作差异性升降运动。它表现为大规模的隆起和拗陷，其结果是引起地势高低的变化和海陆变迁。“沧海桑田”即是古人对地壳垂直运动长期观察而作出的一种客观表述。

同一地区构造运动的形式可以随着时间的推移而不断变化，某一时期以水平运动为主，另一时期则以垂直运动为主。不同地区出现不同方向的构造运动往往有因果关系，一个地区的水平挤压可以引起另一地区的上升或下降；相反，一个地区的上升或下降也可引起另一地区发生水平方向的挤压弯曲，甚至破裂。总之，从地壳或岩石圈的发育历史来看，不管在大陆还是在洋底，水平运动与垂直运动兼而有之，但以某种方向的运动为主，而以另一种方向的运动为辅。因而，各种性质的构造运动是密切相连的。

需要说明的是，最近时期的构造运动对于人类的关系最为直接。如进行水利、国防工程的建设及海岸、港口的开发，地震灾害的预测和预防等都要求对最近时期构造运动的性质和特征进行详细研究。因此，人们将第四纪以来所发生的构造运动称为新构造运动，并作为专门研究对象。

二、岩石的变形与地质构造

岩石变形是构造运动的产物。未受构造运动明显作用的沉积岩、火山岩一般呈水平状态产出，称为水平岩层；只有在沉积盆地及岛屿的边缘或火山锥附近等局部地区的岩层呈倾斜状态，称为原始倾斜岩层；侵入岩则具有整体性。经过构造运动以后，岩层由水平状态变为倾斜或弯曲，连续的岩层被断开或错动，完整的岩体则被破碎。所以，概括地说，构造运动造成岩石（岩层或岩体）原有的形态和空间位置发生改变的现象就叫作构造变形。

岩层或岩体发生构造变形的产物称为地质构造，地质构造的基本类型是褶皱和断裂。然而，为了研究地质构造，则首先要了解和确定岩石的产状。

（一）岩石的产状

岩石在地壳或岩石圈中产出的空间位置和形态特征叫岩石的产状。岩石的产状通常是通过测量层状岩石层面的走向、倾向、倾角和岩层的厚度来确定的。走向、倾向、倾角又称为产状三要素(图 3-23)。

1. 走向

岩层层面与假想水平面交线的方向叫走向,它指示岩层的延伸方向。

2. 倾向

岩层层面上与走向垂直并指向下方的直线,称为倾斜线。倾斜线在水平面上的投影所指示的方向即为倾向,它表示层面的倾斜方向,恒与走向垂直。

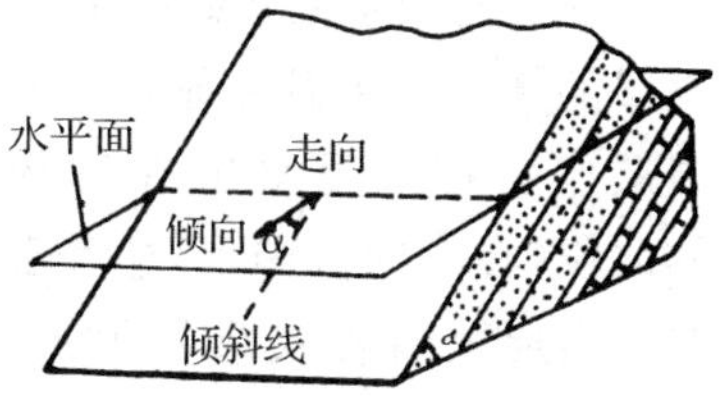

图 3-23 岩层产状要素

α 倾角

3. 倾角

层面的倾斜线与其在水平面上投影线之间的夹角,叫倾角。

产状要素是用地质罗盘进行测量的。岩层的厚度则是指岩层顶、底面之间的距离。非层状岩石空间位置的确定方法,原则上与上述方法相同。一切面状要素的空间位置,均可通过测量该面的产状要素来确定。

(二)褶皱构造

岩层的连续弯曲叫褶皱。岩层的单个弯曲叫褶曲。褶皱是岩层塑性变形的表现,其形态多种多样,规模可大可小。

褶皱的基本类型有两种,即背斜和向斜(图 3-24)。

1. 背斜

原始水平岩层受力后向上凸曲者,称为背斜。其特征是中心部分岩层较老,向两侧岩层依次变新(图 3-24)。

2. 向斜

原始水平岩层受力后向下凹曲者,称为向斜。其特征是中心部分为较新岩层,向两侧岩层依次变老(图 3-24)。

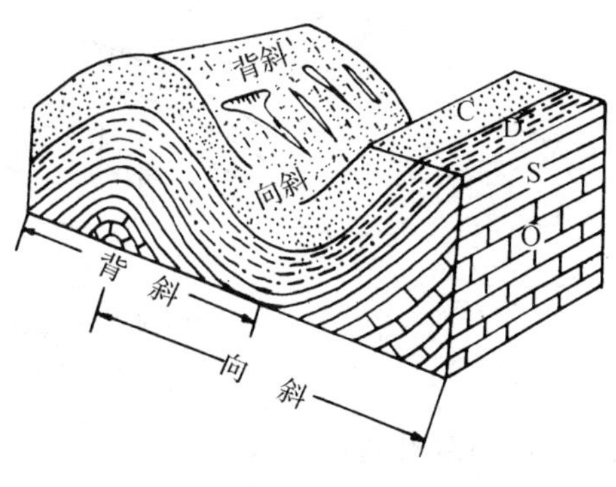

图 3-24 褶皱(背斜和向斜)

岩层变形之初,背斜成山,向斜成谷,这时的地形是褶皱构造的直观反映。经过较长时间的风化剥蚀以后,地形常发生变化,可能背斜变成低地或沟谷,此称背斜谷;向斜变成高地或山脊,此称向斜山(图 3-25)。因此,地形上的高低不能作为判别背斜与向斜的标志。

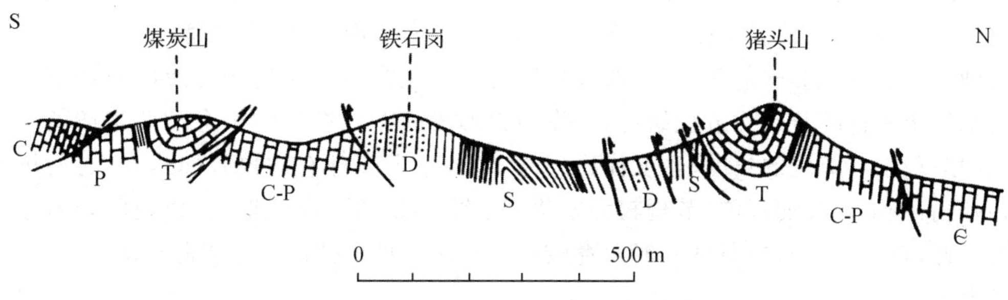

图 3-25 南京幕府山地质剖面图,示地形倒置现象

在野外,判别背斜或向斜的标志是根据岩层的新老关系及在倾向方向上相同年代的岩层作对称式重复出现的状况。如图3-26的北段,在倾向方向上,志留纪、奥陶纪、寒武纪的岩层呈对称式重复出现,中间部分为较老岩层,两侧则为较新岩层,所以这是一个以寒武纪岩层为核(褶曲的中心部分)的背斜;该图的南段,在倾向方向上奥陶纪、志留纪、泥盆纪的岩层亦呈对称式出现,但中心部分为较新岩层,两侧为较老岩层,因此应是一个以泥盆纪岩层为核的向斜。

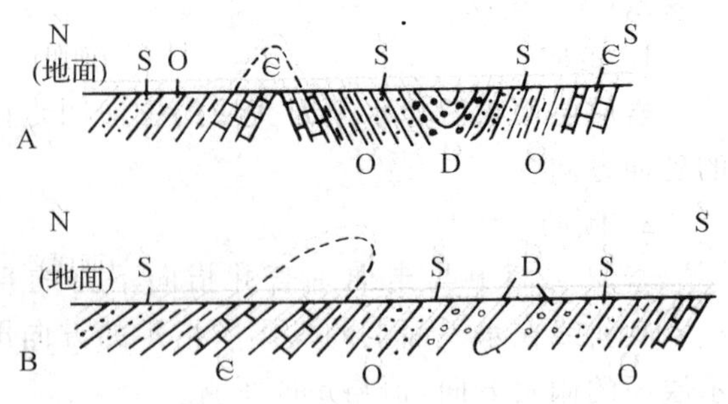

图3-26　根据岩层的对称式重复排列及其倾斜状况确定褶曲的类型

A—直立背斜与向斜;B—同斜褶曲中的背斜与向斜

褶皱中背斜与向斜总是并存的,相邻背斜之间为向斜,相邻向斜之间为背斜(图3-27),相邻的背斜与向斜共用一个翼(褶曲核部两侧的岩层)。

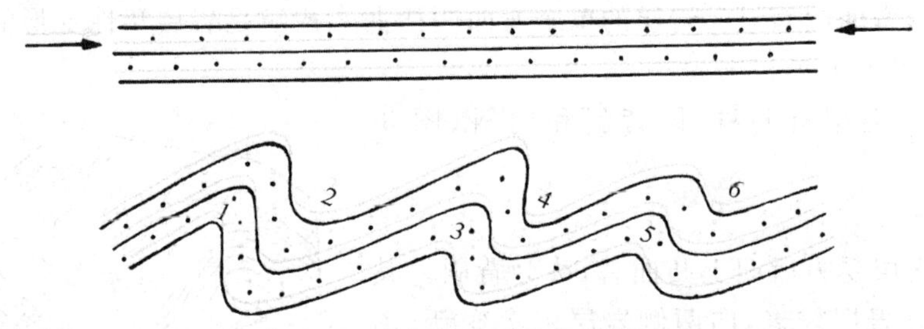

图3-27　褶皱中背斜与向斜共存

上图示水平岩层受力挤压;下图示岩层的弯曲一个接着一个,其中1、3、5为背斜,2、4、6为向斜

(三)断裂构造

断裂是岩石受力后发生的破裂,使岩石的连续完整性受到破坏。当作用力的强度超过岩石的强度时,岩石就会发生断裂构造。断裂构造包括节理与断层。

1. 节理

节理是岩石中的一种破裂,破裂面两侧的岩块无明显滑动者称节理。节理的裂开面叫节理面。节理的空间位置依节理面的走向、倾向、倾角而定。

节理的成因多种多样。除了因构造运动产生的节理外,还常见到由风化作用或其他外力作用产生的节理,以及因岩浆或熔岩冷凝收缩而产生的节理,如柱状节理。

节理是野外常见的构造现象,一般成群出现。凡是在同一时期同样成因条件下形成的彼此平行或近于平行的节理称节理组;同一作用力形成的彼此有规律结合的两组或两组以上的节理组叫节理系。节理的长度、密度往往相差悬殊,单个节理有的仅几厘米长,有的可长达数百米;在岩石变形较强的部位,节理较为密集,反之,则稀疏。同一地区,较老的岩石中节理往往发育较好,较新的岩石中节理一般发育较差。有时节理可被矿脉或岩脉充填。

2. 断层

岩石受力发生破裂后,沿着破裂面两侧的岩块有明显滑动者,称为断层。断层是地壳中广泛发育的地质构造,其成因主要是由构造运动产生的,也可以由外力作用(如滑坡、崩塌、岩溶陷落、冰川等)产生。

(1)断层要素　断层面、断层盘、断距称为断层要素(图 3-28)。

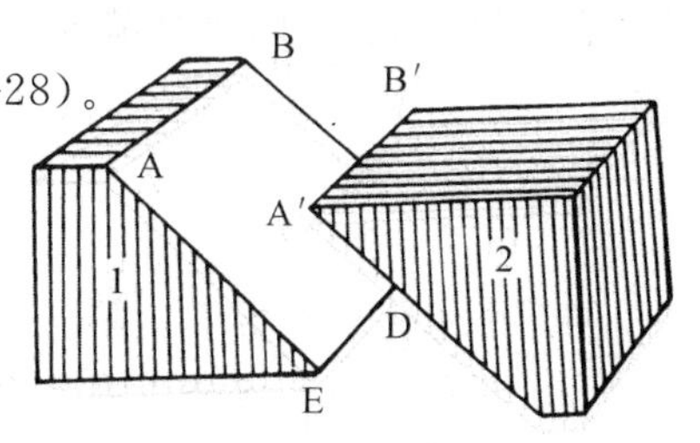

图 3-28　断层的要素

ABDE. 断层面;1、2. 断层盘;1 为下盘(图中为仰侧);2. 为上盘(图中为俯侧);AA′滑距

断层面　两个断开岩块发生相对滑动的破裂面,叫断层面。

断层盘　断层面两侧的岩块叫断层盘。如果断层面直立,则无上下盘之分,往往根据岩块的方位来说明,如东盘、西盘或左盘、右盘。按照两盘的相对运动方向 ,则将相对上升者称为上升盘,相对下降者称为下降盘。

断距　断层两盘相对滑动错开的距离叫断距。

(2)断层的主要类型　根据断层两盘相对滑动的方向可分为正断层、逆断层和平移断层(图 3-29)。

正断层　上盘相对下降,下盘相对上升的断层,叫正断层。

逆断层　上盘相对上升,下盘相对下降的断层,叫逆断层。其中断层面倾角<25°者称为逆掩断层。

平移断层　两盘沿着断层面作水平滑动的断层,叫平移断层,也叫平推断层。其断层面常近于直立。

(3)断层的组合类型　在自然界,断层很少单独存在,常成群出现,形成断层的各种组合类型。常见的有阶梯状断层、地堑和地垒。

阶梯状断层　由两条或两条以上的倾向相同而又互相平行的正断层组合而成,其上盘依次下降呈阶梯状(图 3-30A),叫阶梯状断层。

地堑和地垒　常由两条或多条走向大致平行的正断层组合而成。相邻正断层倾向相向,中间断块下降,形成地堑;相邻正断层倾向相背,中间断块相对上升,形成地垒(图 3-30B)。我国山西汾河及陕西渭河是地堑,江西庐山是地垒。国外则有著名的东非地堑、莱茵河谷地堑等。构成地堑、地垒的断层一般为正断层,但也可以是逆断层。

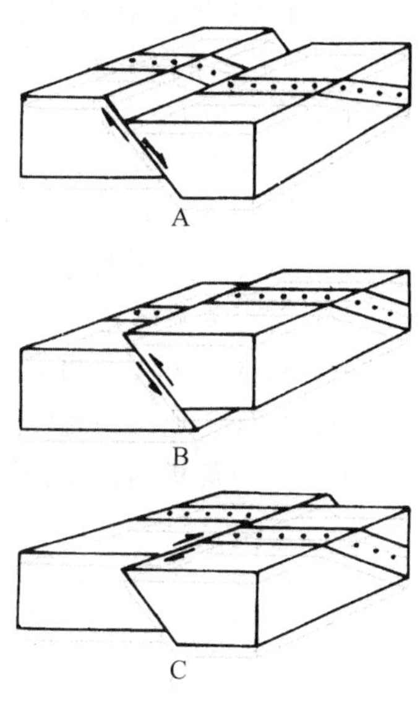

图 3-29　断层类型

A. 正断层;B. 逆断层;C. 平移断层

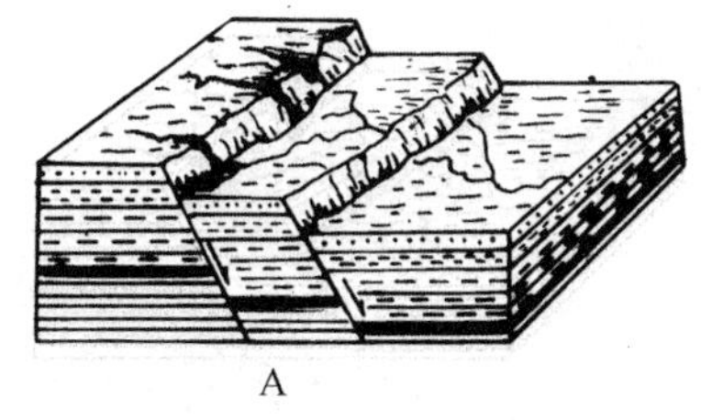

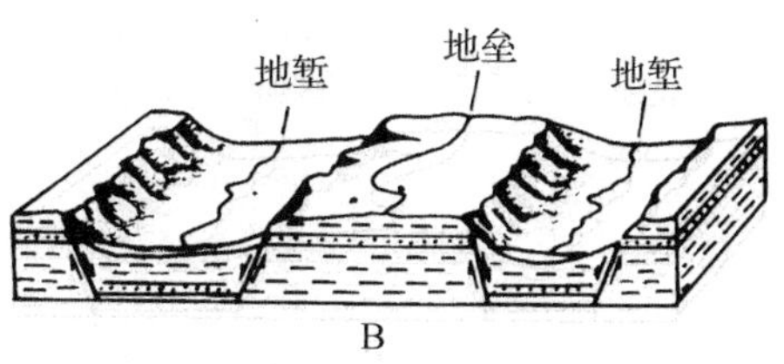

图 3-30　断层的组合类型

A. 阶状断层;B. 地垒和地堑

断裂构造的研究在找矿、找水及工程地质上都有着十分重要的意义。因为断层和节理不仅是矿液运移和沉积的重要场所,而且是地下水循环的良好通道。另外,节理和断层发育的地

区，岩石易于风化，同时又减弱了岩石的整体性和坚固性，因此对各种工程建设会产生重要影响。

复习思考题

1. 陆地地形包括哪些单元？概述各地形单元的特征。
2. 海底地形可划分为哪三个一级单元？各个一级单元又包括哪些次一级地形单元？
3. 名词解释：大陆架、海底峡谷、海沟与岛弧、海岭与海山、洋脊与洋隆。
4. 何谓矿物和造岩矿物？矿物的主要鉴定特征是什么？
5. 水和食糖是不是矿物？为什么？
6. 何谓摩斯硬度计？在野外如何鉴定矿物的硬度？
7. 名词解释：克拉克值、晶体和非晶体、条痕、光泽、解理、断口。
8. 何谓岩石？自然界中的岩石按其成因可分为几大类？
9. 何谓岩浆和岩浆岩？简述岩浆岩的分类依据及各类型的特征。
10. 名词解释：色率、喷出岩和侵入岩、斑状结构与似斑状结构、气孔构造与杏仁构造。
11. 何谓沉积岩？其主要特征是什么？
12. 比较沉积岩与岩浆岩矿物成分上的异同，并说明产生这些异同的原因。
13. 为什么说沉积岩的颜色是研究沉积环境的重要标志之一？
14. 何谓变质作用和变质岩？试比较变质岩与火成岩在矿物成分上的异同。
15. 思考三大岩类相互转化和演变的关系与条件。
16. 什么是地质构造？主要的地质构造有哪些？研究断裂构造有何实际及理论意义？
17. 名词解释：构造运动、产状及其要素、背斜和向斜、节理和断层。

第四章　地质年代与地质作用

第一节　地质年代

在长达46亿年的漫长地质历史中，导致地球演化的各种地质作用不停地进行着。探讨各种地质作用及其所产生的地质事件发生的时间是研究地球科学的一项十分重要的基础工作。各种地质事件发生的时代叫作地质年代。它包括两方面含义：其一是各种地质事件发生的先后顺序，叫作相对地质年代；其二是各种地质事件发生的距今年龄，称为绝对地质年代。由于绝对地质年代的测定主要是运用同位素技术，所以又将绝对地质年代称为同位素地质年龄。上述两者的结合才是地质年代的完整概念。

一、相对地质年代的确定

地球上的各种岩石（岩层）及其地质构造是其演化的产物，也是地质历史的真实记录者。因此，相对地质年代就可以依据记录在其中的沉积层序、生物演化规律和地质构造关系来确定。即用地层层序律、生物层序律和切割律来确定相对地质年代。

（一）*地层层序律*

地层是在某一地质时期内所形成的层状堆积物或岩石，包括沉积岩、火山岩及由它们经受一定变质作用而形成的变质岩。地层形成时，其原始产状一般是水平的或近于水平的，并且总是层层叠置。先形成的老地层，位于下面；后形成的新地层，覆于上部。所以，原始产出的地层具有下老上新的层序规律，这就叫地层层序律（又称叠置律，图4-1）。它是确定地层相对地质年代的基本方法之一。当地层因构造运动发生倾斜但未倒转时，倾斜面以上的地层新，倾斜面以下的地层老。当地层因构造运动层序发生倒转时，上下关系正好颠倒，则老地层覆盖在新地层之上。

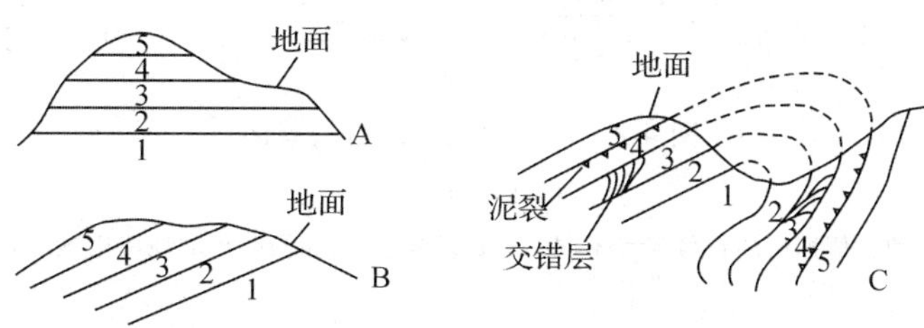

图4-1　地层层序律示意图

A—原始水平层理　B—倾斜地层　C—倒转地层

1、2、3……示地层从老到新

（二）生物层序律

地层层序律只能确定同一地区相互叠置在一起的地层的新老关系，而对于不同地区地层之间的新老关系的对比就无法适用。此时，只能利用保存在地层中的生物化石来确定其时代的早晚。

地质历史上的生物称为古生物。保存在地层（岩层）中的古生物遗体或遗迹，叫作化石。化石通常是早期的生物遗体或遗迹被后期的碳质、钙质、硅质所充填或交代而石化，或者是早期生物遗体中所含不稳定成分挥发逸去，仅留下碳质薄膜的结果。18—19 世纪，古生物学家和地质学家通过对不同地质历史时期化石的详细研究，得出了生物演化的基本规律，即生物演化律：生物演化的总趋势是从无到有，从简单到复杂，从低级到高级，以往出现过的生物类型，在以后的演化过程中绝对不会重复出现。即生物的发展变化是不可逆的。所以，不同时代的地层中含有不同类型的化石及其组合，相同时代的地层中具有相同或相似的化石及其组合。地层中生物化石的结构越简单、越低级，则其生成的时代越早；反之则越晚。概括起来就是，老的地层中保存有简单而低级的生物化石，而新地层中则含有复杂而高级的生物化石，这就是生物层序律。利用生物层序律不仅可以确定地层的先后顺序，而且还可以确定地层形成的大致时代。将生物层序律和地层层序律结合起来，就有可能在全球范围内，将不同地区形成的岩层进行系统地划分和对比，从而恢复整体地层的形成顺序并查明生物演化的具体规律。图 4-2 即是根据岩石性质、地层层序、化石特征，划分和对比甲、乙、丙三个地区地层的新老关系，并在此基础上建立起地层和生物演化顺序的综合柱状图实例。

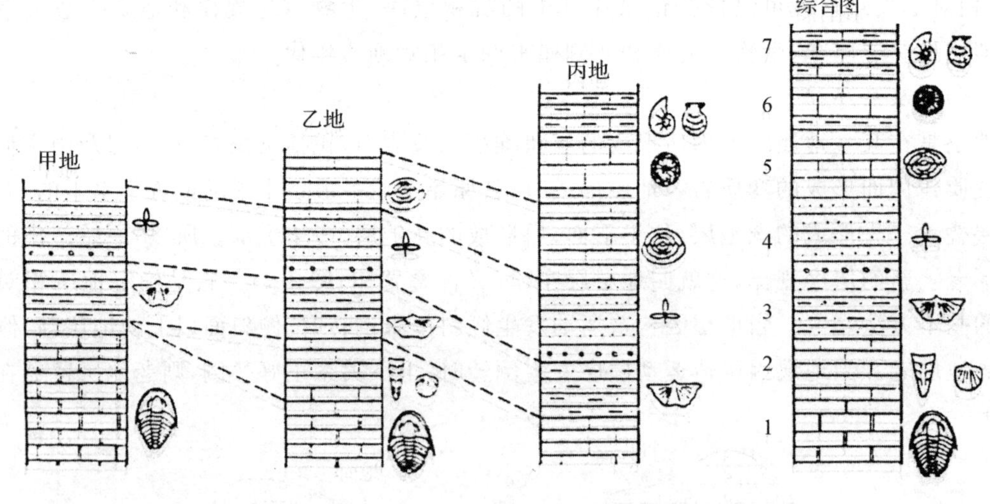

图 4-2　地层对比及综合柱状图

（据夏邦栋，1984）

柱状图右侧标出的符号代表不同的化石及其组合，相同时代的地层用虚线相连

（三）切割律

由于构造运动和岩浆作用，不同时代的岩层、岩体常互相切割或呈穿插关系。被切割或被穿插者比切割或穿插者老，此称切割律。利用切割律可以确定一切有切割或穿插关系的地质体（即岩层、岩体或矿体的泛称）形成的先后顺序（图 4-3）。

二、绝对地质年代的测定

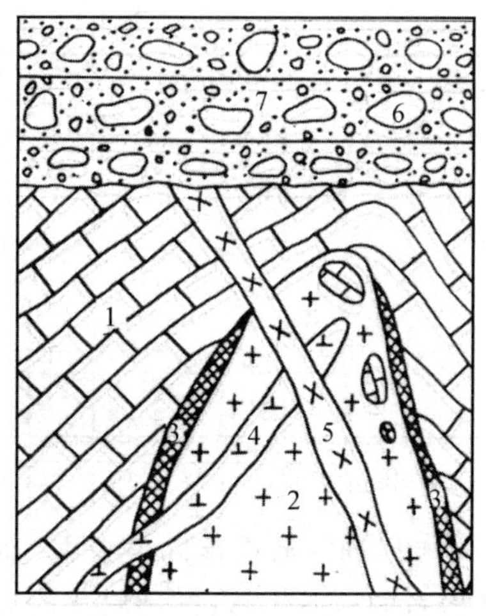

图 4-3　运用切割律确定岩石形成顺序

1. 石灰岩，最早形成；2. 花岗岩，形成晚于石灰岩，并有石灰岩捕虏体；3. 矽卡岩，形成时间同花岗岩；4. 闪长岩，晚于花岗岩形成；5. 辉绿岩，晚于闪长岩形成；6. 砾石，早于砾岩形成；7. 砾岩，最晚形成

相对地质年代只能表明各种岩石、地层或地质事件的相对新老关系，即使利用生物化石及其组合的方法，也只能了解它们形成时的大致年代。要更确切、更全面地认知地球的演化历史，仅仅了解这些是不够的，还必须定量地知道各种地质体及地质事件发生距今的具体年代及其延续时间。因此，以年为单位来测定某一地质体的绝对年龄，长期以来深受地球科学界的重视。

早在 19 世纪就有科学家开始探索绝对地质年代的计算方法。有人曾设想海水是由淡变咸的，然后根据当时海洋中的总含盐量与河流每年从陆地带入海洋中的盐量来估算地球的年龄；还有人根据沉积岩的厚度和沉积作用的平均速率来估算老岩层的年龄，再推算出地球的年龄。这些方法显然是很原始和不准确的。

19 世纪末，放射性元素的发现，为测定岩石的绝对年龄提供了科学方法。因为放射性元素在自然界中能自动地放射 α(粒子)、β(电子)和 γ(电磁辐射量子)射线，而蜕变成另一种新元素，并且各种放射性元素都有其固定的衰变常数。而衰变常数又与同位素的衰变速度有关，衰变速度则是用半衰期($T_{1/2}$)来表示的。所谓半衰期，是指母体元素的原子数蜕变一半所需要的时间。例如镭(Ra)的半衰期为 1 622 年，如果初始有 10 g 镭，经过 1 622 年后就只剩下 5 g；再经过 1 622 年则剩下 2.5 g……依次类推。自然界的矿物和岩石一旦形成，其中所含的放射性同位素就开始以固定的速度蜕变，就像天然的时钟一样，记录着它们自身形成的年龄。因此，只要分别测定岩石中的矿物所含放射性同位素(母体)及其蜕变产物(子体)的含量，就可以计算出该矿物形成至今的实际年龄，即该矿物的同位素年龄。如果该矿物是在岩石形成的同时生成的，那么该矿物的同位素年龄就可以代表岩石的绝对地质年代。其计算公式如下：

$$t=\frac{1}{\lambda}\mathrm{In}(1+\frac{D}{N})$$

式中 N 为母体同位素含量，D 为子体同位素含量，λ 为该放射性同位素的衰变常数($\lambda=0.639/T_{1/2}$)。

自然界放射性同位素种类很多，但能用于测定绝对地质年代的必须具备以下条件：

1. 具有适当的半衰期。一般说来，地质体形成的时间比较久远。因此，那些半衰期很短的放射性同位素是不适用的，必须采用其半衰期与地质体形成距今时间幅度相当者。

2. 该同位素在岩石或矿物中要有足够的含量，可以将其分离出来并加以定量测定。

3. 其子体同位素易于富集并能保存下来。

通常用来测定绝对地质年代的放射性同位素见表 4-1。

表 4-1 用于测定地质年代的放射性同位素

母体同位素(N)	子体同位数(D)	半衰期($T_{1/2}$)	衰变常数(λ)	测定样品
U^{238}	Pb^{206}	4.468×10^{9} a	0.155×10^{-9}/a	晶质铀矿、锆石、独居石、黑色页岩
U^{235}	Pb^{207}	7.04×10^{8} a	0.984×10^{-9}/a	
Th^{232}	Pb^{208}	1.40×10^{10} a	0.495×10^{-10}/a	
Rb^{87}	Sr^{87}	4.90×10^{10} a	0.141×10^{-10}/a	云母、钾长石、海绿石
K^{40}	Ar^{40}	1.28×10^{10} a	0.541×10^{-9}/a	云母、钾长石、角闪石、海绿石
C^{14}	N^{14}	5 730a	1.21×10^{-4}/a	有机碳、骨骼化石

据 F. William Walrer *et al* .,1977

表 4-1 所列的放射性同位素中,铀(钍)—铅法(包括三种同位素)、铷—锶法主要用于测定较古老岩石的地质年龄;钾—氩法的有效范围大,几乎可以适用于绝大部分地质时间,而且由于钾是常见元素,许多常见矿物中都富含钾,因而使其测定难度降低、精确度较高,所以该法应用最为广泛;而碳－14 法由于其同位素的半衰期短,所以它一般只适于 5×10^{4} a 以来的地质年龄测定,如测定最新的地质事件和大部分考古材料均用此法。

此外,近年来开发的钐(Sm^{150})—钕(Nd^{144})法和氩(Ar^{40})—氩(Ar^{39})法以其准确度高、分辨率强,有很大的优越性,可以用来补充上述放射性同位素测年法的一些不足。而已经问世的用以测定岩石绝对地质年代的一个新领域——古地磁学方法,其原理是通过测定岩石的极性及其延续的时间,再与已知的标准值进行对比,就可推知该岩石的形成年代。不过,这一方法目前只限于测定中生代以来的岩石年代,因为在更老的岩石中尚未建立起可资比较的“标准”。

三、地质年代表

(一)地质年代表的建立

通过对全球各个地区地层剖面的系统划分与对比,特别是对其中所含化石的对比研究,并结合相应岩层的同位素测年资料,按年代先后把地质历史进行系统性的编年制表,这就是地质年代表(表 4-2)。地质年代表的建立是地质学研究的重要成果,它为推进地球科学的发展起到了重要作用,已成为现代地球科学研究必不可少的基础知识。它不仅包括了各个地质年代单位、名称、代号和距今年代等内容,而且反映了地壳中无机界(矿物、岩石)与有机界(动、植物)演化的顺序、过程和阶段。地质年代表中的地质年代单位为宙、代、纪、世,与其对应的年代地层单位是宇、界、系、统。两者的级别和对应关系如下:

地质年代单位　　　　年代地层单位

宙(Eon)……………………………宇(Eonthem)

代(Era)……………………………界(Erathem)

纪(Period)…………………………系(System)

世(Epoch)…………………………统(Series)

宙(Eon)　是地质年代的最大单位,在宙的时期内所形成的年代地层单位叫宇(Eonthem)。它往往反映了全球性的无机界和生物界的重大演化阶段,将整个地质历史从老到新划分为冥古宙、太古宙、元古宙和显生宙,每个宙的演化时间均在 5 亿年以上。

代(Era)　是地质年代的第二级单位,它往往反映了全球性无机界与生物界的明显演化阶段。

表 4-2 地质年代表*

宙(宇)	代(界)	纪(系)	世(统)	距今年代(Ma)	生物开始出现时间：植物	生物开始出现时间：动物
显生宙(宇)PH	新生代(界)Kz	第四纪(系)Q	全新世(统)Qh	0.01		←现代人
			晚更新世(统)QP_3			
			中更新世(统)QP_2			←古猿
			早更新世(统)QP_1	1.8(2.6)		
		新近纪(系)N	上新世(统)N_2			
			中新世(统)N_1	23.3		
		古近纪(系)E	渐新世(统)E_3			
			始新世(统)E_2			
			古新世(统)E_1	65		
	中生代(界)Mz	白垩纪(系)K	晚(上)白垩世(统)K_2			
			早(下)白垩世(统)K_1	135	←被子植物	
		侏罗纪(系)J	晚(上) J_3			
			中(中)侏罗世(统)J_2			
			早(下) J_1	208(213)		←鸟类、哺乳类
		三叠纪(系)T	晚(上) T_3			
			中(中)三叠世(统)T_2			
			早(下) T_1	248(250)		←蜥龙、鱼龙
	古生代(界)Pz：晚(上)古生代(界)Pz_2	二叠纪(系)P	晚(上)二叠世(统)P_2		←裸子植物	
			早(下)二叠世(统)P_1	286(290)		←爬行类
		石炭纪(系)C	晚(上) C_3			
			中(中)石炭世(统)C_2			
			早(下) C_1	360(362)		←两栖类
		泥盆纪(系)D	晚(上) D_3			
			中(中)泥盆世(统)D_2			
			早(下) D_1	408(410)	←蕨类植物	
	古生代(界)Pz：早(下)古生代(界)Pz_1	志留纪(系)S	晚(上) S_3			←鱼类
			中(中)志留世(统)S_2			
			早(下) S_1	(438)439	←裸蕨植物	
		奥陶纪(系)O	晚(上) O_3			
			中(中)奥陶世(统)O_2			
			早(下) O_1	(505)510		←无颌类
		寒武纪(系)Є	晚(上) $Є_3$			←硬壳动物
			中(中)寒武世(统)$Є_2$			
			早(下) $Є_1$	570(590)		←无脊椎动物
元古宙(宇)PT	新元古代(界)Pt_3	震旦纪(系)Z		680		
		南华纪(系)Nh		800		
		青白口纪(系)Qb		1 000	←高级藻类	←多细胞动物
	中元古代(界)Pt_2	蓟县纪(系)Jx		1 400	←真核动物(绿藻)	
		长城纪(系)Chc		1 800		
	古元古代(界)Pt_1	滹沱纪(系)Hl		2 300		
		五台纪(系)Wt		2 500		
太古宙(宇)AR	新太古代(界)Ar_3			2 800	←原核生物(菌类及蓝藻)	
	中太古代(界)Ar_2			3 200		
	古太古代(界)Ar_1			3 800	←生命现象开始(菌藻类)	
冥古宙(宇)HD	地球初始发展阶段			4600		

* 据 W. B. Harland, A. V. Cox. etc. 1982;王鸿桢等,1990;新华网,2010. 综合并补充、修改

每个时代的演化时间均在5 000万年以上，在代的时期内所形成的年代地层单位叫界(Erathem)。

纪(Period) 是第三级地质年代单位，它往往反映了全球性生物界的明显变化及区域性无机界的演化阶段。古生代分为6个纪，中生代分为3个纪，新生代分为3个纪，每个纪的演化时间均在200万年以上，在纪的时期内所形成的年代地层单位叫系(System)。

世(Epoch) 是第四级地质年代单位，它往往反映了生物界中“科”、“属”的一定变化。一般每个纪分为早、中、晚3个世或早、晚2个世，但在古近纪、新近纪与第四纪中，世的名称比较特殊。在世的时期内所形成的年代地层单位叫统(Series)。

(二)地质年代名称的来源、含义和代号

了解地质年代表中各个地质年代名称的来源和含义，对于深刻理解地质年代的性质是大有裨益的。现按地质年代由老到新简要介绍如下：

冥古宙(Hadean Eon) 具有“开天辟地”之意，目前在地球表面尚未见到或确证这一时期形成的大量岩石，这可能是该时期的地表岩石绝大部分已被后期改造的缘故。

太古宙(Archaeozoic Eon) 是已有大量岩石记录的最古老的地质年代，这一时期的岩石一般是变质程度很高的变质岩；该时期的生物仅有极原始的菌藻类。

元古宙(Proterozoic Eon) 为古老的地质年代。该时期的生物主要为各种原始的菌藻类，包括蓝藻、绿藻、红藻及细菌；此外，还有少量的海绵动物、水母及蠕虫等(图4-4)。元古宙包括古元古代、中元古代和新元古代三个代。

图4-4 元古宙的菌藻类生物

古元古代至新元古代在我国被划分为七个纪，由老到新依次为：

五台纪(Wutai Period) 名称源自我国山西五台山，该时期的地层在五台山地区最为发育。

滹沱纪(Hutuo Period) 名称来源于我国从山西省流入河北省的滹沱河，两省交界地区该时期的地层最为发育。

长城纪(Changcheng Period) 名称源于我国的万里长城。

蓟县纪(Jixian Period) 名称源自我国天津市的蓟县。

青白口纪(Oingbaikou Period) 名称源自我国北京市附近的青白口镇。

南华纪(Nanxhua Period) 名称源自我国著名地质学家刘鸿允生生所提出的“南华大冰期”。其特征为冰川活动广为出现，层型位于我国华南地区。

震旦纪(Sinian Period) “震旦”是中国的古称。该纪地层在我国极为发育，而且发现早、研究细。这一名称目前仅限国内通用，其他国家还有不同的名称。

显生宙(Phanerozoic Eon) 是生命(包括高等生物)大量出现和发展繁荣的地质时期，它包括地球最近5.7亿年的历史，其中又分为古生代、中生代和新生代。

古生代(Palaeozoic Era) 意为古老生物时代，它包括六个纪。由老到新依次为：

寒武纪(Cambrian Period) “寒武”是英国威尔士的拉丁文名称，因首先在此地研究了这一地质时代的地层而得名。

奥陶纪(Ordovician Period) 英国威尔士地区是古奥陶部族(Ordovices)的居住地。该时代的地层最先在这个地区发现，并进行了研究。

志留纪(Silurian Period) 最早发现该时代的地层出露于英国威尔士边境地区，“志留”是曾经生活在这个地区的一个古代部族的名称。

泥盆纪(Devonian Period)　该时代的地层在英格兰的泥盆郡发现最早而得名。

石炭纪(Carboniferous Period)　创名于英国,因该时代的地层中富含煤层而得名。

二叠纪(Permian Period)　沿用乌拉尔山西坡的一个叫彼尔姆城(Perm)的地名,按音译应为彼尔姆纪,但因该地层具有明显的二分性,故我国按意译为二叠纪。

图 4-5　早古生代的海生无脊椎动物

上述六个纪中,寒武纪、奥陶纪、志留纪为早古生代,泥盆纪、石炭纪和二叠纪为晚古生代。

早古生代是海洋无脊椎动物繁盛的时代,包括三叶虫、珊瑚、海绵动物、苔藓虫、腕足类、笔石类、水母、海百合等(图 4-5),其后期开始出现鱼类,到末期原始植物开始登陆,但主要是一些在海边生存的半陆生低等植物。

图 4-6　晚古生代的蕨类植物

在晚古生代,虽然海洋无脊椎动物仍较繁盛,但脊椎动物的发展表现更为突出。其早期出现的鱼类,到泥盆纪得到充分发展,并在泥盆纪晚期逐渐演化成原始两栖类,开始了动物登陆的历史。石炭纪是两栖类的繁盛时代,该纪的中、晚期开始出现原始的爬行类。到二叠纪爬行动物得到进一步发展。晚古生代陆地植物群的蓬勃发展,成为其生物界的又一显著特征。这一时期主要为蕨类孢子植物,泥盆纪时期开始出现小型森林,到了石炭纪、二叠纪,各种高大的乔木植物如节蕨、石松类、种子蕨、真蕨、科达类等开始形成高大的森林,为成煤提供了良好的物质基础(图 4-6)。

中生代(Mesozois Era)　意为“中期生物”时代。分为三个纪,由老到新依次为:

三叠纪(Triassic Period)　该时代的地层最早在德国中部发现,地层具明显的三分性。

侏罗纪(Jurassic Period)　因在法国和瑞士交界的侏罗山脉首先发现该时代的地层而得名。

白垩纪(Cretaceous Period)　源于英吉利海峡北岸出露的一套富含微体有孔虫的白色细粒碳酸钙地层,拉丁文称之为 Creta,意为白垩而得名。

图 4-7　中生代的爬行动物恐龙

中生代是爬行动物空前繁盛的时代。其中陆地上有以食草为主、身体庞大(可长达 30 m,重达 60 t)的雷龙、梁龙等,也有以食肉为主、身体灵活的霸王龙;海洋中有鱼龙、蛇颈龙等;天空中则有翼龙类等(图 4-7)。在中生代时期,鸟类、哺乳类动物开始逐渐形成;无脊椎动物中,菊石、箭石类软体动物得到充分发展;植物中则以裸子植物占统治地位。

新生代(Cenozoic Era)　意为“近代生

物”时代。包括三个纪，由老到新依次为：

古近纪(Paleogene Period)　旧称早(老)第三纪，由于国际地层委员会不再承认第三纪(Tertiary Period)是正式的地质年代名称，所以现今称为古近纪。其代号为 E。

新近纪(Neogene Period)　旧称晚(新)第三纪，由于上述的原因，现称新近纪。该名中的“新”是 Neo-的意译，“近”则是-gene 的音译，并兼顾了字面意义。其代号为 N。

图 4-8　新生代的哺乳动物及被子植物

第四纪(Quaternary Period)　该词创立于 1830 年。代表以含有大量现代生物化石为特征的未固结的河流沉积物、风成沙、黄土及冰川堆积物。其代号为 Q。

新生代是哺乳动物大发展的时期，其中绝大部分生活在陆地，但也有生活在海洋中(如鲸鱼、海豚等)和空中(如翼手类等)的动物(图 4-8)。新生代晚期，即从第四纪开始，全球气候出现了明显的冰期和间冰期交替的模式，其生物界的面貌已很接近于现代。哺乳动物的进化在此阶段最为明显，而人类的出现和进化则是第四纪最重要的事件之一，也是地球上生物演化史的一次最重大的飞跃。新生代的植物则以被子植物占统治地位，高等陆生植物的面貌在第四纪中后期已与现代基本一致。由于冰期和间冰期的交替变化，逐渐形成今天的寒带、温带、亚热带和热带植物群。

为了使用简便，地质年代表中的各宙(宇)、各代(界)、各纪(系)都有相应的国际通用符号。这些符号，主要是以其英文名称的第一个字母或第一个加上后面某一个字母来表示。仅有少数例外，如寒武纪用Є、白垩纪用 K，这是为了与石炭纪的符号 C 相区别；古近纪用 E 则是沿用了早(老)第三纪的符号。此外，世的符号与其所属的纪相同，但在纪的符号右下角辅以 1、2、3 或 1、2，分别表示早世、中世、晚世或早世和晚世。

第二节　地质作用

恩格斯曾说：“运动是物质存在的方式。无论何时何地，都没有也不可能有没有运动的物质。”地球形成至今已有 46 亿年的历史，在漫长的地质过程中，它一直处在永恒的不断运动变化之中。我们今天所看到的地球，只是它全部运动和发展过程中的一个阶段。我们知道，地球表面形态和景观会发生“沧海桑田”的变化；裸露地表的岩石会变得破碎、松散；火山活动会喷发出大量的高温熔融物质；强烈的地震会给人类造成灾难并产生山崩、地裂、海啸等。这些现象表明地球由于受到某些能量的作用，使其表面形态、内部物质组成及结构、构造等都在不断发生变化。

地球科学把由自然动力所引起的地壳或岩石圈的物质组成、结构、构造及地表形态等不断发生变化的各种作用叫作地质作用(geological process)；把引起这些变化的自然动力叫作地质营力；而把传播能量的媒介称为介质。地质作用一方面不停息地破坏着地壳或岩石圈中已有矿物、岩石、地质构造和地表形态；另一方面又不断地形成新的矿物、岩石、地质构造和地表形态。地质作用既有破坏性，又有建造性。在破坏中进行建造，在建造中遭到破坏。这对矛盾的统一体在其发展过程中不断地改变着地壳或岩石圈，使其总是处于一种新的状态。

一、地质作用的能量来源

引起地质作用的能量来源主要有两种：一是来自地球内部的能源，称为内能；二是来自地球外部的能源，称为外能。

（一）内能

能量来源于地球自身，主要包括地球自转而产生的旋转能、重力作用形成的重力能、放射性元素蜕变等产生的热能，此外尚有化学能和结晶能等。

1. 旋转能

旋转能是由地球围绕地轴自转和围绕太阳公转而产生的能量，但地球自转产生的旋转能远大于公转所产生的能量，这是因为地球自转的角速度大于其公转的角速度。据计算，地球自转产生的旋转能约为 2.1×10^{36} erg，这么大的能量（8.5 级地震释放的能量也只有 3.6×10^{24} erg）必然会对地质作用产生巨大影响。

2. 重力能

重力能是由地球内部物质的引力而产生的一种能量。重力不仅存在于地球表面任何地点，也存在于地球内部各个地方。地心引力给物体以位能，不仅表现在外动力作用下流水、冰川等的运动过程中，而且在地球内部由于重力作用而使密度不同的物质重新分配，形成密度大的物质下沉集中在下部，密度小的物质相对上升，聚集在上层，某些岩浆矿床（如铬铁矿床等）的局部富集就充分说明了这一点。同时，由于重力作用的影响，还可以使地壳局部发生升降运动和水平运动。

3. 热能

地热能是地球内部散发出的热量，这种热量主要有以下几种来源：①上地幔中放射性元素蜕变产生的热能，它是地热的最主要来源；②地球体积在逐渐收缩的过程中，一部分重力能转变而来的热能；③地球形成时，一部分动能转变而来并保留在地球内部的热能；④地壳运动过程中，由动能转变而来的热能。这些热能是岩浆作用、变质作用的基本能源。

4. 化学能与结晶能

地壳与地幔、上地幔与下地幔之间化学成分的转变及岩浆作用与变质作用中进行的一系列化学反应所产生的化学能，结晶相变及岩浆冷凝结晶时所产生的结晶能，均可转化为热能，使局部物质温度升高甚至熔化。有人认为整个地幔的结晶化学能约为 1.6×10^{11} erg。

（二）外能

来自地球以外的能，主要为太阳辐射能和日月引力能。此外，尚有其他星体的辐射、宇宙射线及陨石对地球的撞击等亦可产生一定的能量。

1. 太阳辐射能

太阳以辐射的形式向四面八方输出能量，到达地球表面的能量仅为其发出全部能量的 22 亿分之一，其余的能量都散射到太空中去了。尽管如此，输送到地球表面的太阳辐射能，其功率仍然很大，可达 1.8×10^{24} erg/s。

太阳辐射到达地球表面前必须经过大气圈，进入大气圈的太阳辐射一部分被散射，一部分被吸收，一部分被反射到宇宙空间。散射、吸收和反射的多少取决于太阳辐射所穿过的大气圈的厚薄及太阳在地平线上的高度，并随季节和昼夜的变化而变化。日照时间的长短、地表物质的特征也是地表获得太阳辐射多少的重要因素。

太阳以辐射的形式把热量传送到地球表面，使其温度发生变化。但由于不同纬度地区所接收的太阳辐射量不同，空气的温度、压力就会出现差异，从而产生空气对流和大气环流、水圈的运动等自然现象。

2. 日月引力能

在日月引力作用下，地球发生弹性变形，成为沿月球和地球连线方向拉长的对称卵形。这种变化在地球水圈上表现最为明显，在与地球旋转能的共同作用下而产生潮汐现象。潮汐对水体沿岸地形的塑造、物质的搬运起到极大作用。

需要指出的是，引起地质作用的能量来源除了上述的内能和外能外，生物在整个地质历史的地质作用过程中也是不可忽视的。

绿色植物在进行光合作用时，其根部吸收水分、无机盐，叶面吸收CO_2，在太阳能的作用下形成碳水化合物，从而把能量储存起来：

$$CO_2 + H_2O + \text{太阳辐射能} = CH_2O + O_2$$

光合作用把大气中CO_2的1/3固定在有机体中，有人估计地球上每年固定在有机体中的净碳量约为$100 \sim 1\,000 \times 10^8$ t。有机体埋藏在地下经过地质作用而形成煤、石油等可燃矿产，这些碳就储存在其中。当煤和石油燃烧时又放出CO_2，同时释放能量。CO_2回到大气中补偿光合作用的损失（CO_2还可由火山喷发等得到补偿），促使地球上生物总量的逐渐增加。

有机质分解、燃烧放出的CO_2除了在光合作用中成为绿色植物有机体的主要成分外，还对地球有着特殊的防寒保温功能。大气中现有的CO_2量能保存地面辐射的18%，如果大气中CO_2的含量增多或减少，将直接导致地球表面大气平均温度的升高或降低。那么，外动力地质作用的性质和强度也将随之而发生很大的变化。

另外，动物的挖掘、人类活动、繁殖极快且数量庞大的微生物等，又以自己的能量无论在岩石的破坏、土壤的疏松、某些矿产的形成等地质作用中，均起一定作用。

二、地质作用的类型

一般根据能量来源和发生部位将地质作用分为内动力地质作用和外动力地质作用两大类。

（一）内动力地质作用

内动力地质作用是指由地球的旋转能、重力能和地球内部的热能、化学能、结晶能等引起整个地壳或岩石圈物质成分、结构、构造、地表形态发生变化的地质作用。

内动力地质作用主要包括岩浆作用、变质作用、构造运动和地震作用。

1. 岩浆作用

岩浆作用是指岩浆的形成、发育、运动及其冷凝、结晶成岩的作用。它包括喷出作用和侵入作用：前者是指岩浆喷出地表的作用，又称火山作用；后者是指地下深部岩浆向上运移、侵入周围岩石（围岩）而未到达地表的作用。

岩浆是地下深处主要由硅酸盐组成的高温熔融物质，是具有较大黏度的流体，常含有数量为1～8%以水为主的挥发性组分。岩浆一般形成于地下数公里到数十公里深处，在岩石的强大压力下，其挥发性组分主要呈溶解状态，部分呈气泡状态存在。

岩浆的化学成分主要有两部分：一部分是Si和Al的氧化物，它们构成岩浆中的络阴离子，其基本形式为$[SiO_4]^{-4}$和$[AlSi_3O_8]^{-1}$；另一部分是Fe、Mg、Ca、Na、K等金属离子构成的阳离子。这两部分物质的含量相互消长，前者少，后者就多；前者多，后者则少。在前一种情况下，会有较多的阳离子游离于络阴离子周围，使后者较少联接成复杂的络阴离子，岩浆的黏度就小一些。在后一种情况下，因阳离子数量不足，故有较多的络阴离子通过共用 Si 而相互联接，成为体积较大且结构复杂的络阴离子，它们妨碍岩浆自由变形，使岩浆的黏度增大。

温度是影响岩浆黏度大小的另一因素。岩浆的温度越高，其黏度越小；岩浆温度越低，其黏度越大。因此，同种化学成分的岩浆因温度不同，其黏度就会有明显的差异。

岩浆黏度的大小决定了火山喷发的强烈程度。

岩浆喷出地表（即火山喷发）十分雄伟壮观，但往往给人类带来严重的灾害。这是因为岩浆在喷出作用过程中，巨量地下物质伴随着强大的能量在很短的时间内快速释放出来之故。

岩浆在侵入过程中，岩浆与围岩，以及岩浆本身都会发生诸多变化。其中同化作用、混染作用与结晶分异作用尤为重要。

岩浆因其高温而熔解围岩，将围岩改造成为岩浆的一部分，称为同化作用。岩浆同化了围岩，使其原有成分因而发生相应改变，称为混染作用。同化作用与混染作用总是相伴而生。由于二者的存在，虽然原始岩浆的种类有限，但却可形成很多种不同成分的岩石。

岩浆由液态结晶成固态，从表面看好似水结晶成冰，但其过程和实质不同。水冷凝后只结晶出一种矿物，即冰；而岩浆冷凝结晶的过程则比较复杂，一种岩浆按矿物熔点的高低可分别结晶出不同矿物，并依次形成不同种类的岩石，此称结晶分异作用。结晶分异作用一般是在岩浆冷凝比较缓慢的条件下发生的。

2. 变质作用

在地壳运动和岩浆作用过程中形成新的岩石的地质作用，称为变质作用。按变质作用的类型，可将其分为接触变质作用、动力变质作用、区域变质作用和混合岩化作用。

(1)接触变质作用　发生于岩浆岩与围岩的接触带，由岩浆散发的热量和析出的气态或液态物质引起岩石变质的作用，称为接触变质作用。据变质作用因素又分为：

①热接触变质作用　以热力（温度）作用为主，在变质作用过程中原岩主要发生重结晶，而化学成分没有显著变化。其形成的代表岩石有斑点板岩、角岩、大理岩、石英岩等。

②接触交代变质作用　除热力（温度）作用外，变质作用过程中伴随有从岩浆中分泌出来的挥分性物质与围岩产生的交代作用。该作用使原岩的化学成分发生显著变化，新矿物大量生成。其形成的代表岩石有蛇纹岩、青盘岩、云英岩、矽卡岩等。

(2)动力（碎裂）变质作用　在构造运动所产生的定向压力作用下，岩石发生改变的作用称之。

动力（碎裂）变质作用主要由应力引起，温度和溶液的影响较小，因此重结晶作用不明显。但在断裂带的某些应力局部集中地段，由于强烈错动而产生较高温度或伴有溶液活动，则温度、溶液的影响会明显增强，可使碎裂岩石部分或全部重结晶。

因为动力（碎裂）变质作用常和构造运动有关，且以矿物的变形、破碎为主，所以动力变质岩又称构造岩或碎裂变质岩。其代表岩石有破碎（构造）角砾岩、碎裂岩、糜棱岩、千糜岩、玻状岩和假熔岩等。

(3)区域变质作用　指大面积分布的、作用因素复杂（由温度、均向压力、定向压力和具有化学活动性流体综合作用）的变质作用，有时可伴有混合岩化作用。

区域变质作用与构造运动和岩浆作用关系密切。近来有人把区域变质作用进一步划分为低压、中压、高压区域变质作用三种类型。其形成的代表性区域变质岩主要有板岩，千枚岩，片岩（云母片岩、滑石片岩、绿片岩、蛇纹石片岩、角闪石片岩、蓝闪石片岩等），片麻岩，粒状岩（大理岩、石英岩、角闪岩、变粒岩、麻粒岩），榴辉岩等。

(4)混合岩化作用　混合岩化作用是由区域变质作用向岩浆作用转化的过渡性地质作用。

即在区域变质作用的基础上，地壳内部热流继续升高，岩石发生局部熔融并形成酸性成分的熔体，同时地下深处分泌出富含 K、Na、Si 的热液，这些熔体和热液沿着已形成的区域变质岩的裂隙或片理渗透、扩散、交代、贯入，从而与其发生化学反应形成新的岩石，这就是混合岩化作用。混合岩化作用多是区域变质作用进一步深化的结果，因此往往和区域变质作用同时存在。但区域变质作用不一定都伴有混合岩化作用。

在混合岩化作用过程中形成的不同组分和形态的岩石，统称为混合岩(见第三章第三节)。混合岩化最强烈的产物是混合花岗岩。

3. 构造运动

构造运动是指主要由地球内部能源引起的地壳物质的机械运动，以往称为地壳运动。构造运动通常以岩石的变形、变位，地表形态变化等形式表现出来。

构造运动尽管速度缓慢，但只要持续进行，就会引起各种规模和类型的地质构造和沉积作用，并且可以导致岩浆活动和变质作用的发生。因此，构造运动在地壳或岩石圈演变的过程中具有十分重要的意义。

构造运动按物质运动方向可分为水平运动和垂直运动。

4. 地震作用

由地震引起的地壳(或岩石圈)岩石构造和地表形态改变的地质作用，称为地震作用。按地震的成因又分为构造地震作用、火山地震作用和塌陷地震作用。有关内容将在第三节介绍。

(二)外动力地质作用

外动力地质作用是指主要由地球外部的能源引起的、发生在地球表层的地质作用。

来自地球之外的太阳辐射能和日月引力能等促使了地球外部圈层——大气圈、水圈、生物圈的运动与循环，使它们成为改造地壳表面的直接动力(即地质营力)。同时，在地球外部圈层的运动过程中，地球内部的重力能与旋转能等也起着重要作用。

地质营力总是通过一定的介质来起作用的。按介质的物理状态(液、固、气)分为三种：介质为液态(即水)的营力主要有地表水、地下水、湖泊和海洋；介质为固态的营力主要有冰川；介质为气态的营力主要为大气和风。因此，由这些营力在地壳表层产生的作用分别称为地表流水地质作用、地下水地质作用、湖泊地质作用、海洋地质作用、冰川地质作用及风的地质作用。

虽然外动力地质作用的营力有多种，介质条件差异甚大，地质作用特点也各不相同，但每种营力一般都按照风化、剥蚀、搬运、沉积和成岩作用的顺序进行。这几种作用既代表外动力地质作用的序列，也是外动力地质作用的主要类型。

1. 风化作用

地壳或岩石圈的岩石和矿物受外力(温度、大气、水及生物)的作用后发生机械崩解(即物理风化)和化学分解(即化学风化)，变为松散碎屑甚至成为土壤，并残留原地的作用称为风化作用。它在外动力地质作用中占有特别重要的地位，因为位于地表或接近地表的岩石无处不受到风化作用。

(1)物理风化作用　温度变化以及岩石空隙中水和盐分的物态变化，使岩石和矿物发生机械破坏而又不改变其化学成分的过程叫物理风化作用。物理风化作用可使完整的岩石变成碎块和碎屑(图 4-9)。

(2)化学风化作用　大气中的氧及水溶液对岩石和矿物的破坏作用叫化学风化作用。它不仅使岩石或矿物发生破碎，而且也能使它们的化学成分发生改变，使那些在地表条件下不稳定的原生矿物变成稳定的次生矿物。其中包括氧化作用、溶解作用、水化(合)作用、水解作用等。

(3)生物风化作用　生物在其生命活动中对岩石或矿物产生破坏的作用叫生物风化作用。这种作用可以是机械的，也可以是化学的。由于生物广泛地分布在地壳表层，因此生物风化作用是一种普遍存在的地质作用。

2. 剥蚀作用

各种地质营力(如风、流水、冰川等)在其运动过程中对地表岩石产生破坏并将破坏产物剥离原地的作用称为剥蚀作用。由于剥蚀作用不断将松软的风化物质蚀去，促使风化作用向地下岩石继续渗透，从而加速了地表岩石的破坏过程。因此，风化作用与剥蚀作用在共同导致地表岩石的破坏过程中是相辅相成、互相促进的，有时甚至难以区分。地质文献中，经常将这两个术语结合起来使用，称为风化剥蚀作用，就是这个道理。

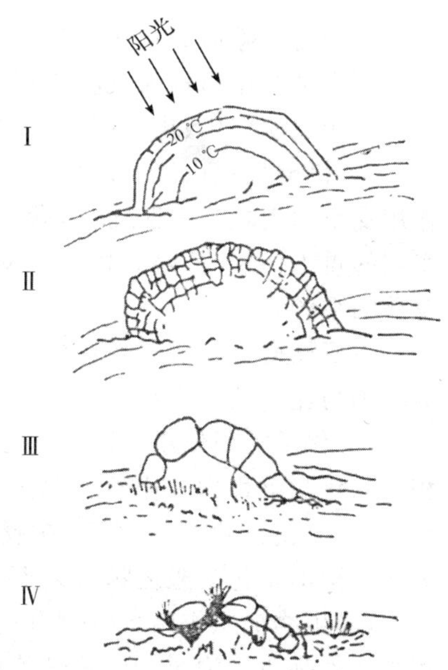

图 4-9　温度变化引起岩石胀缩不均而崩解过程示意图

剥蚀作用因外力的种类不同而有不同的形式，如河流的剥蚀作用、冰川的剥蚀作用、风的剥蚀作用、海洋(水)的剥蚀作用、湖水及地下水的剥蚀作用等，它们又分别专门称为侵蚀、刨蚀、风蚀、海蚀、湖蚀及潜蚀。不同形式的剥蚀作用其具体特点虽不同、作用过程也各有自己的规律，然而所有剥蚀作用按其对地表岩石的破坏方式，仅可分为两种：一是机械剥蚀作用；二是化学剥蚀作用。

(1)机械剥蚀作用　外力以其自身的动能或以其携带的物体为工具而使地表岩石破坏的作用称为机械剥蚀作用。前者如海水或河水冲击海岸或河岸，使岸边岩石不断破碎、崩塌，而发生海岸或河岸后退；后者如携带碎石和砂粒的风撞击岩石，使岩石表面形成很多空洞，进而将岩石磨蚀成为各种奇特的形态。

(2)化学剥蚀作用　外力施加给地表岩石以化学作用，使岩石破坏，称为化学剥蚀作用。如富含 CO_2 的地表水和已渗入地下的地下水，对石灰岩具有很强的溶解能力，能够将其溶蚀成各种特殊地形和地下溶洞。

3. 搬运作用

风化作用、剥蚀作用的产物随运动介质从一处搬运到另一处的作用，称为搬运作用。搬运的外力有地面流水、地下水、海水、湖水、冰川、风、生物等。按照搬运作用方式不同，又可分为机械搬运作用、化学搬运作用和生物搬运作用。

(1)机械搬运作用　是指以机械方式破坏的产物(如泥、砂、石块等)又以机械方式搬运的作用。如流水(地表径流、海水、湖水)的搬运作用、冰川的搬运作用、风的搬运作用等。

(2)化学搬运作用　是指以化学方式破坏而形成的产物又主要以化学方式搬运的作用。其主要动力是地表流水和地下水。化学搬运包括真溶液搬运与胶体搬运两种具体方式。前者如石灰岩溶于水后以钙离子和碳酸氢根离子的形式搬运；后者如长石风化后形成的硅铝物质与二氧化硅在水中呈胶体质点被搬运。化学搬运物质最终将汇集到海洋及湖泊之中，成为海水与湖水中盐类成分的基本来源。

(3)生物搬运作用　生物吸取介质中化学元素营养自身，建造其骨骼，死亡后在一定的地方堆积起来，起着特殊的搬运作用。这种搬运作用在海洋中特别重要。

4. 沉积作用

各种营力搬运的物质，在介质动能减小或物化条件发生改变以及生物作用下，在适宜的地方堆积下来的作用称为沉积作用。堆积下来的物质叫沉积物。依据沉积作用发生的方式可以分为机械沉积作用、化学沉积作用、生物沉积作用和生物化学沉积作用。

(1)机械沉积作用　以机械方式搬运的碎屑物质按机械方式沉积的作用称之。机械沉积作用受重力支配。一般而言，搬运的介质就是沉积的介质。搬运力一旦不足以克服碎屑物所受到的重力作用时，碎屑物就会发生沉积。搬运和沉积组成一个连续的、而常常又是部分交错重叠的系统。

在机械搬运—沉积系统中，碎屑物质不仅形态易受改造而被磨圆和变细，而且常能按颗粒的粗细与比重的大小得到分选，分别沉积在不同的地方。

(2)化学沉积作用　以化学方式搬运的物质按化学方式发生沉积的作用称之，所形成的沉积物叫化学沉积物。化学沉积作用受化学反应的规律支配。在真溶液中溶解度低的物质先沉淀，溶解度高的物质后沉淀；在胶体溶液中易于胶凝的物质先沉淀，难以胶凝的物质后沉淀。海洋与湖泊是化学搬运物最终汇集场所，也是化学沉积作用的主要发生地方。

(3)生物沉积作用　生物有机体死亡之后直接堆积的作用称之，所形成的沉积物称生物沉积物。如钙质生物死亡后其骨骼堆积而成为碳酸盐沉积；硅质骨骼生物的遗体堆积成为硅质沉积。大量的动植物遗体堆积则可转变为有机沉积物——煤及石油等矿产。

(4)生物化学沉积作用　由生物的生命活动与化学作用共同参与而引起物质沉积的作用称之。如铁细菌吸取水中的铁而沉淀出铁矿，而许多碳酸盐沉积物都是在微生物的参与下沉积的。

不管以何种方式形成的沉积物起初都是松散的，并富含空隙和水分。沉积物只有脱离了沉积介质进入埋藏状态后，才会逐渐变硬。

5. 成岩作用

由松散沉积物转变成坚硬岩石的作用称成岩作用(或硬结成岩作用)，所形成的岩石即沉积岩。成岩作用是外力作用的最后阶段。引起成岩作用的主要因素有以下几种(图 4-10)：

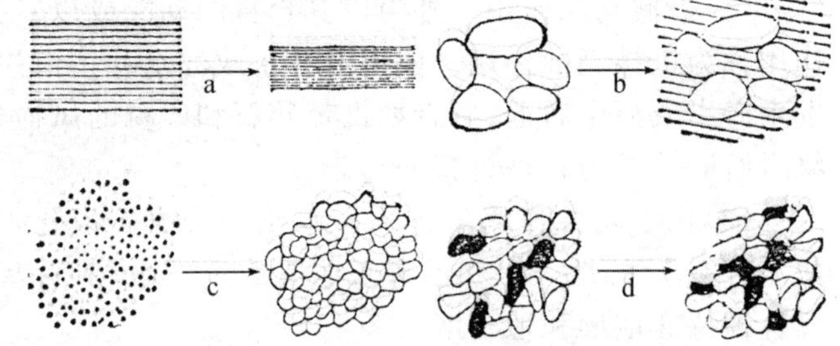

图 4-10　固结成岩作用的几种途径

a. 压固作用；b. 胶结作用；c. 重结晶作用；d. 新矿物生长

(1)压固作用　上覆沉积物的重量使沉积物中的水分被挤出，孔隙减少、变小而使沉积物变硬。这种作用见于所有沉积物中，泥质沉积物尤为明显。

(2)胶结作用　其他物质充填到碎屑沉积物的粒间孔隙使沉积物胶结变硬的作用称之，这种作用只发生在碎屑沉积物中。起胶结作用的主要是化学沉积物质，如 SiO_2、$CaCO_3$、$Fe_2O_3 \cdot H_2O$ 等称为胶结物。此外，还有黏土及粉砂等细碎屑物，称为基质。胶结物和基质统称为填隙物。

(3)重结晶作用　不结晶或结晶细微的沉积物因环境改变(沉积后即脱离了大气或水，进入被沉积物覆盖的环境下)重新结晶或者晶粒长大、变粗，而使矿物紧密嵌合的作用称之。这一作用主要发生在化学沉积物或生物化学沉积物中。

(4)新矿物生长　沉积物中不稳定矿物溶解或发生化学变化，导致若干化学成分重新组合形成新矿物，从而使沉积物硬化。如从温泉中沉淀出的 $CaCO_3$ 极易固结而变成疏松多孔的岩石(钙华)。

综上所述，现将地质作用类型归纳如下：

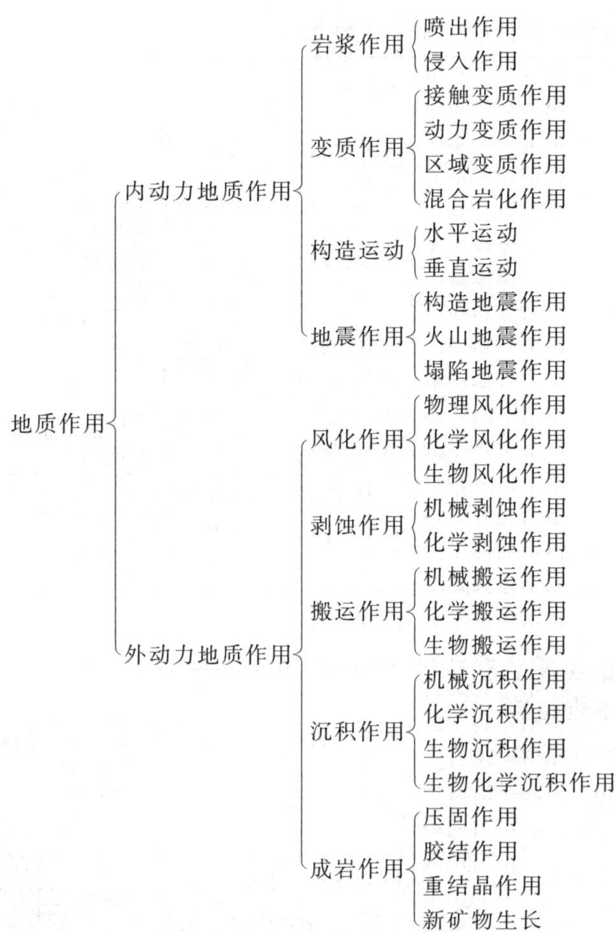

第三节　地震作用

地震是一种内动力地质作用。它既是构造运动的表现形式之一，又是现今正在发生构造运动的有力证据。它所产生的地震波能破坏地面，给人类带来灾难，也为认识地球内部状况提供了重要信息。因此，研究地震不仅具有了解构造运动、认识地球内部结构的理论意义，而且对于抗震救灾也有着重大现实意义。

一、地震的基本概念

地震(earthquake)就是地球表层(地壳或岩石圈)的快速振动，在古代又称为地动。它是地球内部介质局部发生急剧破裂所产生的震波，在一定范围内引起地面振动的现象，就如台风、干旱、水涝、冰冻等灾害一样，是地球上经常发生的一种自然灾害。大地振动是地震最直观、最普遍在表现，也是地壳运动的一种特殊形式。

地震是极其频繁的，据统计全球每年发生地震约 550 万次。但是，大部分地震的震级很低，只有灵敏的仪器才能记录到。人们能直接感觉到的地震每年约 5 万次，其中 7 级以上的破坏性地震平均每年约 20 次，破坏性严重的地震每年约 1～2 次，破坏性极其严重的地震多是间隔若干年才发生一次(表 4-3)。

表 4-3　1899 年以来全球发生的特大地震

时间	地　点	震级（里氏）	时间	地　点	震级（里氏）
1899 年 11 月 10 日	美国阿拉斯加	8.6	1957 年 3 月 9 日	美国阿拉斯加	8.7
1906 年 1 月 31 日	厄瓜多尔（哥伦比亚）	8.6	1960 年 5 月 22 日	智利	8.9
1906 年 4 月 18 日	美国旧金山	8.3	1960 年 10 月 18 日	美国加利福尼亚	8.3
1906 年 8 月 17 日	智利	8.4	1963 年 10 月 13 日	俄罗斯千岛群岛	8.5
1911 年 1 月 3 日	天山（前苏联境内）	8.4	1964 年 3 月 28 日	美国阿拉斯加	8.5
1920 年 12 月 16 日	中国宁夏海原	8.5	1965 年 2 月 4 日	美国阿拉斯加	8.7
1923 年 2 月 3 日	俄罗斯堪察加半岛	8.5	1976 年 7 月 28 日	中国唐山	7.8
1923 年 9 月 1 日	日本关东	8.3	2004 年 12 月 26 日	印尼苏门答腊岛	8.7
1933 年 3 月 2 日	日本仙台市	8.5	2005 年 3 月 28 日	印尼苏门答腊岛	8.7
1938 年 2 月 3 日	印尼斑达海域	8.5	2008 年 5 月 12 日	中国汶川	8.0
1950 年 8 月 15 日	中国西藏察隅	8.6	2010 年 2 月 27 日	智利	8.8
1952 年 11 月 4 日	俄罗斯堪察加半岛	8.7			

（一）震源、震中与震源深度、震中距

地下深处首先发生振动的地方（即地震波的发源地）叫震源（seismic focus），它是地震能量积聚和释放的地方；震源在地面上的垂直投影叫震中（epicentre），可将其视作地面上发生振动的中心；振中到震源的深度叫震源深度（focus depth）。同样级别的地震，由于震源深度不同，对地面的破坏程度也不一样：震源越浅，破坏性越大，但波及范围也较小，反之亦然；震中与地面上某地的距离叫震中距（epicentral distence）。破坏性地震引起地面振动最强烈的地区称为极震区，即震中所在的地区。远离震中，地面震动逐渐减弱（图 4-11）。

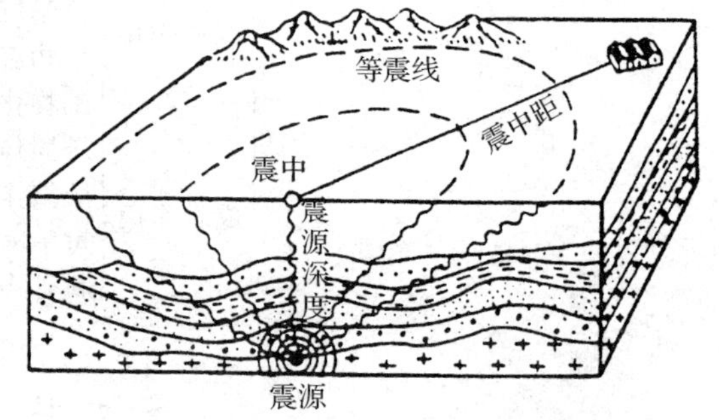

图 4-11　震源、震中、震中距示意图

震源深度一般为几千米至 300 km，最大深度可达 720 km。按震源深度可将地震分为浅源地震（深度＜70 km）、中源地震（深度 70～300 km）、深源地震（深度＞300 km）。浅源地震分布最广，约占地震总数的 72.5%，其中大部分的震源深度在 30 km 以内；中源地震约占地震总数的 23.5%；深源地震较少，只占地震总数的 4%。目前已知最大的发震深度为 720 km。我国大多数地震是浅源地震，中源及深源地震仅见于西南的喜马拉雅山及东北的延边、鸡西等地。破坏性地震一般均为浅源地震，如我国 1976 年 7 月 28 日唐山地震（7.8 级）的震源深度为 12 km，2010 年 4 月 14 日青海玉树地震（7.1 级）的震源深度为 33 km。

（二）地震的强度

判定或度量地震强度的标准有两种：即地震震级和地震烈度。

1. 地震震级（magnitude）

表示地震绝对强度的等级叫震级。它是由震源释放的弹性波能量大小来界定的，震源释放的能量越大，震级越高。每次地震只有一个震级，不因客观环境而改变。地震级别的测量与计算最先是由美国地震学家里克特于 1935 年提出的，所以又称“里氏”震级。

地震发生时震源释放的弹性波能量可用其振幅的大小来度量。因此，震级可用地震仪上记录到的最大振幅进行计算:取距震中 100 km 处标准地震仪记录到的最大振幅值(以 μm 为单位)之对数值。如某次地震的最大振幅为 10 mm,即 10^4 μm,其对数值为 4,震级即为 4。

震级(M)和震源释放的总能量(E)之间的关系式是:

$$\lg E = 11.8 + 1.5M$$ 式中 E 的单位为 erg(尔格)

应用这个关系式,可求得不同震级的相应地震总能量,如表 4-4 所示。

表 4-4 各级地震的能量

M	E(erg)	M	E(erg)
1	2.0×10^{13}	6	6.3×10^{20}
2	6.3×10^{14}	7	2.0×10^{22}
3	2.0×10^{16}	8	6.3×10^{23}
4	6.3×10^{17}	8.5	3.6×10^{24}
5	2.0×10^{19}	8.9	1.4×10^{25}

引自《地震问答》,1977。

由表 4-4 可知,震级与能量之间不是简单的比例关系,而是对数关系。震级相差一级,能量约相差 32 倍。一次 7 级地震相当于近 30 个两万吨级原子弹的能量;一次 8.5 级地震的能量相当于 100 万千瓦的大型发电厂连续 10 年发电量的总和。小于 2 级的地震,人们感觉不到,称为微震;2~4 级的地震称为有感地震;5 级以上的地震即可造成不同程度的破坏,称为强震;7 级以上的地震称为大震。迄今为止,世界上记录到的最大震级是 1960 年 5 月 22 日发生于智利西海岸的 8.9 级大地震,其释放的能量接近 27 000 个广岛型原子弹的能量。

2. 地震烈度(intensity)

地震对地面及其建筑物的影响或破坏程度称为地震烈度。世界上多数国家采用 12 度烈度表,仅日本将无感地震定为 0 度,有感地震分为Ⅰ~Ⅶ度,共 8 个等级。目前我国使用的是 1980 年重新编订的 12 度地震烈度表(表 4-5)。

表 4-5 中国地震烈度表

烈度	特征	主 要 标 志
Ⅰ	无感	仅有仪器记录;
Ⅱ	微有感	个别非常敏感之人完全静止时有感;
Ⅲ	少有感	室内少数人在静止时有感,振动如汽车驶过,悬挂物轻微摆动;
Ⅳ	多有感	室内大多数人及室外少数人有感,悬挂物摆动,不稳器皿作响;
Ⅴ	惊醒	几乎人人有感,睡者惊醒,家畜不宁,门窗作响。墙上灰粉散落,抹灰层出现裂纹;
Ⅵ	惊慌	人站立不稳,很多人从室内惊慌外逃,家畜多从厩中向外奔逃。器皿翻落,简陋棚舍损坏,陡坎滑坡;
Ⅶ	损坏	房屋轻微损坏,牌坊、烟囱损坏,地表出现裂缝及喷水冒沙;
Ⅷ	破坏	房屋多有损坏,少数破坏,路基塌方,地下管道破裂,人畜有伤亡;
Ⅸ	普遍破坏	房屋大多数破坏,少数倾倒,牌坊、烟囱等崩塌,铁轨轻弯,地裂滑坡;
Ⅹ	毁坏	房屋倾倒,道路毁坏,水面大浪扑岸,铁轨弯曲,桥梁水坝损坏;
Ⅺ	毁灭	房屋大量倒塌,路基岸堤大段崩毁,地表产生相当大的垂直和水平断裂,地下水位剧烈变化;
Ⅻ	山川易景	一切建筑物普遍毁坏,地形剧烈变化,动植物毁灭;

据新华网,2010,及谢敏寿,1957;综合并略有增删

地震烈度通常与地震震级、震中距及震源深度密切相关。一般而言，震级越大，震中区烈度也越大。同一次地震，离震中越近的地方烈度越大，离震中越远烈度越小；震级相同的地震，震源深度越浅，地表烈度越大，震源深度越深，地表烈度越小。另外，地面建筑物的结构及其地基的稳固程度也明显地影响着地震烈度的大小。如 2010 年 4 月 14 日发生于青海玉树的 7.1 级大地震，处于震中的结古镇是玉树州的州府所在地，该镇的大多数房屋都是土木结构，抗震能力极差，地震发生后除了几栋新盖的楼房，其余的居民住宅几乎全部倒塌。

确定地震烈度的大小主要是依据人的感觉、家具及物品的振动情况、地面及其建筑物的破坏程度等综合因素考量的。地震发生后，通过对震区的实地调查，在地形图上标明各个地点的地震烈度，然后把烈度相同者用线条连接起来，即可构成等震线图。简言之，地震烈度相同的各点连线称为等震线（见图 4-11）。由于地表各处地质条件不一样，即使与震中距离相同的地点其破坏程度的强弱也会不同，因而等震线并不是规则的同心圆，通常是同心圈状的封闭曲线（图 4-12）。

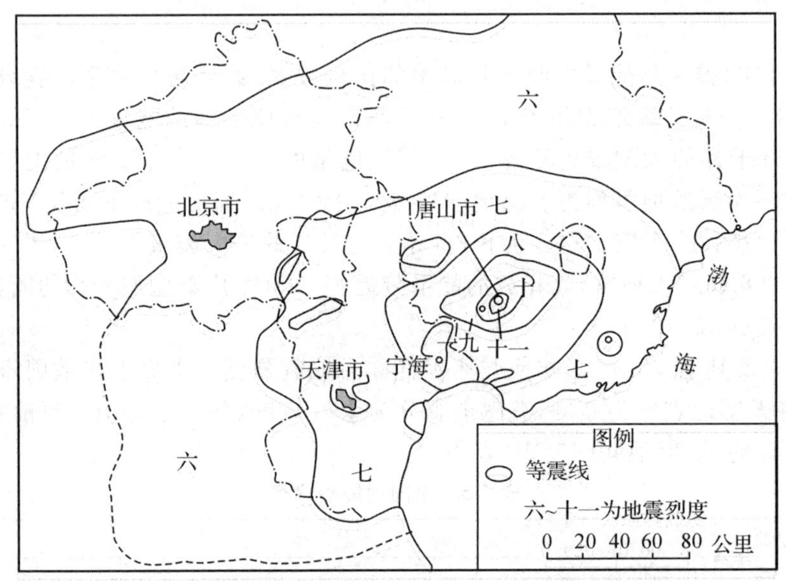

图 4-12　1976 年唐山大地震烈度分布图（1982）

（三）地震波

地震引发的振动是通过岩石质点以弹性波动的形式向四周传播的。震源产生的弹性波，称为地震波。地震波按传播的方式分为三类（图 4-13）：

1. 纵波

纵波是一种推进波（push waves），波动时质点作前后运动，质点的振动方向与波的传播方向一致。纵波在固态、液态及气态介质中均能传播，其波速最快，在地壳中的传播速度为 5.5～7 km/s，是最先到达震中的波动，所以又叫 P 波（primary 的首字母）。由于它最先到达震中，因而地震时地面总是最先发生上下振动。纵波的破坏性较弱。

2. 横波

横波是一种剪切波（shear waves）。波动时质点的振动方向与波的前进方向垂直。横波只能在固体中传播，在地壳中的传播速度为 3.2～4.0 km/s，是第二个到达震中的波动，故又称 S 波（secondary 的首字母）。因横波是横向振动，所以当其到达震中时，地面发生左右或前

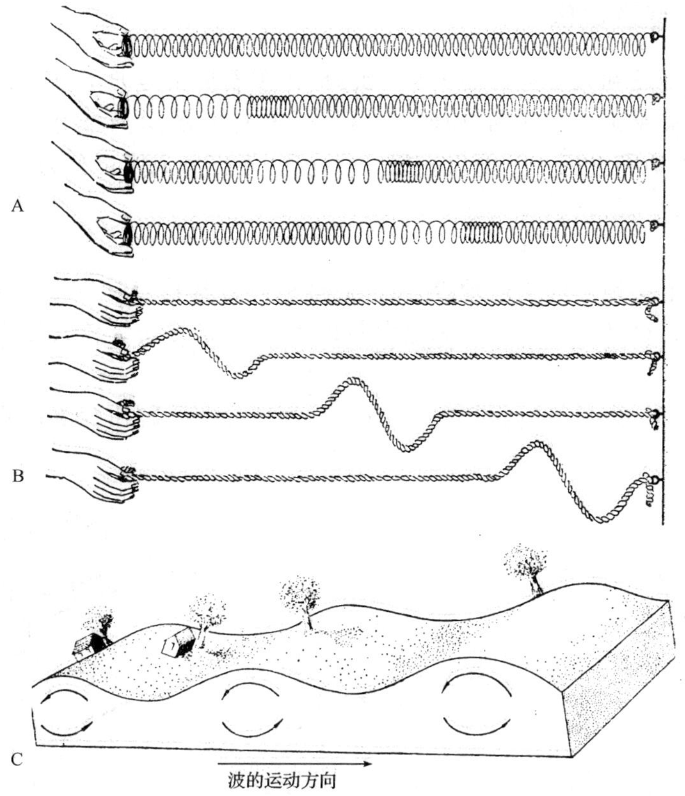

图 4-13　纵波、横波的表现形式及面波对地面的影响

A—纵波；B—横波；C—面波

后抖动。这种振动方式对建筑物的破坏性较强。

3. 表面波

又称 L 波，它不是直接从震源发生的振动，而是由纵波和横波在地面相遇后激发产生的弹性波，故仅沿地面(或不同介质的界面)传播，不能传入地下。其波长较长、振幅大，传播速度几乎比横波慢一倍，振动方式兼有纵波和横波的特点，可对建筑物造成强烈破坏。

研究分析地震波的性质及其在地壳(或岩石圈)不同岩石中的传播情况是地震预报的最基础工作之一。由地震仪记录下来的地震波能客观及时地反映地面的振动情况，它是一条具有不同起伏幅度的曲线，称为地震谱(图 4-14)。其起伏幅度与地震引起的地面振动幅度相对应，并标志着地震的强烈程度。

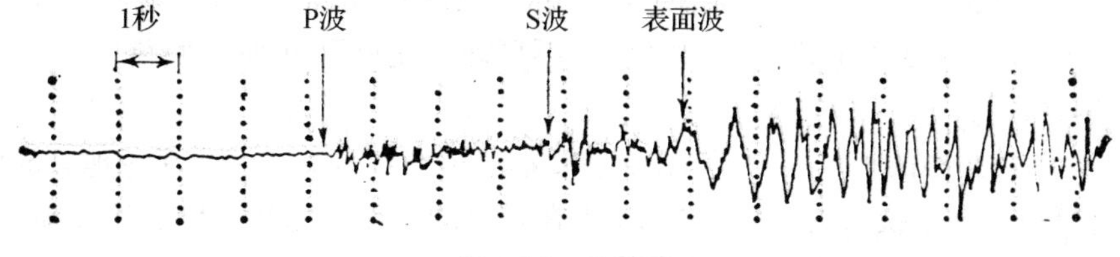

图 4-14　地震谱

二、地震的类型及成因

地震分为天然地震和人工地震两大类。此外，大陨石撞击地面也可引起地震，只不过十分罕见而已。人工地震是由人为活动(如地下核爆炸、工业爆破、水库蓄水、深井注水等)引起的地面振动，不属天然地震之列。下面仅介绍天然地震，根据其成因可分为三类，即构造地震、火山地震和塌陷地震。

(一)构造地震(tectonic earthquake)

由构造运动引起的地震叫构造地震，又称断裂地震。其特点是发生频繁，分布广泛，延续时间长，影响范围大，破坏性最强。全球绝大多数地震、特别是震级较大的地震均属此类，约占地震总数的 90%。

关于构造地震的成因，目前假说甚多。这里只简要介绍几种比较流行的学说：

1. 断层说

该理论认为，构造地震是由于地下岩石在构造运动所产生的应力作用下，发生弹性应变而积累大量应变能。当应力逐渐积累到超过岩石的强度极限时，岩石就会突然断裂或错动，因为地壳(或岩石圈)是具有弹性的刚体物质，所以应变的岩石如同钢片受力后突然断开而又迅速弹回一样，在弹回的过程中释放出原来所积累的大量应变能并产生弹性波而引起地震(图 4-15)。此即构造地震断层说，又叫弹性回跳说。该学说最早是由美国学者里德(H. F. Read)于 1910 年提出的，已在实验室中得到证实，而且与野外的地震形变测量结果相符，因而得到公认。但也有人认为，该理论只能解释浅源地震，不能解释中、深源地震，因为那里的岩石处于高温高压状态，塑性较强，不可能发生断裂和弹性回跳。

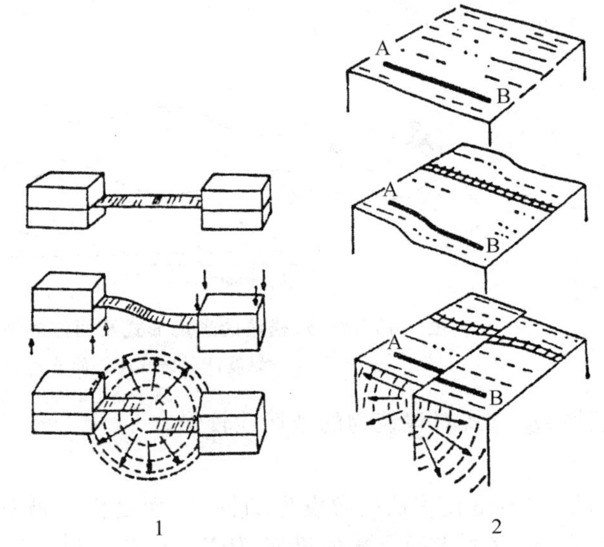

图 4-15 弹性回跳发震机制示意图

1—钢板受力变形，弯曲到突然断开引起震动

2—推测岩块错断所产生的地震形成过程

2. 板块构造说

20 世纪 60 年代提出的板块构造学说(请参阅本书第五章)，对浅、中、深源地震的成因和分布均给予了合理解释。该学说认为：地震主要发生在板块的边界及相邻板块的接触地带，如洋脊及转换断层、海沟—岛弧、年轻的山脉等都是地震活动带，因为这里是地应力最容易积累集中并将大量应变能释放出来的地带。洋脊是受到拉张的板块边界，一般形成正断层，故多是发生震级较小、震源较浅的地震；环太平洋和地中海—印度尼西亚地带是板块之间相互错动(俯冲或仰冲)的接触带，这里均形成随着俯冲板块向下俯冲、震源深度由浅变深的地震(图 4-16)。

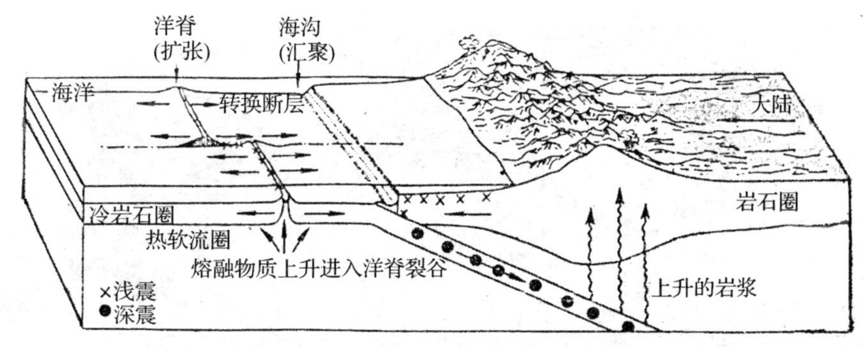

图 4-16 地震与板块运动的关系

3. 相变说

近年来对岩石的高温高压实验研究结果认为,矿物相变是深源地震形成的原因。实验表明,氟化氨在高温高压下会改变晶体结构,其体积可缩小 28%。岩石中矿物晶体在临界温度和压力下,可以从一种结晶状态转变为另一种结晶状态,并发生突然的体积变化而释放出巨大的能量,从而引起地震。

4. 岩浆侵入说

地下深处的岩浆侵入活动以巨大的压力挤压围岩,使围岩破裂产生地震。所以,中、深源地震也可能是由岩浆侵入作用引起的。

(二)火山地震(volcanic earthquake)

由火山活动引起的地震称为火山地震。火山活动时,由于岩浆及其挥发性物质向上运移喷发,冲破附近围岩而发生地震。这类地震有时发生在火山喷发的前夕,可作为火山活动的预兆;有时则直接与火山喷发过程相伴随。其特征是震源较浅,强度较小,影响范围不大,仅局限于现代火山分布区。

火山地震一般都是由中、酸性岩浆喷发的火山所引起,因为这种火山喷出的熔岩黏稠,喷发时还伴有强烈的气体爆炸,从而产生地震。沿海地区或海岛上的强烈火山喷发常会引起海啸。这类地震为数不多,约占全球地震总数的 7%。

(三)塌陷地震(depression earthquake)

由于地下溶洞或矿井顶部塌陷而引起的地震,称为塌陷地震。这类地震只发生在溶洞密布的石灰岩地区或大规模地下开采的矿区。因为石灰岩易被地下水溶蚀而形成地下洞穴,随着洞穴的逐渐扩大,洞顶岩石的重量一旦超过周围岩石的支撑能力,洞顶就会突然塌陷而引起地震;在矿井下面,尤其是煤矿,因其采空区范围大,如无足够的回填,上覆岩层也可能突然崩塌而引起地震。此外,山崩、地滑也可产生类似的地震。这类地震影响范围小,破坏性不大,次数也很少,仅占全球地震总数的 3%。塌陷地震的能源主要来自重力作用。

三、地震的分布

(一)世界地震分布

全世界主要地震活动带有四条,其地理分布见图 4-17。

1. 环太平洋地震带

位于濒临太平洋的大陆边缘和岛屿之上。从南美洲西海岸安第斯山脉开始,向南经南美洲南端、马尔维纳斯群岛到南乔治亚岛;向北经墨西哥、北美洲西海岸、阿留申群岛、堪察加半

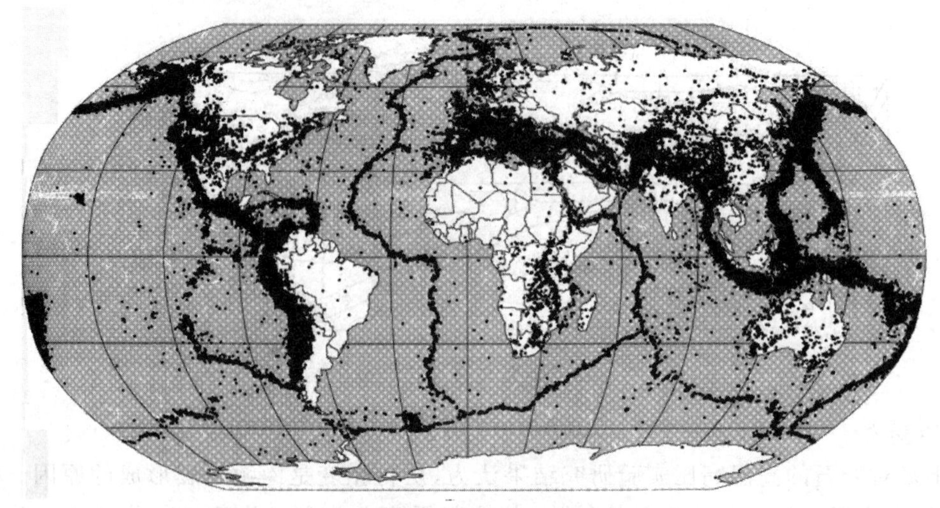

图 4-17 全世界地震震中分布图(1963－1998)

岛、千岛群岛、至日本群岛南端分成两支继续延伸，一支向东南经马里亚纳群岛、关岛到雅浦岛，另一支向西南经琉球群岛、我国台湾、至菲律宾再转向东南至苏拉威西岛，与地中海—印度尼西亚地震带汇合，又经所罗门群岛、新赫布里底群岛、斐济岛到新西兰。全球 80％的浅源地震，90％的中源地震和几乎所有的深源地震均分布在这一地震带上。该带地震活动极为强烈，全球已经发生的大多数特大地震都位于这条地震带上。

2. 地中海—印度尼西亚地震带

主要分布于欧亚大陆，又称欧亚地震带。该地震带西起大西洋亚速尔群岛，向东经地中海、土耳其、伊朗、阿富汗、巴基斯坦、印度北部、中国西部和西南部边境、过缅甸至印度尼西亚，与环太平洋地震带相接，全长 2 万多公里。其地震活动性仅次于环太平洋地震带，每年地震数约占全球地震总数的 15％，主要为浅源和中源地震，仅有少数深源地震。

3. 洋脊地震带

主要沿大西洋洋脊、印度洋洋脊、太平洋洋隆及北冰洋洋脊分布。该带地震活动性与前两带相比要微弱得多，一般无破坏性大震，仅有浅源地震。

4. 大陆裂谷地震带

该带包括东非大裂谷、红海—亚丁湾—死海裂谷、贝加尔湖地堑等，均为浅源地震，并与区域性大断裂相吻合。

(二)中国地震分布

我国邻近环太平洋地震带与地中海—印尼地震带的交接地区，地震频繁，历史上以及近些年都发生过破坏性地震。我国地震分布是有一定规律的，主要集中在一些活动性大断裂带(即地震带)上(图 4-18)。

1. 东部地震带

位于我国东南沿海和台湾地区，以台湾的地震最为频繁。该带属环太平洋地震带。

2. 郯城—庐江地震带

该带自安徽庐江往北至山东郯城、并越过渤海经营口，再往北与吉林舒兰、黑龙江依兰断裂相连接，是我国东部的强地震带。

3. 华北地震带

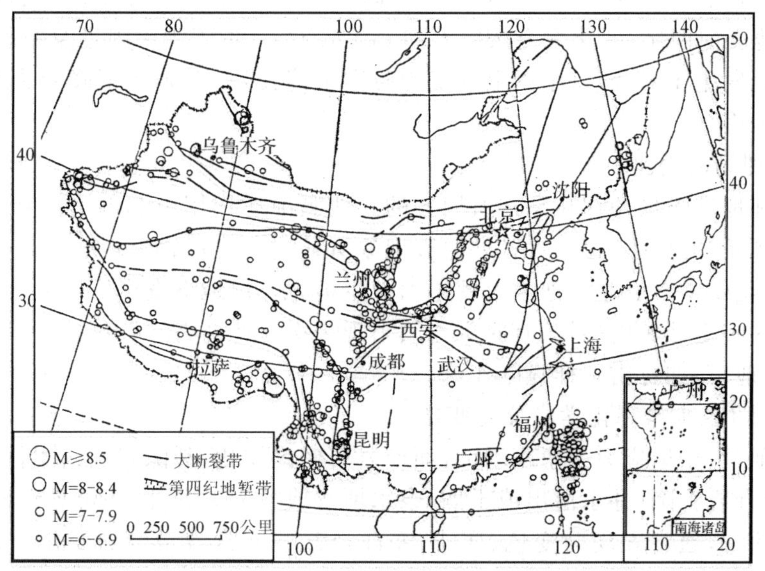

图 4-18　我国地震震中分布图

(公元前 780 年至公元 1973 年 3 月。M≥6)(据中国科学院地球物理所)

该带北起燕山，南经山西到陕西渭河平原，构成"S"形地震带。强烈的大地震多发生于此带，如邢台地震、营口地震、唐山地震等。这是因为华北地区太古代及元古代岩层发育广泛，岩层年代古老、刚性强、易于破裂的缘故。

4. 中部地震带

该带纵贯我国南北，北起贺兰山与六盘山、向南横穿秦岭，经龙门山至川西及滇东，绵延 2 000 km 余，为一规模巨大的强烈地震带。震惊中外的 2008 年 5 月 12 日汶川大地震即发生在此带。

5. 西部地震带

我国西部是新近断裂活动强烈的地区，易于发生大震。西部地震带可分为西北地震带和西南地震带。前者的地震主要集中在高山和盆地的交界线上，这里断裂构造发育，有许多大地震发生；后者为西藏—滇西地震带，属地中海—印尼地震带的一部分，地震分布较为密集。

四、地震地质作用

地震在孕育至发震的全部过程中引起震区地壳物理性质变化并使岩石变形、地表形态改变的作用，称为地震地质作用或地震作用。

(一)发震前的地震地质作用

在地震孕育阶段，不断积累的地应力可以引起岩石强度和密度发生变化，从而引起地表形态、地电、地磁、地下水埋藏条件及其化学成分的变化。这些现象可以作为地震前兆。

1. 地形变

地震前，地表形态可出现异常变化，如地面急剧升降、平移或倾斜等。这些变化平时是微量的、不明显的，但在地应力急剧增大的情况下，地形变现象就会十分明显。如 1966 年 3 月河北邢台地震之前，从 1920 年到 1964 年震中地区的地形变处于缓慢变化状态，变化率为 4～6 mm/a；而在地震前两年，变化率突然增大到 110 mm/a。位于震中附近及距震中 40 km 的两个观测点的高程发生了突变，一个由上升变为急剧下降，另一个则由下降变为急剧上升，接着就发生了强烈地震。

2. 地球物理场的变化

大地电流和地球磁场的存在是众所周知的。地震地质作用引起地电场和地磁场（磁场强度、磁偏角、磁倾角）的变化，也已为各处地震现象所证实。地磁的变化只有通过仪器才能记录到，而地电的变化则常常引起大地放电现象而产生地光。由地下发出像闪电一样的地光，在震前或震时往往在一定区域内出现，有时可连续出现多次。此外，伴随着地应力和地球物理场的变化，还会出现地声，如打雷一样隆隆作响。

3. 地下水水位、水量和化学成分的变化

大地震之前，由于地应力的急剧增大，而使岩石密度变化，裂隙张开或闭合，导致地下水出现异常，水位突升或突降，井水溢出或干涸，泉水增大或枯竭。另外，还可导致地下水物理性质和化学成分的改变，通常表现为变色、变味、变浑及某些元素含量剧烈变化。如地下水中 Rn 含量的变化。震前，地下水 Rn 含量会明显增加。因此，对地下水或泉水中 Rn 含量的测定，已成为地震预报重要且行之有效的手段之一。

（二）发震时的地震地质作用

地震发生时，地壳（或岩圈）遭受强烈振动，可产生一系列宏观地震地质现象。因震区岩石性质、地质构造和地形条件的不同，所以表现出的结果也不相同。

1. 地面隆起及塌陷

松散土层地区发生地震时，地面经常出现隆起和塌陷。如 1906 年 4 月 18 日美国旧金山大地震时，使旧金山一条街面形成了一条长堤，铁轨呈波状扭曲（图 4-19）。我国 1973 年炉霍地震时，也曾出现地面隆起和塌陷（图 4-20）。

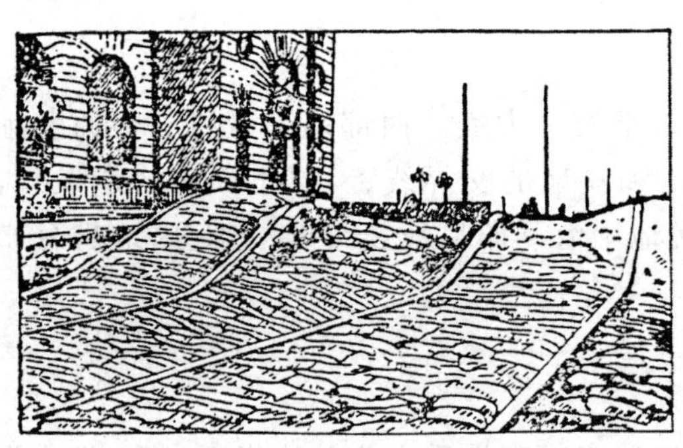

图 4-19　1906 年旧金山大地震形成的波状起伏马路

图 4-20　1973 年炉霍地震引起的地面隆起和陷落现象（成都地震大队供稿）

2. 山崩和滑坡

地震如发生在陡峻山区，由于山崖直立不稳，在强烈振动下常常会引起岩石崩塌及大块山体滑动，形成山崩和滑坡（图 4-21）。如 1970 年 5 月 31 日秘鲁西部大地震引起的大规模山崩，使重达千吨的巨石混同泥沙、石块、冰水形成的泥石流，以 320 km/h 的速度从 3 750 m 的高处倾泻而下，毁灭了山下的一些村镇。又如 1933 年 8 月 25 日四川茂县叠溪地震引起的山崩阻塞了岷江河道，形成湖泊（堰塞湖），湖泊决口后又对下游造成水灾。

3. 褶皱和断裂

地震时，震区岩层受到强烈挤压后，往往形成各种小型褶皱和断裂。地震研究表明，许多地震都是沿老断裂带发生的。所以，地震时沿着重新活动的老断裂带往往形成一系列断续延伸的新断层和地裂缝。如 1906 年美国旧金山大地震，沿圣安德烈斯断层形成了一条长达 430 km 的新断裂带，新断层的最大水平位移为 6 m，最大垂直位移为 1 m。

图 4-21　1970 年云南通海地震时形成的山崩、滑坡现象

（据昆明地震大队）

4. 喷水冒沙

地震时，由于地壳的震颤而使地下尚未成岩的沙土液化，并随地下水一起沿地裂缝涌出的现象叫喷水冒沙。冒出的沙粒在地表常堆积成圆丘状小沙堆，并沿地裂缝呈定向排列（图 4-22）。

图 4-22　云南地震造成的冒沙孔呈定向分布现象

（昆明地震大队供稿）

5. 海底浊流和海啸

海底地震可引起大陆坡上松散沉积物大规模崩塌或滑坡，形成浊流。如 1929 年 11 月 18 日加拿大附近纽芬兰和新斯科夏以东海洋中的大班斯克地震就曾引起巨大的海底浊流。

在滨海地区或海底发生的强烈地震还可引起海水的剧烈运动，使海面作大幅度的升降而形成巨大的海浪，此称海啸。其波长最长可达数百 km，波速可达 600～700 km/h，波高在外海虽然不显著（1 m±），但传到岸边时因水深减小而突然增高，可达十余米至数十 m。所形成的狂涛巨浪以迅猛的力量冲向陆地，可对海岸地带造成严重破坏。如 1960 年智利中部海域发生的 8.9 级特大地震，使某处海底在几分钟内下沉 2 m，同时引起海啸。强大的海浪横扫太平洋沿岸，使夏威夷群岛沿岸建筑物遭到严重破坏，甚至把日本海边的渔船抛到数米高的码头上。又如 2004 年 12 月 26 日发生于印尼的 8.7 级大地震引起的海啸，席卷斯里兰卡、泰国、印度尼西亚等国沿海地带，导致 30 万人死亡或失踪。

五、地震的预报和预防

地震是一种历时短暂、破坏力极强的自然现象，往往给人类带来严重的灾难，影响国计民生。因此，如何准确预报地震和有效预防地震，是长期以来亟待探求和解决的课题。

（一）地震预报

我国是经常发生地震的国家之一。历史上我国人民对天然地震早已有了认识，并积累了丰富的资料，有文字记载的地震始于公元前 1831 年的“泰山震”。公元 132 年（东汉末年）我国著名科学家张衡就发明了世界上第一台地震仪——候风地动仪（图 4-23），用以观测、预报地震(动)发生的时间和方位。时至今日,我国的地震预报由于国家重视,经过几代人的努力,已居于世界先进行列。

地震预报分为中长期预报、短期预报和震前预报。中长期预报是指时间跨度为数年以上的预报;短期预报是指时间跨度为1～2年的预报;而震前预报则是指地震即将来临的预报,所以又叫临震预报。我国的地震预报主要是通过专业人员对地震地质的调查和历史地震资料的分析,并运用各种监测手段来实施的。如测量地应力、地形变、地电、地磁、地下水Rn含量及水位水质的变化,观察动物异常,收集各地震台站的地震仪记录,并根据以往发震规律和地震前兆等资料进行综合分析研究,然后作出地震预报。

图4-23 候风地动仪及张衡像

我国政府对地震预报工作极为重视,现在全国建有400多个地震台站,网点2 000多个,筑起了一道保护国家财产和人民生命安全的防护网。我国地震工作者经过几十年的不懈努力,在地震预报工作中积累了丰富而宝贵的经验。如1975年2月4日海城发生的7.3级地震,我国曾成功地作出预报,这也是人类历史上首次成功的地震预报。其后,又成功地预报了1976年5月29日云南龙陵7.3级地震和1976年8月16日、8月29日发生于四川松潘和平武之间的两次7.2级地震。因此,经过联合国教科文组织评审,我国作为唯一对地震作出过成功短临预报的国家,被载入史册。

成功的地震预报不但极大地减轻了人员伤亡,而且具有明显的经济效益和社会效益。然而,由于地震成因的复杂性和地震发生的突然性,以及人们现实的科学水平所限,直到目前地震预报还是一个公认的世界性科学难题之一。迄今为止,世界各国尚无一种可靠手段和途径能准确地预报所有破坏性地震发生的具体时间和地点。上述我国几次成功的地震预报,主要是依据多年积累的监测资料和震例而作出的经验性预报。全球每年在陆地上发生的几次七级以上地震及我国近年来发生的一些中强地震,特别是1976年唐山7.8级地震和2008年汶川8.0级大地震都未能作出临震预报。说明地震预报远没过关,仍停留在半经验、半理论阶段。

1996年在伦敦召开的“地震预报框架评估”国际会议上,与会者达成一个广泛共识:地震本质上是不可预测的,不仅现在没法预测,将来也没法预测!因为地球处于自组织的临界状态,任何微小的地震都有可能演变成大地震。这种演变是高度敏感、非线性的,其初始条件不明,很难预测。如果要预报一个大地震,就需要精确地知道大范围,而不仅仅是断层附近的物理状况的所有细节,而这是不可能的。因此,美国地质勘探局明确表示,他们不会预测地震,只作长期概率预报,对地震灾害做出评估。例如,2009年4月,美国地质勘探局评估说,在未来30年内加州发生6.7级以上地震的概率为99.7%,但不能预测地震发生的具体时间和地点。由此看来,就世界范围而言,地震预报不仅没有过关,而且至今仍处于探索阶段。显然,地震预报需要全世界科学家的通力合作,需要全社会的共同关注,需要地震工作者几代人的努力拼搏,才有可能最终在理论和实践上攻克它。

地震既然是一种自然现象,那么正如刮风、下雨一样,在它来临之前应该会有前兆的。特别是强烈地震,在其孕育过程中总会引起地下和地上各种物理化学变化,给人们提供信息。只要人们深入研究、仔细监测，真正认识地震前兆的规律，准确预报地震的目标总有一天会实现。

（二）地震预防

在各种自然灾害中，损失最为严重者，当属地震。它给社会和人们带来的是破坏和毁灭。20 世纪 60 年代以来，全球大约有 20 余次 7 级以上强烈地震发生于大城市或工业中心附近，给人类造成了巨大的灾难和损失。因此，在地震预报尚未过关的今天，地震预防尤显重要。

地震预防主要在于保证建筑物的质量，以提高其抗震能力。重大基础工程设施地基的选址、城乡发展建设规划的制定、房屋结构的设计、建筑材料的选择等必须按照国家地震烈度区划图规定的抗震设防要求，采取有效的防范措施，严格达到抗震标准，即可避免或减轻地震灾害造成的损失。

一般来说，地形陡峭、岩石破碎和土层松软的地区，地震时就容易产生滑坡、山崩和地陷，不宜选作重大公共基础工程的地基。新老断裂带和地下水位较高的地方以及沼泽区等都是不利于抗震的。防震的实质在于加强一切建筑物的整体性、结构的牢固性及地基的稳固性。

现在许多国家正在探讨和研究如何防止发生大地震的问题，这无疑是一条防震减灾的好途径。其主要思路是，通过人为的方式，使已经存在发震条件的危险区，提前引发地震，或者变大震为许多不具破坏性的小震。目前的途径主要是通过注水于可能发生地震的活动断裂，增加其岩石的润滑性，使断裂不断产生微小的活动，以逐渐释放已经积累的能量。另外，地下深井注水和大型蓄水也能激发地震。如我国广东新丰江水库、湖北丹江口水库截流后，库区就发生了一系列小地震。此外，爆炸对震源的影响也十分明显。如 1968 年 4 月美国内华达州原子能试验场进行的一次地下核爆炸，曾引发附近地区数以千计的小地震。这些人为方式引起的小震，可以把地震危险区已经积累起来的地应力提前逐步释放，从而达到防止发生大震的目的。

进入 2010 年以来，地震频发。1 月 31 日海地发生 7.3 级强烈地震；2 月 27 日智利发生 8.8 级特大地震；3 月 4 日台湾高雄发生 6.7 级地震；3 月 8 日土耳其发生 6.2 级地震；4 月 14 日青海玉树发生 7.1 级强烈地震。在 100 天左右的时间内，全球发生了 5 次 6 级以上地震、其中 3 次为 7 级以上强烈地震，这在世界地震史是非常罕见的，至少说明目前地球确实已经进入强震高发期。在困扰地震学界多年的地震预报这一科学难题没有解决之前，有关专家指出：对于普通民众来说，与其关心近期是否会发生大地震，不如多增强地震防灾意识，特别是地震发生时的救援和自救意识。

地震发生时，至关重要的是要头脑清醒，镇静自若，千万不能惊慌失措，更不要盲目跳楼。是跑还是躲？我国多数专家认为：震时就近躲避，震后迅速撤离到安全的地方，是应急避震较好的方法。

复习思考题

1. 如何确定岩石（岩层）的相对地质年代和绝对地质年龄？
2. 用于测定绝对地质年代的放射性同位素必须具备哪些条件？
3. 熟记地质年代表并深刻领会和理解各项内容的含义。
4. 何谓地质作用？地质作用的能量来源主要在哪两种？分别阐述之。
5. 地质作用分为哪两大类？每类地质作用各包括哪些具体内容？
6. 岩浆的主要化学成分是什么？影响岩浆黏度大小的主要因素有哪些？
7. 试述外动力地质作用的序列及主要类型。

8. 为什么地质文献中常将风化作用和剥蚀作用结合起来使用而称为风化剥蚀作用？

9. 试述天然地震的主要类型和成因。

10. 全世界主要有四条地震活动带，各分布在哪些地方？

11. 我国的地震活动主要集中分布在哪些地震带上？

12. 地震的前兆有哪些？

13. 地震发生时或稍后通常表现出哪些地震地质现象？

14. 为什么说我国的地震预报已居于世界先进行列？

15. 为什么直到目前地震预报还是个公认的世界性科学难题之一？你认为地震可以准确预报吗？

16. 如何预防地震？当你遇到地震时将如何躲避？

17. 名词解释：化石、古近纪、新近纪、同化作用、混染作用、结晶分异作用、接触变质作用、动力(碎裂)变质作用、区域变质作用、混合岩化作用、风化作用、沉积作用、重结晶作用、地震、震源、震中、地震震级、地震烈度。

第五章　大陆漂移、海底扩张与板块构造

繁衍着人类的地球是个活动的行星，自形成以来，它始终不停地运转着。而在其内部和外部之间呈现出的生机勃勃的相互作用，更使得地球表层处于水平的和垂直的运动状态之中。确切地说，地球科学家只是到 20 世纪 60 年代，板块构造学说诞生之后才真正认识到这一点。板块构造学说的兴起，是当代地球科学发展史中的划时代事件。然而，被誉为“新地球观”的板块构造学说，从其孕育到其诞生，却经历了 60 年(1910—1970)曲折漫长而又艰难坎坷的历程。它发端于 1912 年魏格纳(A. L. Wegener)创立的大陆漂移说；奠基于赫斯(H. H. Hess，1960，1962)、迪茨(R. S. Dietz，1961)提出，后经瓦因和马修斯(F. J. Vine and D. H. Matthews，1963)、威尔逊(J. T. Wilson，1965)、海茨勒等(J. R. Heirtzler et al.，1968)等进一步论证的海底扩张说；于 1967—1968 年由摩根(W. J. Morgan，1968)、勒皮雄(X. Le Pichon，1968)、麦肯齐和帕克(D. P. Mckenzie and R. L. Parker，1967)以及伊萨克斯等(B. Isacks et al.，1968)正式提出。因此，板块构造学说既是大陆漂移、海底扩张说的引申和发展，又是国际上许多国家、地球科学各个分支学科的无数学者广泛运用现代化科学技术联合研究的成果，属于世界科学界的共同财富。最早把该学说介绍给中国地学界的是我国地质学家傅承义(1972)和尹赞勋(1973)两位教授；随后，李春昱、朱夏、郭令智等教授分别针对中国的地质情况进行了板块构造研究。时至今日，板块构造学说的理论之花不仅开遍了世界各国大地，而且已经结出累累硕果。这一新学说使得人们对地球的演化可以获取十分简洁的结论：沧桑巨变，抑或大陆的分合与大洋的启闭，实际上就是岩石圈板块的生长、漂移、俯冲与碰撞的历史。

第一节　大陆漂移

一、历史的回顾

早在几百年前就有了大陆漂移思想的萌芽。1620 年，英国哲学家弗朗西斯・培根(Francis Bacon)从大西洋两岸的相似性得到启示，并探讨了两个相对陆块漂移的可能性。大约 200 年后，即 19 世纪其他一些学者也发表了同样的见解，其中包括法国学者安东尼奥・斯奈德(Antonio Suider)。他从美洲和欧洲的石炭纪植物化石之间的相似性得到启发并于 1858 年发表了《地球形成及其奥秘》一书，指出所有大陆过去都曾经是单一陆地的一部分。19 世纪末，著名的奥地利地质学家修斯(Eduard Suess)注意到南半球各大陆上的地质岩层如此接近一致，首次将它们拟合成一个单一的巨大陆块，称之为冈瓦纳古陆(Gondwanaland，这个名称来源于印度中东部的一个标准地质区冈瓦纳 Gondwana)。1910 年美国学者泰勒(F. B. Taylor)根据山脉的分布，独自论证过大陆漂移，并提出解释地壳大规模侧向(横向)移动的机制，认为导致各大陆的分离运动来自巨大的潮汐力。但是，最完善的大陆漂移说是著名的法国气象学家艾尔弗雷德・魏格纳(Alfred Wegener)于 1912 年提出的，所以，一般公认他为大陆漂移说

的创始人。

二、魏格纳及其大陆漂移说

1. 魏格纳其人

魏格纳1880年诞生于柏林。他先后在德国最著名的海德尔堡大学、因斯布鲁克大学和柏林大学学习,并取得天文学博士学位。

青年时期的魏格纳对于探索大自然的奥秘有着浓厚的兴趣、无畏的勇气和顽强的毅力。为了能去极地探险,他曾刻苦地练习长跑、滑冰和滑雪。1906年,魏格纳以气象员的身份参加了丹麦人组织的第一支格陵兰岛考察队,在对格陵兰东北部进行探险性考察过程中,他开始对地质学产生了极大的兴趣。

1912年,魏格纳首次公布了自己有关大陆漂移的研究成果。1月6日,他在法兰克福城的地质协会上作了题为《从地球物理学基础上论地壳轮廓(大陆与海洋)的生成》的讲演。尔后,他又在马尔堡科学协会上作了题为《大陆的水平移位》的讲演。同年,两篇讲稿在杂志上发表。其时,魏格纳年仅32岁。接着,他又参加了第二次格陵兰岛探险,横跨整个格陵兰,对格陵兰的大陆冰盖作了长途细致的考察。考察归来,魏格纳发表了多卷冰川学和气象学方面的考察报告。

1915年,魏格纳又从地理学、地球物理学、地质学、古生物学、古气候学和大地测量学等方面对大陆漂移进行了系统论证,著成《海陆的起源》一书。该书的问世几乎震动了当时整个地学界,引起了强烈的反响。同时,也使得大陆漂移说基本确立,并对地质学的发展产生了不可泯灭的重要作用。因此,魏格纳被认为是大陆漂移说的始祖。

1919年,魏格纳接替了他的老师、岳父、著名气象学家柯本(Wladimir Peter Koppen,1846—1940)的职务,担任汉堡海洋观象台气候研究部主任。不久,他和柯本合著了《古地质时期的气候》一书。1924年,魏格纳又受聘为奥国格拉斯大学的气象学和地球物理学教授。

1930年,魏格纳第三次到格陵兰探险、考察。10月30日,当他在莽莽冰原高处一个孤独的观测站工作时,心脏病猝发,不幸殉职,时年仅50岁。

当年,魏格纳热衷于大陆漂移的研究时,他的岳父柯本教授曾经告诫过他:大陆漂移说的建立需要占有不同科学领域的知识,同时要考虑固定论①的强大反对势力。然而,魏格纳却仍以坚定的信念、刚强的意志、热情奔放地为大陆漂移搜集证据,直至他五十岁生日的时候,英勇地牺牲于格陵兰冰原中心的探险活动中。魏格纳坚定不移、勇往直前的献身于科学事业的崇高精神为后人作出了光辉的典范。

2. 大陆漂移说

魏格纳早在1910年就有了大陆漂移的想法。从1912年开始,他对大陆漂移进行了广泛的研究。这个期间,他搜集的当时地球科学的有关资料表明,大西洋相对两侧的岩石、化石和地质构造有着良好的相似性,获如一张被撕破的报纸,可以见到两边行行对应的文字。从1912年发表第一篇论文至1930年在格陵兰考察时不幸殉职之间,他陆续发表了多篇论文和专著,并被译成其他5种文字(J. Kennett,1982),扩大了他的大陆漂移观点的影响。然而,魏格纳的最重要贡献,乃是他1915年首次出版的《海陆的起源》。这本专著不但确立了其大陆漂移说创始人的地位,而且系统地论证了大约在200 Ma前,即中生代早期,地球上所有的大陆

① 见《海陆的起源》,商务印书馆1977年版。

曾经是连接在一起的统一的超级大陆，称之为联合古陆(Pangaea，或译作泛大陆)，围绕联合古陆的广阔海洋称之为泛大洋(Panthalassa)。到了侏罗纪，联合古陆开始解体，分裂成几块大陆并各自逐渐漂移到目前所处的位置上。现今的各大陆和各大洋都是经过大陆漂移后形成的(图 5-1)。

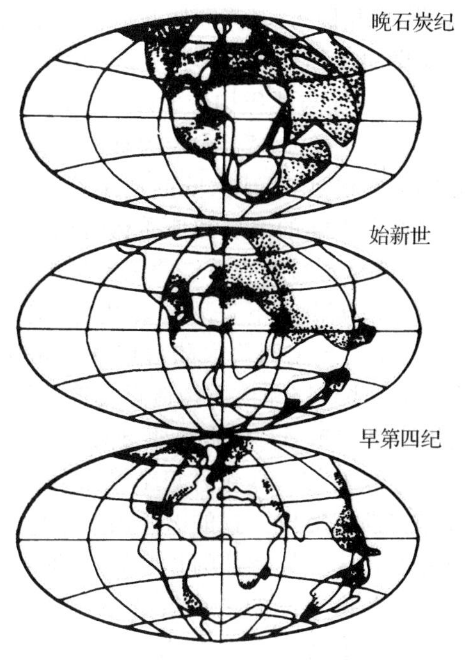

图 5-1　大陆漂移的过程(Wegener，1922)

点子表示浅海

魏格纳指出，硅铝层(花岗岩层)组分比重小，并且由于冷缩而呈刚性的大陆，能够在下伏的比重较大的硅镁层(玄武岩层)之上漂浮和移动。一旦大陆发生分裂而漂移，玄武岩层便出现在大陆间的大洋底部。而大陆漂移则沿两个方向进行：一个是大陆向西漂移，这是地球受到日、月的吸引而产生的潮汐摩擦阻力，使地球的自转速度减缓，从而发生向西的拖拽作用；另一个是大陆由极地向赤道方向运动，这是由地球旋转产生的表层离心力所致。离心力在赤道最大，两极最小，结果使两极地区的物质都有向赤道集中的趋势。由极地向赤道方向运动的力，称为离极力。美洲大陆由于受到较强的向西的拖拽力，使之落后于欧洲与非洲的运动，因而在美洲大陆与欧、非大陆之间裂开后发生分离，形成了大西洋。当美洲大陆向西漂移时，其前缘因受到太平洋底的阻滞，而发生挤压、褶皱，形成纵贯南北美洲的科迪勒拉山系。在大陆向西漂移的过程中，其后缘(东缘)脱落下一些陆地碎块，构成一系列岛屿，如亚洲、澳大利亚东面的群岛。印度原位于南极大陆附近，因离极作用而不断向北漂移，终与欧亚大陆相接而碰撞、挤压，导致了巍峨的喜马拉雅山脉的形成。

三、大陆漂移的证据

对于地球表面海陆的形成及其变化和发展，长期以来有着两种截然不同的观点。传统地质学认为自从地球上的大陆和大洋形成以来，无论在外形轮廓上还是地理位置上都是固定不变的，即使有变迁，也不过是原地的升降。这种观点是 19 世纪美国地质学家德纳(J. D. Dana，1813—1895)首先提出的，称为“固定论”(Fixism)。本世纪 30 年代美国的舒可特(C. Schuchert)和维里斯(B. Willis)极力宣扬这一大陆固定、大洋永存的观点。他们为了解释南美与非洲、马达加斯加和印度在陆生生物分布方面极为密切的关系而提出陆桥说，认为各大陆之间曾有细长的陆地相连，好似一座“桥”横贯在大陆之间的大洋里，成为陆生生物跨洋过海迁移万里的通道。后来陆桥下沉到海底，才使各大陆的联系断绝，而物种却相近。这种强调地壳垂直升降运动的观点得到前苏联著名学者别洛乌索夫(B. B. Белоусов)等人的支持。因此，一直到本世纪 50 年代，固定论仍在地学界占统治地位；另一种观点则主张海陆的分布并非固定不变，地壳不但有垂直升降运动，而且曾发生过大规模的水平运动，这就是以魏格纳为代表的首次以大陆漂移说的形式公布于世的活动论(Mobilism)。在传统的固定论占统治地位的年代，魏格纳之所以敢于以活动论的观点向其提出挑战，是因为他掌握了大量大陆漂移的以下证据：

1. 大陆边缘的相似性

魏格纳最初从世界地图上发现大西洋两岸大陆边缘轮廓有着惊人的相似性，并由此得到启示，提出非洲、南美洲原来应为一个大陆，以后裂开并发生漂移才有了大西洋。把南美洲的东海岸和非洲的西海岸拼接起来，效果良好，非常吻合。

2. 地层与地质构造证据

为了进一步探求大陆漂移的证据，魏格纳设想：如果大陆发生分离和漂移，那么，不管它们相隔多么遥远，组成大陆的地层及发育其中的地质构造现象必然会遥相呼应。当魏格纳对大西洋两岸大陆的地层和地质构造进行细致的对比和研究后，果真获得了令人信服的重要发现：首先，横断非洲南端由二叠纪岩层组成的东西走向的开普山脉和南美洲布宜诺斯艾利斯附近的古老褶皱山系不仅地层岩性、地质构造极其相近，而且当把两块大陆海岸线粗略拼合在一起时，这些地层和地质构造竟能彼此衔接起来，浑如一体！其次，在非洲西部存在着一片长期未经褶皱的前寒武纪片麻岩为主体的高原，而在南美洲相对应位置的巴西高原也恰恰广泛地分布着几乎一样特征的片麻岩；同时，这两个远隔重洋的高原上的火成岩、沉积物的成分及地质构造方向等都具有惊人的一致性。另外，魏格纳在对北大西洋两岸大陆地质的考证中也取得了重要成果。如欧洲大陆古老的加里东褶皱带，它在北欧横贯挪威，向西延伸到苏格兰，而于北大西洋消失后，重又出现在北美洲的加拿大境内。对此，魏格纳作了一个很浅显的比喻，他说，如果两片撕破了的报纸按其参差不齐的毛边和文字可以拼接起来，那么，我们就不能不承认这两片报纸是由一大张撕开来的。

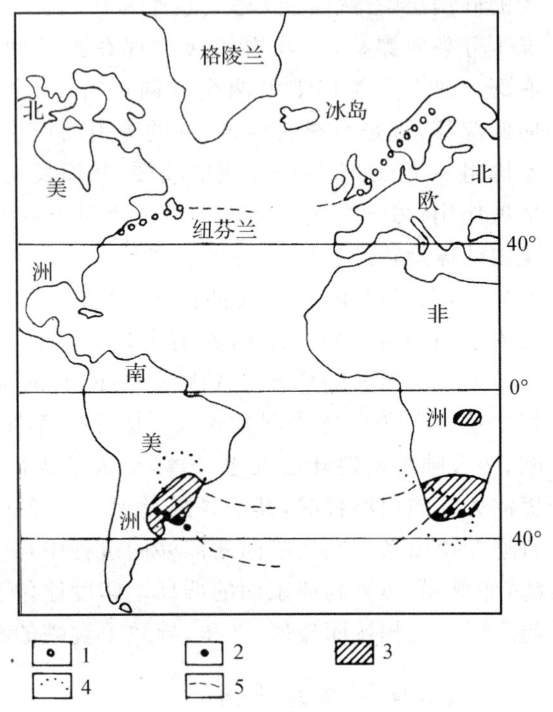

图 5-2　大西洋两岸地形与地质的吻合性

图中：1. 代表加里东褶皱带；2. 代表二叠系岩层的山脉；3. 表示古生代冰川的分布范围；4. 代表中龙及其他爬行类的分布范围；5. 表示各种界线的水下推断部分

3. 古生物证据

魏格纳除了在地质方面对大陆漂移说进行论证外，还成功地利用了陆桥说所积累的古生物资料引以为据。古生物学界很早就有人发现，远隔重洋的非洲、南美洲、澳大利亚和印度等地二叠纪早期具有相同的古生物属种。最明显的例子就是二叠纪生活在内陆的爬行类——中龙，它分别发现于非洲、南美洲(图 5-2)；另外一个典型的例子就是在南半球被称为冈瓦纳岩系[①]的水平岩层中，广泛地存在着相同属种的植物化石，如舌羊齿属和圆舌羊齿属。类似的例子还有蜗牛、蚯蚓、昆虫等，它们都是在特定时代出现于地球某处，然后迅速蔓延到所有大陆的。这些例子说明，各大陆之间确曾有过连接，否则动植物群的迁徙便不可能。然而，“陆桥说”在解释这些现象时，却认为是一些露出海面的狭长陆地连接着各大陆，它们在某个时代下沉了。魏格纳在确认了“陆桥说”引证的这些无可辩驳的古生物证据的同时，则从根本上抛弃和否定了“陆桥说”，指出上述现象，恰是大陆漂移的最好例证。

① 冈瓦纳岩系是指在南美洲、非洲、南极洲、印度和澳大利亚所发现的一套晚古生代陆相沉积岩系。

4. 古气候的证据

在20世纪20年代，古气候学家发现，距今约三亿年前后的晚古生代，位于南半球的非洲中南部、南美洲、澳大利亚、印度和南极洲均有过广泛的冰川作用（图5-3），有的地方甚至可以从冰川擦痕判断出古冰川流动的方向。上述地区除南极洲外，其他大陆均处于热带或温带地区。很多学者都倾向于认为，这些冰川是由于靠近古南极才形成的。可是，这些学者绞尽脑汁也没有找到一个恰当的古南极点，能使这些大陆上的古冰川遗迹都位于南纬70°线以内。这就是当时著名的古冰川之谜。面对这种奇特的古冰川分布状况，魏格纳根据其大陆漂移说大胆地指出，上述出现古冰川的大陆当时曾是连接在一起的统一大陆（即冈瓦纳古陆），并处在古南极附近，冰川的中心则位于非洲南部（图5-3，下图）。在以后的地质岁月中，这些大陆逐渐分离并不断漂移，才达到它们今天各自的位置。显然，这是对古冰川之谜作出的最令人信服的解释。

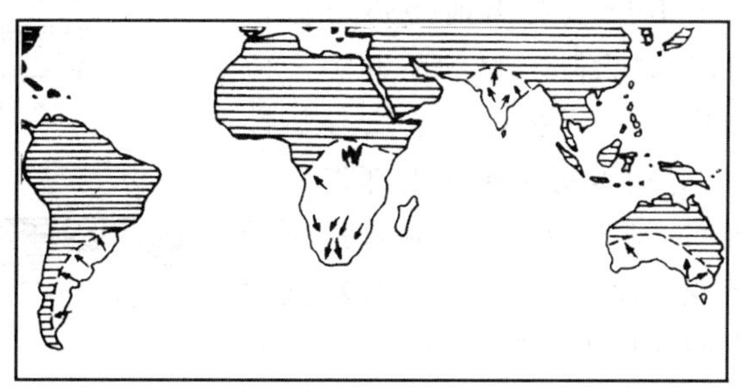

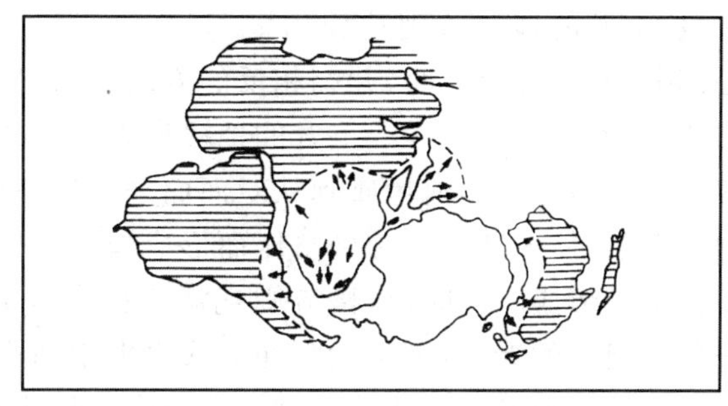

图5-3 古冰川与大陆漂移（引自 S. Judson, et al., 1976）

上：晚古生代冰川在现代大陆上的分布，箭头代表古冰川的流动方向

下：晚古生代冰川在冈瓦纳古陆上的分布

上已述及，魏格纳认为地球上所有大陆在中生代初期为一个统一的超级大陆（联合大陆）。这一见解，后为南非地质学家杜·托伊特（Du Toit，1937）所修正；他提出当时地球上存在着二个巨大的大陆块：南半球的冈瓦纳古陆和北半球的劳亚古陆，其间的古海洋，称为古地中海（特提斯海）（图5-4）。

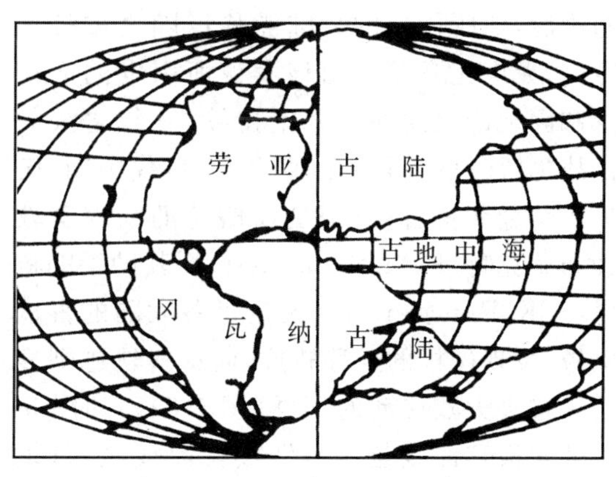

图5-4 两亿年前的联合古陆

(Dietz and Holdeu, 1970)

四、大陆漂移说的命运

魏格纳以深邃的洞察力看出大陆曾经发生过漂移并从多方面加以论证，尽管其主导思想也是正确的，然而限于当时地质科学的发展水平，他在解释大陆漂移的机制方面，确实存在着缺点和错误。因为刚性的花岗岩层不可能在刚性的玄武岩层上漂移；而潮汐摩擦力与离极力太小，不足以引起大陆漂移；加之大陆如何拼接的一些具体问题未能妥善解决，所以大陆漂移说不仅未能得到大部分地质工作者的赞同，反而遭到一些学术权威的激烈反对，斥之为异想天开的邪说，是荒诞无稽之谈。支持这一假说的只有少数人。例如，1928年，一位受到广泛

尊重的英国地质学家阿瑟·霍姆斯(Arthur Holms)提出地幔热对流机制,用以解释大陆漂移的驱动力。所谓地幔热对流,是指由于岩石导热性不良,放射性热能在地球内部发生不均匀聚积,结果,地幔下层的物质受热膨胀变形而上升,温度相对较低而密度大的地幔上层物质则下降,两者构成封闭式的循环对流。在对流的早期阶段,上升的地幔流到达原始大陆中心部分,然后分成两股,并朝相反的方向流动,从而将大陆撕破,并使分裂开来的块体随地幔流漂移,其间便形成海洋。上升的地幔流因压力减低而熔化成岩浆,这些岩浆冷凝后便形成了洋底和岛屿。地幔的前缘碰到从对面而来的另一地幔流时,就转向下流,从而将大陆块体的底部向下牵引,使大陆边缘受到挤压而形成褶皱。当对流停止时,褶皱体因均衡力而上升形成山脉。与褶皱形成的同时,地幔流则把洋底的玄武岩往下拖曳,从而形成海渊,即海沟(图 5-5)。按照霍姆斯的看法,不是大陆在玄武岩上主动进行"耕犁",而是地幔对流驱动大陆运动。这实际上已接近我们今天才认识到的有关海底扩张和板块构造理论。然而可惜的是,霍姆斯在他的文章中却指出:"这种为适应需要而特别虚构的纯推测性的东西,在没有得到独立的证据支持前,是没有科学价值的。"尽管如此,地幔对流说仍较合理地解释了海沟的产生,大陆边缘山链的形成,大洋和岛屿的出现,乃至大陆漂移的机制。而且,霍姆斯在其编著并三次再版的"物理地质学原理"一书中始终宣传这一观点,使大陆漂移说并未因有人反对而不为后人所知晓。1930 年,魏格纳在格陵兰探险中遇难后,他所创立的大陆漂移说随之被打入冷宫,无声无息了。由该学说所引发的活动论和固定论之间在学术上持续 20 年之久的论战也暂时搁置起来。直至 50 年代中期,诺贝尔奖金获得者,英国曼彻斯特的物理学教授布莱克特(P. M. S. Blackett)及其助手朗科恩(S. K. Runcorn)等人测定了各大陆的古地磁极,发现磁极的迁移轨迹,而这些轨迹则显示了过去大陆移动的证据(图 5-6)。如图 5-6,北美极移曲线位于欧洲极移曲线之西(把地球以北极为中心压扁了看),说明北美已相对于欧洲向西运移。如果把美洲大陆向东转动经度 60°,则北美大陆几乎可以与欧洲大陆相拼合,其间没有了大西洋,两条极移曲线也基本重合。实际上,地磁极是基本不动的(因为地理极是相对固定的,而在足够长的时间内地磁极的平均位置等于地理极的位置),极移曲线本身就表明了大陆漂移的路线。因此,古地磁的研究成果有力地证实了魏格纳的大陆漂移说,并使其得到复活。

图 5-5 地幔对流说(A. Holmes, 1931)

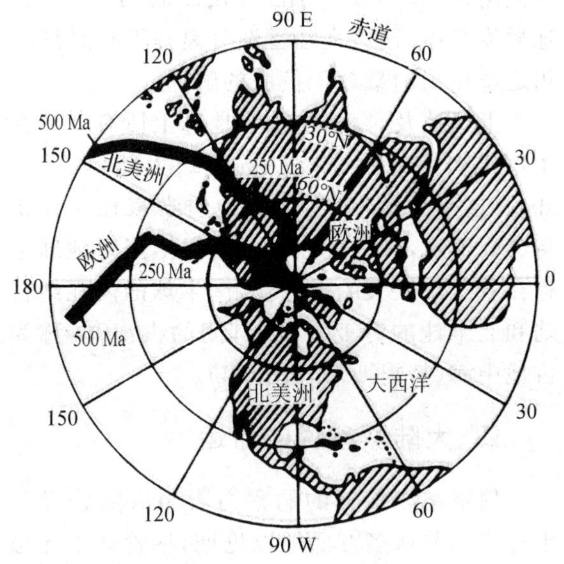

图 5-6 北美大陆和欧洲大陆极移曲线图

(引自 F. Press 和 R. Siever 的 *Earth*, 1978)

不管新学说的命运如何，它所包含的启迪人类智慧的魅力穿透了论战的烟尘，越过非难与嘲笑的喧嚣，向后来者发出了探索的召唤。

第二节　海底扩张

一、海底扩张说诞生的背景

第二次世界大战期间及其后来，由于军事和寻找海底矿产资源等目的，人们对海洋进行了许多考察工作，获得了大量有关海洋地质及地球物理资料，使人类第一次了解了海底的基本情况。尤其是调查船上装备了自动记录的回声测深仪，以及开展了大洋区的地震探测工作以后，人们对于洋底地形和洋底地壳又有了不少新的认识。地震资料表明，洋壳的表层，即沉积层非常之薄，平均不过 0.5 km。即使以每千年沉积一毫米的最低沉积速度计算，只要大洋存在过 20 亿年，其底部就应当有 2 km 厚的沉积物。但事实上洋底沉积层却是如此之薄。而且，通过对大洋裂谷及断裂带的基岩崖壁处的拖挖采样，到 20 世纪 60 年代开展深海钻探以前，在洋底尚未发现老于白垩纪的岩石。假如大陆和海洋的位置固定不变，那么，洋底的年龄就应当与大陆一样老，洋底也应该积累起巨厚的沉积地层，但事实却完全相反。这就不能不令人想到，大洋和洋底可能是变动着的。

更重要的是，20 世纪 50 年代晚期发现了纵贯世界大洋洋底的大洋中脊和裂谷体系。大洋中脊的面积超过陆地面积的一半，它是世界上最长最大的山系，无疑也是地球上最重要的构造单元之一。旧有的大地构造学说都未能对这一全球性构造单元的存在作出预测，而在确认它的存在后也未能对其作出合理的解释。

海洋地球物理调查结果还表明，大洋中脊裂谷系属于张性构造，它既是强烈的地震带，又具有显著的高热流值，暗示中脊轴部是高温地幔物质上涌的地方。这就使人自然而然地联想起霍姆斯的地幔对流假说。

鉴于上述事实，人们很快就发现，根据研究大陆而建立的传统地质学，已经无法解释新发现的一系列海底地形、地质及地球物理现象。显然，地球科学理论上的一场重大革新已经迫在眉睫。一大批地质及地球物理学家纷纷开始探索海洋考察所提出的新问题，这一探索热潮导致了海底扩张说的诞生。

二、海底扩张说的提出及其要点

（一）海底扩张说的提出

直到 20 世纪 60 年代以前，大多数地质学家仍相信大陆和大洋是永恒的。尽管大陆漂移说早在 1912 年就已建立，并为很多地球科学家所了解，但它仍未能形成一种完善得足以使研究者把其掌握的资料与之密切联系的理论。在海底调查所获得大量事实的推动下，于 20 世纪 60 年代初期，美国地质学家、普林斯顿大学地质系主任赫斯（H. H. Hess，1960，1962）和美国海岸与大地测量局的地震地质学家迪茨（R. S. Deitz，1961）在地幔对流说的基础上提出了海底扩张说。赫斯在《洋盆的历史》这篇经典论文中首先指出：大陆是被动地由地壳的水平运动将其从对流源区传送到它潜没的地方。新洋壳在大洋中脊（或中隆）生成，在那里由于较热岩石的密度较低，热地幔物质使大洋中脊（或中隆）的地形升高。在大洋中脊（或中隆），地表岩石因张力而破裂,裂谷则被来自地幔的新火山物质所充填,洋底因此而扩张,犹如在传送带上一样。在对流体汇聚处,洋壳被下拖形成海沟。这些下降流即挤压部位之所在,以伴有海沟的山脉和火山弧为标志。由较轻的富硅岩石堆积建造起来的大陆,在海沟则未被向下拖曳,而是堆积或上冲成为山脉。当俯冲的冷却物质破裂时,在海沟下面的深处便发生地震。迪茨针对这一总的过程,创造了"海底扩张"这一术语,以描述主要与洋底生成和消亡过程有关的理论。赫斯则将此理论在其论文序中称之为"地球的诗篇",认为需要很长时间才能被证实。但是,由于许多科学家都在酝酿类似的思想,而假说本身又具有坚实的科学基础,所以在短短的几年内,就取得了大多数地学家的赞同,差不多每一次新的实践都进一步证明了这个假说。

(二)海底扩张说的要点

海底扩张说经过不断地补充丰富,其要点可以归纳为:

1. 大洋岩石圈因密度较低,浮在塑性的软流圈之上,是可以漂移的。

2. 由于地幔温度不均匀而导致密度不均匀,结果在软流圈或整个地幔中引起对流。较热的地幔物质向上流动,较冷的则向下流动,形成环流。

3. 大洋中脊裂谷带是地幔物质上升的涌出口,不断上涌的地幔物质冷凝后形成新的洋底,并推动先形成的洋底逐渐向两侧对称地扩张。先形成的老洋底到达海沟处向下俯冲,潜没消减在地幔中,成为软流圈的一部分(图 5-7)。因此,洋底始终处于不断产生与消亡的过程中,它永远是年轻的。

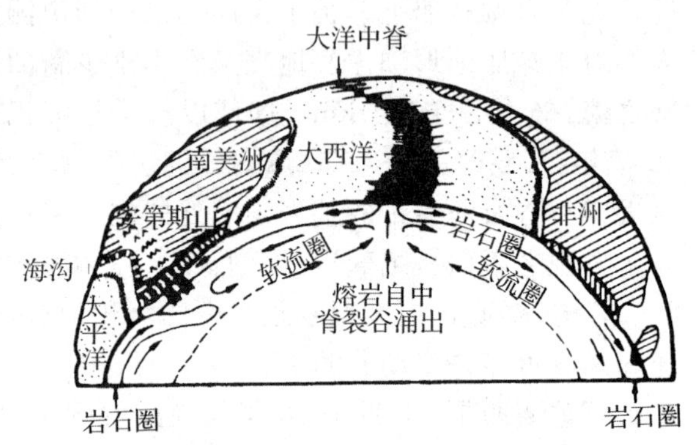

图 5-7　海底扩张示意图(P. J. Wyllie,1975)

不同的洋区,海底扩张可以有两种情况(图 5-7):一种情况是洋脊两侧的洋底连同与其焊接在一起的相邻大陆驮在软流圈上被动地随地幔对流而向同一方向移动。这样,随着新洋底不断生成和向两侧扩展,新生的大洋不断张开,两侧的大陆则逐渐漂离。像大西洋这样宽的大洋,在速度为每年数厘米的海底扩张作用下,大约一、二亿年便可形成。所以,大西洋中脊和印度洋中脊的裂谷系不但是生长新洋底的场所,同时也是大陆漂移的源地;另一种情况是,当洋底扩展移动至洋缘的海沟处,向下俯冲潜没,重新返回到地幔中。这时,洋底并不推动相邻的大陆向两侧漂离,相反,大陆逆掩于洋底俯冲带上。如太平洋是一个古老辽阔的大洋,其洋底处在不断新生、扩展和潜没的过程中,好似一条运动不息的传送带,大约两亿年左右洋底就可以更新一次。这就决定了洋底沉积物总厚度不大,并且缺少更老年代的岩石。因此,不管是新生的大西洋和印度洋,还是古老的太平洋,它们的洋底地壳都相当年轻,不老于中生代。

三、海底扩张说的证据

海底扩张说刚提出时,由于这种大洋演化模式乍看起来有点奇特和简单化,再加之固定论观念仍然根深蒂固,所以一般人认为它不过是牵强附会。然而,该学说毕竟拥有现代地质学的坚实基础,它对于海底地质现象的解释又如此引人入胜,因而高度地激发了人们进一步探讨的欲望。在海底扩张说提出后的短短几年里,新的研究成果不断涌现,有力地证实了这一学说。

（一）古地磁学的论证

1. 地磁场转向和古地磁年表

地球是个磁性体，有磁北极和磁南极，犹如有一巨型磁棒穿插地球，并通过球心，在其周围空间形成一个巨大磁场。地磁测量资料表明，地磁场的方向与强度除了因太阳辐射及地震等原因有短期变化外，还有微弱而持续的长期变化。具有重大意义的是，通过对岩石剩余磁性的研究，发现地质历史中地球磁场的极向每隔几万年或几十万年就交替一次，即地球的磁北极变成磁南极，磁南极变成磁北极，此称地磁场转向。在地质历史中，若地磁南、北极的方向与现在一致，称为正向；反之，则称反向。由于同位素测年技术的发展和应用，现已查明，在最近 340 万年期间地磁场有三次重要转向，分别是：

现在 —— 0.69 Ma 前　正向
0.69 Ma——2.43 Ma 前　反向
2.43 Ma——3.32 Ma 前　正向
3.32 Ma 以前　反向

经过仔细研究后还发现，在这些持续时间较长的磁极时期中还有多次时间较短（以万年计）的转向。一般将保持一定的地磁极性的大阶段称为期，每个期内的短期转向时间称为事件。连续测出每一期和每一事件所延续的时间，并以此为纵坐标，就可以按正、反向编制成柱状年谱表，即古地磁年表。如图 5-8 即是近 4.5 Ma 来古地磁转向年代表，它记载着古地磁转向的历史。表中各期冠以对古地磁研究作出卓越贡献的古地磁学家的名字，事件的名称则是选取的有代表性的地名。古地磁年表的建立，是古地磁学研究所取得的最重要成就之一，它为进一步论证海底扩张奠定了基础。

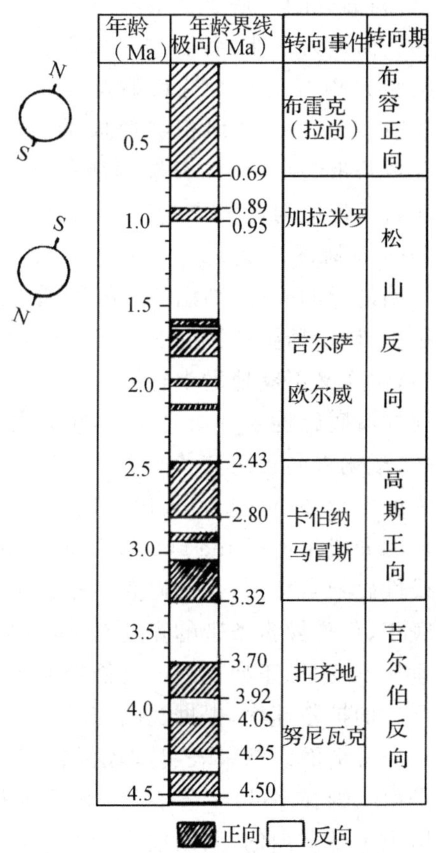

图 5-8　地磁场转向年代表

2. 海底磁异常条带

随着核子旋进磁力仪的出现，海上地磁测量工作迅速展开，至 20 世纪 50 年代后半期，英国学者梅森(R. Mason)首先发现东北太平洋洋底存在着条带状（或线形）磁异常。通常，将海上磁测所测得的海底磁场强度值减去正常磁场强度值，即为该区的磁异常。海底磁异常条带大体上平行于大洋中脊的轴线延伸，正、负异常相间排列并对称地分布于洋中脊的两侧。为醒目起见，在海底磁异常平面图中常以黑色代表正异常，以白色代表负异常，从而更清晰地呈现出黑白相间的磁异常条带。

对于海底磁异常条带的成因，曾有各种假说，但都无法解释其全球性的分布格局。事实上，正负相间排列的磁异常条带，不但出现在相同岩性的洋底，而且其展布与海底地形也不存在对应关系。那么，这种在世界大洋洋底普遍分布的规律性很强的磁异常条带到底是由什么原因形成的呢？

1963 年,英国剑桥大学年轻的海洋物理学家瓦因和马修斯(Vine and Matthews,1963)提出了著名的瓦因—马修斯假说,用以解释海底磁异常条带的成因。他们把海底扩张说同有关古地磁转向史的研究成果结合起来,提出海底磁异常条带是在地球磁场不断转向的背景下,由沿洋脊裂谷带涌出的玄武岩浆冷却时所获地球磁场中的热剩磁的磁化作用而形成(图 5-9)。从海底扩张的假定出发,洋中脊的裂谷带是洋壳岩石增生的地方,新形成的洋底玄武岩在这里则要被撕裂为两半,各自位于脊轴的两侧并相背运动。这就意味着洋底应该是由一系列相继形成的玄武岩条带组成,而且脊轴两侧的玄武岩条带应对称分布,其年龄由脊轴向两侧逐渐变老。与海底扩张作用进行的同时,高温的地幔物质不断沿大洋中脊轴部上涌冷凝形成新的洋底,当它冷却经过居里点时,新生的洋底玄武岩便会按当时地磁场的方向而被磁化。因此,只要地磁场在反复转向,洋底又不断地沿中脊轴新生和扩张,那么就必然会形成一条条正向磁化和反向磁化相间排列的海底磁性条带。实际上,扩张着的海底正如录音磁带那样记录着地磁场转向的历史。反之,磁化方向正反交替的洋底玄武岩条带所记载的地磁场变化的信息,又成为海底扩张的有力佐证。至 20 世纪 60 年代中期,新涌现的大量资料成功地支持了瓦因和马修斯假说。1965 年瓦因和威尔逊(Vine and Wilson,1965)以及瓦因(Vine,1966)用地磁极性转向年表对比海底线性磁异常类型,详细研究了东北太平洋温哥华岛外胡安·德富卡洋脊上的磁异常,发现其海底正、负磁异常条带的宽度与地磁场转向期和事件的持续时间长短成正比关系。当海底扩张速率不变时,正如瓦因—马修斯假说所预期的,其比例系数即是海底扩张速率。如果假定一个合适的扩张速率,根据瓦因—马修斯假说和已知的地磁场转向年表,可以在理论上计算出海底磁异常剖面。结果表明,理论剖面与实测的磁异常剖面相当一致(图 5-10)。这一成果,最先是由瓦因在 1966 年发表的,由于其逻辑严密、计算精确,理论与实际数据高度吻合,这在地学历史上是空前的,因而成为当时地学界的“轰动事件”。另一典型的实例还见于冰岛西南方向大西洋中脊最北段的雷克雅内斯海岭,其磁异常图案在中脊两侧显示出很好的对称性,堪称海底条带状磁异常的样板(图 5-11)。类似的例子还见于东太平洋海隆、大西洋和印度洋中脊的很多地方。因而,海底磁异常条带的确立不仅证明了海底扩张的存在,而且将某一玄武岩磁性条带的宽度除以该条带的时间跨度还可求出海底扩张的速率,大约是每年数厘米。目前海底扩张的速度是:大西洋 1～2.25 cm/a;印度洋 1～2.2 cm/a;太平洋 1～4.9 cm/a。

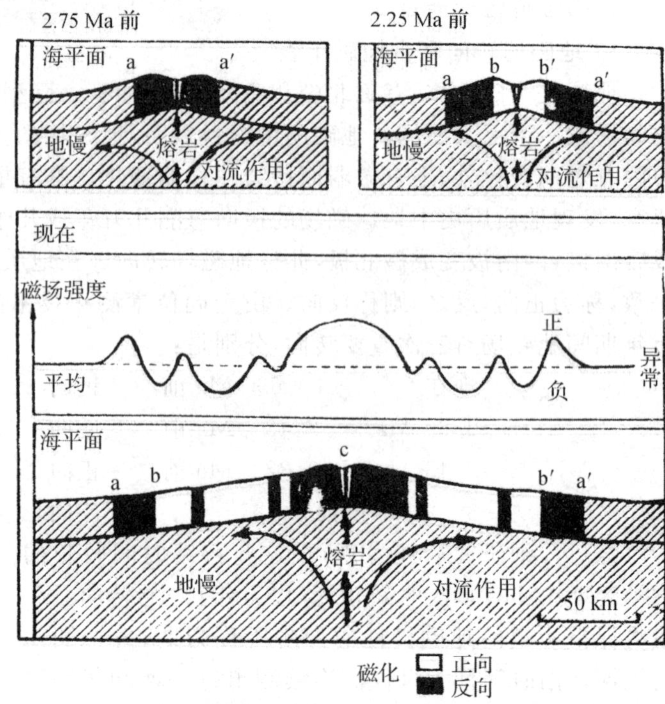

图 5-9 瓦因和马修斯关于海底磁异常形成的假说(据怀利,1975)

3. 海底沉积物磁化方向的测定

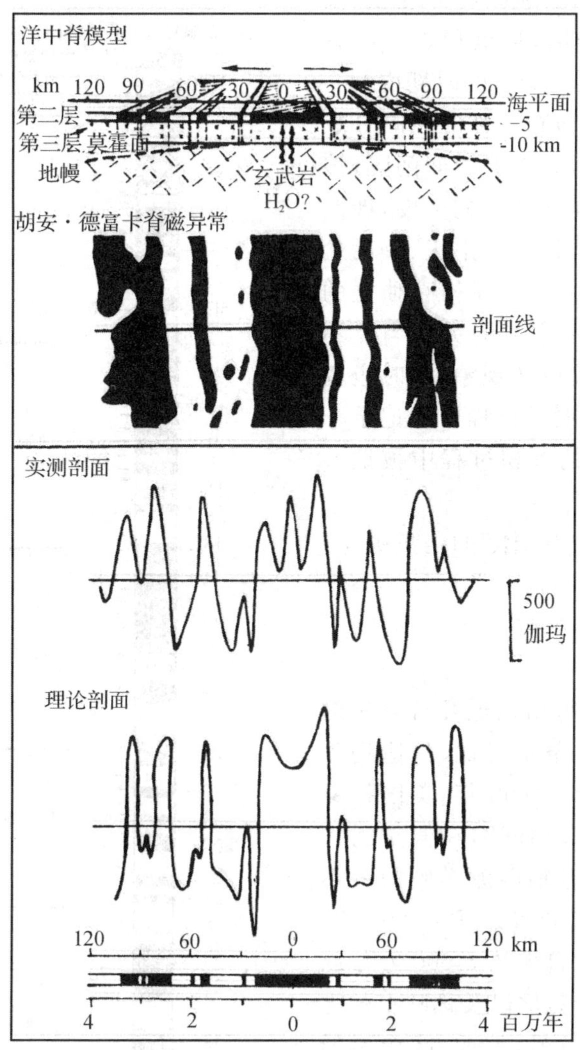

图 5-10　胡安·德富卡洋脊的实测磁异常剖面与据瓦因—马修斯假说得出的理论剖面的对比
(Vine and Wilson,1965)

20 世纪 60 年代中期的另一重要研究进展就是对海底沉积物磁化方向的测定,其结果不仅证明了当时根据大陆地质资料建立起来的古地磁年表的可靠性,同时也证明了海底扩张的存在。

深海沉积物的特点是缓慢、均匀、持续不断地进行着沉积,其沉积速率在相当长的时间内几乎固定不变。由于深海区沉积速率极小,十余米长的沉积岩芯往往代表着数百万年的沉积历史;因此,各段厚度比直接代表着时间比。另外,深海沉积物在沉积过程中亦会在当时地磁场作用下被磁化,因而能够在垂向上留下正、反磁化方向的记录。只不过沉积层的磁化强度要比其下的洋底玄武岩弱得多,所以尽管洋底覆有数百米至上千米厚的沉积层,仍然不会干扰对大洋基底磁异常的测定。然而,运用灵敏度很高的磁力仪则能把各段沉积岩芯的磁性方向测定出来。对不同大洋区深海沉积物磁化方向的研究表明,在沉积岩芯中均交替出现正向和反向的磁化段,各层厚度比恰好与古地磁年表的时间间隔比值一致(图 5-12)。除了两者折算比值(决定于沉积

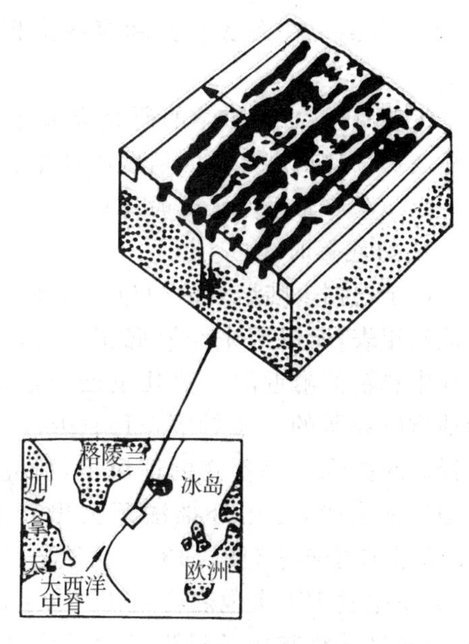

图 5-11　北大西洋雷克雅内斯海岭的海底磁异常
(引自 A. L. McAlester et al.,1975)

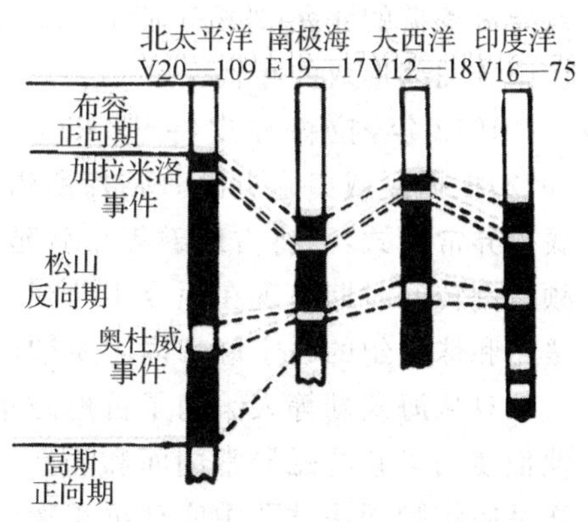

图 5-12　深海沉积岩芯的极性对比
(转引自 D. H. 塔林,1978)

速度)因地而异外,其他各方面都可一一对比,包括与海底正、负磁异常条带的对比。如果没有沉积间断的话,从沉积岩芯的磁性方向分析,地磁场的极性倒转则是发生在几千年的时期内。

这样一来,就构成了所谓"三位一体",即有三种磁性测量数据:一是从大陆上熔岩测得的地磁场转向年表中的时间间隔,涉及几万年或几十万年的时间;二是洋底磁异常条带的宽度,涉及几公里或几十公里的水平距离;三是深海沉积岩芯中正、反磁化段的厚度,涉及几厘米到几米的垂直长度。这三种相互独立的不同尺度竟然都以等同的比例变化着,这种定量的关系当然不可能是偶然的,它不仅确证了地磁场的频繁倒转现象,同时也说明地磁场的反复倒转一方面在大陆熔岩的喷溢过程中被记录下来,另一方面也在海底扩张和海底沉积物的沉积过程中被记录下来。

综上所述,古地磁学的研究成果即"三位一体"的定量关系,为海底扩张说提供了令人信服的证据。

(二)深海钻探所揭示的海底年龄

1. 海底等时线

由于根据大陆熔岩的同位素年龄只能得出最近几百万年的古地磁年表,所以用来与海底正、负磁异常条带对比,只适用于大洋中脊轴部附近的少数几条磁异常条带。1968 年,美国拉蒙特地质研究所的海茨勒等(Heirtzler, et al.,1968)在假定南大西洋海底扩张速率不变的情况下,研究了脊轴两侧洋底的一系列磁异常条带,运用外推法预测出新生代和晚白垩纪(0~79 Ma)的古地磁年表(图 5-13)。由该表可知,自大约 8 000 万年以来,曾发生过 171 次地磁场倒转。为了便于对比以及称呼上的方便,海茨勒等将其中关键性的磁异常统一编号,编成 32 个磁异常,中脊顶峰为一号磁异常,号数越大代表的年代越老,每一个磁异常都有它相应的年龄。因而,广布于洋底的磁异常条带,其界限也就成为洋底的等时线,或者说仿佛构成了洋底的年轮。磁异常条带的年龄则相当于它被磁化的年代,即这部分的洋底在中脊轴部形成的年代。

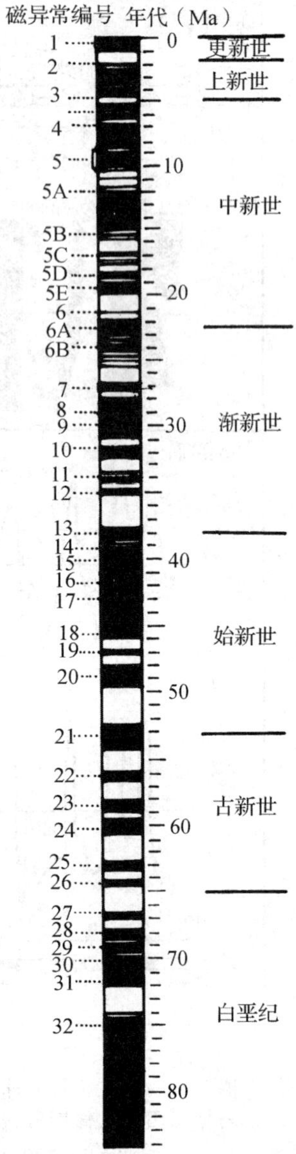

图 5-13 8 000 万年来的地磁场转向年表

(Heirtzler et al.,1968)

1972 年,拉森和皮特曼(R. L. Larson and W. C. Pitman, 1972)根据夏威夷附近深海钻探所得到的洋底年龄资料,利用海底磁异常图式,已将古地磁年表后延至晚侏罗纪初期(162 Ma)。该表(图 5-14)表明,地磁场频繁倒转的时期出现在距今 100 Ma 至 160 Ma 之间,而且位于长期占优势的正极性期,即白垩纪和侏罗纪的磁宁静带内。所谓磁宁静带,其标志则是在洋底有微弱的磁异常信号。

自从海茨勒等人编制了古地磁年表以来,曾多次努力以求改善地磁场倒转图式的分辨率。他们使用了新的磁异常剖面和陆上剖面关键性极性边界年龄的新资料,特别是把已确定的大洋基底年龄同深钻孔中底部沉积物的生物地层年龄作了对比。现已有几个磁异常的年龄是直接根据钻至洋壳的深海沉积物钻孔柱状剖面确定下来的。

2. 海底扩张速率及其差异

既然海底磁异常的年龄是已知的，而各海底磁异常条带的宽度或它们之间的距离是可以测出来的，将它们之间的距离除以它们之间的年代间隔，便可得出当时该海区的平均海底扩张速率。各大洋中脊某段近期的海底扩张速率一般根据某磁异常条带至脊轴的距离和该磁条带的年龄，二者相除便可得出该中脊段的扩张速率，因为磁异常条带的年龄也就是它从中脊轴部形成后扩张推移到目前位置所经历的时间。

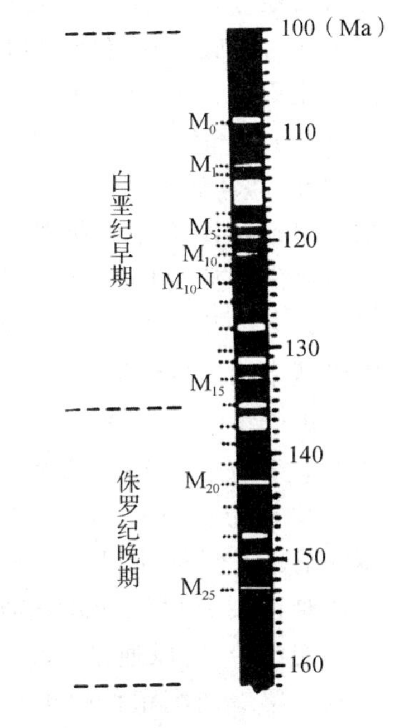

图 5-14　侏罗纪晚期至白垩纪早期的地磁场转向年表

(R. L. Larson, T. W. C. Hilde, 1975)

图 5-15 以海底磁异常至脊轴的距离为纵坐标，然后将各海区磁异常的年龄和距离在图上投点。该图显示了几个海区的磁异常年龄与磁异常宽度(或至脊轴的距离)之间的关系，每一海区的投点都可连成一条直线，这些直线的不同斜率对应于不同的海底扩张速率。各海区磁异常宽度与年龄的线性关系表明，近 5 Ma 来，这些海区分别具有大致不变的扩张速率。通常所说的扩张速率是指半扩张速率。根据深海钻探所获资料求得的半扩张速率在东太平洋洋隆多为 4～6 cm/a；在印度洋中脊一般为 1～3 cm/a；在大西洋中脊多为 1～2 cm/a。显然，海底俯冲作用十分活跃的太平洋，其扩张速率明显地大于缺少俯冲作用的大西洋和印度洋。

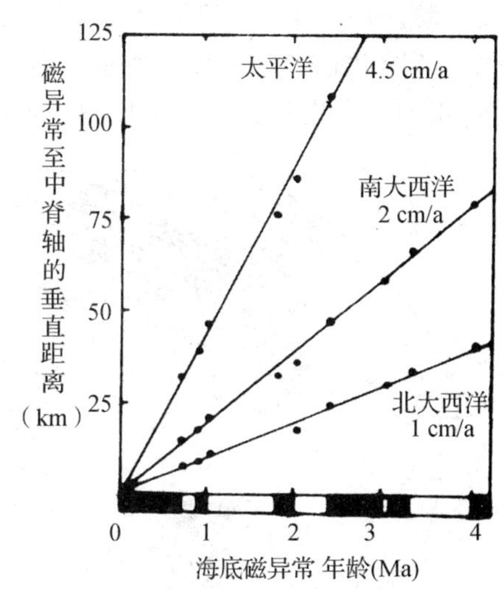

图 5-15　几个海区的海底扩张速率(据怀利，1975)

扩张速率的差异，明显地影响到洋中脊的地形。例如，发育中央裂谷并有较大起伏地形的洋脊通常与慢速扩张有关。大西洋和西北印度洋内的脊峰，扩张速率小于 2.5 cm/a，所以均有中央裂谷发育并显示出较大的地形起伏。相反，以较快的扩张速率为特征的太平洋中隆(如东太平洋海隆，其扩张速率约为 6 cm/a)，则一般缺少中央裂谷，并显示出较小的地形起伏。

这样一来，海底磁异常的研究，为原先比较抽象的海底扩张模式提供了大量具体的扩张速率数据。海底扩张不再是一首想象力丰富的地球史诗，它已经是一种客观存在着的活生生的事实。海底磁异常条带作为海底的等时线，已形象地留下了海底扩张和大陆漂移的足迹，从而使得地球科学家有可能以前所未有的详尽研究来恢复陆块运动和大洋演化的历史。由此可见，运用瓦因—马修斯假说研究海底磁异常，对于验证和发展海底扩张说具有何等重大的意义。

3. 深海钻探的检验和证实

虽然洋底的年龄可以根据其磁异常条带求得，但这毕竟只是一种理论上的预测，特别是对年龄较老的磁异常，还使用了外推的方法。1968 年开始执行的“深海钻探计划”(DSDP)，可以说是检验瓦因—马修斯假说和海底扩张模式的一次大规模实践。深海钻探的第三航次，在南大西洋 30°S 附近垂直于大西洋中脊走向布设了九个钻孔，其位置尽可能选在磁异常图案最为清晰的地方。结果表明，这些钻孔中覆盖在玄武岩基底上最老沉积物的年龄(根据微体化石测定)，与根据磁异常预测得出的年龄具有惊人的一致性。随着远离中脊的轴部，洋底地壳的年龄亦有规律的增加。根据钻探点距脊轴的垂直距离和该点海底的年龄，很容易算出那里的扩张速率。自 80 Ma 以来，该处海底曾以 2 cm/a 的半速率相当均匀地扩张着。

进一步的钻探结果表明，绝大多数钻孔的最老沉积物年龄均与其所在的磁异常年龄相吻合(图 5-16)。因为构成大洋基底的玄武岩往往遭受海水侵蚀而蚀变，有时难以用放射性测年法直接测出它们的确切年龄，所以通常采用古生物方法测定其上覆最老沉积物的年龄。然而，就地质年代的尺度来说，这一年龄与基底玄武岩的年龄实际上是一致的。

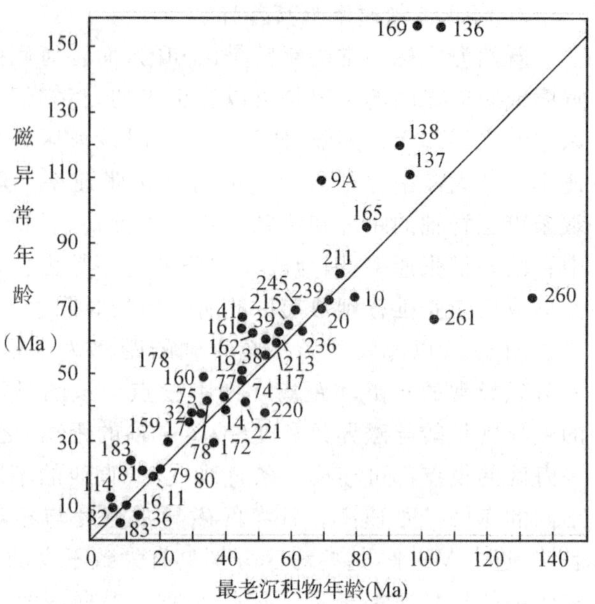

图 5-16 海底磁异常年龄与深海钻探揭示的海底最老沉积物年龄的比较

(据 A. C. Монин，1979)数字代表深海钻探点编号

有了 DSDP 资料的支持，海底磁异常年龄已不再只是理论预测的年龄，而应当是海底的真实年龄。1974 年，皮特曼(W. C. Pitman)等利用不同来源的磁异常图式，编制出第一幅全球洋壳年龄图(图 5-17)。该图展示了范围广阔的年轻洋脊和从两翼向外洋壳年龄逐渐递增的规律，正如在海底扩张模式中预测的那样；同时也展现了一些重要而普遍的特征：

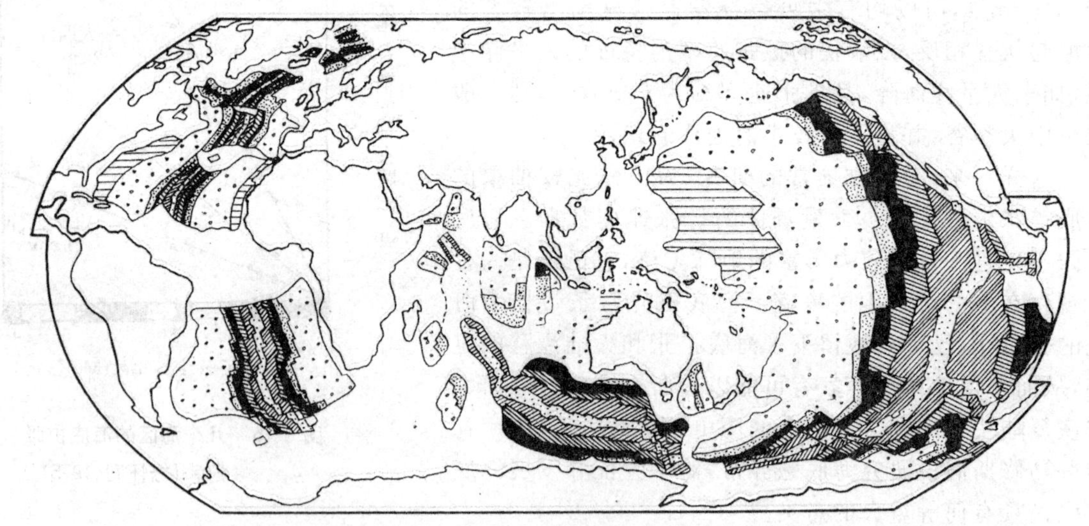

图 5-17 世界大洋洋底年龄图(W. C. M. Pitman 等，1974)

(1)大洋中年龄最老的洋壳是侏罗纪的，见于西北太平洋；

(2)今日太平洋的大部分洋底系东太平洋海隆向西北扩张形成的。因此，中、西太平洋的广大洋底年龄较老(白垩纪和晚侏罗纪)，而东南太平洋的大部分洋底则是新生的；

(3)在北美和北非边缘附近的北大西洋分布有晚侏罗纪的洋壳，而南大西洋则缺失，表明南大西洋张开较晚；

(4)几乎整个印度洋底均较晚白垩纪年轻，表明该大洋发育较迟；

(5)位于澳大利亚和南极之间的整个洋底形成于最近的 55 Ma 内，说明这两个大陆的分离乃是冈瓦纳古陆分裂的最后阶段。

迄今为止，DSDP 在世界各大洋钻探所采得的最老沉积物的年龄不老于 1.7 亿年(晚侏罗纪)。与已知大陆最古老岩石的年龄(约 38 亿年)相比，洋底地壳相当年轻。这表明，海底确实在不断地生长和更新；洋底的更新和消亡，是一种全球性的、无所不包的过程。更老的洋壳随着海底扩张已被席卷到深海沟之下，甚至连小块老的洋底也没能幸存下来。

洋底年龄不老于 1.7 亿年(晚侏罗纪)，这就是说，世界大洋的洋底地壳都是在距今 1.7 亿年以来新生的。整个地球表面积的 60%，竟是在大约只占地质历史记录时间的 5%的最近时期形成的。实际上，大洋中脊的平均扩张速率约为 3 cm/a，在世界大洋中脊整个长度上，每年扩张新生的洋底总量大约是 2 km^2。因而，不消 1.7 亿年就足以生长出 3 亿平方公里的新洋底。这一面积恰好相当于世界大洋洋底地壳的总面积。

另外，DSDP 还揭示了洋底沉积层的厚度和层序是对应于中脊轴分布的。在年轻的中脊顶部，沉积层的厚度较薄；向两侧，则随着洋底年龄变老，沉积层逐渐加厚。自中脊轴部至洋缘一带，沉积层厚度一般由零增加到 1.3 km 左右。在大陆边缘地区，特别是大陆麓，沉积厚度急剧增大，这与其临近沉积源地有关。沉积层序在中脊两边也呈现出对称性，例如，钻探点的沉积层序与中脊另一侧相对应地点的层序非常相似，而与同一侧某些钻探点的层序却有较大差别。地球科学家普遍认为，深海钻探成果为检验和证实海底扩张说提供了令人信服的证据。

(三)转换断层的发现和证实

大洋中脊(或中隆)并非连续不断地蜿蜒于整个世界大洋之中，而是经常被一系列横向断裂所切割，形成高耸的海底陡崖。这些横向断裂带大多与脊轴垂直，并且错断大洋中脊，通常以遍及洋底的狭窄线状沟槽为标志，其长度可达数千公里。这种规模巨大的横向断裂早在 20 世纪 50 年代就已发现，曾被认为是平移断层。1965 年，加拿大学者威尔逊(J. T. Wilson，1965)从海底扩张的理论出发，首次指出，这种横断中脊的断裂带不是一般的平移断层，而是海底自中脊轴部向两侧扩张所引起的一种特殊断层，应称之为转换断层。

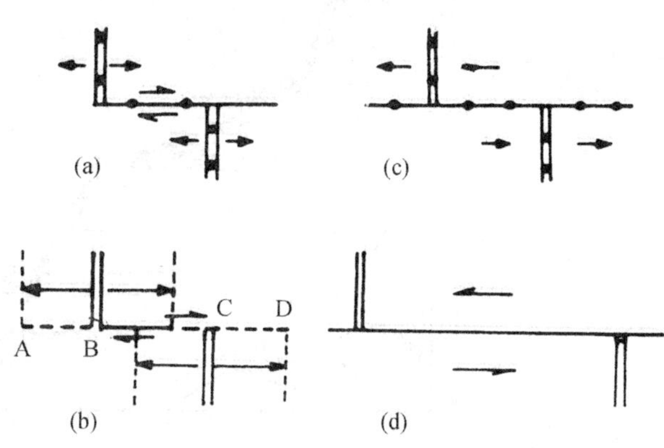

图 5-18　转换断层与平移断层区别示意图

双线为洋脊，圆点为震源；a 和 b 为转换断层，c 和 d 为平移断层持续发展的结果

1. 转换断层与平移断层的区别

如图 5-18 所示，右图为平移断层，左图为转换断层。对于平移断层而言，错动是沿整条断裂发生的，随着时间的推移，断层两侧的两段中脊轴将越离越远；而对于转换断层来说，虽然中脊轴两侧海底不断扩张，但断层两侧的两段中脊轴之间的距离并不加大，而且相互错动仅发生在两段中脊轴之间的 BC 段上，在 BC 段以外的断裂带上，其两侧海底的扩张移动方向相同，其

间没有相互错动，此其一。其二，平移断层的错动方向为左旋，转换断层则为右旋。第三，地震调查发现，一般平移断层的错动，向着断层两端是逐渐减弱、慢慢消失的；而转换断层上的地震活动几乎都集中在BC段，而在中脊轴以外的AB和CD段，一般没有地震发生。说明转换断层的剪切错动仅发生在BC段，至两个端点B和C，断层的剪切错动突然中止，转换成另一种形式的运动（即中脊轴部的拉张运动）。所以威尔逊把这种水平剪切位移突然终止和运动形式发生转换的特殊断层叫作转换断层（transform fault）。

2. 转换断层的证实及其意义

威尔逊首创的转换断层这一概念，已被伊萨克斯和赛克斯（B. Isacks and R. Sykes, 1965—1968）所做的地震初动研究所证实。1965—1968年，赛克斯等研究分析了大西洋1955—1965年在5—20°N之间发生的主要地震的震源机制，发现断裂带上的地震都以走向滑动为主，各次地震震源机制所反映的断层错动方向果然和错开脊轴的视错动方向相反（图5-19），与转换断层所要求的方向完全相符，证明错断洋中脊的断裂带确是一种与平移断层不同的转换断层。另外，从1971年至1974年夏，在亚速尔群岛西南650 km的大西洋中脊实施的“法美大洋中部水下研究计划”（FAMOUS），有三艘载人深潜器潜入洋底42次，对中央裂谷和转换断层进行了直接观测和取样，并拍摄了几千张海底照片。考察中已直接见到错断洋脊的断裂带上断层岩壁所受的变形，变形的方向不但符合转换断层的错动方向，而且确实与把中脊错开的视错动方向相反。这就直观地进一步证明了转换断层的概念。

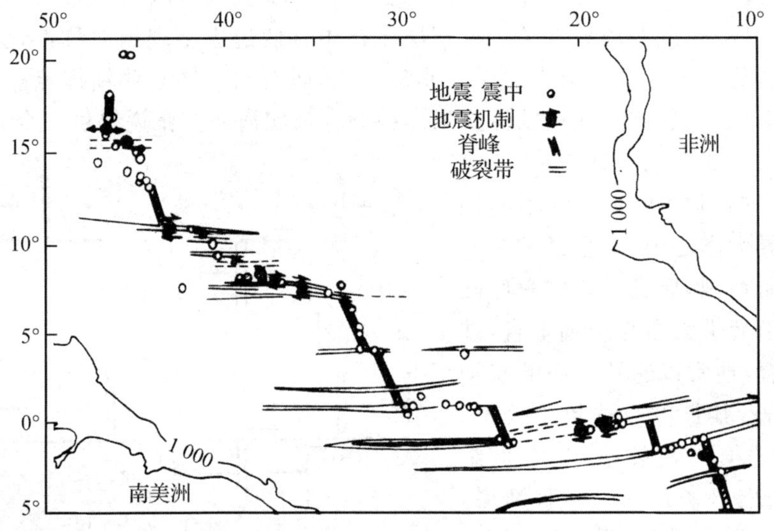

图5-19 大西洋中部1955—1965地震震源和已求出的六次发震机制

（据Sykes，1968）

转换断层是由大洋中脊两侧海底的扩张移动引起的，其错动方向就是海底扩张的方向。所以，转换断层的发现和证实是地学界继海底磁异常条带的研究成果之后又一次“轰动事件”，它不仅为海底扩张说再次提供了有力证据，而且还具体地说明了海底扩张的运动方式，从而使几乎所有的地球物理工作者最终都站到了海底扩张说一边。这样，转换断层与海底磁异常条带、深海钻探成果，从三个方面验证了海底扩张说，并列为海底扩张说的三大证据，终于确立了现代活动论在地学界的主流地位。

第三节 板块构造

一、概述

人类对地球认识上的一次重大突破,是使之一元化的全球板块构造说的创立。这一学说除归纳了大陆漂移和海底扩张的论点之外,还囊括了岩石圈和软流圈、转换断层、板块划分、板块俯冲和大陆碰撞等一系列概念。它立足于海底,但面向全球,该学说把人们的视线从大洋又引向大陆,促使人们去重新审查、认识过去已获得的资料和已总结出来的规律,并注意研究一些过去所忽略的问题,在更广泛的基础上,阐明了地球活动和演化的许多重大问题,因而又被称为新全球构造(new grobal tectonics)。

板块构造说最早是由加拿大学者威尔逊(T. Wilson,1965)和美国普林斯顿大学教授摩根(J. Morgan,1968)正式提出的。威尔逊论述了由包围着巨大刚性板块的洋脊、转换断层及消亡带组成的一个连续而统一的体系,摩根则定量地确定了板块的几何形状。

板块构造的基本原理可归纳为以下四点:

1. 固体地球上层在垂向上可划分为物理性质截然不同的两个圈层——上部的刚性岩石圈和下垫的塑性软流圈。

2. 岩石圈在侧向上又可分裂为若干大小不一的板块。板块是运动的,其边界性质有三种类型:(a)分离扩张型,伴随着洋壳新生和海底扩张;(b)俯冲汇聚型,伴随着洋壳消亡或大陆碰撞;(c)平移剪切型,沿着转换断层发生。地震、岩浆活动和构造变形主要集中在板块边界。

3. 岩石圈板块横跨地球表面的大规模水平运动,可以欧勒定律描绘为一种球面上的绕轴旋转运动。在全球范围内,板块沿分离型边界的扩张增生,与沿汇聚型边界的压缩消亡相互补偿抵消,从而使地球半径保持不变。

4. 岩石圈板块运动的驱动力来自地球内部,最大的可能是地幔中的物质对流。

板块构造的主要含义是:刚性的岩石圈分裂成为若干巨大块体——板块,它们驮在软流圈上作大规模水平运动,致使相邻板块相互作用,板块的边缘便成为地壳活动性强烈的地带。板块的相互作用,从根本上控制了各种内力作用,以及沉积作用的进程。板块构造说就是关于板块运动及其相互作用的理论。

二、板块边界划分的标志及其类型

板块构造说认为,板块内部是稳定的,板块边缘则由于板块的运动,使两个相邻运动着的板块体系处于一种应变状态,往往在板块边界集中了大量应变能。而这些应变能通常又以地震、岩浆活动、构造变形、变质作用等形式释放出来,表现出强烈的构造活动性。因此,可以把构造活动性地带作为划分板块边界的标志。大洋中脊、转换断层、岛弧—海沟系及年青的山脉是地球的构造活动带,所以,它们就是板块的边界。就板块运动的方向而言,海沟(或造山带)是板块的前缘,洋中脊是板块的后缘,转换断层则位于板块的两侧。有人形象地把海沟比拟为板块的方向盘,把洋中脊比拟为板块的发动机,两侧的转换断层则好似板块沿之滑移的轨道。根据两个邻接板块的相对运动方式,或拉伸、或挤压、或平错,可将板块边界划分为三种类型:

1. 分离(或离散)型板块边界 相当于大洋中脊轴部,两侧板块相背离散。沿此边界岩石圈分裂和扩张,地幔物质涌出,冷凝成新的海底岩石圈,并添加到两侧板块的后缘上,故分离型边界也是板块的增生边界,或称建设型板块边界。

2. 汇聚(敛合)型板块边界　沿此边界两个相邻板块作相向运动而聚合,造成大洋板块的俯冲或大陆板块的碰撞,产生强烈的地震和岩石的构造变形,甚至引发岩浆作用以及与构造变形及岩浆活动有关的变质作用。因此,又可进一步划分为两种亚类型:

(1)俯冲边界　相当于海沟,相邻板块相互叠覆。由于大洋板块厚度小、密度大、位置低,而大陆板块厚度大、密度小、位置高,所以总是大洋板块俯冲于大陆板块之下。此种边界主要分布在太平洋周缘,故亦称太平洋型汇聚边界,沿此边界大洋板块潜没消亡于地幔之中,因此又称消减型板块边界。它又包括:①岛弧—海沟系,即岛弧远离大陆,发育于洋壳之上,如日本岛弧、马里亚纳岛弧、汤加岛弧,沿着岛弧外侧的海沟,大洋板块俯冲于大陆板块或另一大洋板块之下;②山弧—海沟系,即海沟与大陆上的山脉直接相邻,大洋板块沿陆缘俯冲于大陆之下。如南美安第斯山弧—海沟系,故又称安第斯型边界。

(2)碰撞边界　相当于年青的造山带,为大洋闭合、两个大陆之间碰撞汇聚而成的地缝合线。当大洋板块向大陆板块俯冲到最后阶段,位于大洋后面的大陆与其前方的大陆板块之间发生碰撞和挤压,在其接触地带形成高耸的山脉,并伴有强烈的构造变形、岩浆活动以及区域变质作用。现代碰撞边界主要见于欧亚板块南缘的阿尔卑斯山脉和喜马拉雅山脉,故亦称阿尔卑斯—喜马拉雅型汇聚边界。

3. 平错(剪切)型板块边界　相当于转换断层,是一种特殊类型的板块边界。沿此种边界既无板块的增生,也无板块的消减,两侧板块仅作剪切错动。它既与洋脊相伴,也可同海沟共生。由于板块沿转换断层滑动,故常引起地震和构造变形。

三、全球板块的划分

依据上述板块划分的标志,1968 年法国地球物理学家勒皮雄(X. Le Pichon)将全球岩石圈划分为六大板块:欧亚板块、太平洋板块、美洲板块、非洲板块、印度板块(或称澳大利亚—印度板块)和南极洲板块(图 5-20)。这六个主要板块,属于一级板块,它们决定了全球板块运动的基本格局。大型板块一般既包括陆地,也包括海洋。如美洲板块,除美洲大陆外,还包括大西洋中央裂谷以西的半个大西洋;太平洋板块基本上是水域,但也包括北美圣安德烈斯断层以西的陆地及加利福尼亚半岛。因此,板块的边界与海陆轮廓无关,即海岸线对于板块的划分没有任何意义。现将全球六大板块简介如下:

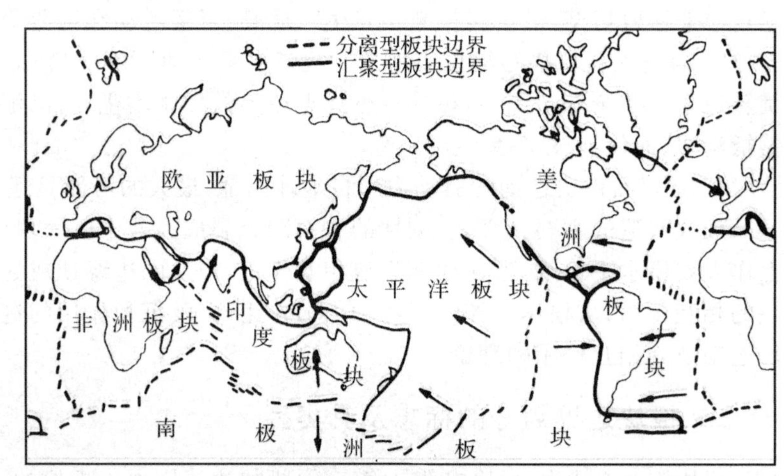

图 5-20　六大板块的划分(据 Le Pichon,1968)

1. 欧亚板块　包括欧亚陆壳的大部分以及大西洋中脊轴部以东的洋壳北部。其东侧与太平洋板块以消减作用带相接,形成西太平洋海沟系统;西界为大西洋中脊轴部;南侧与非洲板块以及印度板块主要以消减作用带(地缝合线)相接,部分地区接触边界的性质不明。

2. 太平洋板块　位于太平洋洋隆轴部以西及西太平洋海沟以东,占据着太平洋的主体。东侧与美洲板块及一些小板块相接,边界类型多样,其中有洋脊扩张带,也有转换断层。其北部、西部与南部则是消减性边缘。该板块俯冲于北美洲板块(在北部)、欧亚板块(在西部)与印度板块(在西南部)之下,形成一系列海沟与岛弧。

3. 美洲板块　该板块可分为南美洲板块和北美洲板块,这样全球共有七大板块。该板块基本上位于大西洋中脊以西和太平洋洋隆以东,包括南、北美陆壳的全部与大西洋中脊以西的洋壳。总体向西运动,因而美洲大陆的东缘是稳定大陆边缘,而西缘则是活动大陆边缘。

4. 非洲板块　由非洲的陆壳及其周围的洋壳组成。该板块的西部、南部与东部均以洋脊扩张带为界,东北部有局部地段以消减作用带与欧亚板块相接,北部与欧亚板块的关系不明。

5. 印度板块　包括印度与澳大利亚的陆壳,印度洋洋壳及南太平洋洋壳的一部分,故又称澳大利亚—印度板块。其北侧以地缝合线与欧亚板块相接,西北部以转换断层与非洲板块及欧亚板块相接,西部及南部以洋脊扩张带与南极洲板块相接,东北侧主要以消减作用带与太平洋板块相接,形成西南太平洋的岛弧—海沟系。该板块主要向北运动。

6. 南极洲板块　由南极大陆的陆壳及其四周的洋壳组成。其边界主要是洋壳扩张带,部分地段为转换断层或消减作用带。

以上是全球规模的板块,它们的面积均达 10^8 km^2 以上。此外,还有面积在 10^6 km^2 以内的 5 个次一级板块。两者相加,则为 12 个板块,这就是目前较流行的全球 12 板块划分方案(图 5-21)。5 个次一级板块分别是:纳兹卡(Nazca)板块,位于东太平洋洋隆以东,秘鲁—智利海沟以西,即南美洲西岸外;可可(Coco)板块,位于加拉帕戈斯海岭以北,东太平洋洋隆与中美海沟之间;加勒比海板块,位于中美海沟和西印度群岛之间;菲律宾海板块,位于琉球、菲律宾岛弧—海沟系与马里亚纳岛弧—海沟系之间;阿拉伯板块,位于红海、亚丁湾裂谷系与扎格罗斯褶皱山系之间。这 5 个独立的板块相对于邻接板块有显著的位移,其作用虽不及上述六大板块,但在板块运动的全球构造中也是不容忽视的。

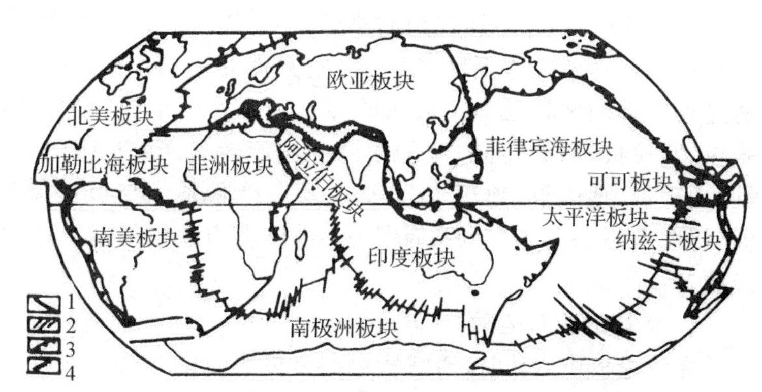

图 5-21　全球 12 个主要板块的分布

1—中脊轴线;2—转换断层;3—俯冲边界;4—碰撞边界

另外,有的学者还划出了一些板块,如南美洲与南极洲之间的斯科舍板块,东非裂谷带与印度洋中脊之间的索马里板块,胡安·德富卡洋脊与北美西缘之间的胡安·德富卡板块。也有学者划出了中国板块,其西北边界从鄂霍次克海经贝加尔裂谷延至帕米尔喜马拉雅一带,但未获得广泛的承认。

四、板块的运动及其驱动力

(一)板块的运动

板块运动的核心是海底扩张。岩石圈板块从中脊轴部向两侧不断扩张推移,在海沟处俯冲潜没,颇似一巨大的传送带。海底扩张和大陆漂移可以用板块运动的形式表达出来。

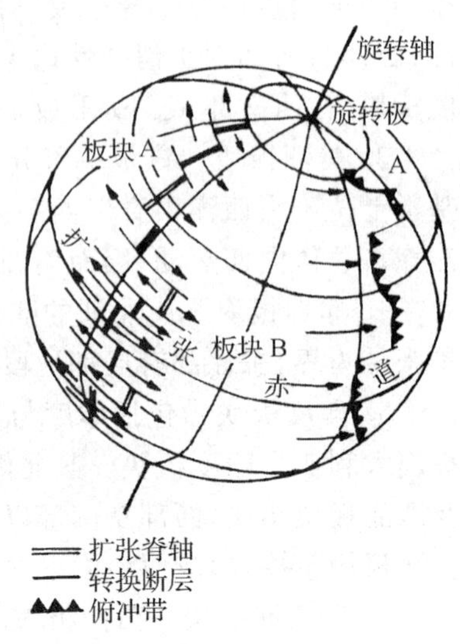

图 5-22 板块沿球面的旋转运动

(引自 F. Press, et al. ,1978)

板块是固体地球表面的一部分块体,故不呈平板状,而是曲面体,并且始终沿着地球表面运动漂移。因此,其运动轨迹应服从球面几何学的有关定律。1776 年,瑞士数学家欧拉(L. Euler)证明,任何一个刚体沿着球体表面的运动,都必定是一种绕轴的旋转运动。或者说,球面上任何一点的移动都不是沿着直线,而是沿着弧线进行;如果这种移动表现为复杂的曲线形式,那么它的移动轨迹将由许多圆弧小段所组成。在几何学中,此称欧拉定律(Euler's Law)。当我们运用数学的方法来讨论板块运动时,可以把地球当作一个正球体,而岩石圈漂移时则具有相对刚硬的性质。这样一来,刚性板块的运动就应遵循欧拉定律,它只能是一种环绕某一通过地心轴的旋转运动。板块的旋转轴亦称扩张轴,它与地球表面的交点叫做旋转极或扩张极、欧拉极;离旋转极 90°的大圆叫做旋转赤道或扩张赤道(图 5-22)。它们与地球的自转轴、地理极、地磁极、地理赤道等并无直接联系。与板块旋转赤道相平行的一系列同轴圆弧,标明了板块上各点的移动轨迹,可称之为欧拉纬线。通过欧拉极的大圆,则构成了欧拉经线。

1. 板块的相对运动

在讨论板块运动时,通常所说的是板块的相对运动,即某一板块相对于另一板块或其他参照系统的运动。所谓板块的旋转运动,也是指某一板块相对于另一板块或球面上某一点的旋转运动(图 5-23)。板块的旋转运动主要由板块的旋转轴(或旋转极)的位置和旋转角速度来确定。因而,确定一对邻接板块的相对运动,就归结为查明它们的旋转极的地理坐标和旋转角速度。由图 5-23 可知,板块 2 相对于板块 1 作旋转运动,其旋转角速度是相同的,但距离旋转极远近不同的块段,其运动的线速度却不相同。距旋转极较近者,其线速度小;距旋转极较远者,其线速度较大;而在旋转赤道上,其线速度最大。板块运动的这一特征得到了实测资料的证明。如大西洋中脊的扩张速度正是在赤道附近者最大,每年达 2 cm 左右,向南、北方向则逐渐减小。横切洋脊的转换断层对于同一板块的不同块段具有不同运动速度,正好起到调节作用。1968 年

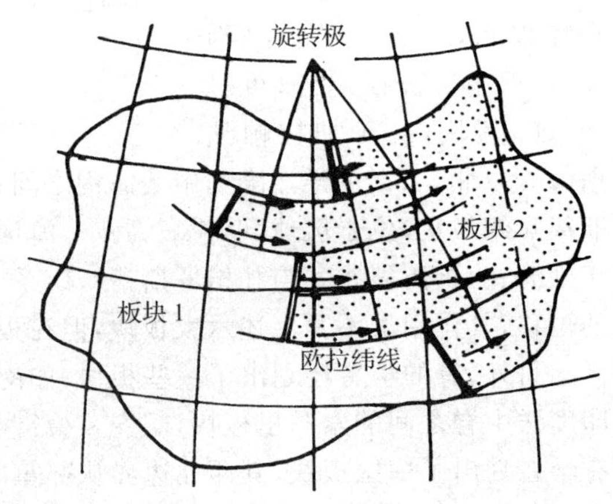

图 5-23 板块 2 相对于板块 1 的旋转运动

(据 Morgan,1968,稍作改动)

以来,勒皮雄(1968)、摩根(1971)等定量地描绘了全球各主要板块间的相对运动,求得了这些板块相对运动的旋转极位置和角速度(表 5-1)。根据所求得的旋转极的位置和角速度大小,板块边界上各点的线速度可以很方便地换算出来。

表 5-1　主要板块的旋转极和扩张角速度

地区(相对旋转的一对板块)	旋转极位置	扩张角速度(10^{-7}度/年)
1. 大西洋(美洲板块—非洲板块)	58°N　37°W	3.7
2. 北太平洋(太平洋板块—美洲板块)	53°N　47°W	6.6
3. 南太平洋(太平洋板块—南极洲板块)	70°S　118°E	10.8
4. 北冰洋(美洲板块—欧亚板块)	78°N　102°E	2.8
5. 印度洋(非洲板块—印度板块)	26°N　21°E	4.0

据 X. Le Pichon

原则上说,确定二板块相对运动的旋转极是很简单的。既然板块上各点的运动轨迹标出了欧拉线(它们是同轴圆弧),沿球面作这些纬线的垂线即可得出欧拉经线,欧拉经线的交点就是旋转极的位置。因此,只要知道某一点(或更多点)的运动方向,则通过作垂线求交点的方法便可以求出旋转极的位置。板块相对运动的另一参数是旋转角速度,它可以根据线速度换算出来。只要已知板块上任何一点的线速度值,同时求出该点的欧拉纬度,便可以根据下式求旋转角速度:

$$\omega = v/R \cdot \cos\theta \cdot 0.017\ 45$$

式中 ω 为角速度(单位:度/年);v 是线速度(cm/a);R 是地球半径,等于 6.37×10^{8} cm;θ 为欧拉纬度;0.017 45 是由角度换算成弧长的系数。一对板块之间在各处可有不同的线速度值,但相对运动的角速度值只有一个,常用的板块运动角速度单位是 10^{-7}度/年,即每一千万年一度,这个值大约相当于旋转赤道上每年 1 cm 移动的线速度(即扩张速度)。

现代板块运动主要表现为具有一定方向的大规模水平运动,但不同的板块边界则有不同性质的相对运动形式。与板块边界类型相对应的板块运动形式有如下三种:

(1)分离型　主要出现在大洋中脊、中隆和大陆裂谷系统。板块在此作相背运动,板块边缘受到拉伸、引张作用。因此在洋脊轴部形成平行洋脊的张裂缝,随着板块的分离,地幔物质沿裂谷上涌,造成规模较大的侵入和喷出活动,形成新的洋底,促使板块边界不断增生。如 1963 年,由于北大西洋中脊的张裂作用,在冰岛附近的洋脊上发生火山喷发而形成苏尔特塞岛。

板块分离过程中伴随着较弱的浅源地震,并出现高热流。高温的岩浆从洋脊轴部上涌直至喷溢,产生相当高的地热梯度,从而使冷的岩石圈发生热变质作用,而受热的海水使洋底岩石发生化学反应,使洋底的玄武岩、辉长石蚀变为蛇纹岩。这种洋底玄武岩、蛇纹岩与深海沉积物的组合叫蛇绿岩套(Ophiolitic suite)。

(2)汇聚型　两个板块相向移动,造成板块边界的挤压、对冲,大洋板块俯冲和大陆板块仰冲等特征,主要发生在汇聚型板块边界,如海沟岛弧、年轻的山脉等地带。洋壳在海沟岛弧地区向下俯冲、消亡,这些地带则称为消亡带。

板块的汇聚速度,可以根据历年来所发生的水平位移量进行计算。通过计算,得出阿留申海沟为 6.7 cm/a，千岛海沟为 5.3 cm/a，智利海沟为 6.1 cm/a。板块构造学说认为，地球的体积是保持不变的，海底扩张增生的板块，必须由汇聚消亡来补偿。在全球范围内，板块的新生和消亡的总量必须相等，这样才能保持地球的体积不变。因此，汇聚的速度可以进行理论上的计算。不同地区的汇聚速度见表 5-2。

表 5-2　汇聚速度

边界类型		地区	速度(cm/a)
太平洋型汇聚边界	岛弧—海沟系	阿留申海沟	6
		千岛海沟	8
		日本海沟	9
		菲律宾海沟	9.5
		马里亚纳海沟	2.3～4.9
		汤加海沟	9
		爪哇海沟	5～6
	山弧—海沟系	智利—秘鲁海沟	10.1～11.1
		中亚美利加海沟北部	6.4
山弧—地缝合线		土耳其	4.3
		阿富汗	3.7
		西藏	5.4

（据 Le Pichon，1973 和 D. P. Mckenzie，F. Richter，1976 综合）

板块的汇聚是造山作用的一种主要方式。板块碰撞本身就是造山带，在这里陆壳受到挤压，使海沟陆侧的沉积物和沉积岩产生褶皱、断裂、上升、滑动，形成褶皱山脉。

仰冲板块上冲时，对俯冲板块有刮蚀作用。这种刮蚀作用将俯冲板块上的大部分沉积物，甚至部分洋壳象“刨花”一样刮落下来，堆积到仰冲板块的前缘。它们与仰冲板块的物质一起被挤压、堆积，从而形成混杂堆积，出现在大陆的边缘，使大陆不断增生。

1972 年，杜威(J. F. Dewey)研究了板块碰撞所引起的造山作用类型(图 5-24)。图 a 是兼有陆壳和洋壳的板块与陆壳板块碰撞，岩浆作用、造山作用和混杂堆积是仰冲板块边缘的特征；图 b 是大陆板块与大陆板块碰撞，由于质量都较轻，不能向下俯冲，因而消亡作用中止；图 c 表示板块继续运动，在陆壳的外侧形成新的消亡带。原来的消亡带表现为高大的褶皱山脉、岩浆岩带，以及厚的陆壳。大陆板块与大陆板块碰撞的典型例子是乌拉尔山脉和喜马拉雅山脉。喜马拉雅山脉 25×10^6 年前开始形成，当时载有印度大陆的板块插入亚洲板块之下，使亚洲板块前缘隆起褶皱成山，原来的大洋板块部分消失，即特提斯海消失。又如非洲板块向北插入欧洲板块之下，洋壳尚未完全消失，地中海是特提斯海的

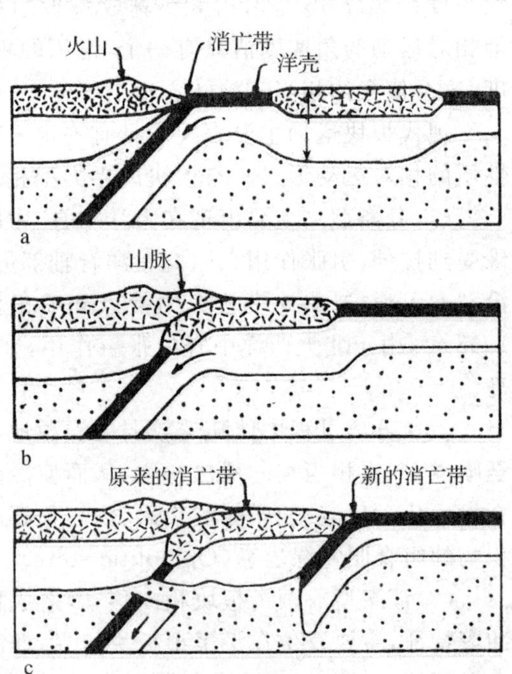

图 5-24　板块碰撞与造山作用

（据 J. F. Dewey，1972）

残余，现仍在缩小之中。

(3)平错型　表现为两个板块沿边界互相平行作相反方向的错动，两侧板块均不发生褶皱、增生和消亡，有微弱的浅震发生。洋中脊被一系列转换断层错开，磁异常条带也同样被错开，水平断距可达几百公里。这种转换断层所引发的平错型板块运动形式一般分布在大洋底部，但也可以出现在大陆上。如美国西部的圣安德烈斯大断层就是一条有名的从大陆上通过的转换断层(图 5-25)，其错动方向是西盘(太平洋板块)相对于东盘(美洲板块)向北移动。根据地质资料，从古近纪以来，断层的东侧已往东南方向相对水平错动了 200 km。

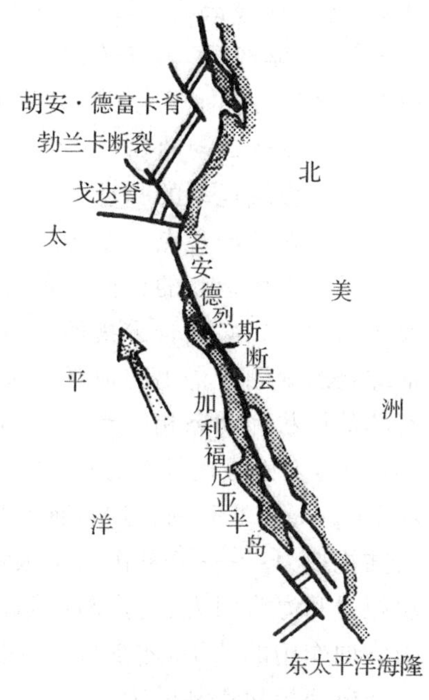

图 5-25　圣安德烈斯断层是一条右旋洋脊-洋脊型转换断层

2. 板块的绝对运动

板块的绝对运动是指板块相对于地球旋转轴的运动。如果某一系统在地质时期中相对于地球旋转轴的位置不变，那么，板块相对于该系统的运动则可以当作板块的绝对运动。目前，对于板块绝对运动的研究还较粗略，且带有一定的推测性。

佐年沙英等(Л. П. зоненщайн и др. ,1979；L. P. Zonenshain et al;1981)以西太平洋岛弧系(俯冲带)作为参照系统，计算了 1 000 万年来全球各大板块相对于它的运动(图 5-26)。图 5-26 大致显示了近 1 000 万年来各板块的绝对运动，其中，以太平洋板块的运动速度最快，它主要是向西偏北方向运动；印度板块主要是向北运动；北美板块和南美板块主要向

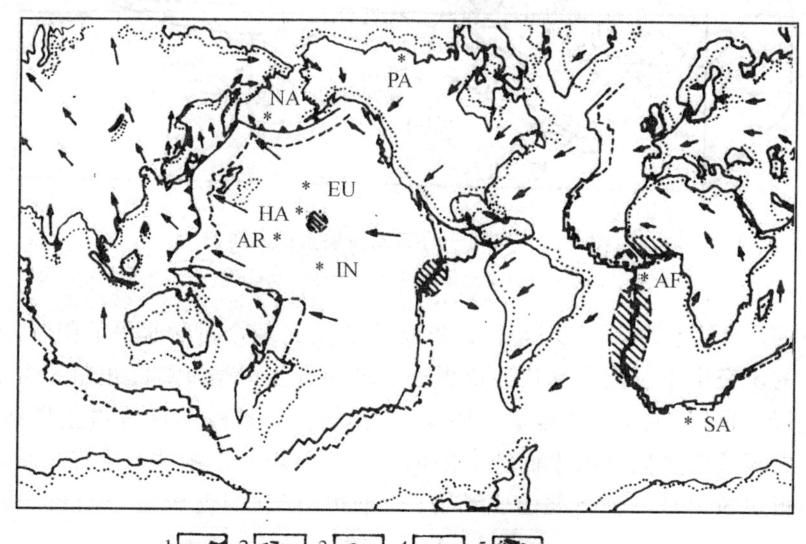

图 5-26　1 000 万年来全球各主要板块相对于西太平洋岛弧系的运动(Zonenshain 等，1981)

1. 西太平洋岛弧系；2. 1 000 万年前大陆或其他界线的位置；3. 板块运动方向(箭头长短大致表示 1 000 万年来移动量的大小)；4. 各板块相对于西太平洋岛弧系的旋转极(PA 为太平洋板块；EU 为欧亚板块；NA 为北美板块；SA 为南美板块；AF 为非洲板块；IN 为印度板块；AR 为南极洲板块；HA 为夏威夷热点)；5. 相对于西太平洋岛弧系移动很小的地区

西偏南方向运动;北美板块的旋转极位于白令海中,该极点四周的北美板块部分(包括亚洲东北端)环绕该极运动,运动方向比较复杂;非洲板块的旋转极位于非洲板块上(靠近几内亚湾),非洲仿佛"搁浅"了,它环绕该极作逆时针方向的旋转运动;欧亚板块主要是向西和向北运动。亚洲地区更新世地层的一系列古地磁测定成果,也表明亚洲大陆近期以来具有向北推移的趋势。

(二)板块运动的驱动力

关于板块运动的驱动力,可以说是板块构造学说中研究程度最低、也是最有争议的问题,目前仍存在不同观点。尽管如此,它却是板块构造学说面临的重大问题之一,亟待深入研究。

导致板块运动的任何一种合理的驱动力,至少要满足以下一些条件:第一,能够产生足够大的力;第二,必须合乎物理学,包括流体力学、热力学、力学的基本原理;第三,应该符合根据地球物理观测所得出的地球内部性质;最后,特别困难的是,驱动力所产生的效应要与现代岩石圈的性状和动态相一致,应能解释板块运动在地质史中的演变过程(Jacobs et al.,1974)。1975 年,上田诚也等曾分析过作用于岩石圈板块上的八种力(图 5-27),弗赛斯等(D. Forsyth and Uyeda,1975)则将这八种作用力分为两类:一类是作用于板块底面的力,即地幔拖拽力和大陆拖拽力;另一类是作用于板块边界上的力,共有六种,即大洋中脊处的脊推力、俯冲带的板块拉力和海沟引力、转换断层阻力、碰撞阻力及潜没板块前端的板块阻力。显然,是上述八种力共同作用的结果,才维持了板块的运动,而这八种力除了后三种是阻力外,其余五种均是有可能驱使板块运动的力。

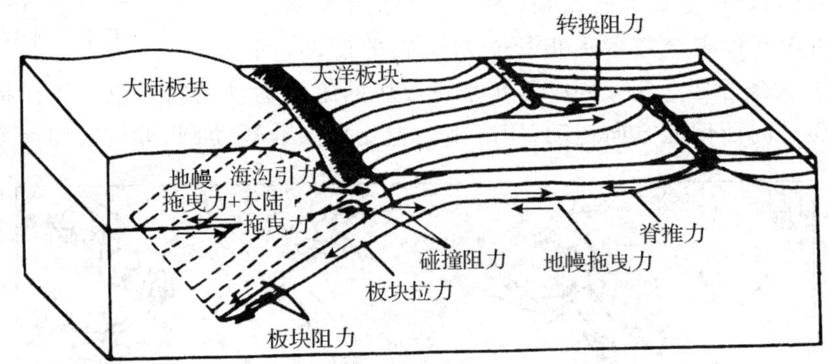

图 5-27 作用于岩石圈板块上的八种力

(据上田诚也、D. Forsyth,1975)

所有设想的这些力可能都是实际存在的,但由于受到现今科学水平的限制,人们在对地球深处各种理论的研究中不可能得到比假说更进一步的直接证据,因此,也就不可能做出可靠的数学和物理模拟。目前,关于板块运动的驱动力,仍然是以地幔对流说占主导地位。不过,赞成冷而比重大的板块前缘向下潜没而产生的推力拉着板块向下俯冲的观点也日益增多。如上田等就曾强调板块拉力是一种重要的驱动力[①]。下边,仅就当前较流行的板块驱动力模式作些简要介绍:

1. 地幔对流模式

地幔对流说是解释大陆漂移和海底扩张的动力来源的传统看法。板块构造学说承袭这一观点,认为板块是驮在地幔对流体上运动的。

---

① 上田诚也,D. F. Forsyth,科学(日),1975,第 2 期。

由于介质的热平衡或化学平衡遭到破坏，会引起物质各部分的密度差，从而导致重力的不稳定性，轻者上浮，重者下沉，这就形成了对流。一般认为，地幔中可能发生的对流有两种类型，即热对流和重力对流。

(1)地幔热对流　众所周知，从地表向下，地温逐渐升高。为使地幔内部不致积蓄大量热能而被熔化，地球内部必定存在着一种传热机制，它能够在较低的温度下传出足够多的热。除热辐射外，地球内部物质本身从高温区迁移到低温区，是一种最有效的传热方式。因此，地幔热对流乃是地球对其自身加热过程的一种自然平衡作用。U、Th、K 等放射性元素衰变产生了地球内部的热能，冷却作用是由地球表面发生的，从而导致了地幔内的热对流。一些人主张热对流仅局限于上地幔软流圈，而另一些人则主张对流可囊括整个地幔(图 5-28)。

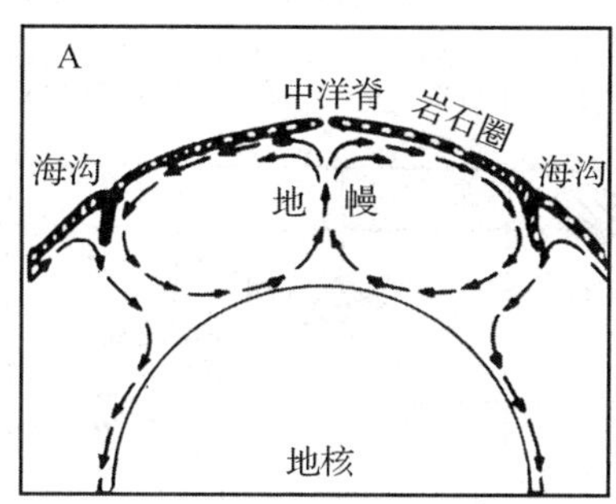

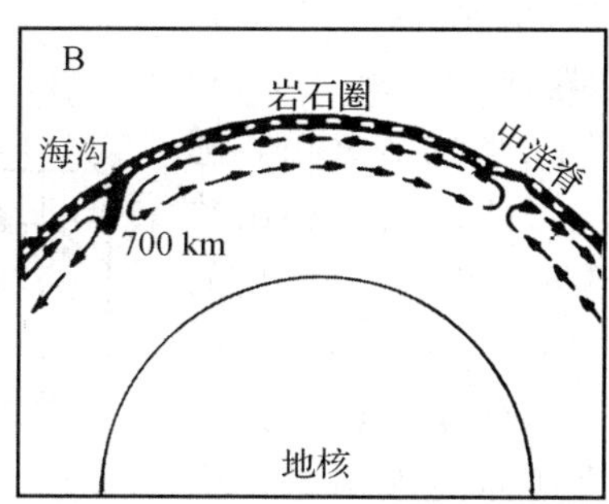

图 5-28　扩及整个地幔的对流(左)和限于软流圈的对流(右)

(2)地幔中的重力(密度)对流　一些学者推测，在地幔—地核边界，由于地幔中重物质(Fe)沉入地核，而使地核增长；同时，在地幔下部富集了 Si、Al、Ca 和 Mg 的氧化物，其密度变小，向上浮升，于是引起了重力对流(或称化学—密度对流)。这种对流可占据整个地幔，直至地核的边界。其中，对流的水平分支发生于黏性较小的软流圈和幔—核边界，而在其间黏度较高的大部分地幔中，物质作垂直方向位移(上浮或下沉)。朗科恩曾指出，随着地核的增大和地幔层的变薄，地幔对流体从一个分化为两个、三个，以至更多，每一次调整都导致出现新的大陆漂移或板块构造旋回。

总之，当采用地幔对流作为板块驱动力的来源时，通常认为，板块的扩张中心(洋中脊)位于对流的上升流处，板块的汇聚边界位于对流的下降流处。地幔对流从洋中脊向两侧分流，逐渐变冷，至海沟(或造山带)成为下降流，在地幔较深处，又从海沟下面反流回大洋中脊以下，并重新变热成为上升流。所以，海底扩张和板块运动实际上是地幔对流在地球表面的直接反映，板块运动的速度大体上代表了地幔对流的速度，而且，有多少个独立运动的板块，也就有多少个独立的对流体。

现代热动力学的研究表明，经典的地幔对流理论由于种种理由也许是不能接受的。一些科学家根据人造卫星所提供的大量地球物理资料，计算出地幔物质的黏滞系数约为 10^{26}P。如果这一计算结果是可信的，那么由于地幔的黏性太大，在其中就不可能存在大规模的对流。而岩石圈之下的软流圈，其黏滞系数约为 10^{21}P，这样的黏度则可以引起对流。所以，有人主张对流只发生在软流圈中，是浅对流。可是，把对流仅限制在软流圈中也有困难。因为根据对流理论，对流的水平尺度与垂直尺度相差不大，软流圈的厚度有限(约 100～500 km)，只能形成许多小尺度的对流体，而难以与一些大型板块的运动相适应。因此，为了克服这些新认识给地幔对流模式带来的困难，一些科学家又提出了关于地幔物质运动的新理论。其中，热点—地幔柱假说即为其中一种。

2. 热点—地幔柱模式

1963年，威尔逊根据大洋中绵延着的一系列线状伸展的火山岛链和同位素年龄资料，提出了热点假说，用以说明由火山岛链表现出来的板块驱动机制。威尔逊认为，形成火山的岩浆来自上地幔中相对固定的岩浆源(或热源)，这种岩浆源(或热源)则叫做热点(图5-29)。如图所示，当岩石圈板块作侧向运动而跨越于热点之上，板块仿佛被“烧穿”了，形成活火山。随着板块的运动，先形成的火山移出热点，逐渐熄灭成为死火山，而在其后的热点处，则又形成新的活火山。这样不断地“推陈出新”，便发育成一连串由新到老呈线状延伸的火山链。因此，火山链实际上标示出板块漂移通过热点的轨迹，记录了板块运动的方向。例如，夏威夷的基拉韦拉活火山正好处于一个热点之上。由于太平洋板块向西北方向运动而通过该热点，就造成夏威夷诸岛自东南往西北方向排列的格局，而其年龄也依次递增(图5-30)。

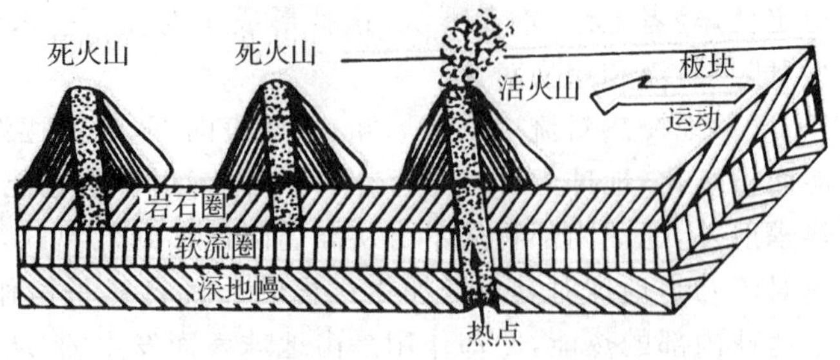

图5-29 由于大洋板块在静止的热点上方作侧向运动而形成的火山岛链

岛屿的年龄向左增大，新的岛屿将在热点上方继续形成(据N Calder,1974)

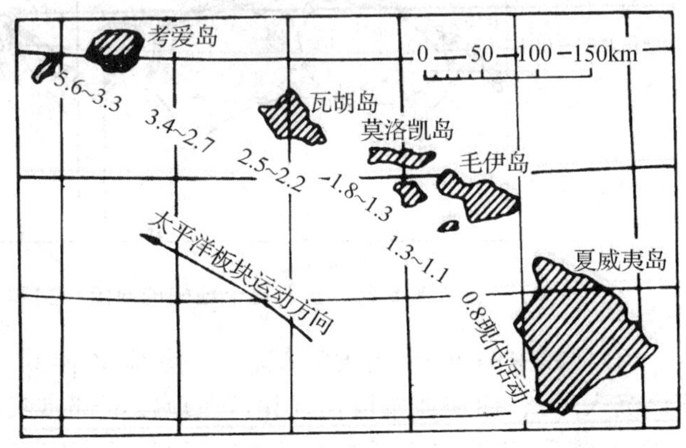

图5-30 夏威夷群岛火山岩年龄向东南方向逐渐变新(引自B.F.Mallory等,1979)

图中数字为火山岩年龄，单位百万年

为了解释热点的生成，摩根于1971年提出了地幔柱(mantle plumes)的概念和假说。地幔柱是源于地幔深部的一种圆柱状上升流，它携带着地幔物质和热能自近地核处上升，直至地幔上层，并在岩石圈和软流圈分界处像蘑菇云一样向四周扩展，激起软流圈中的水平流动，从而驱动板块运动。

根据重力异常分析及地震探测资料，地幔柱的直径可达200 km，甚至更大。地幔柱可以把上覆的岩石圈抬起，在地表形成直径达上千公里的巨大穹隆，并表现出正重力异常和高热流值。地幔柱冲破岩石圈的地方就形成了热点，热点处的火山活动就是地幔柱物质喷出地表的反映，所以地幔柱实际上是热点假说的引申。摩根认为，地球上的地幔柱总共只有36个(图5-31)，并大体上固定于地幔中。因此，板块相对于热点的运动，便是相对

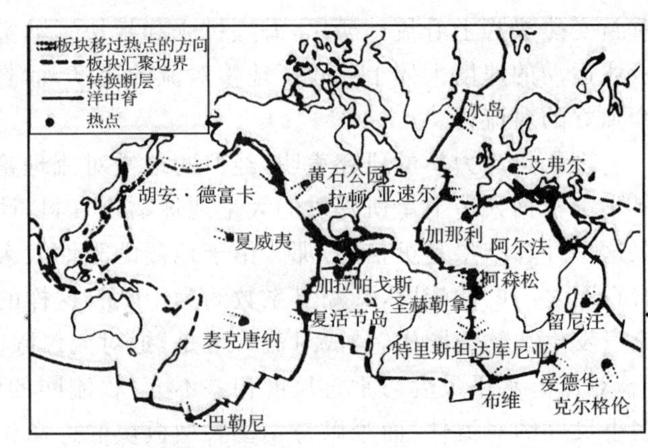

图5-31 地球表面上的热点(Morgan,1972)

于地幔固定部分的运动，也即是相对于地理极或地球自转轴的绝对运动。根据太平洋中可能由热点形成的三列火山海岭（图 5-32）的走向，摩根计算了 8 000 万年来太平洋板块相对于热点的旋转极。8 000万～4 000 万年前（相应于天皇海岭段），旋转极位于23°N、110°W，旋转角度为 45°；4 000 万年前至今（相应于夏威夷海岭段），旋转极位于 67°N、73°W，旋转角度为 34°，说明太平洋板块曾作顺时针向旋转运动。另据威尔逊等学者的意见，地幔柱先造成大陆岩石圈的穹形隆起，穹隆破裂则可演化为三叉形裂谷，一连串地幔柱穹隆的破裂则可彼此连接成纵长的裂谷，板块从抬升的穹隆向外顺坡下滑，进而可发展成为大洋中脊和大洋盆地。

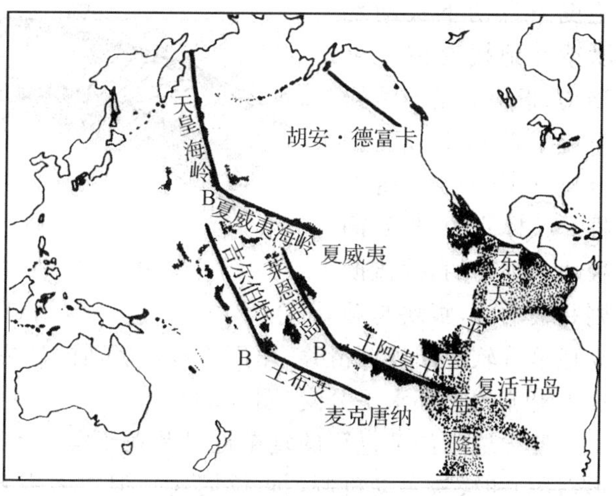

图 5-32　太平洋中几列可能由热点形成的海岭

（Morgan，1972）

热点—地幔柱假说为解释板块内部的火山和构造活动，为描绘板块的绝对运动，以及阐明火山海岭的定向排列和年龄递变等一系列现象开辟了有益的途径。它对于板块构造学说是一项重要补充。摩根主张将地幔柱当作板块运动的驱动力虽有其合理的一面，然而，地幔柱的起因和形成机制如何？它与地幔中主要对流的关系如何？尚不清楚。另外，有的海岭年龄的测定值与热点假说也不完全符合。所有这一切都导致人们去探索另外一些板块驱动力。

3. 板块驱动力的其他模式

（1）重力拖拉模式　俯冲边界长度最大的太平洋板块具有最大的运动速度，促使一些学者提出这一模式。该模式认为，新生的洋底离开洋脊轴部后逐渐冷却变重，冷而重的板块前缘向下沉没而产生拉力，拖拉着板块向下俯冲。这种由俯冲板块的重力提供的拉力，即负浮力（见图 5-27），是由下潜板块与周围地幔之间的密度差产生的。板块俯冲时伴随的相变，如辉长岩相变为榴辉岩，橄榄岩相变为尖晶石岩，导致板块密度增大，更有利于把板块拉下去。这一模式可比拟为桌布下垂的一角浸在一桶水中，变重了的湿桌布有可能把桌面上的整块桌布拉向水桶。

（2）脊顶推离模式　该模式认为，当热地幔物质上侵于洋脊轴部，就如同在板块中间不断地打进楔子，从而产生向两侧的推力，推动板块运动。这种推力叫脊推力（见图 5-27），它产生于洋脊之下的地幔上升流。另外，较高的洋脊地形所固有的势能也迫使海底扩张，以达到较低的能量状态。而在板块内部，挤压应力超过引张应力的事实亦说明板块所受的脊顶推力比俯冲带的拉力强。这些都有利于板块从脊顶被推出的说法，而不利于俯冲板块拖拉说。

（3）顺坡滑移模式　由于软流圈的顶面在洋脊轴部位置最高，在洋脊两翼的位置较低，所以岩石圈板块可以沿着倾斜的软流圈顶面顺坡向下滑移，此称顺坡滑移模式。一些学者通过计算认为，只要软流圈的顶面有 1/3 000 的坡度，就足以引起板块以每年 4 cm 的速度下滑。

在这三种板块驱动力的模式中，板块或是被拉下去，或是被推着走。为保持板块持续不断地从洋脊顶部滑向海沟，在软流圈中应产生缓慢的回流，升至中脊轴部，以补偿岩石圈的移出，所以上述推—拉模式实际上也是一种对流。不过，在一般的地幔热对流或重力对流中，岩石圈板块是被动的，软流圈是主动的，板块在地幔拖曳力带动下被动地驮载在地幔对流之上移动，板块运动与地幔对流上部水平分支的流动方向一致；而在推—拉模式中，岩石圈板块是主动的，软流圈则是被动的，板块是独立地沿着软流圈顶面滑移，作用于板块底面的地幔拖曳力反而成了一种阻力，板块本身仿佛构成了对流的上部水平分支(图 5-33)。

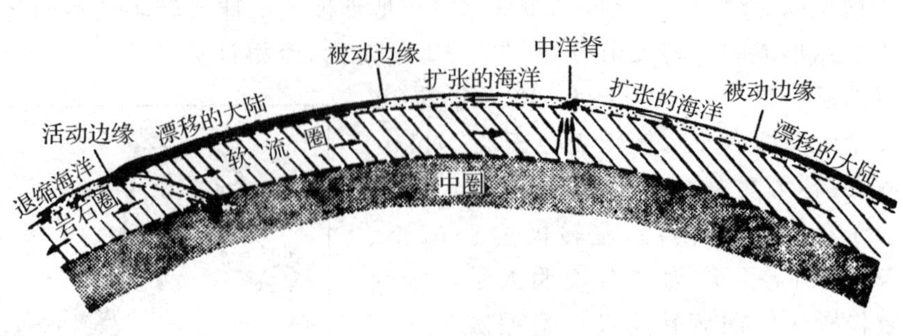

图 5-33　推-拉模式及其所伴随的浅部对流型式

(据 M. H. B. Bott,1971)

鉴于地球深部过程的复杂性以及观测实验条件的限制，尽管已经提出了板块被动机制(地幔对流)和板块主动机制(推-拉模式)，但二者究竟哪一种机制更为合理，各家的意见远未统一。关于板块运动的驱动力问题，迄今仍未能获得圆满的解决。实际上，不只是板块学说，任何一种大地构造学说的深部机制问题，大体上也都停留在推理和探索阶段。应该强调的是，一种现象是否存在与能否解释，乃是不可混为一谈的两项命题。绝不能因为还难以解释其发生机制便不承认板块运动的存在。相反，我们必须不懈地探索，努力去解决板块驱动的机制。深入研究并定量描绘全球地幔流动的复杂结构，探讨它是怎样导致岩石圈板块运动在时间上和空间上的各种变化，这将是地球科学一项艰巨而又带有根本意义的课题。

五、板块构造学说面临解决的问题

板块构造学说问世以来，在地球科学中已引起了一场革命。虽然目前还不能精确地估量它的价值，但在地球科学中，板块构造学说也许是自均变论以来最被广泛接受的统一概念。尽管如此，该学说如同其他任何科学假说一样，在其发展过程中总会遇到新问题，不足之处也在所难免。纵观如雪片飞来的评论文章，支持者居多，批评者较少，中立者有之。然而，如果仅凭数量的多少就作简单的肯定和否定，则必将导致谬误。因为有时真理也会掌握在少数者手中，更何况在科学研究中，不同观点的争论有时是胜负难分的。毋庸讳言，被伊萨克斯等(B. Isacks, et al., 1968)称为“新全球构造”的板块构造学说确实面临着一些亟待解决或探索的问题。现择其要者简介如下：

1. 板块的驱动机制

尽管已经提出了各种可能的设想，如地幔对流，板块自大洋中脊向外推动，海沟的牵引作用，地幔的拖曳力作用以及重力影响下从中脊向两侧的下滑作用等，但至今还没有人能确切地核实是什么力量在驱使板块运动。因而，驱动机制问题能否完善地得以解决，可能是板块构造学说最终成败的关键。

2. 垂直运动

板块构造学说认为，岩石圈板块的水平运动是地球的主要构造运动，并且只有在板块收敛处，它们才有可能转变为斜向的和垂直的运动。因此，岩石圈内的垂直运动和斜向构造运动都未能为该学说视作独立的主要运动，而只当作是水平运动的分量。果真如此的话，该学说就全然不能解释代表下伏地幔中物理化学作用的直接垂直反映的那些地壳运动——例如，整个大陆或其某一部分的造陆性质的隆起和拗陷。有人认为,岩石圈的垂直运动,倘若不是更重要的话,至少也会是与水平运动同等重要的。所以,为了弄清楚板块的基本水平运动是如何和在何处可能与垂直运动有关,就要求板块构造学说作出进一步的阐明。

3. 俯冲带的复杂构造

根据板块构造理论,深海沟是岩石圈板块俯冲的地带。如果是这样的话,那么,将在海沟中找到被带到岩石圈表面的巨厚沉积物。因为在其俯冲沉陷时,其上的沉积物会被海沟对侧的板块以推土机的方式刮蚀下来,并保留在地表。假设大洋板块以 3 cm/a 的速率移动了 100 Ma,而沉积物的平均厚度为 200 m,则在宽 50 km 的海沟中堆积起来的沉积物厚度将达 10 km。然而,目前在海沟的任何地方都未找到过这样厚的沉积物;通常,海沟中沉积物的厚度仅为 1 km左右,且从未超过 4 km(Galperin and Kosminskaya,1964;Worzel 1965;Ludwig et al.,1966)。另外,在海沟中也没发现有任何挤压的迹象,沉积层在海沟底部的位置极其稳定而且没有找到在该环境下应该发生的变形。除此之外,还没有人在海沟中发现有任何应与俯冲作用有关的蓝闪片岩(V. V. Beloussov.,1979)。

从目前所获得的资料来看,非洲板块的南面、东面和西面都被扩张的洋脊所环绕。那么,它在哪里俯冲消减呢?如果没有俯冲带存在,沿洋脊的扩张又如何能够实现呢?

4. 板内构造

板块构造学说将岩石圈块体看作“刚性板块”,由于相互碰撞,它们才只在边界上发生变形。然而,长期进行的大陆内部的地质研究成果证明,强烈的构造变形(包括塑性变形和破裂变形)及尾随其后的岩浆活动,不仅发生在板块的边界,也同样存在于板块内部。例如,地台上的宽阔上隆与下拗,断块隆起以及大大小小陆块的沉陷。再以我国为例:除青藏高原外,中国大陆主体部分在中生代已经焊接为一个板块,但是侏罗、白垩纪时,我国许多地方都发生过剧烈的断裂运动,并伴随着大量火山喷发和岩浆侵入,这些地方都位于板内。甚至连最信服板块构造理论的支持者也承认,他们不能理解板内构造。到底是板块边缘的碰撞、滑动决定了板块内部的构造运动和岩浆作用,还是板内构造受其他因素的控制(如垂直运动)而与板块构造运动无关?事实上,将板块作为刚体来看,显然只能是相对的,而且板块内部也并非理想的均一地块。根据大陆地质和地球物理资料,陆块内部具有不同的构造带、不同的地台和褶皱带。它们的地质发展包括地壳的垂直运动(下拗与上隆),岩层被挤压成褶皱,岩浆作用的多种表现以及区域变质作用。所有这些现象,无论在空间上或者在时间上,都显示出某种有规律的相互关系。因此,很多有创见的地质学家,对板块构造作为地球过去性状变化起支配作用的重要地位都表示怀疑。

5. 洋底出现的古老岩石及含煤沉积

据报道,在洋盆和洋中脊发现许多古老岩石,其年龄为 797 Ma 至 1 590 Ma。例如中印度洋的卡尔斯贝哥和南大西洋中脊等脊顶上,就发现有许多晚元古代和古生代的火成岩和变质岩,其岩石类型为变粗玄岩、变玄武岩、变橄榄岩、“绿岩”、纯橄榄岩等(Afanas′yev,1966,1969)。迈尔森等(Melson,et al.,1971)对赤道大西洋区圣保罗岛的岩石所进行的放射性年龄测定表明,其年龄至少为 835 Ma。而瓦莱斯等(Wanless,et al.,1968)对采自北大西洋中脊脊峰附近(坐标为北纬 45°—45°30′,西经 28°30′—29°20′)的黑云母花岗片麻岩和粗粒辉长岩用钾-氩法测年,确定其年龄分别为 1 690±55 Ma 和 785±80 Ma。年代变化范围,自中元古代到新元古代。如果这些早期大陆性质的古老岩块确实存在,那么用板块构造理论就难以对此作出合理的解释。

另外，根据深海钻探资料，在大西洋、印度洋与太平洋的底部离开洋脊轴部较近的一些地方，有白垩纪和古近纪、新近纪的含煤沉积层。如在大西洋北部水深 2 306 m 的洋底表面以下 350 m 处遇到白垩纪的褐煤（钻孔坐标为北纬 58°03.13′，西经 28°14.95′）。类似的钻孔有 8 个；在印度洋水深 1 655 m 的底面以下 400 m 处也遇到褐煤（钻孔坐标为南纬 11°20.21′，东经 88°43.08′）。在夏威夷群岛的中途岛所打钻孔则见到形成于中新世的褐煤建造。上述褐煤，尤其是见于印度洋底者，毫无泥沙杂质，显示出是在原地形成，而不是经过搬运后沉积的。凡此表明这些大洋底上的沉积层形成于滨海条件[①]。如何解释洋底与滨海之间的矛盾？

6. 板块构造学说主要建立在现代海底考察的基础之上，它所依据的事实也主要来自海洋地质和地球物理勘探资料，在整体研究中所涉及的时间范围不超过中生代。那么，面对着有 46 亿年生命史的地球，板块构造原理在其发展、演化的各个阶段，尤其是在中生代以前的地质历史时期是否适用呢？这是大家十分关心并需要亟待研究的问题。

通过以上介绍可以看出，板块构造学说并非完美无缺。但是，该学说至少在关于地球业已发生和正在发生着什么以及未来必将发生些什么等方面，已为地球科学家们提供了更多更好的预见性。无论板块构造学说的最终结局如何，它也许已比以往引入于地球科学的任何观念或概念，更能激励人们去对新问题进行更多新的探索，而对老问题作出再思考。所以，地球科学家们应该为板块构造学说在思索方面所产生的深度和广度，而万分感谢那些与发展该学说有关的人们。

复习思考题

1. 何谓大陆漂移？大陆漂移的证据有哪些？
2. 简述海底扩张说诞生的背景。
3. 海底扩张说的要点是什么？
4. 尽你所知，列举海底扩张的证据。
5. 何谓板块构造学说？其基本原理是什么？
6. 何谓转换断层？它的存在对于论证海底扩张和板块构造理论有何重要意义？
7. 划分板块边界的标志是什么？板块边界的类型有几种？
8. 地球可分为哪几个一级板块？其基本特征如何？
9. 何谓板块的相对运动和绝对运动？分别阐述之。
10. 板块运动的驱动力至少要满足哪些条件？作用于岩石圈板块上的力有哪几种？
11. 名词解释：蛇绿岩套、消亡带、混杂堆积、地幔对流、地幔热对流、地幔重力对流、热点、地幔柱
12. 在当前所流行的板块驱动力模式中，你最感兴趣的是哪一种？为什么？
13. 板块构造学说所面临的亟待解决的主要问题有哪些？
14. 你对板块构造学说的认识和评价如何？

① 据地质科技动态，1979 年，第 1 期。

第六章　海洋地质作用

浩瀚的海洋，是地表巨大盆地中的水体。它既是陆地水的主要供应源泉，又是一切陆地水的汇聚场所。大陆在各种自然动力作用下，遭受风化剥蚀，其破坏产物源源不断地输送到海洋中沉积，这些沉积物中保存着人类用来认识地球演变的丰富资料和赖以生存的宝贵矿产资源。

海洋通过自身的动力对海岸和海底进行侵蚀、对碎屑物质进行搬运和沉积等作用的过程，称为海洋地质作用。在地质历史中，由于沧桑巨变，海水曾反复地侵入大陆内部，留下了广泛的遗迹。今天在陆地上见到的各个地质历史时期形成的沉积岩和沉积矿产，绝大部分都是过去海洋沉积的产物。因此，研究海洋的地质作用，以便用“将今论古”的原则正确查明各种海相地层的成因以及探讨地壳乃至地球的发展演化历史具有极为重要的意义。

第一节　海洋地质作用的动力及其影响因素

海洋地质作用是由海水的运动和海水的物理化学性质决定的。海洋以永无休止的海水运动及其化学作用和生物作用对地表进行着不断地改造。因而，海洋地质作用的动力应包括三个方面，即海水的运动、海水的化学作用和生物作用。

一、海水的运动

海水是运动的，运动着的海水是海洋地质作用最重要的动力。海水的运动形式主要表现为以下四种：海浪、潮汐、洋流和浊流。

（一）海浪

海水有规律的波状起伏运动称作海浪，也叫波浪。海浪主要是由风摩擦海水而引起，也可因潮汐、海底地震、火山爆发以及大气压力的剧烈变化而产生。由风引起的海浪称为风浪，其波形复杂多变。传至无风区的波浪称为涌浪，其波形平滑而规则，波长可达 1 000 余米，波高则可达 10 余米。

波浪在外形上有高低起伏。波形最高处称为波峰，最低处叫作波谷，相邻两波峰（或波谷）之间的距离称作波长，波峰到波谷间的垂直距离叫作波高（图 6-1）。相邻的两个波峰或波谷经过空间同一点所需时间称为波周期；波形在单位时间内前进的距离叫作波速。波长、波高、波周期和波速称为波浪的四大要素。

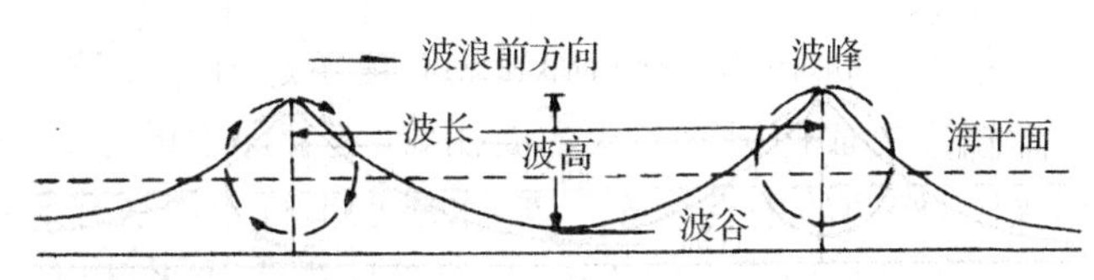

图 6-1　波浪的要素

波浪的大小主要和风力、风的持久性和海面的开阔程度有关。海浪发生时，其波形的传递沿水平方向前进，而海水质点则是以某一点为圆心作周期性的圆周运动并无实质性位移，有如在风的吹动下滚滚向前的麦浪。

1. 深水波

海浪在深海中传播速度每小时达几十公里。从表面上看,后浪推前浪,好像海水前进了,其实海水质点并没有发生显著的水平位移。因为波浪的传播只是海水质点在平衡位置上作规律的往复圆周运动的结果,这种波是摆动波(图 6-2)。

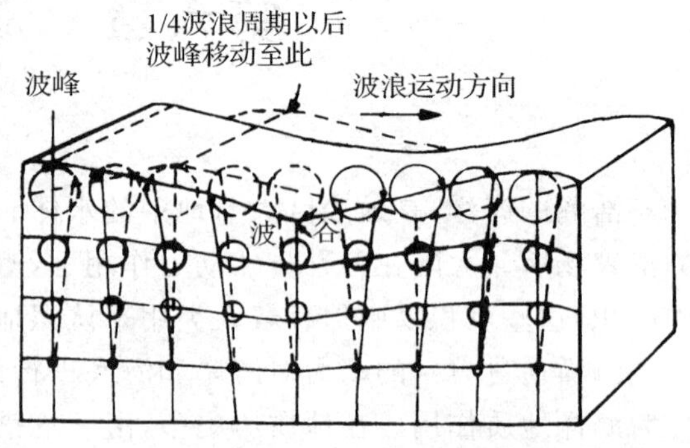

图 6-2 示同一水平上的水质点相继作圆周运动时,形成波浪起伏的水面

从图 6-2 可以看出,当相邻水质点依次运动至波峰时,波峰亦随之向前移动,从而发生了波的传播。由风引起的波浪,水质点在完成一个圆周运动之后一般不能回到原来的位置,而是呈往复螺旋式的前进运动(图 6-3),前进的速度仅为波速的百分之几。

在水面以下,由于水的内摩擦力,水质点的圆周运动半径随深度的增加而减小。在水面,圆周的直径等于波高,在水深为波长的1/9、2/9 处,圆周的直径分别为波高的 1/2、1/4。即当水深按等差级数增加时,圆周直径按等比级数递减。圆周直径减小时,波动周期仍保持不变,所以水质点的运动速度也按等比级数递减。实际上,大致在水深相当于波长的 1/2 时,水质点的圆周运动即趋于消失。例如,波长 200 m、波高 10 m 的巨浪,在 200 m 深处,只能引起直径不足 2 cm 的圆周运动;若周期按 8 s 计,则水质点作圆周运动的速度为 8 秒走 2π cm,仅为 0.8 cm/s 左右。因此,波浪对海底的作用一般只限于浅海。而在深水区,波浪不能到达海底,即使海面风浪很大,海底却是平静的。

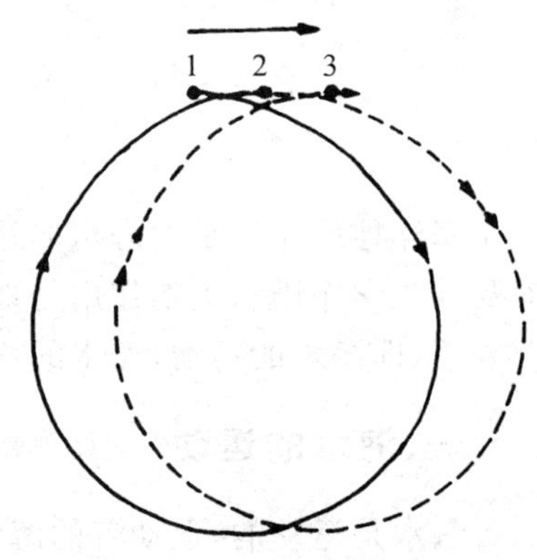

图 6-3 示波浪中水质点的实际运动情况

1,2,3 为依次通过的最高处;箭头示水质点总体移动方向

大洋中通常发育着波长数十米,波高 2～5 m 的海浪。但是,暴风引起的海浪,波长则可达数百米至近千米,波高可达 30～40 m,这种巨浪传播距离很远,影响深度也大。尤其是大地震或强烈的火山爆发引起的巨大波浪—津浪或海啸,虽不是经常性的海水运动,但却可发生惊人的破坏力。

2. 浅水波

据实验,当水深较浅,即海水深度不超过 1/2 波长时,由于海底摩擦阻力的影响,水质点的运动轨迹变成椭圆形。从水面往下,随着深度的增大,椭圆的压扁程度也越高,至海底扁度达到极限,椭圆的垂直轴等于零,水质点平行于海底作直线形往复运动(图 6-4)。

当波浪向海岸方向传播,从深水区进入浅水区以后,除了水质点的运动轨迹由圆变成椭圆外,由于海底的摩擦作用,表面水质点的移动速度大于底部水质点的移动速度,水质点每次沿椭圆周运动后向前的位移量也显著增大。结果,导致波速变慢,波长缩短,多余的能量使波高加大,周期加快,波峰开始前倾(图 6-5)。

3. 近岸波

海水继续向岸运动,因水深变小、海底的摩擦作用阻碍了波浪的前进,引起波浪挤在一起,波长缩短,波高加大。当波峰水质点的运动速度等于或超过波速时,先是在波峰处出现白色浪花,进而波峰翻卷,其前端由于没有水的补充而卷入空气,致使波浪破碎,形成破浪。破浪迅速涌向岸边,拍击海岸,称为拍岸浪(图 6-5)。拍岸浪拍击海岸后,其前进的动能消耗殆尽,海水便在重力的作用下顺海底斜坡沿垂直海岸线的方向形成底流返回海中,并与下一次进浪相遇而消失,故底流作用的范围一般不扩及破浪带以外。

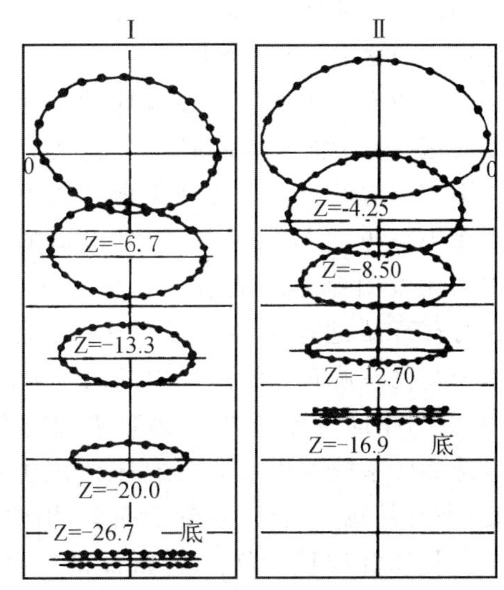

图 6-4 浅水波浪中水质点的运动轨迹

Ⅰ—一般的轨迹变形;Ⅱ—强烈的轨迹变形

Z—为深度(厘米)

(据 B. Л. Зенкович)

如果沿岸附近有沙堤时,波浪越过沙堤拍击海岸后,涌积的海水可以汇集成股,形成向海洋方向的回流,此称裂流(图 6-6)。裂流不论沿海面或海底都向外海方向流动,其底层流亦不扩及破浪带以外,但表层流可以向外海方向延续较远,有时达 1 km 左右。

当波浪前进方向不垂直海岸,而与海岸线斜交时,则波浪进入浅水区后将发生折射。折射后的波浪到达海岸后,一部分海水以底流方式流回海中;另一部分海水则沿岸流动,形成沿岸流(图 6-7)。

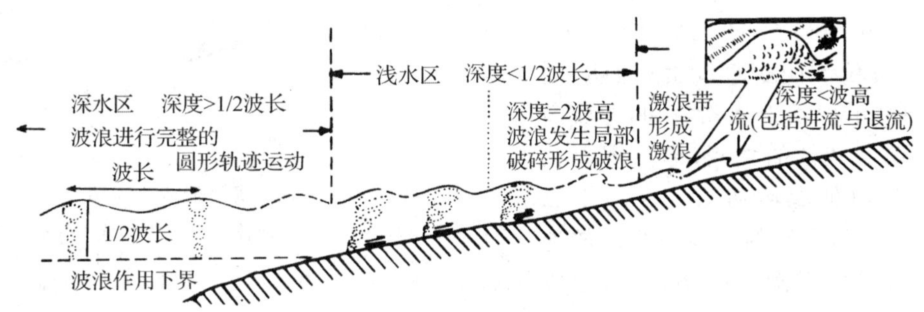

图 6-5 浅水区波浪的变化

(二)潮汐

海水在月球与太阳的引力作用下所发生的周期性涨落现象叫潮汐。它包括海面周期性的垂直升降运动和海水周期性的水平运动,通常前者叫作潮汐,后者称为潮流。

在潮汐现象中,水位上涨为涨潮,水位下降为落潮。涨潮时海水的流动叫涨潮流,落潮时海水的流动叫退潮流;海面涨至最高水位称为高潮,而

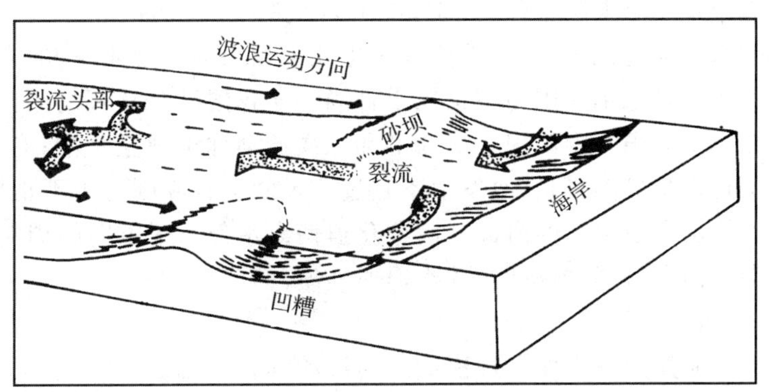

图 6-6 裂流示意图

(据 R. A. Davies,1976)

海面降至最低水位称为低潮；相邻高低潮水位之差，叫作潮差。

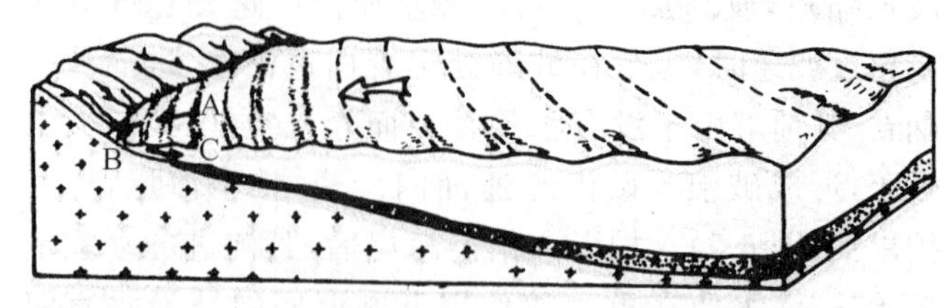

图 6-7　示波浪(A)、底流(C)、沿岸流(B)

潮汐现象主要发生在地球的低纬度海区，因为潮汐是由地球自转及日月引力引起的。由于月球距地球比太阳距地球近得多，所以月球对地球的引力比太阳对地球的引力要大得多。在月球环绕地球旋转的过程中，月地引力与月地旋转系统所产生的离心力的合力构成引潮力。在地球的向月面，因引力大于离心力，合力指向月球一边，使地球表面的海水涌向月球一面，发生涨潮；而在地球的背月面，由于月地旋转系统的离心力大于月地引力，合力指向背月一面，也使海面凸起而发生涨潮。与此同时，在与月地连线呈90°的地面上，引潮力指向地心，发生落潮(图 6-8)。

月球绕地球旋转一周所需的时间为 24 小时 50 分，故同一地点每隔 12 小时 25 分就有一次涨潮和落潮。地球表面的潮汐现象虽以月球的引潮力为主，但太阳的引潮力(为月球的 46.6%)也起一定作用。因此，当出现新月和满月(即农历初一和十五)之后 1～2 天，月地日三者位于同一直线上(即朔、望之时)，日月的引潮力相互叠加，形成高潮特高、低潮特低的大潮；当出现上弦月或下弦月(即农历初八九及二十二三)后 1～2 天，月地的连线与日地的连线垂直，日月的引潮力互相抵消，形成小潮。可见潮汐的大小同月亮的圆缺关系密切。我国是最早提出潮汐学说的国家，东汉王充所著《论衡》一书中就有“潮之兴也，与月盛衰”的记载。

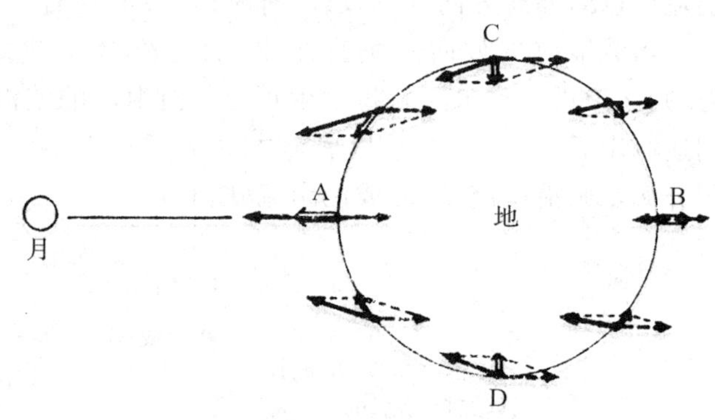

图 6-8　潮汐形成示意图

实线箭头示月球对地球表面各点的引力；虚线箭头示月地系统惯性离心力；双线箭头示引潮力。A 点因引力大于离心力而涨潮；B 点因离心力大于引力而涨潮；C、D 两点引潮力向地心而落潮

在一个太阳日(24 小时 50 分)内发生二次高潮和二次低潮，而且相邻的二次高潮和低潮的水位高度几乎相等，涨落潮时也几乎相当为正规半日潮；若相邻的高潮或低潮的高度不等，涨落潮时也不等则为不正规半日潮。如我国沿海从青岛附近往南直到厦门都属正规半日潮。在一个太阳日内出现一次高潮和一次低潮称正规全日潮；有的地方在半个月内大多数日子为不正规半日潮，但有时发生不超过 7 天的全日潮则称为不正规全日潮，也叫混合潮。

由潮汐引起的海面高度变化迫使海水作水平方向的周期性运动，从而形成潮流。涨潮时，潮水涌向海岸；落潮时，潮水退回外海。

(三)洋流(海流)

海洋中海水作大规模的定向流动称为洋流或海流，它是一种在一定时间内流速、流向大致不变的水体。其运动方向既可以是水平的，也可以是垂直的，控制因素是盛行的风向、科里奥利效应、大陆的轮廓、岛屿的存在以及海底地形等。前者有表层洋流和海底洋流，后者有上升流和下降流，它们在适当场所沟通起来可以构成海水的循环。

定期到来的信风是引起表层洋流的主要原因，风对水面的拖曳力及其施加于波浪迎风面的压力能使海水缓慢前进。各处海水的温度差对表层洋流的形成也有重要影响，如赤道地区温度较高的海水流向高纬度地区，是为暖流；高纬度地区的寒冷海水流向赤道地区，则为寒流。二者构成了表层海水的循环。深部洋流的形成主要受海水密度控制，如高纬度地区表层海水结冰，所含盐分便向下转移，从而提高下面海水的含盐度和密度，这种温度较低、密度较大的水体一面下沉一面在靠近海底处向赤道方向流动，相应地促使低纬度地区的海水上升并向高纬度方向流动，遂构成大规模海水的深部环流。此外，由于各种因素被移去的海水由另一部分海水来补充，也能形成洋流。例如，为了补偿被表层搬移离开陆地的表层海水，较深层的海水涌升而出，则形成上升流，从而在某些大陆沿岸造成产量非常高的渔区。

（四）浊流

浊流是一种载有大量悬浮物而十分浑浊的水下高密度重力流，其悬浮物质是砂、粉砂、泥质物，有时还挟带砾石，多发生在浅海或大陆边缘的斜坡上，也可产生于湖盆中。由于其密度大，在重力作用下呈束状或面状沿着大陆坡向下流动，开始时往往速度较慢，随着重力加速度的作用能够获得很大的流速（一般大于 10 m/s），进入深海盆地之后，因惯性还可流动很远的距离，然后随着泥沙的沉积而逐渐消失在清澈的海水中。

一般认为，浊流发源于大陆架之上或大河流的河口前缘。那里通常堆积着丰富的松散沉积物，这些物质在暴风浪的搅动、地震振动、河水的冲击及海底滑坡等因素的触发作用下，重新活动并扩散到海水之中便形成浊流。在各种因素中，以大规模的海底滑坡作用最为重要，而地震振动与河口前缘松散沉积物的过量堆积则是触发海底滑坡的直接原因。

二、海水的化学作用

海水中含有数十种元素，这些化学物质主要以悬浮微粒、胶体和离子三种形式存在着。在广大的海洋区，特别是沿岸海区，由于气候、海流、潮汐、蒸发与降雨、地形等因素的复杂组合，造成了各地海水化学成分的重大差别。各种元素的相对含量一经改变，就会导致各种化学平衡朝着不同方向进行。从地质作用的观点出发，这些化学变化过程具有深远的地质动力意义，它可以使物质分解破坏、迁移或者化合沉淀。通过长期缓慢的物质交换，造成地质时期各种类型的沉积物及有用矿物的富集。兹将对影响海洋地质作用的几项最主要的海水化学特征简要介绍如下：

（一）盐度

盐度是表征海水性质的一个重要度量单位，海水的标准盐度为 3.5%。由于降雨量和蒸发量的复杂关系以及各地淡水补给数量不相等，致使各海区和不同水层的盐度变化范围很大。海水的典型盐度结构如图 6-9 所示。从该图可以看出，表层海水盐度因受日温差、季节温差的影响而变化较大，200 m 深度以下，盐度稳定程度升高，至 1 000 m以下的深层海水，盐度不受干扰而趋稳定。

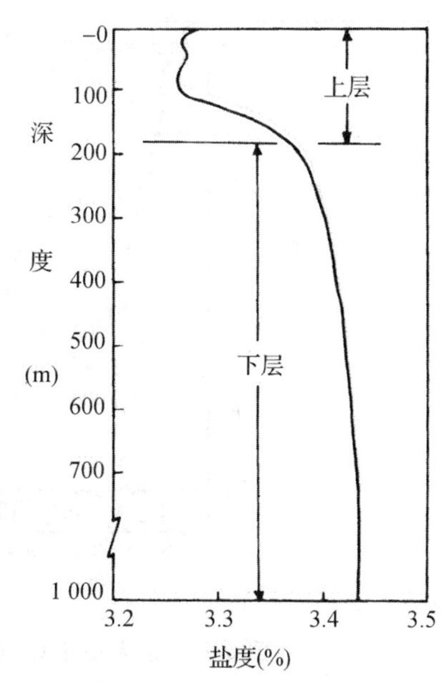

图 6-9　太平洋近北极海区，1957 年 2 月的盐度垂直分布图

（据 J. P. Tully 与 F. G. Barber，1961）

在赤道附近，理论上应有最高的盐度，但是，由于这里降雨量超过蒸发量，致使盐度降低。相反，在 25°N 及 30°S，因其处在亚热带高压带而蒸发量大,故盐度高,并形成盐度分布的两个峰值(图 6-10)。

不论是现代还是地质历史时期都有海湾,当海湾与海洋处于半隔绝状态时,如果降雨量大,可使盐度减小;如果蒸发量大,则使盐度升高。盐度的差异,对不同沉积物的形成将会产生重要影响。

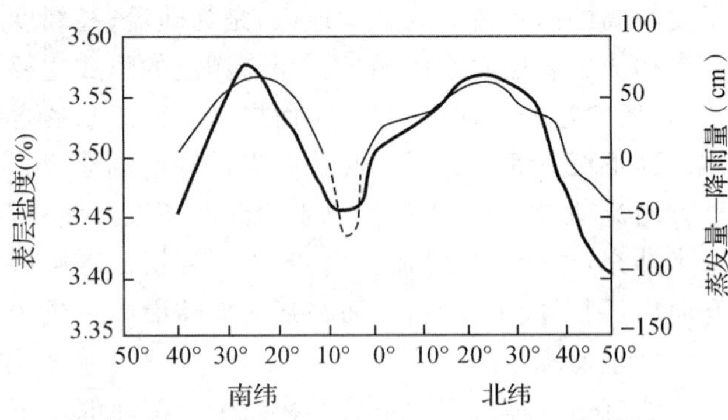

图 6-10　各大洋平均表层盐度同纬度的关系,粗线为海面盐度曲线,细线为蒸发量减降水量差数曲线

(据 H. U. Sverdrup,1942)

(二)pH 值

氢在海水中的含量为 108 kg/t,若按原子数计算则占海洋中总原子数的 2/3。海水中的 H^+ 浓度在 10^{-7} ~ 10^{-8} mol/L(克离子/升)之间,氢离子由于参与大多数化学平衡而显示其重要性。许多矿物和化合物中都含有氢元素,因此很多矿物的形成和生物的活动都与氢离子浓度有关。度量水介质中氢离子浓度的单位为 pH 值。海水属弱碱性,其 pH 值为 7.5～8.4(图 6-11)。

CO_2 和碳酸系的分布对海水 pH 值的影响很大,图 6-11 显示表层海水 pH 值的显著变化,与 CO_2 的含量有关。CO_2 含量的变化是生物活动(如呼吸作用和光合作用)的结果,并与太阳辐射密切相关。图 6-12 表明 pH 值在局部范围内受昼夜和季节变化影响的情况。在海水浓度降低而同时产生 H_2S 的海盆中,pH 值则变小,有时可达 7(中性)甚至更小。

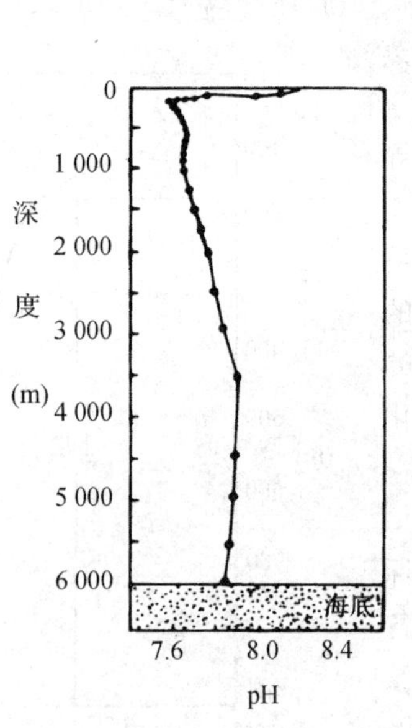

图 6-11　东太平洋 pH 垂直分布曲线

(据 K. Park,1966)

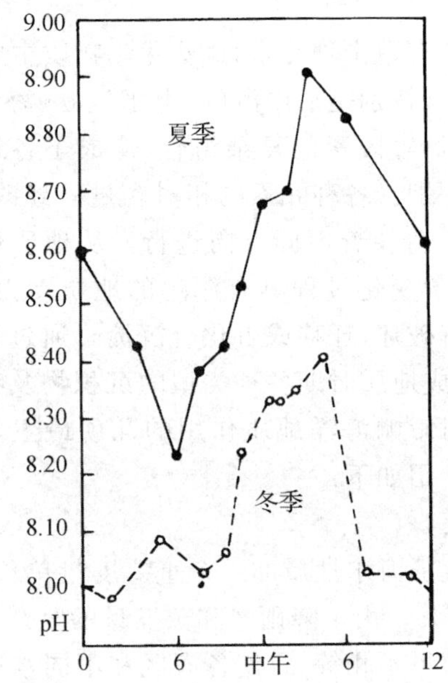

图 6-12　得克萨斯湾浅海中 pH 的昼夜和季节变化

(据 K. Park 等,1958)

pH 值控制着许多矿物的形成,例如方解石、白云石等形成于 pH＝7.2～9 的弱碱至碱性环境中,而高岭石等矿物则形成于 pH＜6 的酸性介质中。

（三）Eh 值

海水中的氧含量为 875 kg/t，和氢一样，是以化合氧形式存在。此外，在海水中还溶有游离氧，其含量控制着生物的生长和分布，在很大程度上也控制着海水的氧化还原性质。氧化还原的强度用 Eh 值（单位为伏或毫伏）来表示，称为氧化还原电位（oxidation-reduction potential），其数值对 Fe、Mn 等矿物的形成和存在形式影响特别显著。Fe 是多价元素，在还原条件下形成低价铁矿物，在氧化条件下形成高价铁矿物。

游离氧对于生物活动关系更为密切，在海水表层，由于生物的光合作用，使氧含量有一个最大值；然而在 100～200 m 深度范围内，由于生物耗氧量以及有机物的大量氧化致使海水的含氧量降低为最小值（图 6-13）。

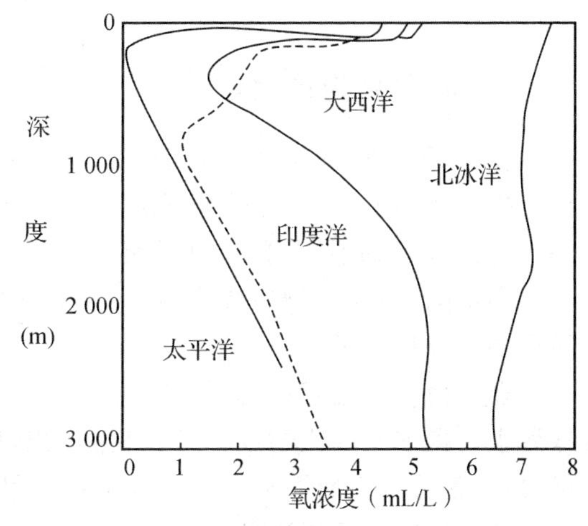

图 6-13　各大洋氧含量垂直分布曲线

（据 G. Dietrich，1963）

在一些特殊的静水区，由于海水缺乏上下对流，海底形成无氧带，以致这里的底栖生物完全绝迹。

水介质按照 Eh 的高低可以分为氧化、弱氧化、中性、弱还原、还原、强还原等环境，相应的可形成如下矿物：氢氧化铁和氧化铁—海绿石—鳞绿泥石—鲕绿泥石—菱铁矿—白铁矿和黄铁矿。

（四）CO_2 和碳酸系

CO_2 和碳酸系是地球上最重要的平衡系统之一，它和氧一样，在生物—大气—水之间进行着复杂的循环（图 6-14），对大气—海洋界面、海水的化学性质、生物的生存和海洋沉积物的沉积过程都起着重要作用。地壳岩石中分布广泛的碳酸盐类沉积，就是在 CO_2 参与下形成的。

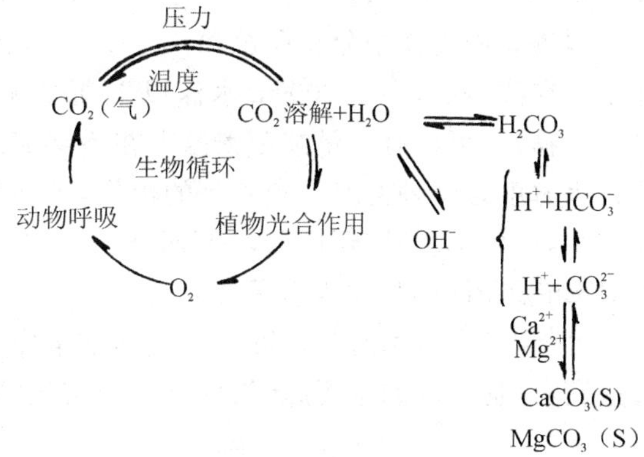

图 6-14　二氧化碳—碳酸系图解

（据 R. A. Horne，1969）

碳酸盐系的关系式可表示如下：

$CO_2 \rightleftharpoons CO_2$（溶液），同水反应时为

CO_2（溶液）$+ H_2O \rightleftharpoons H_2CO_3$，离解后为

$H_2CO_3 \rightleftharpoons H^+ + HCO_3^-$ 或

$HCO_3^- \rightleftharpoons H^+ + CO_3^{2-}$

方程式右边的四种形式都可存在于水中，但是其百分含量随 pH 值的不同而不同（图 6-15）。在海水范围内，当 pH 为 7 时，80％以上的碳以 HCO_3^- 形式存在，其余部分是 CO_2；当 pH 为 8.5 时，80％以上的碳仍以 HCO_3^- 的形式存在，但其余部分则几乎都是 CO_3^{2-} 的形式。

当温度增加时，上面的方程式向左移动，这时，水中的 CO_2 溶解量降低。当压力增大时，方程式的箭头和图 6-15 的曲线都会向右移动，使 CO_2 的溶解度增加，CO_2 则转变为 HCO_3^- 及 CO_3^{2-} 的形式，同时导致水中无机碳总含量增加。在海洋中，深度增加压力随之增大，故深层海水中 CO_2 的含量不是减少，而是增加。

从以上所述不难看出，海水中由于温度、压力和其他因素的变化，极大地影响着 CO_2 的含量及其存在形式，同时也影响着介质的 pH 值，从而造成各种化学平衡条件，并制约着许多矿物的溶解和沉积过程。

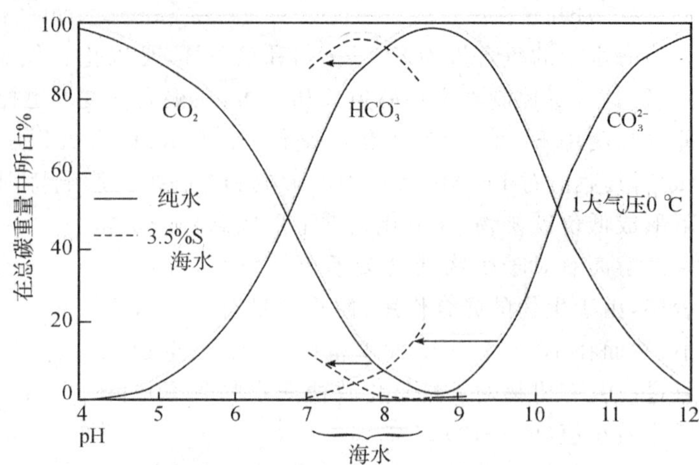

图 6-15 1个大气压下，纯水和海水中 $CO_2-HCO_3^--CO_3^{2-}$ 体系分配和 pH 的函数关数

(据 R. A. Horne, 1969)

三、海洋生物作用

生命的发生和进化起源于海洋。生物由最原始状态的简单适应能力发展到现代几乎占领了所有海洋空间，因此生物便成为海洋的重要组成物质之一。

在生命活动过程中，海洋生物从海水中摄取某些化学成分，同时排放出其他成分。生物死亡后，其机体所含成分或大量聚集，或重新分解返回海水中。所有这些过程在地质作用中都有着巨大的动力学意义。

海洋生物主要通过光合作用、新陈代谢、分解作用以及对矿物质的固定等形式，进行着物质的凝聚和分散。例如，海洋生物能促使 $CaCO_3$ 的沉淀，甚至在未饱和的情况下就开始沉淀。在 $CaCO_3$ 含量较多的情况下，具有钙质骨骼的生物可以迅速生长，如造礁珊瑚等。

因氧和阳光集中分布在水深小于 200 m 的浅海区，所以那里生物繁盛。特别是植物，只能生长在浅海区，因为 200 m 水深以下便是无光带了。在数千米深的海底，只有为数不多的深水动物，但可以有大量细菌繁殖。在不甚流通的海区，氧过量地消耗会出现缺氧或无氧区，例如黑海就是这种情况。随着氧的消失，可使氧化还原电位降低，硫细菌大量繁殖并进行着还原作用，SO_4^{2-} 离子因还原而产生 H_2S，高价铁还原为低价铁，形成黄铁矿、白铁矿等。因而生物对 Eh 及 pH 的变化也有重要影响。

另外，海洋生物对某些微量元素的富集作用具有惊人的能力。例如，海藻和海带中碘的含量很高，是提取碘的重要原料；扇贝体内富集的银比海水平均含量高千倍以上，镉和铬则高万倍以上。

总之，海洋生物在其生命活动中可以完成许多复杂的地质作用过程。从挖掘、钻孔等机械破坏作用，到生物化学分解、富集以及沉积物的堆积等作用，都表明它们是重要的地质作用动力。

第二节 海水的侵蚀作用

海水通过自身的动力，即海浪、潮汐、洋流、浊流等对海岸和海底的侵蚀破坏过程，统称海蚀作用。海浪、潮汐的机械侵蚀作用主要发生在海岸地区，随着海水深度增加，侵蚀强度减弱；而深层洋流和海底浊流则可对海底产生不同程度的侵蚀作用。另外，在整个海洋范围内，海水的化学溶蚀作用和生物侵蚀作用也是普遍存在的。

一、海浪的侵蚀作用

海浪从深海进入海岸带后，以拍岸浪的形式可对海岸进行有力的冲击和破坏。拍岸浪对由基岩组成的海岸能够造成强烈的侵蚀，它施加于海岸岩石的压力，每平方米可达上万公斤；暴风浪更具有惊人的冲击力，在大西洋沿岸曾测得 300 t/m^2 的巨大压力。而当海水挤进海岸岩石的裂缝以后，能够压缩其中的空气，促使岩石迅速崩裂瓦解。强大的拍岸浪还可以抛掷岩屑、甚至巨大的石块撞击海岸，加速了海岸基岩的破坏过程。此外，海水的溶解作用能使可溶性岩石组成的海岸受到溶蚀。在机械破坏与化学溶蚀的双重作用下，海岸的破坏就更为快速。

海岸岩石抵抗海水侵蚀的能力不同，因而可以形成不同的海岸地貌。坚硬的以及断裂不发育的岩石抵抗海蚀的能力较强，软弱的或断裂发育的岩石抵抗海蚀的能力较弱，前者常突出成为海岬，后者常凹入成为海湾。在接踵而来的海浪反复作用下，沿着岩石的断裂带可以形成深切的沟谷，伸入海中的岩石可被侵蚀成海蚀拱桥、海蚀柱。坚硬岩石组成的海岸因受海蚀而崩塌，可形成陡峭的海蚀崖；海蚀崖的下部因受拍岸浪及其挟带石块的撞击可以形成海蚀洞穴。海蚀洞穴发展后成为平行海岸的凹槽，称为海蚀凹槽。随着海蚀凹槽的加深和扩大，其上部岩石悬空，因失去支撑而崩塌，海蚀崖便会发生后退。一般在岩性简单而松软的岩石海岸，海蚀崖分布不显著，且其下部大都没有海蚀洞穴。如果岩层向海倾斜，则海蚀崖不明显；如果岩层向陆倾斜而且岩性软硬相间，可有明显的海蚀崖和海蚀洞(图 6-16)。

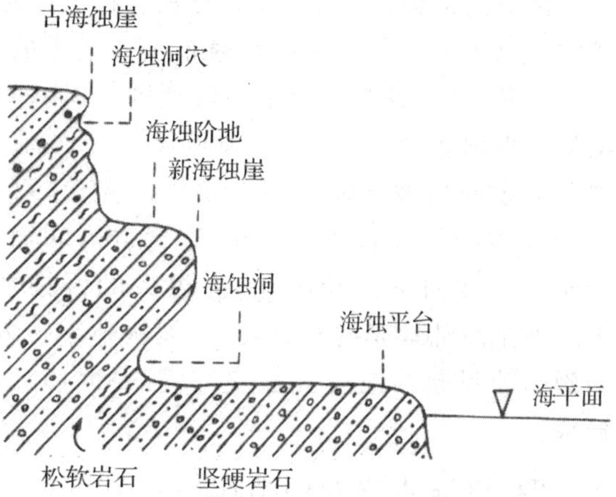

图 6-16　海蚀崖及海蚀洞

随着海蚀崖的后退，逐渐在其前方出现一个平台，称为海蚀平台(图 6-16、17)。在拍岸浪的持续作用下，海蚀平台逐渐加宽。在地壳保持稳定或海平面无明显升降的条件下，海蚀平台发展到一定宽度后，波浪的能量全部消耗在沿宽阔平坦海底的摩擦上而不再引起侵蚀，海蚀崖的后退就会停止，这时的海岸横剖面称为海蚀平衡剖面(图 6-18)。若地壳发生抬升或海面下降，原有的海蚀平台就会明显地高出海面，转变为海蚀阶地(图 6-16)，不再被海水淹没。因而，海蚀阶地就成为该地地壳抬升或海面下降的标志；如果地壳下沉，则可形成沉溺的水下海蚀阶地。

二、潮流和洋流的侵蚀作用

潮流主要作用于滨海带濒海一侧，特别是大潮，其影响深度可以超过 100 m 以上，流速可达 1 m/s 左右。落潮时底流速度更快，它能搅起海底泥沙，使海水浑浊，同时可以冲刷沙质海底，侵蚀出许多深浅不同的沟谷。例如，在荷兰南部海区，其海底曾发现深 50～60 m 的沟谷，而且深切至古近系地层中。另一方面，潮流还可以加强海浪侵蚀作用的强度和范围。

在整个大洋里，无论表层还是深层，都有洋流存在。有些海盆和海峡的洋流，其流速接近于陆上的河流。例如，在印度尼西亚海盆1 000～2 000 m的海槛上曾测得洋流的速度为 0.5 m/s；在一些海峡和海湾区，测得洋流速度高达 3～4 m/s，而美洲西岸的塞姆尔海峡的洋流流速竟达 6～7 m/s，这种流速已接近山区河流的流速。因此，洋流可对海底有一定的侵蚀作用。但由于水体中很少含有泥沙，这就减弱了洋流的侵蚀能力，它仅对海底峡谷或凸起的海槛进行微弱的冲刷，使这些地区缺失现代松散沉积物。

1966年以来，已查明在大洋底部有一种沿陆坡等深线方向流动的深部洋流，此称等深线流。它的流速低，一般仅为3～30 cm/s，主要见于大西洋西部的陆隆上。等深线流对陆隆上的沉积物进行冲刷搬运并再沉积，对于洋底沉积物特征有重要影响。

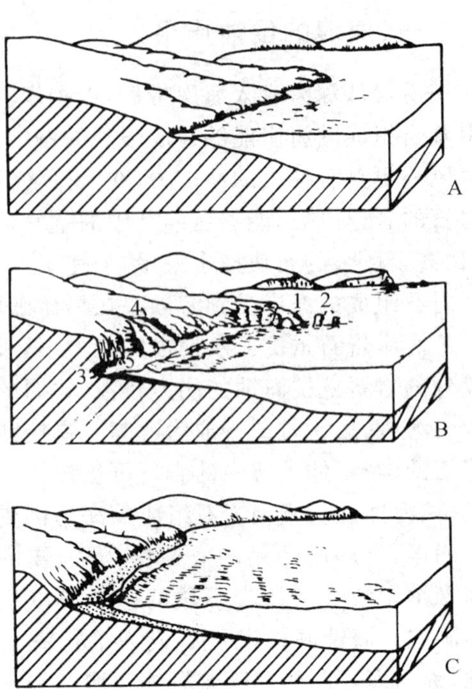

图6-17 海蚀崖的发展阶段示意图

A—小规模陡崖受到侵蚀；B—海蚀崖发展、增高，并形成各种地形：1—海蚀拱桥；2—海蚀柱；3—海蚀凹槽；4—海蚀沟谷；5—海蚀平台；C—形成宽阔的海滩

三、浊流的侵蚀作用

浊流的侵蚀作用很强，主要发生在大陆坡上。目前已测出数百条海底峡谷遍布于各大洋的大陆坡上。其成因，普遍认为是浊流侵蚀、冲刷作用的结果。根据实验，密度为2、厚度4 m的浊流在倾斜度为3°的斜坡上能获得3 m/s的流速，可以搬运30 t重的巨大石块。因此，饱含岩屑和泥沙的浊流沿斜坡向下运动时，具有极大的侵蚀能力。大陆坡是海陆地壳的交界处，断裂构造十分发育，断裂运动引起的地震常触发滑坡，并促使浊流的形成。

四、海洋生物的侵蚀作用

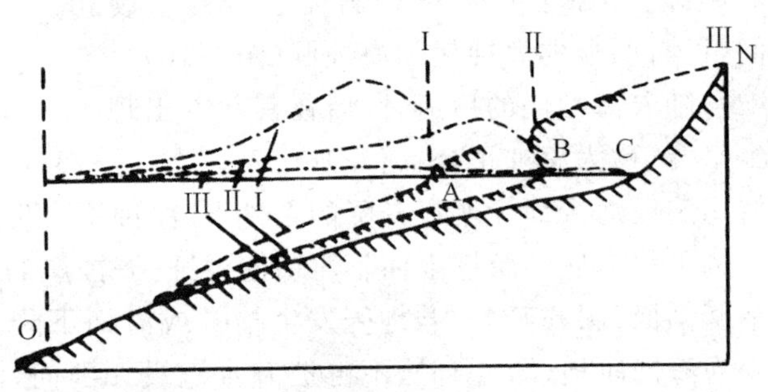

图6-18 波蚀海岸发展阶段示意图

OAN为最初海岸位置，OCN为海蚀平衡剖面。点线分别代表每一阶段之波浪能量大小，ABC为海平面高度，当剥蚀作用达OCN时，波浪能量趋于零值。OC为波切台，O以下为波筑台。（据 B. П. зенкович）

在滨海带聚居着一些能够适应汹涌波涛而生活的海洋生物，它们多半是钻孔生物，其中包括好几种软体动物、一部分棘皮动物和蠕虫等。这些生物用自己的壳刺或分泌某些溶剂侵蚀岸边岩石。例如，英国某些白垩土海滨发育着为数众多的钻孔蠕虫，每平方米竟达30万条之多；还有一种软体动物海苟（*Pholus dactylus*）甚至可用壳刺钻入坚硬的礁石，凿成数十厘米深的孔穴，对防波堤有很大的破坏力。厦门西港附近的火烧屿，其凝灰质砂岩的沿岸也可见到膝壶侵蚀作用形成的孔穴，密密麻麻，每平方米可达上百个。由于海浪不断地削平这些孔道，生物便将孔穴钻得更深，从而加速了海岸的破坏。

第三节 海水的搬运作用

一、海水搬运作用的方式

海水对物质的搬运方式可以分为机械搬运和化学搬运(溶运)两种。

海水中的化学搬运(溶运)主要是通过溶解其中的盐类来进行的。这类物质一方面作为水团的组分随海浪、潮汐及洋流而运动,另一方面受各种化学因素(如浓度、温度、导电性的差异)支配,进行着复杂的分子或离子运动。在这一化学变化过程中,它能使物质溶解破坏成溶液或胶体分散系,并随海水的运动而迁移或发生化学沉淀。故溶运作用就是指被海水溶解的矿物质、水解物和沉淀物,各种离子、分子、电解质及有机分子等物质被海水溶解迁移的过程(表 6-1)。

表 6-1 海水中物质存在状况*

类别		颗粒大小(mm)	物质组成实例
溶解状态	溶液	$<10^{-8}$	各种离子、分子、电解质、有机分子等
	胶体分散系	$10^{-6}\sim10^{-4}$	矿物质、水解物和沉淀物等
悬浮状态 / 沉底状态	细粒分散系	$10^{-4}\sim0.05$	矿物质、凝聚颗粒、碎屑、细菌等
	悬浊物	$0.05\sim0.25$	黏土类及细粉砂
	砂砾物	>0.25	中砂、粗砂及砾石

* 据刘以宣

海水的机械搬运是指海水对碎屑物质的搬运过程,按物质在海水中的移动状态有悬移、跃移和推移三种。由表 6-1 可以看出碎屑物质的机械搬运方式,主要与海水动力及颗粒大小有关。一般来说,在水动力条件相同的情况下,颗粒越细搬运越远,而且以悬移为主;反之,颗粒越粗搬运越近,而且以推移为主。而在颗粒大小一样的时候,水动力愈强搬运愈远。沙砾物质比重大,虽然主要以推移方式沉于海底,但较强的波浪可以使之短暂地搅动起来,以跃移方式运动。细分散物质由于其粒度极小,只需微弱的水动力即可长期保持悬浮状态,它们只能在静水中或由于胶体吸附等作用才能沉淀下来。悬浊物的移动状态最为复杂,随着水动力的微小变化,它们反复处于沉底及悬浮状态,于是在接近海底的水层中形成一个悬浊带。

波浪对泥沙的起动与流水(河流)对泥沙的起动作用不同。在河流中,泥沙一经起动便在水流的推动下向前运移。然而,泥沙经波浪起动后,开始只能随水质点作来回摆动,并不产生实质性位移;只有当波浪作用加强,水质点由摆动为主转变为移动为主时,泥沙才产生净位移。

粒径相同的碎屑物质在不同的水动力条件下有不同的运动形式。较细的物质主要呈悬移状态,搬运距离受海流强度控制,与重力作用关系不大,因而可以被带到浅海广大海区或作远洋搬运。颗粒较粗的物质在滨海带作往复运动,它们沿着海底推移或跃移。由于海底有一定的倾斜,在重力作用下,使海底碎屑物运动的总趋势表现为向深处移动。

二、不同海水运动的搬运作用

(一)海浪的搬运作用

海浪是海水搬运作用的主要动力。由陆源进入海洋的碎屑物质,首先由波浪进行淘选,使细粒物质处于悬浮状态，随底流和洋流不断地输向浅海或深海；粗粒物质则留在滨海继续着往复运动，在运动中因相互摩擦而变细，提供新的悬移物，并发生分选作用。

当海浪垂直海岸作用时，碎屑物质被推向海滩或移向外海，称为横向运动。

当海浪斜向冲击海岸时，因波浪折射而产生沿岸流，推动碎屑物质作沿岸运动，称为纵向搬运(图 6-19)。

在近岸海区，当某一能量级的海浪可以起动泥沙时，颗粒便随海浪作往复运动，这时海底逐渐发育沙波，不过这种沙波并不向前移动；当水质点运动速度增加到沙粒起动流速的两倍时，沙波才开始移动起来，搬运作用才能发生。

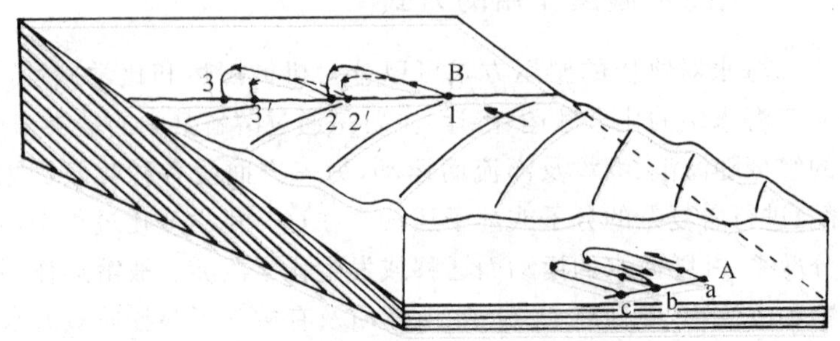

图 6-19　斜向波浪作用引起纵向搬运示意图

A—水下沿岸漂运，a→b→c 曲线为沙粒的实际运动轨迹，直线为总体位移。B—沙滩上的沿滩漂运，1→2→3 为水质点运动轨迹。1→2′→3′为沙粒运动轨迹。箭头示波浪方向

如果由于风力或潮汐等因素使波浪的能量加大而海水深度不变时，泥沙将被大量卷起成为悬移物，随进浪或底流带到其他海区。

斜向进浪推动着颗粒向海岸移动，由于受重力影响不能退回到原来的位置，而是向波浪前进的方向移动了一段距离(图 6-19 中由 A 处的 a 点至 b 点)，于是在往复运动中发生了颗粒的沿岸漂运。沿岸漂运物质的位移总方向并不与海岸线平行，而依进浪与退流的强度比与重力的联合作用而定。在海滨沙滩上，斜向波浪漫上沙滩，失去能量，重力及惯性力使水质点呈抛物线沿滩而退回，所搬运的颗粒亦同时运动。但在退回时，因水动力减弱而要落后一段距离(图 6-19 中 B 处 2 与 2′的差距)，此称沿滩漂运。

由于波浪的强度及作用于岸线的角度是经常改变的，因而颗粒的沿岸漂运轨迹将出现复杂的情形。浅水区的摆动波，由于水质点作近似圆周运动，从而引起海底水质点作均匀的往复运动，在波谷位置则形成小的涡流，时而把颗粒带向右边的波峰，时而把颗粒带向左边的波峰，水质点左右摆动的幅度相等，于是在海底沙层中形成对称波痕(图 6-20A)；当稳定的浅水摆动波受风力或潮流影响而变为不对称摆动时，则形成不对称波痕(图 6-20B)；虽然在水深极浅的滨海带及半深海或深海区也可形成波痕，但它们不是摆动波的产物，而是底流、沿岸流或洋流形成的，因而均为不对称波痕(图 6-20C)。

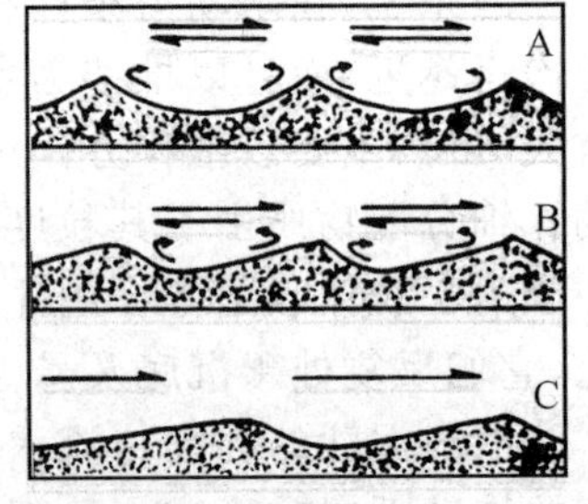

图 6-20　海底波痕形成示意图

A—对称波痕；
B—对称波痕转为不对称波痕；
C—不对称波痕

(二)潮流的搬运作用

在开阔的海洋里，潮流流速是不大的。例如北海潮流的表面流速仅为 1 m/s，底部流速仅为 10 cm/s。但在海峡、喇叭形河口，潮流则具有很大的流速。大潮时海峡中潮流流速可达 6～7 m/s，几乎与山区河流流速相当，因而具有很强的搬运能力。如我国钱塘江口一次大潮，竟把防波堤上高出平常海面 6～7 m、重约 1 500 kg 的“镇海铁牛”移动 20 m 之远；退潮时潮流又将河口的泥沙搬往外海，并在钱塘江河口附近形成诸多潮成沙体。

一般而言，对于某一海区潮流是常年周期性的水平流动，因而具有很强的搬运能力。涌潮引起的紊流可使大量碎屑处于悬移状态，退潮时的急流则把它们带向外海。

(三)洋流的搬运作用

对于海洋来说，洋流应视为最重要的海水运动，但在地质意义上却较波浪、潮流等显得次要些。洋流表层流速平均<1 m/s，较大的墨西哥湾流也只有 3 m/s；深水洋流流速一般情况下只有 20～50 cm/s。按照这样的流速，虽然可以搬运粒径 1～3 mm 的沙砾，但却不能使之保持悬浮状态，因而能进入远洋深海区的主要为细分散物质。据分析，深海中悬移物的含量很少，每升海水中只有 0.000 3～0.003 g。可见，洋流虽然具有远程搬运的特点，但搬运量是十分微小的，故深海区沉积速率极为缓慢。

(四)浊流的搬运作用

浊流具有极强的搬运能力，由于其动力大、紊流强烈，既可搬运砾石和岩块，又可使大量砂级碎屑呈悬浮状态移动，搬运距离可达上千公里。但浊流在时空上是局部发育的，不是经常性的海水运动，因而其搬运量也是因时因地而异。

综上所述，海水对于物质的搬运以及物质的迁移途径，是一个复杂的过程。颗粒越细，沉降速率越小，越易被带到离来源区远的地方。经过分选作用，使沿岸沉积物粒度较粗，离岸越远，粒度越细。此外，由于波浪具有往复性，使滨海带的碎屑历经无数次互磨与滚动，可产生良好的磨圆度。这些特点都充分地反映在海洋沉积之中。

第四节 海洋的沉积作用

大洋盆地是地表最为低凹的地区，“条条江河归大海”，从陆地上风化剥蚀出来的大量碎屑物质，总是源源不断地被江河搬运携带而输入海洋，因而海洋成为物质的最终沉积场所。从本质上说，沉积作用是海洋地质作用的主要方式，这就是地质历史上海洋沉积物数量很大的原因。

一、海洋沉积物的来源

海洋沉积物主要来源于陆地，其次是生物、火山物质和宇宙物质。

(一)陆源物质

凡是来源于陆地的沉积物，统称为陆源物质。入海河流以机械的和化学的搬运方式，将陆源物质输入海中。据统计，全世界每年由河流输入海洋的陆源碎屑物质总量约为 200 亿吨。另外，河流以溶运方式每年还把约 23.4 亿吨物质送入海中，其中包括 SiO_2、$CaCO_3$ 及数量众多的微量元素、生物残体、花粉等等。如果上述被流水搬运的物质全部平铺海底，每年将有数厘米厚的沉积。

围绕大洋长 4.4×10^5 km 的海岸线上，波浪和潮汐的侵蚀作用产物每年不足 5 亿吨，主要堆积于浅海，少量输入深海。

风将陆上尘沙送入海洋的数量也十分可观，而且信风或季风可将尘沙直接送入浅海乃至大洋中心。例如在几内亚湾以西的深海沉积物中，撒哈拉大沙漠的沙粒占有很大比例；我国渤海和黄海也有大量被风送入的黄土。遍布于大洋沉积物中的风尘物，每年约有 16 亿吨，远多于海岸侵蚀产物。

现代冰川物质只在两极地区供给海洋，这些冰川包裹着大量的石块及泥沙缓缓地流入海中。当冰川前端裂开，就可形成大小不一的冰山随波漂流。在冰山及冰块的消融过程中，将其包裹物沉入海底，漂运距离多在数百公里以上，散布面积可达数万平方公里。

（二）生物源物质

在大洋中生活着数不胜数的生物，其种类之多，数量之大，繁殖之快都非常惊人。这些生物是海洋沉积物的重要来源之一。例如，生活在海底的珊瑚、石灰质藻类、软体动物等底栖生物及悬浮在海水中的抱球虫、翼足类、放射虫与硅藻等浮游生物，死亡之后，其遗体堆积在海底则形成海洋生物沉积。尽管浮游生物的遗体在下沉过程中，大半被海水溶解、氧化或成为深水动物的食物，仅有一小部分沉入海底。然而由于其数量庞大，特别是微生物数量更是惊人，以致海底软泥几乎全由生物遗体构成，如抱球虫软泥、放射虫软泥、硅藻软泥等。

（三）火山物质

太平洋周围分布着有名的火山带，大洋内部也分布着一些火山岛屿和海底火山。这些火山喷发的产物——火山灰、火山弹、火山泥和火山岩碎屑给海洋提供了一定数量的沉积物。据估算，全球火山喷发物每年约有30亿吨抛向海洋。枕状熔岩分布在海底火山附近；火山弹散落在火山周围数十公里的海域内；浮石在海面上可以漂浮很远；火山灰在大气中可飘扬几千公里，甚至绕地球几圈后才慢慢落入海洋。虽然由火山作用送入海洋的物质有限，但在近火山的海区却是沉积物的主要来源。例如，1883年喀拉喀托火山爆发，使印度尼西亚的海面上漂满了浮石，其中大部分沉入附近海底，少量浮石甚至漂到遥远的非洲东海岸；而喷发的火山灰则被大气带到全球各地，在三大洋的许多地方均有发现。印尼是多火山地区，所以在苏拉威西海和加罗林岛周围的深海中，其沉积物主要为火山软泥。

（四）宇宙物质

来自宇宙空间的尘埃物质和陨石，每年约有几千吨降落到地球表面，其数量的3/4应落入海洋之中。但到目前为止，除了在深海的某些沉积物（如褐色黏土）中发现一些细小球粒状的陨石粉末外，尚无较大陨石发现，说明宇宙物质在海洋沉积中不占重要地位。

（五）化学物质

溶于海水中的物质和陆源输入的溶解物质经复杂的物理化学作用而形成的沉积物，称为化学沉积物。例如在被太阳彻底晒热的浅海中，可以造成碳酸盐或呈鲕状或呈细粒状沉淀，前者见于红海及里海，后者见于佛罗里达和巴哈马群岛周围海域；尤其在海水和沉积物之界面上，由于海解而溶于海水中的物质（包括海底火山喷出的和陆源输入的溶解物质）可以通过化学沉淀而析出各种水成矿物，即海洋自生矿物，如铁锰结核、钙十字石、橙玄玻璃、磷钙石、重晶石、黄铁矿、蒙脱石等。此外，石灰质的沉积物也属于化学沉积物类。

二、沉积分选作用和粒度分类

海洋沉积物在形成过程中，因受其来源、搬运过程及沉积环境等因素的影响而在各海域沉积的碎屑物，所表现的形态及颗粒大小也不尽相同。一般说来，粗粒物质在海岸近处沉积，细粒物质携带较远，多在较深海沉积，此即沉积分选作用。

当不同粒径的碎屑物质进入浅海后，即遭受海浪的荡涤，在不同方向的波浪和海流的作用下，缓慢地向外海运动。这时颗粒的大小和比重与海水的动力成为主要矛盾，具有一定重量的粗颗粒在海水中首先下沉，一些较细的颗粒则处于悬浮状态，并被海流搬向离岸较远的海域。在海水动力、颗粒大小、形状和比重、海底坡度及重力等因素的联合作用下，碎屑物质进行着机械沉积分异作用，即颗粒越大沉降越快、颗粒越小沉降越慢；同时，颗粒越小携带越远。故在垂直方向上，形成底部粗、上部细的沉积层；在水平方向，形成近岸粗、远岸细，依次排列着砾石、粗砂、细砂、粉砂及粉砂质黏土等。这就是在浅海中，当水动力保持相对稳定的条件下，碎屑物质的理想沉积分布模式。碎屑物质这种纵向或横向上的粒级递变关系，即是分选作用的结果。

科学家通过对沉积物的观察和实验发现，不同粒径的碎屑物质其水力学性质、颗粒质点沉降速度及其物理特性都有明显的区别。为使碎屑沉积物的名称符合其自然特性，首先应按碎屑物质的粒度大小进行定名，然后再按各种颗粒成分的多少来进行分类。现在多数国家采用的分类定名原则如表 6-2。因为海洋沉积物并非都是单一粒级的物质沉积在一起，往往是由

表 6-2 海洋沉积物的粒级分类与名称

粒组类型	粒级名称	颗粒直径 D(mm)	Φ值*	粒组类型	粒级名称	颗粒直径 D(mm)	Φ值
砾石(G)	巨砾	$>256(2^{8})$	<-8	砂(S)	中砂	$0.5\sim0.25(2^{-1}\sim2^{-2})$	1～2
	粗砾	$256\sim64(2^{8}\sim2^{6})$	$-8\sim-6$		细砂	$0.25\sim0.125(2^{-2}\sim2^{-3})$	2～3
	中砾	$64\sim8(2^{6}\sim2^{3})$	$-6\sim-3$		极细砂	$0.125\sim0.063(2^{-3}\sim2^{-4})$	3～4
	细砾	$8\sim2(2^{3}\sim2^{1})$	$-3\sim-1$	粉砂(T)	粗粉砂	$0.063\sim0.016(2^{-4}\sim2^{-6})$	4～6
砂(S)	极粗砂	$2\sim1(2^{1}\sim2^{0})$	$-1\sim0$		细粉砂	$0.016\sim0.004(2^{-6}\sim2^{-8})$	6～8
	粗砂	$1\sim0.5(2^{0}\sim2^{-1})$	$0\sim1$	黏土(y)	黏土(泥)	$<0.004(2^{-8})$	>8

据任明达、王乃梁，加以修改

* Φ值是克鲁宾(Krumbein，1934)根据伍登—温德华粒级标准(Udden-Wentworth scale)通过对数变化而来，定义为：$\Phi=-\log_2 D$。

两种或两种以上粒级的物质组成，所以在对沉积物命名时，为了能较确切地反映出各粒级含量的多少，一般应按以下原则进行：第一，当沉积物中只有一个粒组含量很高，其他粒组含量均不大于 20％时，一般以该粒组的名称命名。例如，砾石、砂、粉砂、黏土；第二，当沉积物中有两个粒组的含量分别大于 20％时，则按主次粒组命名，即以主要粒组作为基本名称，以次要粒组作为辅助名称。例如，砂质粉砂、砂质黏土、粉砂质黏土等；第三，当沉积物中有三个粒组含量均大于 20％时，依据其实际含量自左至右按由少到多的规则排列，用三名法进行命名。例如，砂—粉砂质黏土、粉砂—黏土质砂等。

三、海洋沉积环境

海洋沉积环境是指海洋沉积物的堆积环境，其特征主要取决于堆积环境中的水动力条件及物理、化学与生物过程。在现代海洋范围内，无论从横向或纵向(深度)来看，海水的动力条件都不是均一的。因此，可根据不同海域的自然特征划分出许多不同的环境。每一个海洋环境中，都有能反映这种环境的沉积物形成。例如在温热条件下，清澈的浅海环境适合于珊瑚的生存，因而会有珊瑚礁堆积。然而，海水浑浊的海区即使其他条件相似，却很少有珊瑚礁。当我们研究不同地质时期的沉积岩(物)时，总要确定它们是在什么环境中形成的，以便了解当时的古地理特征。对不同年代沉积层的形成环境确定之后，就可以恢复地壳的自然地理演变历史。

目前,最常用的海洋沉积环境分类,是以海水深度作为主要依据。因为海洋中不同的深度,其水动力条件、物理化学状况和生物分布等特征也不同。故依据深度可将海洋环境划分如下:

1. 滨海带　又称滨岸,指高潮线与低潮线之间的地带,为海陆交互环境,波浪和潮流作用强烈。

2. 浅海带　低潮线至 200 m 深的浅海水域,相当于大陆架环境。

3. 半深海带　水深 200～2 000 m 的海域,相当于大陆坡环境。

4. 深海带　水深大于 2 000 m 的海域,主要为深海盆地。

每一种环境,都有其自身的水动力条件和物理化学特点,因而也有其相应的沉积特征,诸如矿物成分、颗粒大小、化学组成、生物分布及沉积构造等。不同的沉积特征往往只反映某个环境条件,如层理类型只能说明水动力作用的性质和强度,有机质含量仅反映环境的氧化还原程度,而生物化石种类则与环境的温度、盐度等因素相关。因此,在研究沉积环境时,不能仅根据个别特征来判断其沉积环境。一般而言,只有当各种沉积特征按一定的组合方式出现时,才能作为判断环境的可靠标志。

四、滨海带的沉积作用

滨海带为海陆交互环境,潮汐作用使其时而出露水面,时而被海水淹没,是潮流、拍岸浪、底流、沿岸流等海洋动力强烈作用的地区。该带海水中氧气充足、光照良好、生物繁盛,多为藻类植物及经得起波浪冲击的厚壳或钻孔底栖动物。沉积物中陆源碎屑物质丰富,主要是砾石、砂、粉砂、淤泥,并常含有大量海洋生物介壳碎片及陆地生物活动的遗迹。一般来说,砂、砾的分选性与磨圆度良好,具大型交错层与波痕,常常堆积成沙滩、砾滩、沙嘴、沙坝等沉积类型。

(一)海滩沉积

平缓的海岸地区,一般都发育着大片沙滩或砾滩,沉积物以砂或砾石为主。物质来源主要是海岸破碎崩落物及地表径流带来的冲积物。在波浪的作用下,石块长期互相摩擦而变小变圆,随着波浪的搬运而发生分选作用,按照颗粒粗细及比重大小依次沉积下来,形成与海岸平行的带状分布。砾石具有良好的磨圆度,一般呈球形或椭球形。这种由砾石组成的海滩称为砾滩,其成分主要由海岸岩石性质决定。砾石往往呈定向排列,其长轴方向与海岸平行,滩面倾向海洋。

主要由砂组成的海滩叫沙滩。在波浪的长期作用下,砂粒具有良好的分选性和磨圆度,成分比较单一,以石英砂为主,长石次之,不稳定矿物大部分都已分解。波浪的反复运动在沙滩表面留下不对称波痕,在其内部形成交错层理。有时还可见到泥裂、足迹等。在沙滩中常有比重较大的重矿物富集,如磁铁矿、钛铁矿、石榴子石、锆石、独居石、黑钨矿、锡石,甚至还有金刚石、沙金等。

在平缓而有坚实海底的滨海带,牡蛎等软体动物可以大量繁殖。如法国大西洋沿岸的牡蛎每平方米可达 30 只,当其死亡之后,骨骼被波浪冲到海滩堆积起来,构成介壳滩。

(二)潮坪沉积

潮坪是指以潮汐作用为主要动力、坡度极缓($0°3'\sim0°17'$),通常由细碎屑(粒径<0.063 mm)物质组成的宽阔而平坦的滨海坪地(图 6-21)。

潮流动能远小于波浪,仅能把细砂、粉砂和黏土搬运到潮坪上沉积。所以潮坪沉积物通常以细颗粒为主,而且在粒径变化上普遍自陆向海由细变粗(与波浪作用为主的海滩粒序相反)。

这是潮坪的水动力能量分布和冲淤机制造成的：低潮线附近波浪动能强，作用时间长，故以砂质为主；向陆方向动能减弱，逐渐变成砂泥混合堆积；高潮线附近水动力最弱，因此以泥质沉积为主。

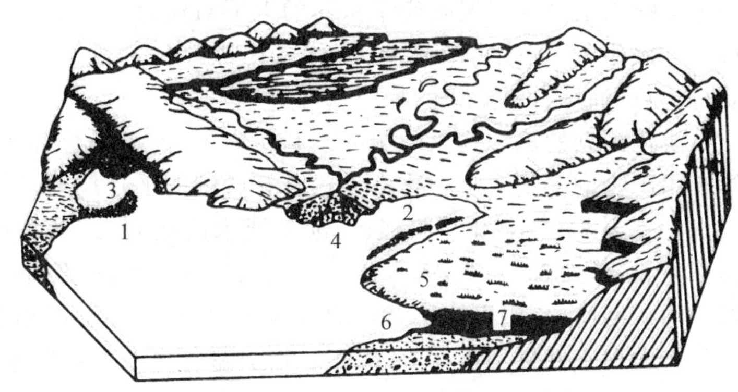

图 6-21　滨海带堆积地貌示意图

1—沙嘴；2—沙坝；3—泻湖；4—三角洲；5—潮坪；6—波筑台；7—泥炭堆积

潮坪沉积在构造上通常具有交错层理，而且其上下纹层倾向相差 180°，这是涨、退潮流先后作用的结果。潮坪上亦可发育波痕、虫迹、泥裂、潮沟等沉积构造。

当缺乏陆源碎屑物质供应时，湿热潮坪可形成碳酸盐沉积；而在干旱、炎热的气候条件下，强烈的蒸发作用又可形成大量硫酸盐和岩盐，即蒸发岩沉积。

潮坪进一步发展，则成为滨海沼泽。如果植物大量生长，可形成泥炭，最终转变为煤层。

（三）沙坝及沙嘴沉积

1. 沙坝：是平行海岸但离岸有一定距离的由砂粒组成的长条形堆积体（见图 6-21）。其顶部可以露出海面或在海面以下，宽度和长度视其发育情况而定。

当海浪进入浅水区沙质海底向岸边推进时，由于波浪的破碎或进浪与底流相遇，因动能减小，使挟带的泥沙堆积下来，先形成水下沙堤（埂），再逐渐加宽加高发展成为沙坝。

2. 沙嘴：是位于海湾外由砂粒组成的一端与海岸相连，另一端伸入海中的长条形堆积体（见图 6-21）。它是由携带着泥沙的沿岸流在流经海岸弯曲处而进入海湾或河口区，因水域变宽、流速降低，所挟带的砂粒逐渐沉积而成；或当两股流向相反的沿岸流相遇时，能量抵消而使砂粒沉积下来，久之亦能形成沙嘴。沙嘴的尾端，由于波浪的折射常呈弧形。

（四）泻湖沉积

沙坝和沙嘴的加高和伸长，常常可以连接起来筑成滨海带的障壁，在其内侧形成一个与外海半隔绝的水域，称为泻湖（见图 6-21）。泻湖中的海水不能与外海自由交流，但仍能通过狭窄的水道与外海沟通；或在涨潮时流进海水，退潮时则相互隔绝。故泻湖基本上仍属海相环境，而与内陆湖泊不同。在不同气候带中，视淡水与海水的补给情况，分为淡化泻湖和咸化泻湖两种类型（图 6-22）。

1. 淡化泻湖：在潮湿气候带，因降水量大于蒸发量，淡水不断注入，泻湖的盐度逐渐降低，湖水将日益淡化。淡化作用首先从上部水层开始，演变为盐度低比重小的水层，底部则浓集成为盐度高比重大的水层。由于地表径流不断补给淡水，而使泻湖水面高于海面，上层水经由某些出口流入海中；海水只能在高潮时少量涌入湖内，并因其盐度高比重大而沉入下层。泻湖中这种上

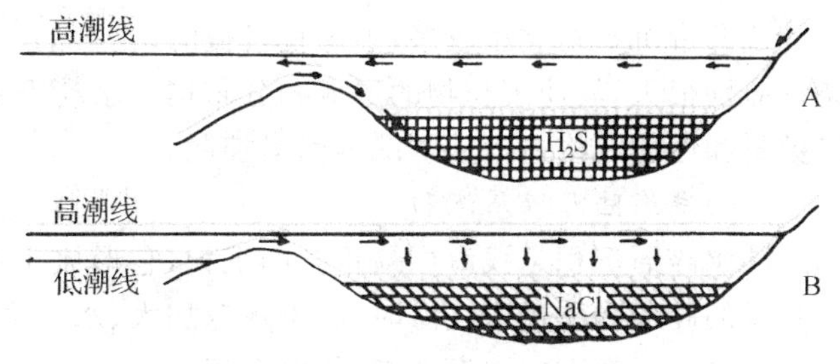

图 6-22　泻湖发育示意图

A—淡化泻湖　B—咸化泻湖

轻下重的水层分布状况阻碍了水体的上下对流，终使湖底处于闭塞静止状态，氧气缺乏，导致 H_2S 的滋生，底栖生物渐趋绝灭，代之以漂浮生物的大量繁殖，死亡后沉入湖底分解为有机质，成为石油等有机矿产的物质来源。

淡化泻湖的沉积物以陆源的砂和泥为主，夹有黑色黏土和碳酸钙层，并有黄铁矿、菱铁矿等有用矿物的富集。沉积物中一般具有微细的平行层理，反映其沉积环境稳定。

2. 咸化泻湖：在干旱气候区，缺乏淡水的注入，致使泻湖水面低于海面，湖水因蒸发量大而不断咸化。当涨潮时，海水通过某些入口流入湖内，使湖水不断地得到周期性补给。在泻湖形成的初期阶段，由于表层湖水的蒸发，使其盐度比下层湖水大而不断下沉，引起湖水的对流。高盐度的湖水慢慢集中在底层，于是形成密度大小不同的水层，对流作用逐渐减弱。随着海水的补充，湖水的蒸发，泻湖内的盐度便不断增高(图 6-22B)。其结果，一方面使一些生活于正常海水中的生物(如珊瑚等)绝灭，代之以能适应高盐度的生物。当盐度增大到 28.5‰时，高等生物已不能生存，仅有一些细菌继续繁殖；另一方面，当某些盐类达到过饱和后，便开始发生化学沉淀，与泥沙一起沉积的盐类矿物，最终可形成岩盐及石膏等夹层。

咸化泻湖的沉积仍以陆源的沙和泥为主，但化学沉积发育，除岩盐外，常有大量碳酸盐、硫酸盐等盐类沉积。盐类矿物在咸化泻湖中的沉淀顺序为：方解石→白云石→石膏→芒硝→岩盐→钾镁盐。由于底栖生物较少和植物生长不良，沉积层中层理构造保存良好。

这种咸化泻湖沉积在古代地层中分布普遍。如我国南方下三叠统地层中有泻湖相沉积，是寻找盐矿资源的主要层位，著名的四川自流井盐矿就产在该地层之中。

五、浅海带的沉积作用

浅海带位于大陆架主体之上，其水深下界可达 200 m，是重要的沉积区。绝大多数的沉积岩都属于浅海沉积的产物，足以表明浅海沉积作用的重要性。

浅海带的宽度各地不一。北冰洋的欧亚沿岸，澳大利亚的外阿拉弗加海，北美的白令海等浅海带宽达 1 000 多公里；我国黄海南部和东海北部的浅海区，其宽度可达 500 多公里。有的地方，如中南美洲西岸外浅水带极窄，甚至缺失。

浅海带水动力条件较强，但弱于滨海带。只有波长 450 m、波高 15 m 的巨浪才能搅动 200 m 水深的海底泥沙，大多数海浪只能影响小于 100 m 深度的海底。在波浪和潮流的作用下，浅海具有良好的通气条件和正常而稳定的盐度，阳光一般能达到海底。上述特点构成生物界的良好繁殖条件，90％以上的海洋生物在浅海中竞相生存：海水上层有漂浮生物，中部是鱼类等游泳生物，海底则生活着底栖生物，如腕足类、软体动物、珊瑚等。植物因依赖阳光，多生长在较浅水域。这些生物既是地质作用的动力，又是沉积物的重要来源。

浅海带沉积物类型较多，不论是机械的、化学的、生物的沉积作用都很发育。但由于沉积条件差别很大，故使沉积物的形成和分布均受水动力大小、海水深度、离岸距离、陆源物质的供应数量和性质及构造运动状况等因素控制。

(一)浅海陆源碎屑沉积

陆源碎屑沉积是浅海中最重要的沉积，它形成于有大量陆源碎屑物质供应的海域。当不同粒径的碎屑物质进入浅海时，随着水深加大、水动力减弱，便遵循机械分异作用的规律，其粒径自近岸向远海方向逐渐变细，依次沉积。

浅海陆源碎屑沉积物主要为砂、粉砂和泥等细粒物质组成。但在近岸带，颗粒较粗，以沙砾质为主，且有交错层理和不对称波痕，并含有大量底栖生物化石；在波浪的长期作用下，沉积碎屑具有良好的磨圆度和分选性，成分单一，以石英为主，可伴有较多的重矿物。远岸带则以粉砂及泥为主，粒度细小，碎屑颗粒的分选性较好，但磨圆度差；成分较为复杂，除含有丰富的底栖生物遗体外，也有漂浮生物的遗体，生物骨骼保存完好，沉积物一般具有水平层理，很少发育波痕。

然而，自然界是复杂的，很多因素均能破坏上述理想的沉积物分布模式。例如，水动力条件增强，陆源碎屑物质供应数量充足，粗粒沉积区就向远离海岸的方向扩大；反之，则细粒沉积区向近岸地带扩大。如果海岸带地壳上升，海水后退，粗粒区向远海方向移动，造成粗粒沉积物覆盖在细粒沉积物之上，在沉积剖面上出现下细上粗的海退层序；海岸带地壳下降，则海岸后退、海水入侵，细粒沉积区向岸移动，使细粒沉积物覆盖在粗粒沉积物之上，在沉积剖面中表现为为下粗上细的海进层序；若海岸带地壳长期稳定，陆地上的剥蚀和搬运作用减弱，陆源碎屑物质减少变细，致使沉积速率减小，细粒区也会向近岸扩大。

在我国东部的浅海沉积物中，近岸以细粒为主，远岸则多为砂质(图 6-23)，与近岸粗、远岸细的沉积物分布模式相悖。其原因是，现在的远岸带在地质历史上曾是近岸带，后来由于海岸地壳下降或海水侵进而成为远岸带，粗粒沉积物之上尚未沉积新的远岸细粒物质。这种分布在浅海外侧的粗粒碎屑沉积物，一般都属残留沉积，其中往往会含有许多指示原来沉积环境的生物化石。

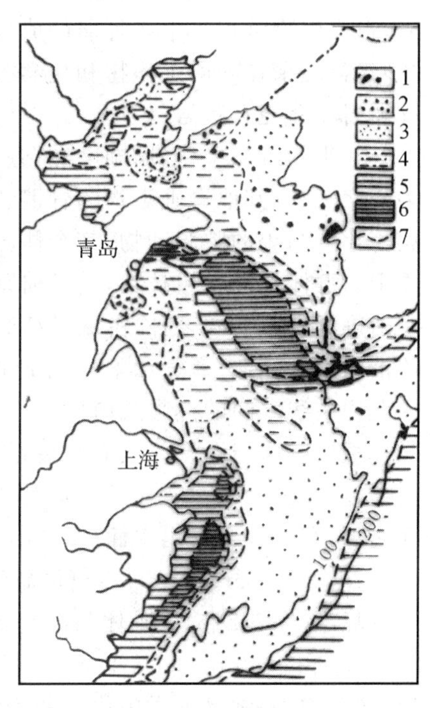

图 6-23 我国东部浅海的沉积物

1—砾石及基岩；2—粗砂；3—细砂；4—粉砂；5—粉砂质泥；6—泥；7—界线(据海洋所)

(二)浅海化学沉积

浅海化学沉积包括无机化学沉积和生物(或有机)化学沉积两种，实际工作中二者很难截然分开。以往认为是无机化学沉积作用形成的沉积物，经详细研究发现不少都是生物化学作用形成的，或是在生物化学作用参与下形成的。从现在的研究成果来看，很多沉积物的形成可能都是与生物化学作用有关。不过，当有些沉积物是以无机化学或生物作用为主时，亦可把它们区分开来。浅海化学沉积极为普遍，可形成许多重要矿产。

影响浅海化学沉积的主要因素是，化学组分的含量及其溶解度、氧和 CO_2 含量及 pH 值的变化、电解质对电荷的中和、细粒碎屑和生物碎屑的吸附作用、气候条件及生物作用等。

海水中溶解有许多盐分，但以氯化钠、氯化镁为最多，故海水又咸又苦。海水所含盐分的溶解度由小到大的顺序是：

$$Al_2O_3 \rightarrow Fe_2O_3 \rightarrow MnO_2 \rightarrow SiO_2 \rightarrow P_2O_5 \rightarrow CaCO_3 \rightarrow CaSO_4 \rightarrow NaCl \rightarrow MgCl_2$$

其中，Al、Fe、Mn 的氧化物比 Na、Mg 等的氯化物的溶解度小数百倍。因此，前者多呈胶体溶液悬浮于海水中，而后者则成真溶液状态。沉积时，亦按上述溶解度由小到大的顺序依次进行：首先在靠近海岸地带沉积 Al、Fe、Mn 的氧化物，其次在离岸较远的地带沉积硅酸盐和磷酸盐，最后在离岸更远的地带沉积碳酸盐。而硫酸盐和氯化物因其溶解度较大，故在正常浅海中不发生沉淀。这种化学物质按其溶解度由小到大依次沉淀的作用，称为化学沉积分异作用。由于海洋中存在这种化学沉积分异作用，致使其化学沉积物呈现出近于平行海岸的带状分布。

浅海的化学沉积，不仅数量多、分布广，能形成许多矿产，而且对气候反映亦比较明显。例如，Al、Fe、Mn 等在湿热气候区易于从强烈风化的岩石中分解出来，成为带电的胶体溶液随流水进入海洋，遇到富含电解质的海水而被中和，于是就在浅海区沉积下来，形成鲕状、豆状及肾状的赤铁矿、铝土矿、硬锰矿等。这些矿物进一步富集可形成巨大的矿床，我国湖南泥盆系底部的赤铁矿、华北石炭系下部的铝土矿即属此种类型。因此，对浅海化学沉积作用的研究，不仅具有重要的实际意义，而且可以推断沉积物附近地区的古气候状况。

(三)浅海生物沉积

浅海生物沉积包括两类：一类是生物死亡后硬骨骼的堆积，软体部分转化为有机质沉积；另一类是生物在其生命过程中所参与的一系列生物化学作用，形成的生物化学沉积。

浅海是生物最繁盛的地带，当生物死亡之后，其遗体(主要是骨骼和介壳)可以直接堆积下来，形成生物沉积。生物骨骼的成分主要为钙质，其次是硅质和磷质。这些骨骼(完整的或碎片)经常混杂在碎屑沉积物和化学沉积物之中，当其比例较大时，经过成岩作用后则形成生物碎屑岩或介壳石灰岩。

在生物沉积中，以珊瑚礁和钙质海藻的堆积最为重要。珊瑚礁(coral reef)是以珊瑚骨骼为格架，辅以其他喜礁生物的骨骼和壳体所构成的一种能抵御风浪侵袭的生物堆积体。珊瑚属于比较高等的腔肠动物，其个体微小，骨骼由碳酸钙组成，一般营群体生活，固着于海底基岩之上。群体珊瑚呈树枝状，其骨骼则构成礁体格架的基础，对造礁起着决定性作用。现代海洋中造礁珊瑚仅 600 多种，占珊瑚种数的 1/10。水深<50 m、水温 23～27℃、盐度 34～37‰、水质清洁不含泥沙、氧气和阳光充足是造礁珊瑚的最佳生长环境。因此，现代珊瑚礁主要分布在南北回归线之间的热带浅海区。

根据礁体与海岸线之间的关系，珊瑚礁一般分为三种：

1. 岸礁(fringing reef)：礁体附着于大陆或岛屿的海岸生长，呈带状分布，通常淹没于水面之下，有的也可露出水面(图 6-24a)。

2. 堡礁(barrier reef)：离岸较远，呈断续的条带状平行海岸发育，有如长堤环抱海岸，故又称堤礁(图 6-24b)。礁体与海岸之间的水域形成泻湖环境。

3. 环礁(atoll reef)：平面上呈环形，剖面上呈碗状，中央为礁湖，四周有缺口与外海水沟通(图 6-24c)，常是大洋中优良的避风港。

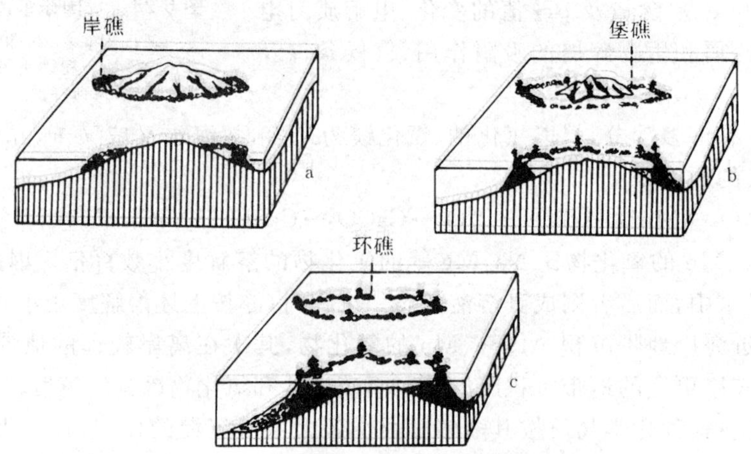

图 6-24　由岸礁到环礁的形成过程示意图

关于珊瑚礁的成因，早在1842年达尔文(C. Darwin)就已提出。他认为，珊瑚礁是以火山岛的边缘为基底生长发育的，第一阶段围绕着火山岛形成岸礁，继而火山岛下沉出现堡礁，最后随着火山岛顶部没入水中而形成环礁(见图6-24)。此即著名的"礁基沉降说"。为了证实这种观点，曾在太平洋的一些岛屿上进行过一系列钻探，终于在1965年和1967年先后钻穿了中途岛和摩洛阿环礁礁体而见到玄武岩基底，表明环礁直接生长在古火山岛的玄武岩台地上，从而证实了这一观点。

我国南海，尤其是西沙、南沙群岛海域，具有造礁珊瑚生长发育的良好条件，因而形成大量的珊瑚礁和珊瑚岛。珊瑚礁经过成岩作用可形成珊瑚礁灰岩(coral-reef limestone)。这种生物礁灰岩中包含有其他海洋生物碎屑，疏松多孔，常是极好的储油层，美国和加拿大的石油绝大多数产于珊瑚礁灰岩中。目前，世界各国对现代和古代生物礁的研究，已经予以高度重视。

钙质海藻泛指那些具有分泌或沉淀碳酸钙能力的藻类。因为钙藻在浅水中生长速度较快，在深水中生长非常缓慢，所以它在珊瑚礁的形成过程中不但起着十分重要的胶结作用，而且还是礁体的主要生产者。在现代海洋礁石中，珊瑚骨骼构成礁体格架，对造礁起着决定性作用；但从碳酸盐的产量来看，藻类却是主要生产者。如在太平洋的礁体中，藻类提供碳酸钙总量的30%～50%，珊瑚提供10%～30%，软体动物提供10%～20%，有孔虫提供的不到10%(库兹涅左夫，1978)。

六、半深海和深海带的沉积作用

水深大于200 m的广阔海域，其中包括半深海(200～2 000 m)和深海(>2 000 m)两个带，泛称深海环境。

该带由于离岸远、水深大，波浪和阳光都不能影响到海底，但可有深海洋流进行着水体交换。洋流的流速很低，对海底已无明显的剥蚀作用，只能搅动海底沉积物，并搬走细粒悬浮物质。浊流是半深海和深海环境中唯一具有较强动力的水体，根据地形及沉积物的分布，其主要通道为海底峡谷，而其作用范围仅限于大陆坡、大陆裙乃至深海平原的局部地段。

陆源物质绝大部分已沉积于浅海带，只有粒径小于0.005 mm的悬浮物进入半深海带，而进入深海带的物质一般粒径仅在0.002 mm以下。这些微细物质几乎都呈胶体性质，可以长期悬浮于海水中，只有在极平静的水动力条件下才能沉入海底。这就使得半深海和深海带的沉积物具有世界性的共同特点，即都是一些胶状软泥，其成分大体相似，颜色有红色、白色、黄色、绿色和蓝色等，主要取决于各个地区的氧化还原条件。也可有少量火山岩块、陨石和由浊流带来的粗砂或砾石以及浮冰运来的石块加入软泥之中。

在半深海和深海底部，由于没有阳光，水温接近0℃，压力则达数百个大气压，因此高等生物极少。但在浅层海水中繁殖着大量藻类，有孔虫、放射虫等低级生物，其粪便和骨骼广泛地加入软泥沉积之中，成为半深海、尤其是深海沉积物的主要来源。

半深海带为大陆坡区，由于海底峡谷的存在，其地形复杂，沉积物类型较多；而深海区因为物源较少，致使沉积速率很小。据地震测量资料，目前深海区的海盆基岩(多为玄武岩)之上仅覆盖着平均450 m厚的松软泥质物。

深海环境的沉积作用有四种主要机制(Emiliani and Milliman，1966)：即从水体中沉降；重力流的底部搬运作用，包括浊流、碎屑流、颗粒流及滑坡；地转流的搬运作用，包括等深线流；洋底的化学和生物沉淀作用。上述沉积作用形成的不同沉积物各有其特征，这些特征不仅丰富了沉积学的内容，而且还可以提供研究古环境等方面的重要信息。有关论述，详见第十一章。

复习思考题

1. 何谓海洋地质作用？研究海洋地质作用有什么重要意义？

2. 何谓海(波)浪？影响海(波)浪大小的因素是什么？

3. 何谓潮汐？为什么潮汐现象主要发生在地球的低纬度海区？

4. 何谓洋流？其控制因素有哪些？引起表层洋流和深部洋流的主要原因是什么？

5. 什么是浊流？试述影响浊流形成的原因。

6. 为什么说 CO_2 和碳酸系是地球上最重要的平衡系统之一？

7. 为什么海(波)浪会对海岸造成强烈的侵蚀作用？试述常见的海岸侵蚀地貌及其形成的原因。

8. 海水对碎屑物质的机械搬运方式有哪些？分别阐述之。

9. 试述海洋沉积物的来源。

10. 当水动力保持相对稳定的条件下，碎屑物质的理想沉积分布模式是什么？为什么？

11. 简述海洋沉积物分类及命名的原则。

12. 海洋沉积环境的划分依据是什么？据此可将海洋环境分为哪几种？在研究海洋沉积环境时应注意什么问题？

13. 何谓潮坪？潮坪沉积物有哪些重要特征？为什么？

14. 试述淡化泻湖和咸化泻湖中沉积物的特征。

15. 我国东部浅海沉积物的分布为什么与近岸粗、远岸细的沉积物分布模式相悖？

16. 影响浅海化学沉积的主要因素是什么？研究浅海化学沉积有何重要意义？

17. 试述珊瑚礁的种类和成因及其研究意义。

18. 何谓钙质海藻？为什么说钙质海藻是珊瑚礁体的主要生产者？

19. 名词解释：海蚀作用、等深线流、溶运作用、沉积分选作用、机械沉积分异作用、化学沉积分异作用、沙坝、沙嘴、泻湖。

第七章　全球海平面变化

全球性的海平面变化，是反映全球气候变化的一个重要方面。联合国政府间气候变化专门委员会（Intergovernmental Panel on Climate Change，简称 IPCC）在 2007 年 2 月发布的第四次评估报告《气候变化 2007：自然科学基础》中指出，全球气候系统的变暖已经是不争的事实，而这一现象极有可能是人类活动导致温室气体浓度增加所致。报告认为，自从 1750 年以来，人类活动导致全球大气中 CO_2、CH_4 及氮氧化物浓度显著增加，远远超过了工业革命之前的值；全球大气平均温度和海洋温度均在增加，发生了大范围的冰雪融化和全球海平面升高；人类活动引起的变暖和海平面上升将会持续数个世纪，预测地球的海平面将于 2100 年前上升 180～590 mm。

旨在控制温室气体排放的《联合国气候变化框架公约》，是人类社会为遏制全球变暖趋势所作的重大努力。该框架公约第 15 次缔约方会议暨《京都议定书》第 5 次缔约方会议于 2009 年 12 月在丹麦首都哥本哈根举行，超过 85 个国家元首或政府首脑、192 个国家的环境部长出席了会议，经过艰苦磋商，最终达成了不具法律约束力的《哥本哈根协议》，为进一步的全球气候变化谈判提供了一个新起点。全球变暖和海面上升问题不再只是科学研究的对象，它已经引起世界各国政府的高度关注，成为国际政治中的一个热点问题。

第一节　海平面

一、海平面的概念

海平面是海洋与大气的交界面，是陆地高程和海底深度的起算面。

各地的海面是随着潮汐、气压和风况的变化而持续波动的，海面的长期变化还受到地球气候变化的影响。通常意义上的海平面指的是"平均海平面"，它是经过长期（以消除潮汐变化的每个阶段）平均后得到的平均海面高度。测量和平均值的计算要考虑到 228 个月的太阴周期和 223 个月的日月食周期对潮汐的影响。平均海平面在全球各地并不一致，例如，巴拿马运河在太平洋一端的平均海平面要比其在大西洋一端高出 20 cm。

平均海平面（mean sea level，MSL）是海洋表面的平均高度，是平均高潮位和平均低潮位的中间点，它被用作陆地高程的起算点。作为海拔高程系统的起算面，由静止的海水面并向大陆延伸所形成的一个假想的封闭曲面，称为大地水准面。在静止或无外力的状态下，平均海平面与大地水准面一致，它是一个地球引力的等势面。但实际上，由于海流、气压变化、温度和盐度变化等等因素的影响，即便是一个长期平均的结果，海平面与大地水准面也不会相同。平均海平面与位置相关，它与大地水准面是分离的，二者之间的差异被称为海面地形，在全球其变化范围可达±2 m。

海面的短期变化受到很多因素的影响，其变化周期可以从几分钟到 14 个月（表 7-1）。

表 7-1 海面的短期和周期性变化

周期性海平面变化		
全日和半日天文潮	12～24 小时周期	0.2～10＋m
准周期潮		
自转变化(钱德勒摆动)	14 个月周期	
气象和海洋波动		
气压	数小时—数月	－0.7～1.3 m
风(风暴潮)	1～5 天	可达 5 m
蒸发和降水(还可能遵循长期的模式)	数天到数周	
海洋表面形态(随水的密度和洋流变化)	数天到数周	可达 1 m
厄尔尼诺/南方涛动	每 5～10 年有 6 个月	可达 0.6 m
季节变化		
大洋之间的季节性水量平衡(太平洋,大西洋和印度洋)		
季节性水面坡度的变化		
地表径流/洪水	2 个月	1 m
季节性的水的密度变化(温度和盐度)	6 个月	0.2 m
假潮		
假潮(驻波)	数分钟—数小时	可达 2 m
地震		
海啸(产生灾难性长周波)	数小时	可达 10 m
地面突变	数分钟	可达 10 m

各种因素影响海洋的体积或规模,从而导致海平面的长期变化。其中两个主要的因素是温度(因为水的密度取决于温度)和陆地及海洋的淡水量,包括河流、湖泊、冰川、极地冰盖和海冰。在更长的地质时间尺度,大洋盆地的分布及其形状变化也影响海平面。

平均海平面的变化包含绝对变化和相对变化。海平面的绝对变化是指海洋表面与地心之间距离的变化,主要是由全球海洋水面的升降引起的;海平面的相对变化则是某一地区的海平面相对于陆地的升降变化,它是海平面绝对变化和当地陆地升降运动的综合结果。在海岸带观测到的或由验潮仪记录到的海面变化现象,都属于相对变化。由此区分出全球平均海平面和地方平均海平面。

全球平均海平面(eustatic sea level)是"水动型"的,它的变化是由海洋中水的体积或大洋盆地的体积变化驱动的;地方平均海平面(local mean sea level,LMSL)是指相对于某一陆地基准点的海面高度,经过一段时期(例如 1 个月或 1 年)平均后的值,这段时期应足够长以便消除由波浪和潮汐所引起的波动。陆地的垂直运动是地方平均海平面变化的一个重要因素,其幅度可能达到每年毫米的数量级。大气压力、洋流和海洋温度的变化也会影响地方平均海平面。

二、海平面的测量

在验潮站，平均海平面意味着“静止的水平面”，它消除了风浪和潮汐等引起的海面波动。平均海平面的测量是与陆地相对的，它的变化可能是真正的海面变化，也可能是验潮站地面高度的变化。

平均海平面作为测量地区高程系统的基准面，是根据验潮站每小时记录的潮位，再经过长期平均得到的。目前全球高程基准面并不统一。例如，在英国，平均海平面是根据康沃尔郡的纽林和默西塞德郡的利物浦几十年的验潮仪记录得到的，被用作英国陆地测量的基准面，即英国地图的零米高程点。我国于 1956 年规定，采用青岛港验潮站的长期观测资料推算出的黄海平均海面(称为“黄海基准面”)作为零点，也就是我国的海拔高度和海底深度的起算点。

目前卫星测高技术已被广泛用于海平面的精确测量。卫星测高是利用人造地球卫星携带的测高仪，测定卫星到瞬时海平面(或平坦地面)的垂直距离。卫星测高仪是一种星载的微波雷达，其发射装置通过天线以一定的脉冲重复频率向地球表面发射调制后的压缩脉冲，经海面反射后，由接收机接收返回的脉冲，并测量发射脉冲的时刻与接收脉冲的时刻的时间差。根据此时间差及返回的波形，便可以测量出卫星到海面的距离。因为地球椭球体的几何参数和定位参数是已知的，所以由此便可算出海洋面与地球椭球体面之间的地心向径之差，即海面高度；再用海面高度并根据海洋大地水准面的定义，就可以确定海洋大地水准面。对卫星数据需要进行轨道校正、仪器校正、大气校正和海洋物理校正等。

最近 30 多年来，世界各国先后发射了多颗携带测高仪的卫星，测量精度也由最初的米级提高到目前的厘米级。美国航天局(NASA)和法国空间研究中心(CNES)合作发射了 TOPEX/海神号卫星(1992 年)，随后又利用 Jason-1 卫星(2001 年)和 Jason-2 卫星(2008 年)，进行海平面精确测量和海洋表面形态研究。Jason-2 卫星一共携带了 8 种仪器，分别是海神-3 高度计、高级微波辐射计、3 种定位系统及搭载的 3 种实验仪器。其中海神-3 多频雷达高度计由法国国家空间研究中心提供，用于测量海平面高度；高级微波辐射计由美国宇航局提供，用于从测高学的角度揭示水蒸气的影响。Jason-2 卫星测量精度为 3.3 cm。每 112 分钟绕地球飞行一圈，每 10 天完成一次对全球洋面高度的测量，覆盖范围从北纬 66°到南纬 66°，把全球的未结冰海洋区域都包括在内，从而确定海洋环流、气候变化及海平面上升情况。卫星测高技术从宇宙空间大范围、高精度、快速和周期性地探测海洋的各种现象和变化，提高了人类对海洋认识的深度和广度。

三、影响海平面变化的因素

海平面变化受到多种因素的控制或影响。地壳构造运动、海水体积的变化等都可引起海平面缓慢变化，而极地冰盖的增长或消融则可能引起快速的变化，这种快速的变化往往掩盖了构造运动的作用。新生代以来，全球海面曾发生多次升降，这种升降变化过程十分复杂，但主要都是由地壳运动和气候变化引起的。地壳运动，包括洋中脊的形成、海底扩张以及地壳均衡运动等，是海洋盆地体积变化的主要原因；气候变化直接影响全球水分的循环过程和海洋中的水量；而发生在海岸带的构造运动，则造成海面升降幅度的区域性差异。

1. 地壳运动

地壳运动包括垂直方向和水平方向的构造运动。地壳运动引起陆地或海洋盆地的上升或下降，由此造成的海面变化是非常复杂的。发生在洋盆的构造运动可以影响全球海面变化，而沿岸的构造运动则造成局部的或区域性的差异。所以不能简单地从现代海岸线以上的海积或海蚀地貌来确定古海面的位置。

地壳在水平方向的运动为板块构造理论所揭示。在两个板块相互碰撞的聚合带，通常发生造山运动。在这样的海岸区域内，因新构造运动造成差异上升，导致一些古海岸的标志出露在现代海面以上的不同高度。例如在台湾岛台南东部地区海拔 40 m 处采集到的海相软体动物化石，其^{14}C 年代为距今 5 800±400 a，在恒春半岛海拔 20 m 处化石年代为 5 300±270 a。日本、新西兰、阿拉斯加、加利福尼亚以及地中海沿岸都受到强度不同的新构造运动影响，海岸上的古岸线遗迹均被构造运动所改造。

地壳的垂直运动主要是地壳均衡调整的结果。在冰盖、熔岩以及具有深厚堆积物的地区，由于荷载作用及其变化导致地壳承压大小的调整过程，称为地壳均衡运动。地壳均衡运动在更新世冰川覆盖地区特别显著，伴随末次冰期结束冰盖发生融化，冰盖下的陆地因减压而反弹，地壳逐渐抬升；而当冰雪积聚时，地壳会因加载而发生下沉。一些大三角洲具有厚层的泥沙堆积体，也能导致地壳下降。

2. 海洋水体变化

海洋水体体积的变化和海洋盆地容积的变化均可引起海面升降变化。由于海洋水域彼此相连，所以海面升降变化是全球性的。

除了地球内部通过火山喷发可以向地表提供数量极少的岩浆水以外，可以认为在整个地质时期全球的水体总量几乎是不变的，只是在海洋、陆地、大气和地下之间循环分配而已。如果海洋的水体保持不变，那么海面的变化可能由海水的密度变化引起。据推算，海水的平均温度每下降 1 ℃，其体积收缩将使全球海面下降 2 m（E. C. F. Bird，1976）。根据海底沉积物中所含古生物化石的古温度测定，更新世海水的平均温度变化是在现海水平均温度±5 ℃的范围内，按此估计，更新世以来的海面变化幅度应在 10 m 范围内，显然海面变化还受其他过程的影响。

第四纪全球气候有过多次冷暖交替。气候寒冷时，降雪量增加，发育大规模冰川，称为冰期；气候变暖，冰川大规模消退，称为间冰期。冰期时地球上的大量水体以冰雪的形式积聚在高山和高纬地带，海洋水量减少，引起世界性海面降低；间冰期时大量冰雪融化，水体汇入海洋使海面升高。从世界上各大陆架采集到的泥炭层、贝类化石以及残留沉积物的^{14}C 年代测定，证明晚更新世冰期最盛时期的海面比现今海面要低 100～130 m。这种大幅度的海面变化，称为冰川型海面升降运动。冰川型海面升降造成了现代全球尺度的海面巨大变化，也是第四纪以来海面变化的最主要原因。

3. 洋盆容积变化

洋盆容积的变化也是造成海面变化的原因。海洋水体保持恒定时，洋盆容积增大将引起海面下降，反之海面将上升。由洋壳及其周围海岸的构造运动导致洋盆容积变化所引起的世界性海面升降运动，称为构造型海面升降运动。其中最显著的是海底扩张对全球海面升降的影响。洋中脊体积增加，引起海面上涨。洋中脊在海底扩张的停顿时期收缩，引起海面下降，致使全球性海退。此外，沉积物的充填也使得洋盆容积减少，可能引起大面积的缓慢海侵。按现在的陆地剥蚀速率估算，每年由陆源泥沙在海洋中的沉积所造成的海面上升幅度约为 0.038 mm。沉积物在海底沉积的同时还有压实作用，因而它对海面变化的影响在全球范围是很微弱的，但在局部地区，如河口、大陆架等，可能相当重要。

从各种因素的重要程度来看，全球构造运动影响地球表面的海陆分布和大洋的容积，从而决定了地史上大幅度的海面变化，例如早石炭世和早白垩世的广泛海侵；其次是气候变化和冰川进退；此外，沉积作用、气压、水温、河流径流量的变化等，也是局部地区海面发生季节性和短周期变化的原因，但它们的影响与气候变化或冰川进退相比要小得多。

第二节 地质时期海平面变化

地层记录是海平面变化、构造运动和沉积物供应等综合作用的结果。沉积地层的明显的周期性到处可见，普遍认为这主要代表了沉积过程对海平面上升和下降的响应。海平面变化引起海岸线向海洋盆地推进和之后的恢复过程，将产生相关的沉积旋回，某些情况下它们可以在全球范围进行对比。地质历史上出现了多次低海面和比现在高出很多的海面交替的岩石记录。层序地层学通过沉积旋回的研究，可以重建地质时期的海平面。

一、晚更新世以前的海平面变化

海平面变化的年代学研究显示，在整个寒武纪海平面逐渐上升，奥陶纪时相对稳定，伴随奥陶纪末冰期出现大幅度下降，志留纪维持相对稳定的低海面，在泥盆纪海平面逐渐持续下降，直到二叠纪开始逐渐上升，随后又温和下降，并持续到新生代（图 7-1）。

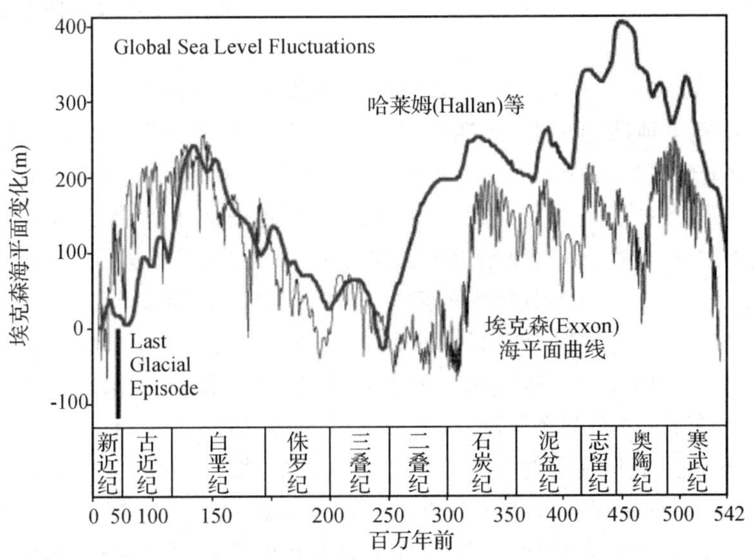

图 7-1 全球海面波动

沉积物的分布和地层研究表明，相对海平面在寒武纪显著上升，但伴随着波动。例如，北美的海相沉积在寒武纪早期只覆盖了大陆边缘，而晚期则覆盖了大部分大陆。其他大陆也有类似现象。在低纬度地区陆架的地层剖面中，普遍可以见到高海平面时期形成的沉积，其底部为近岸砂岩，上覆海相的页岩和碳酸岩。高纬度地区的陆架剖面可能大部分或完全是砂岩，或者底部砂岩向上变为页岩，但大多数剖面也都有海侵的证据。海平面总体上升的原因可能是地球岩石圈板块的热活动。

泛大陆在寒武纪解体之后，海底扩张速度在奥陶纪时期达到最高。隆起的洋中脊提高了海底的平均高度，淹没了许多大陆，在大陆内部和边缘产生了广大的浅海。在早奥陶世和晚奥陶世海平面最高时(比中奥陶世可能高出 200 m),几乎整个北美都被浅海淹没。多个短期的波动叠加在这个广泛的上升和下降背景上,每个持续波动 1～5 百万年。此外还有一些持续几万到几十万年的幅度仅几米或更小的轻微波动。这些海平面变化的原因很难确定。有些可能是由于板块运动的速率变化驱动的,有些由冰川作用引起,有些是地方的构造升降,还有一些是由于地下水储量的变化。奥陶纪结束的标志是海平面的显著下降,其幅度近 160 m,它是由冈瓦纳大陆冰盖迅速扩张引发的。

在志留纪,大陆的高度普遍比现今低,全球海平面要高得多。大规模的晚奥陶世冰川融化,引起海平面急剧上升。多个大陆的大片地区被浅海淹没,丘状的珊瑚礁非常普遍。鱼类分布广泛,维管植物开始在沿海低地生长,而内陆仍是不毛之地。志留纪期间在全球范围内继续发生幅度在 30 到 50 m 之间的较小的海面波动。

在白垩纪的大部分时期,海平面处在高位。一般认为,早白垩世时世界大洋比今天高大约 100～200 m,晚白垩世高大约 200～250 m。详细的研究结果显示有 5～15 m 的海平面上升和下降事件。尽管存在一些明显的差异,但稳定地区的海面变化模式还是很相似的。在早白垩世的大部分时期,加拿大的北极部分地区、俄罗斯和澳大利亚西部都在水下。在白垩纪中期,澳大利亚东部和中部经历了大海侵。到晚白垩世,多数大陆陆地都遭遇了海侵,海水淹到大陆,在北美、南美、欧洲、俄罗斯、非洲和澳大利亚形成了相对较浅的陆缘海。有时北极水域通过北美和俄罗斯中部连接到特提斯海。此外,所有的大陆由于边缘被淹没而有所缩小,海侵最大时,陆地面积只占地球表面的大约 18%(相比之下今天大约是 28%)。白垩纪高海面被认为主要是洋中脊扩张的结果。

第四纪始于距今 160 万～180 万年,分为更新世和全新世,两者的界线位于距今 12 000～10 000 a 左右。在整个地质历史上,第四纪是一个相对寒冷的时期,也被称作第四纪大冰期。第四纪初期,伴随全球气候转冷,寒冷气候带向中低纬度地带迁移,高纬度地区和山地广泛发育冰盖或冰川。在欧洲冰盖南缘可达北纬 50°附近;在北美冰盖前缘延伸到北纬 40°以南;南极洲的冰盖也远比现在大得多;赤道附近的山岳冰川和山麓冰川,也延伸到较低的位置。第四纪环境最重要的特点之一是气温频繁大幅度的变化,全球气候至少经历过 4 次冷—暖交替变化,从而把第四纪分为 4 个冰期,分别称为群智 (Qunz)、民德 (Mindel)、里斯 (Riss)和玉木(Wurm)冰期;3 个间冰期和一个冰后期。冰期最盛时,世界陆地面积的 1/3 被冰川覆盖。随着冰期和间冰期的交替,海面交替升降,这种升降是全球性的,并具有较大的幅度。

据深海钻探氧同位素和黄土的研究,中更新世以来,地球经历了 8 个冷期和 9 个暖期。冰期,大量海水通过蒸发被封存在大陆冰川中;暖期,冰川融化入海。相应于冷、暖期,中更新世以来也应有 8 个海退和 9 个海侵期,但这些海平面变化的遗迹难以保存,因标志不清和测年不准,要建立中更新世以来到晚更新世初期的海平面升降历史曲线非常困难。

晚更新世最后一次冰期和冰后期的事件与现代海岸的发育特征有直接关系。最后一次冰期,即玉木冰期,始于距今约 74 000 a 前,结束于约 10 000 a 前。在距今约 18 000 a 左右,冰川作用达到最盛期,气温比现今低 5～6 ℃。对于当时海面的最低位置,存在不同的意见(表 7-2),基本上介于－100～－150 m 之间。莫纳(Morner,1970)认为,晚更新世构造运动稳定区最低海面是 －85 ～－90 m,由于海水量变化所产生的海面下降量是 120～132 m,在构造运动沉降幅度较大区海面下降与水均衡沉降之和为－130～－145 m,这与现代大陆架外缘水深 135～145 m (Shepard,1963)基本一致,说明现代大陆架在晚更新世低海面期曾出露水面变成滨海平原。

表 7-2　末次冰期最低海面表

作者(时间)	古海面高度(m)	构造性质	海面变化性质与类型
Morner(1970)	−85～−90	稳定	真正的海面下降
Pinot(1986)	−89～−92	稳定	真正的海面下降
Bassa Versilia	−90		
Flint	−120～−132		海洋水量变化
McMaster	−145	沉降	海面变化与水均衡沉降之和
Shepard(1963)	−132	沉降	海面变化与水均衡沉降之和
Milliman 和 Ernery(1968)	−130	沉降	海面变化与水均衡沉降之和

(Morner,1972)

20 世纪 70 年代初以来,对全球冰量、气温和海平面变化的了解,主要来自从海洋化石、洞穴石灰岩和冰芯中提取的稳定的氧同位素记录。通过校准的氧同位素记录表明,在距今 18 000 a 最后一次冰期鼎盛时,海平面比今天低约 120 m,当时陆地面积比现在大 18%,相当于今天欧洲和南美洲面积之和。一些大陆架在现在分隔的岛屿和大陆之间形成陆桥,今天的白令海峡的位置曾经是动植物包括早期人类在亚洲和美洲之间迁移的通道。英国成为西欧大陆的半岛,澳大利亚与塔斯马尼亚及新几内亚相连。在东海大陆架海面以下 150 m 深处采集到一些适宜在潮间带生长的贝类化石,还有泥炭层和残留沉积物,经 ^{14}C 年代测定为距今 15 000 a 前左右,表明在晚更新世时的低海面岸线大致可推移到−150 m 附近。这样,渤海、黄海、东海和南海的陆架几乎是一片辽阔的陆架平原,台湾岛也与大陆相连。由于晚更新世末期的气温和海面的升高,更新世的海岸环境已经被淹没在海平面以下。在一些经历了构造抬升的海岸区,古海岸线及其沉积物可以出露在现代海平面以上,这些沉积物在研究现代海平面以及与冰期记录相关联方面非常重要,而最重要的是含有珊瑚礁的海岸,从中可能获得化石的放射性年龄。

二、冰后期海面变动

全新世与更新世的界限,是以第四纪的最近一次冰期结束、气候转暖为标志的,因此全新世又被称为冰后期。

从更新世晚期至全新世,海面在总体上升过程中有过多次小的波动。在晚更新世(约 20 000 a 前)以后至全新世中期,海面有一次迅速的上升,在距今 6 000～7 000a 时,上升速度明显减小,以后逐渐接近现今海面位置。这次海面迅速上升,在欧洲称为弗兰德海侵(Frandrian Transgression)。20 000a 以来海平面上升超过 120 m(图 7-2),平均上升

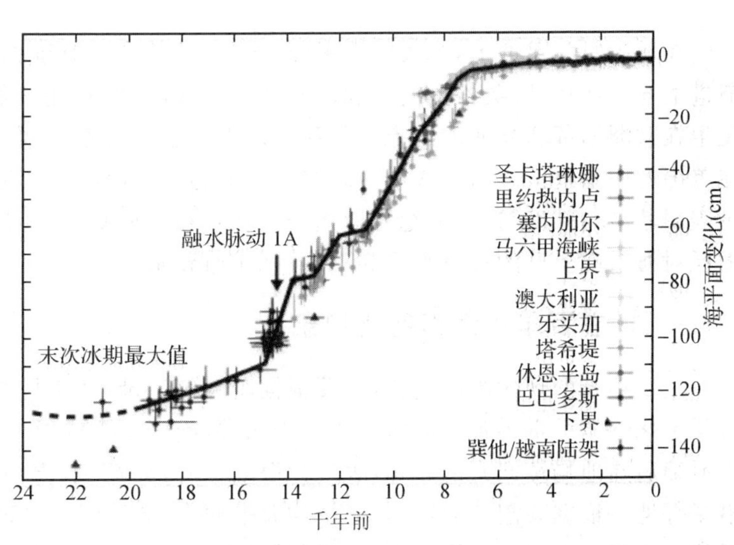

图 7-2　冰后期海平面变化

速率约 6 mm/a，而在 15 000～6 000a 期间海平面曾迅速上升了 90 m(平均速率为 10 mm/a)，除此之外其余时间海平面上升的平均速率为 3 mm/a。

全新世的海面上升虽然已经取得比较一致的意见，但是对于 6 000～7 000 a 以来海面变动的具体过程，却存在不同的观点，争论焦点归结为是否曾经存在高海面（即高于现今位置的海面）的问题。主要有三种看法：第一种意见以费尔布里奇（Fairbridge，1961）为代表，认为最近 6 000 a 期间海面上升曾高出现今海面以上 3 m、1.5 m、0.5 m 等高度，而后在波动中逐渐下降到现今位置。这三个海面短暂停留的高度是通过澳大利亚西部海岸阶地上的沉积物年代测定，并结合印度洋、太平洋各地报道的有关低阶地测定的年代得出的世界性海面上升结果，而不是构造抬升造成的；第二种意见以菲斯克（Fisk，1954，1955，1961）为代表，认为世界海面在 3 000～5 000 a 前已经达到现今位置，此后就基本处于稳定状态；第三种意见以谢帕德（Shepard，1963）为代表，认为海面是持续上升的。谢帕德认为，距今 7 000 a 的海面低于现海面 6～9 m，随后海面逐渐上升到现在的位置，并仍在缓慢上升中。他指出，关于冰后期高海面的资料主要来源于世界上的构造上升区，如澳大利亚、新西兰、日本等地，另外，太平洋上一些岛屿的沿岸阶地主要是由暴风浪形成的，这些都与海面变动无关。Moriwaki(1978)收集了 21 条区域海面曲线，表明世界各海区的海面变化曲线确实存在三种不同形式，海面升降并非全球一致，而是存在区域性的差异(Kidson，1982，Morner，1984)，在全球范围内不存在统一的海平面曲线。

从我国东部沿海地区的资料出发，不少地学工作者倾向于有高海面存在的观点。如在渤海湾西岸有发育良好的贝壳堤，位于海拔 4 m 高度附近；苏北平原和长江以南长江三角洲也有多条断续分布的贝壳堤和沙堤，海拔高程 4～5 m，形成于 6 000 a 前左右；浙、闽、粤海岸有高出低潮位 3～5 m 的海蚀平台；在雷州半岛有出露低潮位以上 1.5～2 m 的珊瑚礁平台等等。但是也有研究者认为它们是受近期构造运动或暴风浪作用的影响，不足以作为冰后期高海面存在的确凿证据。

第三节　现代海平面变化

在地质时间尺度上，今天的海平面几乎是最低的。有证据表明，公元 1 世纪以来，海平面渐进上升。在荷兰、英格兰南部和部分地中海地区，罗马建筑和泥炭层被海侵所覆盖。同时，发生在欧洲南部和北非的河流冲积和普遍干旱也和气候变暖的趋势有关，类似的冲积也发生在美国的西南地区。这种气候变暖和干燥的趋势在南半球的亚热带也很明显。太阳活动的记录表明其平均强度与 20 世纪中期相当。观测和模型研究表明，在 20 世纪，冰川和冰盖的质量损耗对海平面上升的贡献平均为 0.2～0.4 mm/a。

一、过去百年的海面变化记录

近百年来的现代海面变化，主要根据验潮仪记录，从年平均或月平均海平面求得世纪性的海面变化趋势。世界各地的验潮资料表明，海面仍在缓慢地上升，只有高纬地区受到冰后期冰川退缩后陆地均衡回升的影响，表现为海面下降，如挪威、瑞典、芬兰、阿拉斯加和加拿大北部沿岸等地。根据验潮站数据，全球平均海平面在 20 世纪上升速率介于 0.8～3.3 mm/a 之间，平均速率为 1.8 mm/a(图 7-3)。按照 IPCC 第四次评估报告(AR4，2007 年)提供的数据，由于气候变暖导致海水扩张，引起海平面上升，全球海平面在1961—2003年每年平均上升1.8 mm(1.3～2.3 mm)，而在1993—2003年每年平均上升3.1 mm(2.4～3.8 mm)，20世纪海平面上升估计值为0.17 m(0.12～0.22 m)。

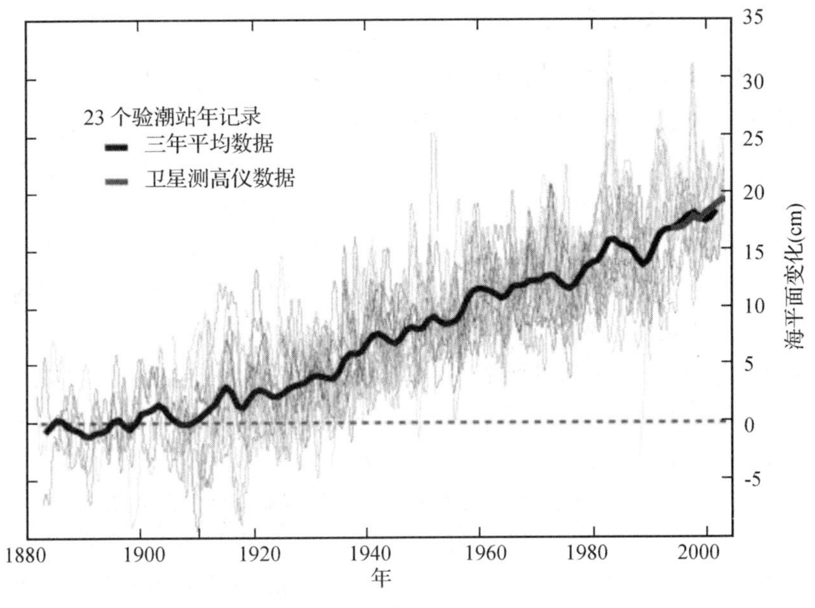

图7-3 现代海平面变化

荷兰的阿姆斯特丹具有世界上最长的海平面测量历史，从1700年开始就有记录。1850年以来的记录显示，平均海平面上升了约1.5 mm/a。美国验潮站的数据有比较大的差异，原因是有些地区的陆地处于上升中，有些则处于下沉中。例如，在过去100年中，海平面变化速率从路易斯安那沿岸的上升9.1 mm/a(由于陆地下沉)，到阿拉斯加部分地区每年下降若干毫米(由于冰后期的地壳均衡反弹)。1993—2003年期间海平面上升速率相比长期平均(1961—2003年)加快，虽然还不清楚它是短期变化的反映抑或是长期的趋势(图7-4)。澳大利亚的海平面变化，根据伦敦皇家学会的计算，净上升速率为1 mm/a，国家潮汐中心还绘制了整个海岸线32个验潮站的图表，有些数据始于1880年。

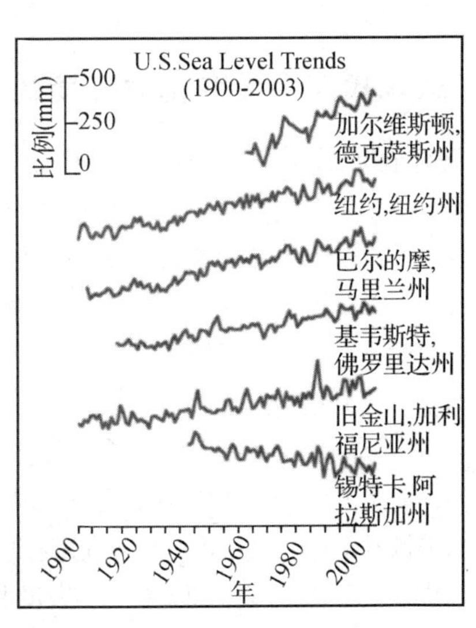

图7-4 美国海面变化趋势(1900—2003)

根据国家海洋局资料(1990)，在中国沿海48个长期验潮站中，海平面呈上升趋势的有39个站，占总数的81%，呈下降趋势的有7个站，占总数的15%，基本稳定的有2个站，占总数4%。对我国48个站的1 200多个站年数据的分析表明，近百年来我国沿海海平面变化在各海区之间也存在差异，大多数海区是上升的，个别海区下降。总的趋势是上升，平均速率为1.4 mm/a，其中渤海为0.5 mm/a，东海为1.9 mm/a，南海为2.0 mm/a。只有黄海海平面呈下降趋势，下降速率为0.2 mm/a。由于山东半岛地壳缓慢上升，其上升速率约为2.5 mm/a，所以相对而言海平面仍是上升的。国家海洋局2008年发布的海平面公报显示，近 30 年来，我国沿海海平面总体呈波动上升趋势，平均上升速率为 2.6 mm/a，高于全球平均值。在气候变暖引起全球海平面上升的背景下，局部地面沉降和异常气候事件是造成 2008 年沿海海平面变化的主要原因。

二、未来百年海面变化预测

迄今为止，在大陆、区域和海盆的不同尺度上，已经观察到了大量气候和海平面变化的事实。卫星数据显示，1978 年以来北冰洋海冰范围平均每十年减少 2.7%(2.1%～3.3%)，夏季减少得更多，为 7.4%(5.0%～9.8%)。根据 IPCC 的报告(AR4，2007)，在未来 20 年，每十年温度将升高 0.2 ℃。即便所有温室气体和气溶胶的浓度保持在 2000 年水平，全球温度每十年仍将升高 0.1 ℃。如果温室气体浓度以目前的趋势增加，将引起全球气候进一步变暖。即使温室气体浓度保持不变，由于与气候过程和反馈相关的时间尺度的存在，人类活动引起的变暖和海平面上升将会持续数个世纪。

IPCC 对未来海平面变化做出的预测，是基于由地球大气层温室气体增加而导致全球变暖的计算机模型做出的。1990 年它曾预言，人为造成的气候变暖将使海平面到 2100 年上升 30～100 cm，2007 年将此预测值调整为 18～59 cm。

根据一些学者建立和发展的全球气候模式与中国区域气候模式的预估，到 2020 年中国的气温平均将上升 1.3～2.1 ℃，到 2030 年可能升温 1.5～2.8 ℃，2050 年将升温 2.3～3.3 ℃，到 2100 年升温将达到 3.9～6.0 ℃。以 IPCC 评估报告的预估值为基础，加上研究区域的地面沉降速率因素，对河口三角洲地区 2050 年相对海平面上升的预估值为，上海约 50 cm，长江三角洲北部沿海约 45 cm，苏北滨海平原和杭州湾北岸 25～30 cm；珠江三角洲在 2030 年可能上升幅度为 22～33 cm。有人估计中国沿海海平面平均上升值 2030 年为 6～25 cm，2050 年为 13～50 cm。

三、现代海平面变化对环境的影响

海洋在地球天气和气候变化中扮演着重要角色。海洋能够使地球空气变热或变冷、潮湿或干燥，并影响风速和风向。在过去 50 年，海洋吸收了全球 80%的热量，如果没有海洋，全球气候会变得比目前更加炎热。海平面上升不仅会淹没土地，还会引起海岸水动力条件、沉积环境和生态环境等的改变，加重海岸侵蚀、盐碱化及洪涝灾害，从而给海岛和海岸地区的自然环境和人类生存环境造成危害。

1. 淹没土地

全世界岛屿国家有 40 多个，大多分布在太平洋和加勒比海地区，面积总和约为 77 万 km^2，人口总和约为 4 300 万。很多岛国的国土仅在海平面以上几米，有的甚至在海平面以下，靠海堤围护国土，海平面上升可能淹没这些国家。沿海地区是各国经济社会发展最繁荣的地带，如果海平面上升 1 m 以上，一些世界级的大城市，如纽约、伦敦、威尼斯、曼谷、悉尼、上海等，将面临被淹没的危险；一些人口集中的河口三角洲地区也将严重受灾，例如孟加拉国将失去 16%的土地，1 300 万人口需要迁移；埃及尼罗河三角洲现有农田的 12% ～15%将被淹没，600 万人口面临迁移(Douglas et al.，2001)；我国沿海将有 12 万 km^2 土地被淹，7 000 万人口需要迁移。不过，沿海地区土地淹没的问题，并不能仅依据高程数据做简单的判断。对于自然发育过程的海岸和三角洲，其高程是与上升着的海平面高度相适应的，如果有足够的河流泥沙，就难以出现海平面上升淹没大片低地的问题，而围堤保护也是在评估海平面影响时要考虑的因素。

2. 侵蚀海岸

海平面上升是世界大多数沿海地带侵蚀的驱动力。海面上升将引起潮差加大,潮流作用增强,水深加大,波浪作用增强,从而导致海岸侵蚀加剧。由于海岸组成物质、地形地貌、地壳运动、气候、海岸动力作用以及人类开发利用方式的不同,海面上升时不同地区海岸侵蚀的影响程度有很大差异。三角洲、潮滩、沙质海岸、河口、障壁岛等,是易受侵蚀的地区。对于沙质海滩,海平面上升产生的主要影响是海滩侵蚀和海岸沙坝向岸推移。海面持续上升,水深加大,使得波浪对古海岸带的扰动作用逐渐减小而形成海底的横向供沙减少,而激浪对上部海滩的冲刷加强。同时,逐渐升高的海面,降低了河流的坡降,减少了河流向海的输沙量。因此,世界上大部分海滩普遍沙量补给不足,侵蚀后退。

海平面上升引起海岸侵蚀的系统概念,是 1962 年由布容(Bruun)首先提出的。据他分析,在严重侵蚀海岸,海平面上升引起的海滩侵蚀占侵蚀总量的 15%～20%。美国沿岸各州以及岛屿地区,欧洲的葡萄牙、法国、希腊、比利时和荷兰等国,都正在遭受侵蚀,海平面上升会使海滩侵蚀速度和侵蚀范围增大。有人预测,即使海平面以目前的速度(1～2 mm/a)上升,也会使世界上 70%的沙质海岸发生后退。季子修等(1993) 按布容法则计算了长江三角洲附近海岸的后退距离(表 7-3)。

表 7-3 按 Bruun 定律计算的海岸随海平面上升的海岸后退量

岸段	海滩坡度(‰)	海平面上升 1 cm 时的海岸后退量(m)
废黄河三角洲海岸	1.3～3.6	2.8～7.7
江苏中部海岸	0.3～0.9	11.2～33.4
江苏南部海岸	1.1～1.2	8.3～9.1
南汇咀海岸	0.6～3.9	2.2～16.7
杭州湾北部海岸	2.8～4.5	2.2～3.6

(季子修等,1993)

3. 加剧洪涝灾害

海平面上升将使沿海地区洪涝灾害加剧,风暴潮发生更为频繁,并引发海水入侵、土壤盐渍化等问题。沿海地区海拔一般较低,容易受到洪涝灾害的袭击。海平面上升势必会对洪水起顶托壅高的作用,从而增加洪水的威胁,并加大了汛期排水的压力。例如,珠江三角洲广州市百年一遇的高潮位现为 3.61 m,若海平面上升 65 cm,它将变为 10～20 年一遇(3.55～3.78 m);黄埔港现在的百年一遇高潮位为 3.18 m,海平面上升 65 cm 后,变为十年一遇(3.19 m)。这种海平面上升对多年一遇潮位的变化,意味着洪涝发生几率的增加。海面上升使河口水位和洪水位相应抬高,河口段水面比降减小,流速减缓,泥沙堆积加重,并使各种水利和防潮设施的效率降低,从而加剧了洪涝灾害。海平面上升直接导致风暴增水的初始海面与高潮位提高,不但加剧风暴潮灾害程度,而且也可能导致灾害频率增加,造成生命财产的更大损失。与海平面上升相伴的海水增温可能导致热带气旋灾害的增加,从而也将加剧风暴潮灾害。

4. 咸水入侵

海平面上升使河口盐水楔上溯,加大了海水入侵强度,使地下水水质盐化加重,造成土地荒芜。利用经验相关和数值计算等方法对海平面上升引起的长江口海水入侵强度的综合研究表明，未来海平面上升 50 cm，枯季南支落憩 1‰和 5‰等盐度线入侵距离将分别比现状增加 6.5 km 和 5.3 km；利用 Ippen 经验公式对珠江口的计算结果显示，未来海平面上升 40～100 cm，各海区 0.3‰等盐度线入侵距离将普遍增加 3 km 左右。由于海平面上升，使沿海江河的潮水顶托范围沿河上溯，不仅引起河道泥沙沉积的变化，也会影响沿海地区的淡水供应和饮用水水质。此外，在一些河流量随季节波动的主要热带三角洲地区（特别是在东南亚），当海平面上升时，潮汐咸水将向上游方向渗透，使土地不适宜耕种。

5. 影响生态系统

海平面变化会引起海洋环境的巨大改变，潮滩沼泽、红树林和珊瑚礁是最容易受到海面上升威胁的生态系统。不同的生物群落适应不同的环境，环境因子的改变会引起生态系统的变化。海平面上升导致水深增加和动力带（波基面、破波带）迁移，从而会引起一系列因子（如海水透光性、水温、浊度、盐度等）的变化。沿海湿地生态系统对海平面变化的影响非常敏感，海平面上升将造成沿海湿地的损失和湿地生物的迁徙。海平面上升可能导致红树林和珊瑚礁的破坏。许多珊瑚岛，包括印度洋、太平洋和加勒比海的许多岛屿及澳大利亚的大堡礁，其平均高程仅比海平面高 1.5～2 m，因而处于被淹没的危险中，这取决于现有珊瑚礁的生长速度能否赶上海平面的上升速度。

6. 危及海岸工程

海岸的保护设施有海堤、闸门、离岸堤、突堤、人工岬及人工潜礁等。这些海岸结构工程的功能有的是防止海水内淹或倒灌，有的是防止海岸侵蚀、稳定海滩或甚至促淤。这些结构物功能的发挥都与海平面有关。海平面上升，则海堤顶面的高程相对降低，防洪标准下降。由于海平面上升，使岸外水深增大，到达岸边的波浪作用加强，海岸基础设施和建筑物更容易遭受破坏，例如铁路、公路、桥梁、港口、仓库、码头等。

7. 对经济和社会的影响

海平面上升对沿海脆弱地区和岛国的经济具有巨大的负面影响。2009 年美国一份为保险业编写的报告显示，到 2050 年全球海平面如果上升 0.5 m，将给全球大的海港城市带来超过 28 万亿美元经济损失。对于许多岛屿国家，特别是一些小岛国家，旅游业往往是这些国家的经济支柱，例如，巴哈马有 70%的人口从事旅游业，马耳他有 40%的人口从事旅游业。由于海平面升高会造成海岸沙滩的侵蚀和海岛生态景观的破坏，使旅游资源受到损失，因而可能给小岛国家的经济造成致命的打击。由于海平面上升带来的影响，可能使一些原来从事农业、工业、旅游业的人员，失去原来的职业，引发一些社会问题。另外，海平面升高不仅可能淹没岛屿和沿海城市的人居设施，而且会造成污水排放困难，从而恶化环境卫生状况，促进一些疾病的传播。

四、现代海平面变化的主要原因

现代全球海平面上升主要是由气候变暖引起的。IPCC 指出，1961 年以来，观测显示至少 3 000 m 深度以上的海水温度在增加，海洋吸收了气候系统新增热量的 80%以上。气候变暖导致海水扩张，引起海平面上升。IPCC 表示，全球气候系统的变暖已经是不争的事实，而这一现象极有可能是人类活动导致温室气体浓度增加所致。

IPCC 评估报告（AR4，2007）在决策者摘要中指出：自从 1750 年以来，人类活动导致全球大气中 CO_2、CH_4 及氮氧化物浓度显著增加，目前已经远超过了工业革命之前的值。全球 CO_2 浓度的增加主要是由化石燃料的使用及土地利用的变化引起的，而 CH_4 和氮氧化物浓度的增加主要是农业引起的。全球 CO_2 浓度从工业革命前的 280 ppm 上升到了 2005 年 379 ppm。据冰芯研究证明，2005 年大气 CO_2 浓度远远超过了过去 65 万年来自然因素引起的变化范围（180～300 ppm）。过去 10 年 CO_2 浓度增长率为 1.9 ppm/a，而有连续直接测量记录以来的增长率为 1.4 ppm/a。

20 世纪中期以来，全球平均温度的上升很可能是人类活动导致由于 CO_2、CH_4 和氮氧化物等温室气体浓度的增加引起的。目前，人类活动的影响已经扩展到了气候的其他方面，包括海洋变暖、大陆平均温度上升、温度极端事件发生及风模式的变化等。

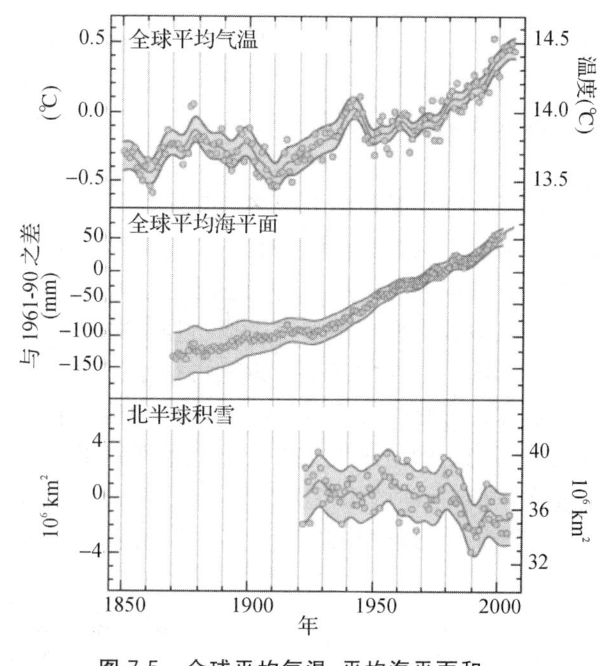

图 7-5　全球平均气温、平均海平面和北半球积雪变化

（据 IPCC，2007）

气候系统变暖是毋庸置疑的。一系列排放情景特别报告（SRES）预测，在未来 20 年，每 10 年温度升高 0.2 ℃。即便所有温室气体和气溶胶的浓度保持在 2000 年水平，全球温度每 10 年仍将升高 0.1 ℃。温室气体浓度以目前的趋势增加，将引起进一步变暖问题，从而导致 21 世纪全球气候系统的更多变化，这些变化可能要比 20 世纪观测到的大得多。即使温室气体浓度保持不变，由于与气候过程和反馈相关的时间尺度的存在，人类活动引起的变暖和海平面上升将会持续数个世纪。全球大气平均温度和海洋温度均在增加，大范围的冰雪融化和全球海平面升高也说明了这一点（图 7-5）。

五、对全球海平面上升和气候变暖的质疑

虽然全球变暖和海平面上升已成为多数科学家的共识，但也有一些学者提出质疑。主要的争议点包括：(1)全球海平面是否处在加速上升过程中，全球真的变暖了吗？(2) CO_2 是全球变暖的原因还是结果，人类活动对大气中 CO_2 等温室气体的贡献到底有多大？(3)即便全球变暖和海平面上升是事实，后果是否真的很严重？

有学者指出，现代海平面的变化，与过去的冰期和温暖期相比是微不足道的。在巴巴多斯发现的古珊瑚礁显示，大约 21 000 a 前，自上次冰期以来，海平面大约上升了 120 m。5 000～6 000 a 前，大多数冰期的数万亿吨额外冰山已经融化。之后，全球海平面上升放慢，并在 3 000～4 000 a 前出现明显的稳定期。研究并未发现，在过去的 20 个世纪里海平面有任何加速上升的迹象。

国际联盟第四纪研究委员会在关于海平面变化与海岸的演变问题上表示：IPCC 忽视了那些致力于研究并获取有关海平面数据的科学家的研究成果，继而以未经核实的模型的预测结果来代替。前海平面委员会主席，瑞典地质学家尼尔斯·阿克苏·莫纳表示，在过去的 300 年里，海平面并没有显示出上升的趋势，而且，通过卫星遥感监测也显示，在过去的几十年里，海

平面几乎没有变化，这和 IPCC 的预测模型刚好相反。莫纳指出，过去 50 年来，海洋水位只是按照自然规律时升时降。平均水位不但没有上升过，他更预言海平面在本世纪内都不会上升超过 10 cm，即使把未知之数计算在内，最高幅度也只会有 20 cm，最低幅度为 0。他的实地考察结果证实，马尔代夫的海平面 50 年来没有上升过。

俄罗斯科学院普尔科夫天文台的科学家们在对太阳辐射情况进行持续观测后称，地球有可能在 50 年后遭遇全球性的气候变冷，而且这一过程将一直持续到 22 世纪初，此后将进入下一轮为期 200 年的变暖周期。质疑气候变暖的科学家认为，地球气候本身就存在周期性的变化。17 世纪，地球经历了一次小冰期，19 世纪末以来地球温度的上升不过是这次小冰期的结束。

造成地球变暖的因素很多，包括太阳的活动甚至宇宙射线的变化等等。其中最主要因素是太阳活动，其次还有地球的内部运动、大气环流和洋流，最后才是人类活动。CO_2是地球大气中不可缺少的一个成分，但它是大气中的一个非常小的组成成分，含量不到 400 ppm，它所造成的温室效应根本不足以造成所谓的“全球暖化”。而且，与地球自身排放的CO_2相比，人类工业活动的所产生的碳排放量只占很小比例。

地球在进化过程中具有自我调节功能。自地球形成以来，太阳光照增加了 30%，但化学性质并不稳定的地球大气层依然基本保持不变。研究发现，因太阳活动规律性变化导致的史上 4 次冰期，期间的每一次过渡，都存在升温现象。自 20 世纪 90 年代以来的北极冰盖持续缩小，可能是因为地球在向下一个冰期过渡所产生的自然现象。

复 习 思 考 题

1. 什么是平均海平面(MSL)？它与我们观察到的海面有何不同？
2. 为什么要区分全球平均海平面和地方平均海平面？
3. 测量海平面有哪些方法？
4. 海平面变化与哪些因素有关？
5. 大气中的CO_2有哪些来源？人类的CO_2排放是海平面变化的主要原因吗？
6. 全球变暖问题在科学和政治两个方面各有什么意义？
7. 名词解释：地壳均衡运动、冰期和间冰期、构造型海面升降运动。

第八章　海岸带的现代过程

海岸是具有海陆过渡特点的独立的环境体系，它是在水圈、大气圈、岩石圈和生物圈相互作用下，经过长期发展演变形成的。海岸地带的组成物质与波浪、潮汐等海洋动力条件相抗衡，加上气候因素、河川径流、生物活动等的作用，形成了错综复杂的海岸过程，造就了现代海岸线蜿蜒曲折的形态。

海岸由于其重要的地理位置和丰富的自然资源，成为人类最早开发和经济最繁荣的地区。世界海岸线的总长度约 44 万 km，有海岸的国家有 100 多个，狭长的沿海地带集中居住着世界上将近 2/3 的人口。

海岸带过程的复杂性和在经济上的重要地位，使其长期以来成为多学科的研究对象。海洋地质学主要研究海岸的地质和沉积特征，为海岸带的工程建设、石油、天然气和其他沉积矿产的勘探开发以及海岸带环境演变的研究提供基础。

第一节　海岸及其分类

一、海岸线和海岸带

海岸线是海水面和陆地面的交线。由于海水面受到潮汐等因素的影响而变动，因此从理论上说，海岸线的位置不是固定的。在有潮海区，一般把平均高潮面与陆地面的交线(平均高潮线)当作该地的海岸线。因此海岸线标志着永久暴露的海岸的向海界线，它把海岸和海滨分别开来。

海岸带是海洋和陆地相互作用的地带，是海岸水动力和海岸带岩石圈相互作用的产物。海岸动力包括波浪、潮汐、海流及沿岸河流等活跃因素，它们不断地改变着海岸带的面貌；沿岸的地质地貌条件，如岩石性质、地质构造、海岸地形和轮廓等，构成海岸带物质基础，它们影响海岸动力作用的结果，使海岸经历不同的发育过程，形成不同的特点。

海岸带包括海岸线两侧的陆上和水下两部分，从动力作用的角度来看，其下界始于波浪进入浅水区开始发生变形、进而推动海底泥沙运动、对海底地形塑造发生影响的地方，其上界为暴风浪时海水所能到达的陆上最远处。海岸带的陆上部分是狭义的海岸，一般由风成沙丘、海蚀崖或滨岸堤组成，它们是滨海平原的组成部分。由于海岸带上有一些大的地形，如大小海湾、泻湖、海岸沙丘、河口和三角洲等，因此，海岸带的向陆界线很难统一划定。海岸带的水下部分是近岸带，其范围从海岸陡崖的基部或海岸线向海穿过海滩至波浪、水流频繁活动的破浪带外缘，外界一般定在 1/2 波长等深线处。我国在进行海岸带调查时规定的调查范围为：由海岸线向陆方向延伸 10 km 左右，向海至水深 10～15 m 等深线处；在河口地区，向陆延伸至潮区界，向海方向延至浑水线或淡水舌。从地质历史和构造上来看，古海岸带遗迹可以在与现代海岸带相邻的陆上或海底保存，因此海岸带的范围可能更大。

二、海岸带分段

现代海岸带自海向陆分为水下岸坡和海滩两个部分，二者以低潮线为界。从动力作用过程来看，前者是由于波浪传入浅水区时产生变形而对海底发生作用，后者是在波浪破碎后产生的激浪流作用下形成的。

根据海岸带的环境特征，可以进一步把海滩分为后滨和前滨，水下岸坡分为近滨和滨外（图 8-1）。

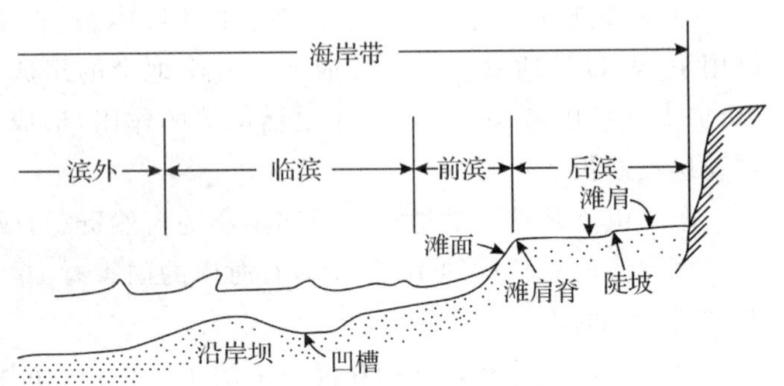

图 8-1　海岸带分带示意图

（据 Komar，1976）

1. 后滨：高潮线以上的狭窄的陆上部分，向陆直至最大波浪作用所能到达的地方，相当于潮上带。它从前滨的顶部向陆延伸至自然地理特征改变的地方，如海岸陡崖、沙丘或植物生长带。由于沉积物堆积作用和波浪作用从后滨逐渐向海方向推移，形成一种近于水平的堆积面，称为滩肩（beach berm）。有的海滩不止一个滩肩，滩肩的前沿是一种高度不大的小陡坎，称为滩坎（beach scarp），滩坎是在大风浪袭击下海滩后退过程中形成的。滩肩的下界，即滩肩向前滨的转折处，称为滩肩顶（berm crest）或滩肩边缘（berm edge）。

2. 前滨：从低潮线至高潮时波浪上冲流到达的界限，相当于潮间带。它从滩肩顶向海延伸至低潮时回流消散的界线。前滨与滩面近乎同义，但前滨的范围还包括滩面剖面向下延伸的平坦部分。

3. 近滨：又称临滨或内滨，自波浪破碎带至低潮线，相当于潮下带。近滨是水下岸坡的上部，其水深相对较浅，是破波活动频繁的地带。在沙质的水下斜坡上，常发育一些与岸线走向相平行的沿岸槽（longshore trough）、沙脊（sand ridges）和沙坝（sand bars）。

4. 滨外：又称外滨，是水下岸坡的下部。它自波浪传入浅海开始发生变形从而对海底产生作用处（称为波浪基面，大约相当于 1/2 波长的水深处）到波浪破碎带的前沿，水深相对较大。

值得注意的是，海岸带的上述界线是随着波浪作用强度变化以及海岸类型的不同而变化的。在波浪作用增强时，波浪在较大的深度就开始扰动海底泥沙，海岸带的下界向海移动，海岸带宽度变大。风浪对不同类型海岸作用的上界也不相同，如在陡峻的基岩海岸，波浪淘蚀海蚀崖底部，引起海蚀崖崩塌后退，因此可把海蚀崖的顶部看作海岸带的上界；而在平缓的砂质海岸，海滩、海岸沙丘及泻湖洼地等，都与风浪或风暴越流作用有关，均应包括在海岸带的范围内。

海岸线和海滨线在定义上是有差别的。海岸线是海岸与海滨之间的分界线，亦即海岸陡崖基部的纵向连线；而海滨线是指海面与出露海滩之间的分界线，在有潮海的海滨则有高潮位和低潮位与海滩形成的交切面，分别称为高海滨线和低海滨线。而实际上，海岸线的长度和领海范围又都是以低海滨线确定的。

三、海岸的分类

海岸分类不仅应当反映海岸的形态特征，还应反映海岸的形成原因、各种作用因素的关系和海岸的发育阶段。概括地说，分类应遵循形态—成因—动态相统一的原则。此外分类系统应简单实用，并适于制图。

由于海岸形态错综复杂，影响海岸形成的因素很多，海岸分类至今没有公认的统一标准和划分方法。随着海洋学和地质学的发展，海岸分类也处在不断的发展和完善过程中。以往的多种分类方案，是根据不同的指标对海岸特征进行解释。这些指标包括海岸的构造类型，构造稳定性，水平或垂直运动，能量，基岩，移动的物质，几何形式，海岸均衡，横剖面，侵蚀、堆积状况，发育阶段，气候，生态和时间等等。

1. 李希霍芬的海岸分类

最早进行系统的海岸分类的是李希霍芬（F. von Richthofen，1886）。他从海岸形态、构造运动和切割性质三个角度提出了分类方案：

形态分类：根据海岸的横剖面形态分为（1）陡峻的海岸；（2）有平坦海滨并有海蚀崖的海岸；（3）具有宽广滨岸平原和古海蚀崖的海岸；（4）低海岸。

构造分类：根据构造运动与海岸的关系分为（1）纵海岸；（2）横海岸和斜交海岸；（3）下沉盆地的凹岸；（4）桌状或块状地区的中性岸；（5）堆积岸。

切割性质分类：根据海岸的切割性质和成因分为（1）海侵岸；（2）与大陆基岩相连的堆积岸；（3）切割决定地方因素的海岸（如火山海岸，珊瑚礁海岸）。

李希霍芬的海岸分类能反映海岸的成因差别，但其分类原则不统一，分类体系也不够完整和严密。

2. 约翰逊的海岸分类

约翰逊（D. W. Johnson，1919）把海岸构造运动的方向作为分类的标准，划分为上升海岸、下沉海岸、中性海岸和复式海岸（表 8-1），并拟定了简单的演化图式。这种分类对后期的海岸研究有很大的影响。

表 8-1　约翰逊的海岸分类

1. 下沉海岸	（1）里亚斯式海岸	爱尔兰西南—丁格尔海湾
	（2）峡湾海岸	挪威西部—松内峡湾
2. 上升海岸	具沙坝和泻湖的夷平岸	波罗的海
3. 中性海岸	（1）三角洲海岸	密西西比河三角洲
	（2）冲积平原海岸	印度西北部
	（3）冰水冲积平原海岸	冰岛东南部
	（4）火山海岸	夏威夷群岛
	（5）珊瑚礁海岸	澳大利亚东北部大堡礁
	（6）断层海岸	新西兰北岛威灵顿
4. 复式海岸		

但是，海岸构造运动的方向并不能简单地用以概括所有的海岸，它只是海岸发育中的一个次要因素。根据约翰逊的划分原则，世界上几乎所有的海岸都属于复式海岸。此外，约翰逊分类依据的形态标志也是不正确的，如平直海岸和滨外沙岛应是海岸正常发育的结果，并不是地壳上升的标志；世界上大型三角洲实际上都位于构造沉降区，也不能作为中性海岸的证据。

3. 谢帕德的海岸分类

40年代以后，人们逐渐认识到造成现代海岸千差万别的根本原因并不主要是地壳运动，而是海岸动力作用过程的改造。1948年，谢帕德(F. P. Shepard) 首先提出海岸的成因分类，把以地壳运动和陆地营力为主塑造的海岸和以海洋营力作用为主塑造的海岸划分为原生海岸和次生海岸两大类。原生海岸是指实际上未受海洋作用改造，保留着陆地营力的侵蚀和堆积作用以及火山作用或构造运动所塑造的形态；次生海岸则是由于现代海洋的侵蚀堆积、海洋生物和海洋化学作用形成的。进一步的划分则是根据海岸形成的主导因素及其作用过程。1973年，谢帕德把这种分类进一步修改补充，将原生海岸分为5大类，次生海岸分为3大类，每一大类再进一步划分出若干亚类 (表8-2)。

表8-2 谢帕德的海岸分类

一、原生海岸	二、次生海岸
A. 陆地侵蚀海岸	A. 浪蚀海岸
1. 里亚斯海岸(沉溺河谷海岸)	1. 波浪切割的陡崖海岸
2. 沉溺的冰蚀海岸	2. 波浪侵蚀的曲折海岸
3. 沉溺岩溶海岸	B. 海洋堆积海岸
B. 陆地堆积海岸	3. 沙坝海岸
4. 河流堆积海岸	4. 三角岬海岸
5. 冰川堆积海岸	5. 海滩平原
6. 风积海岸	6. 泥滩和盐沼海岸
7. 崩塌海岸	C. 生物海岸
C. 火山海岸	7. 珊瑚礁海岸
8. 熔岩流海岸	8. 龙介虫礁海岸
9. 火山碎屑海岸	9. 牡蛎礁海岸
D. 地壳运动形成的海岸	10. 红树林海岸
10. 断层海岸	11. 沼泽湿地海岸
11. 褶皱海岸	
E. 冰川刨蚀海岸	

在谢帕德的分类中，对第一类的海岸过分强调了陆地的原始切割及陆源碎屑的影响，忽略了海洋因素，而对第二类的海岸，又忽视了原始地形的影响，同时分类未能反映各类海岸之间的关系。此外，谢帕德的分类不适宜于大比例尺的小范围野外填图。

曾科维奇和列昂杰夫在编制前苏联海图集时，把海岸分为原生海岸、堆积海岸和其他海岸三大类型。原生海岸系指未受或稍受海洋改造的海岸；堆积海岸包括冲积平原、三角洲、沙坝泻湖海岸等；其他海岸主要是冰成海岸，珊瑚礁海岸，红树林海岸，火山海岸等。这种分类与谢帕德分类相似，同样未考虑各类海岸之间的成因联系和发展顺序。

4. 其他分类

板块构造理论提出后，因曼 (D. L. Inman, 1971)等根据所处的大地构造位置把海岸分为3类：

Ⅰ. 板块前缘碰撞海岸：位于大陆和岛弧的碰撞和俯冲带的边缘。

Ⅱ. 板块后缘拖曳海岸：位于随扩张而离开洋中脊的大陆和岛屿的边缘。进一步划分为：(1)新板块后缘拖曳海岸；(2)非洲式板块后缘拖曳海岸；(3)美洲式板块后缘拖曳海岸。

Ⅲ. 陆缘海海岸：位于受岛屿保护的一侧。

金 (C. A. M. King, 1963, 1972)提出以物质组成进行分类，分为砾质海岸、砂质海岸和淤泥质海岸。在海岸地带，沉积物、坡度和水动力是影响海岸发育的三个基本因素，它们互相影响、互相制约。因此依据沉积物进行分类，在一定程度上能反映海岸的特征，而且这种分类也比较简便，容易接受，在我国使用较广泛。

王颖等在研究中国海岸时，根据成因把中国海岸分为两个最基本的类型，即基岩港湾海岸和平原海岸，两类海岸都包括河口，但考虑到河口的特殊性及重要性，将其单独列出，华南所特有的生物成因海岸也单独列出（表 8-3）。

沈锡昌等按自然动力把全球海岸分为外动力海岸和内动力海岸，其特征和演变过程均有明显不同（表 8-4）。

表 8-3 中国海岸分类

Ⅰ. 基岩港湾海岸（bedrock embayed coast）
- Ⅰ-1. 海蚀港湾岸（marine erosional embayed coast）
- Ⅰ-2. 海蚀—堆积岸（marine erosional-depositional coast）
- Ⅰ-3. 海积港湾岸（marine depositional embayed coast）
- Ⅰ-4. 潮汐汊道港湾岸（tidal inlet embayed coast）

Ⅱ. 平原海岸（plains coast）
- Ⅱ-1. 冲积平原海岸（alluvial plains coast）
- Ⅱ-2. 海积平原海岸（marine depositional coast）

Ⅲ. 河口海岸（river mouth coast ）
- Ⅲ-1. 河口湾（estuaries）
- Ⅲ-2. 三角洲（delta）

Ⅳ. 生物成因岸（biogenic coast）
- Ⅳ-1. 珊瑚礁海岸（coral reef）
- Ⅳ-2. 红树林岸（mangrove）

（据王颖等，1980）

表 8-4 全球海岸分类

一级海岸动力—成因	二级海岸气候—成因	三级海岸岩性—成因	四级海岸形态—成因	实　例
外动力海岸	一、水动力海岸	1. 基岩海岸	(1)海蚀悬崖海岸	北部湾斜阳岛海岸
			(2)海蚀崖—波切台湾岸	北部湾涠洲岛南湾猪背岭
			(3)海蚀崖—堆积海岸	河北北戴河鸽子窝海岸
		2. 沙砾质海岸(海滩)	(4)单坡向海滩海岸	舟山普陀岛千步沙
			(5)双坡向海滩海岸	舟山普陀岛百步沙
			(6)障壁沙岛—泻湖海岸	美国得克萨斯墨西哥湾海岸
		3. 泥质海岸(潮坪)	(7)窄陡湖坪海岸	苏北废黄河口滨县潮坪
			(8)宽平潮坪海岸	苏北王港潮坪
		4. 三角洲海岸	(9)扇形三角洲海岸	现代黄河三角洲
			(10)鸟爪形三角洲海岸	现代密西西比河三角洲
			(11)尖头形三角洲海岸	波河三角洲
			(12)岛屿三角洲海岸	长江三角洲
		5. 三角港海岸	(13)喇叭形三角港海岸	钱塘江杭州湾
			(14)漏斗形三角港海岸	塞纳河河口湾
		6. 三角湾海岸	(15)三角湾海岸	美国俄勒冈雅库纳河河口湾
外动力海岸	二、生物海岸(低纬度)	7. 珊瑚礁海岸	(16)岸礁海岸	海南三亚岸礁
			(17)堡礁海岸	澳大利亚大堡礁
			(18)环礁海岸	西沙永乐环礁
		8. 红树林海岸	(19)红树林海岸	海南清澜港一带海岸
	三、冰冻海岸(高纬度)	9. 热力海蚀海岸	(20)热力海蚀崖海岸	北冰洋格丹半岛海岸
			(21)热力海蚀崖—堆积海岸	北冰洋海岸
		10. 冰岸	(22)冰岸	南极洲海岸
		11. 峡湾海岸	(23)峡湾海岸	挪威海岸
		12. 岛礁海岸	(24)岛礁海岸	波罗的海海岸
内动力海岸	四、断层海岸	13. 断层海岸	(25)断层崖海岸	台湾东部海岸
	五、地震海岸	14. 地震海岸	(26)地震海岸	日本喜界岛海岸
	六、火山海岸	15. 熔岸海岸	(27)熔岩被海岸	夏威夷东南海岸
			(28)熔岩流海岸	夏威夷东南海岸
		16. 火山碎屑海岸	(29)火山碎屑海岸	印尼局部海岸
			(30)火山锥海岸	太平洋、大西洋新火山岛
			(31)破火山口海岸	北部湾湄洲岛南湾海岸

（据沈锡昌，1991）

第二节　海岸带的物质运动

一、海岸动力

波浪、潮汐、近岸流等海洋动力作用是塑造海岸带的主要动力，在大河入海口附近，河流的动力作用也很重要，此外还有风的作用等。从对海岸带的作用过程来看，波浪和潮汐是最重要的动力因素。

（一）波浪作用

波浪是海水动力中最普遍最活跃的因素。海洋中的波浪主要是由风力作用形成的。当风吹过海面时，通过近水面大气层的垂直压力和切应力，将能量传递给海水，摩擦作用使水质点离开平衡位置作近似封闭的圆周运动，海面相应地产生周期性的起伏，形成波浪。在风成波自深水区向岸传播的过程中，波浪特性将发生显著变化，这种变化是海岸带物质运动的基本原因。波浪是海岸侵蚀、堆积和泥沙搬运的主要动力因素。

波浪能量是作轨迹运动的水质点所具有的动能和势能的总和。波浪规模愈大，尤其是波高愈大，波能就愈大，它们对海岸的作用也愈强烈。在水深足够大的海区，波浪运动不受海底影响，水质点作等速圆周运动，在垂直方向上，波浪能量也迅速减小。当波浪进入水深小于1/2波长的浅水区时，水质点与海底相互作用，波浪性质发生重大变化，形成浅水波。这时水质点在海底作平行于底面的直线形振荡运动，同时随着水深变浅，波形也变得不对称。当波浪向更浅的岸边传播时，波浪变形越来越强烈，最后导致波浪破碎。波浪完全破碎后，水体就不再服从波浪运动规律，而成为激浪流。在非常平缓的海底，波浪在通过很长的距离过程中，逐渐减小其波高，一般并不产生激浪流，如粉砂淤泥质海岸；在较陡的水下岸坡上，水深变化急剧，波浪很快到达岸边，破碎形成强大的激浪流。

当波浪传播进入浅水区时，若波向线与等深线不垂直，则波向线将逐渐偏转，趋向与等深线和岸线垂直，发生波浪折射。波浪折射的结果使波向线发生辐聚或辐散，导致某一位置波浪能量的增强或减弱，引起海岸的侵蚀和堆积。波浪在传播过程中，若在岸外遇到沙嘴或防波堤等障碍物的阻挡，波能将沿波峰线作侧向传递而进入波影区，能量迅速减小，在波影区形成堆积。

（二）潮汐作用

潮汐对海岸的动力作用表现在两个方面。一是潮汐引起的海面周期性升降对波浪作用产生影响，改变了波浪作用的范围和性质。海面的周期性涨落，展宽了海水与波浪活动的范围，改变了激浪活动带，减少了波浪直接作用的效应。在无潮海区，波浪可长期作用于一个狭长地带；而在有潮海区，特别是在海岸平缓而潮差较大的地区，潮汐所引起的水面涨落，可使波浪作用的范围扩大，波浪对同一位置的作用时间缩短。同时由于潮水的淹没与后退，使潮间带具有特殊而复杂的动力条件。二是潮流对泥沙的搬运作用。潮流是由潮汐引起的海水在水平方向的移动。在开阔海岸区，潮流主要搬运波浪掀起的海底泥沙；在海峡或河口，潮流流速较大，可侵蚀和掀起海底松散沉积物，形成潮滩、潮流沙脊，塑造潮水沟及巨大的潮流通道。细粒物质在潮流中可长期呈悬浮状态，被搬运到河口港湾形成淤积。因此潮汐也是海岸带重要的动力因素。

二、海岸带的泥沙运动

当底部水流运动达到一定速度时，就会推动海底泥沙运动。使泥沙颗粒开始移动时的流速称为起动流速。对于具有不同物理性质(粒径，比重，表面形态等)和化学性质的泥沙，其起动流速是不同的。泥沙颗粒的运动方式有推移、跃移和悬移三种，取决于水流速度和泥沙颗粒的性质。相应地，处在三种运动方式下的物质分别称为推移质、跃移质和悬移质。对同一颗粒而言，在流速较小时以推移方式运动，如果流速增大，可进入跃移甚至悬移状态。对同一流速而言，较小的泥沙颗粒可处于悬移状态，而较大的颗粒则处于推移状态。在砂质和砾质海岸，泥沙颗粒以推移为主，淤泥质海岸则主要是泥沙的悬移运动。泥沙颗粒的推移运动在海岸沙体的形成过程中最为重要，以下讨论的海岸带泥沙运动、海岸带平衡剖面的塑造、中立线的理论以及由此推导的海岸发育过程，都是适用于推移质运动的。

海岸带的泥沙主要受波浪和重力的共同作用。波浪进入浅水区发生变形，水质点在水层表面作不对称的椭圆形运动，在水底仅作向岸和向海的往返运动。如果波浪在水底的速度超过水底泥沙的起动速度，泥沙也随之产生向岸与向海的往返运动，如果泥沙颗粒经历了相等的往返距离后仍回到起动时的位置，就称为振荡运动；如果向岸和向海的移动距离不等，就会产生一定的净位移，即通常所谓的泥沙运动。

(一)泥沙的横向运动

若波射线与海岸线正交，波浪的作用方向与重力的切向分量方向将在同一条直线上，这时泥沙作垂直于岸线方向的运移，称为横向运动。

海岸带为倾斜海底时，波浪在向岸传播进入浅水区后将发生变形，随着水深的减小，变形程度越来越大。水下岸坡上的泥沙颗粒受到变形波浪底流和重力的共同作用。波浪的变形，导致在一个波浪周期内底部水质点运动(底流)在向岸和向海方向上不对称。在水下岸坡上，重力的切向分量沿坡向下，泥沙颗粒向岸运动时，必须克服重力作用，因此其起动流速较大；当泥沙颗粒向海移动时，顺坡向下，与重力切向分量一致，因此起动流速较小。即沙粒向岸运动所需起动流速比向海运动时要大，坡度越大，重力的沿坡分量就越大，这种差别也就越显著。

当波浪进入海岸带时，在波浪大小及方向不变的条件下，一定大小的泥沙颗粒，在水下岸坡有一个一定深度的位置，大于这个深度，它净向海运移；小于这个深度，它净向岸运移；而在这一点上，泥沙颗粒仅作等距离的往返运动，净位移为零，称为中立点。这个深度构成的线，即中立点的连线，称为中立线。中立线的概念最早由卡尔纳利亚 (P. Cornaglia，1881)提出，后来逐渐发展成为解释海岸带发育过程的较为系统的理论。

为了讨论的方便，需要对海岸带环境进行必要的简化，假定：(1)原始水下岸坡坡度均一，缓缓向海倾斜；(2)泥沙由单一的成分和粒径组成；(3)波浪方向保持与岸线垂直；(4)波浪作用力大小不变。

在水下岸坡均匀向海倾斜、泥沙粒径相同的假定下，沙粒向岸和向海的起动速度(V_0'和V_0'')是恒定的。另一方面，浅水波在向岸传播过程中随着水深的减小变形加剧。当波浪刚进入浅水区时，水深较大，波浪底流的速度随时间过程线近于对称，即向岸和向海的最大流速(V_{max}'和V_{max}'')及运动时间(T'和T'')相似，而沙粒的起动速度$V_0'>V_0''$。当底部流速超过沙粒起动速度时，沙粒发生移动，移动的距离与速度过程线和起动速度线所包围的面积成正比。由于$V_0'>V_0''$，所以$abc<def$，在一个波浪周期后，沙粒净向海移动(图 8-2A)。波浪继续向岸传播，变形随着水深的减小而逐渐加剧，底流速度过程线愈来愈不对称，$V_{max}'>V_{max}''$，$T'<$

T'',V_0'和V_0''保持不变,以面积 abc 和 def 代表的沙粒向岸向海移动的距离虽然都在增大,两者的差值却在逐渐减小。到某一深度处,$abc=def$,沙粒处于动态平衡,不发生净位移(图 8-2B),海岸横剖面上的这个点就是中立点。自中立点向岸,波浪变形更剧烈,$abc>def$,沙粒净向岸移动(图 8-2C)。

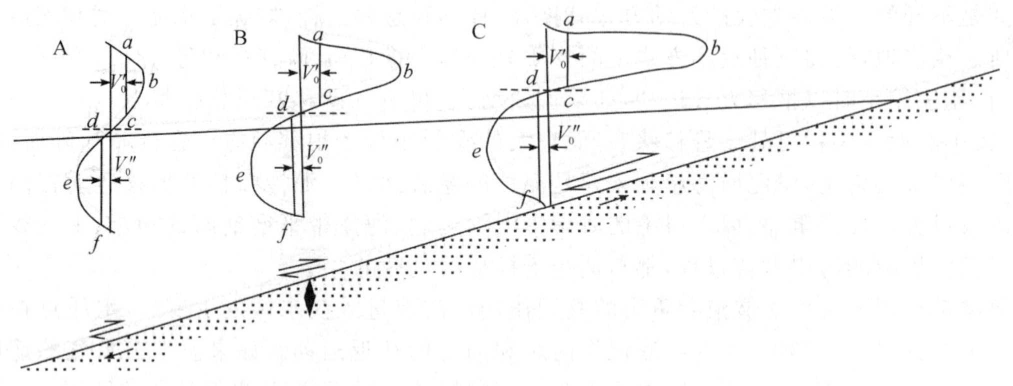

图 8-2 泥沙的横向运动与中立点

(据 曾科维奇,1962)

当然自然界的现象要比上述情况复杂得多,海岸带的波浪状况、海底坡度、泥沙粒径等条件都在变化,因此,实际上中立线有一定的宽度范围,称为中立带,其位置相当于在水下岸坡剖面的中段。

(二)泥沙的纵向运动

波向线与海岸斜交时,水质点运动方向与重力沿坡的切向分量不在一条直线上,泥沙向岸运动的路线与向海运动的路线不一致,泥沙除了横向位移外,还发生沿岸线方向的纵向运动。

海岸带的泥沙按其所处的位置分为岸坡泥沙和海滩泥沙。岸坡泥沙受浅水波底流的作用,而海滩泥沙受激浪流的作用。

假设在中等坡度的砂质岸坡上,受到某一固定方向的浅水波的作用。在水下岸坡下部,当海面波峰通过时,颗粒在波浪向岸底流和重力分力作用下,沿两者合力方向由 1 点移动到 2 点(图 8-3A),偏离在波向之右。波谷通过时,波浪向海底流与重力分力的作用使颗粒由 2 点移动到 3 点。经过一个波浪周期,颗粒由 1 点迁移到了 3 点。其结果既包括横向向海移动了一段距离,也包括同时发生的沿岸的移动。在水下岸坡上部,一个波浪周期后,颗粒由 1"点移到 3"点,同时存在横向向岸和沿岸的位移。在岸坡中部的中立点上,颗粒只是沿锯齿形的轨迹沿岸运动,而不发生横向净位移。可见,只要波浪方向和强度不变,泥沙纵向移动的同时,也不断地向岸和向海移动,使得岸坡上部坡度增大,下部坡度减小,泥沙横向移动逐渐减弱,直至达到平衡,这时在整个水下岸坡上,泥沙只发生沿岸的纵向移动(图 8-3B)。

海滩泥沙是在激浪形成的进、退流和重力的共同作用下运动的,当波向与岸线斜交时,颗粒的运动轨迹呈抛物线形(图 8-3C)。

泥沙纵向移动的速度除主要取决于波浪强度和泥沙粒径外,还与波向线与岸线的夹角 α、岸坡坡度及泥沙所处位置有关。当 α=90°时,泥沙颗粒受到的波浪作用力最强,但只产生横向位移;当 α 很小时,波浪将大量能量消耗在海底摩擦上,也不利于颗粒的沿岸运动。理论上,当 α=45°时,纵向移动速度最快。根据实际观测,最有利于纵向运动的波浪入射角 α(记为 φ)与海岸坡度有一定关系:坡度为 0.023 时,φ=45°,坡度为 0.1~0.01 时,φ=35°~50°。从岸

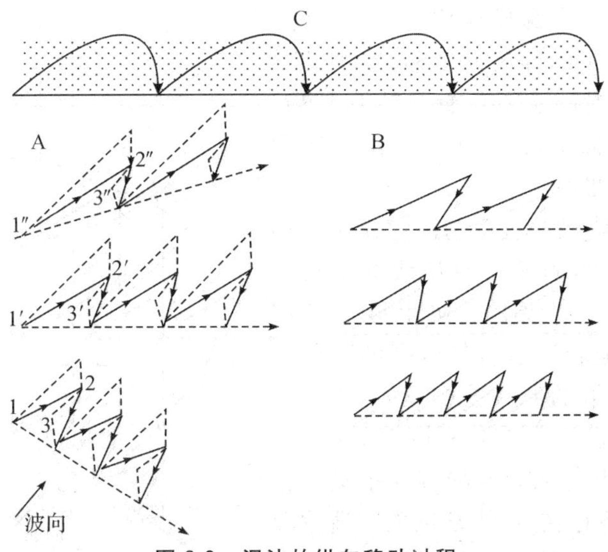

图 8-3　泥沙的纵向移动过程

A. 水下岸坡（达到平衡前）　B. 水下岸坡（达到平衡后）　C. 海滩

坡坡度来看，中立带纵向移动速度最大，因此中立带上岸坡的坡度是纵向移动最适宜的坡度。从泥沙位置来看，在浅水缓坡海岸，动力作用以波浪变形为主，岸坡泥沙的纵向移动速度大于海滩泥沙；在深水陡坡海岸，以激浪流为主，海滩泥沙的移动速度大于岸坡泥沙。

三、海岸平衡剖面

根据中立线概念，水下岸坡在中立线的两侧各有一个侵蚀带，形成两段冲刷凹地。靠岸一侧的沙粒向岸移动，堆积在岸坡上部，形成堆积海滩，结果使上部岸坡变陡，沙粒向岸和向海起动速度的差值随之增大，沙粒向岸移动的趋势逐渐减弱；靠海一侧的沙粒向海移动，堆积在岸坡的下部，使坡度变缓，起动速度的差值随之减小，沙粒向海移动的趋势也逐渐减弱。最终在整个水下岸坡剖面上的沙粒都只有来回摆动，而不发生净位移，这个剖面就叫做平衡剖面（图 8-4）。这时，剖面上每一点的倾角与波浪作用力都是相适应的，相当于中立带状态扩展到整个水下岸坡。

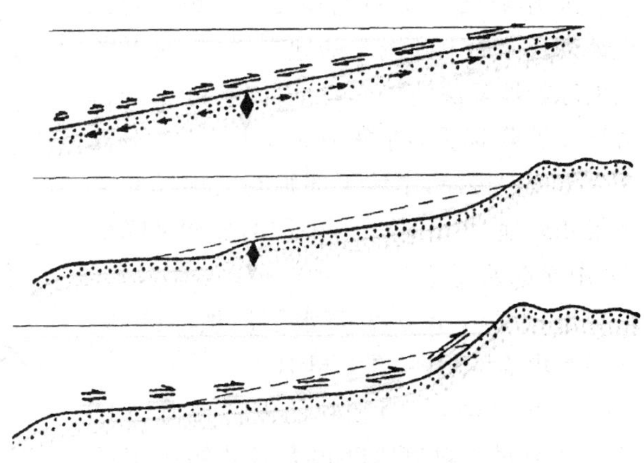

图 8-4　水下岸坡平衡剖面的塑造

（据 曾科维奇，1946）

平衡剖面的概念源于中立线，只考虑了泥沙粒径均一的情况，而实际上，水下岸坡是由不同粒径的泥沙组成的。那么当岸坡达到平衡时，泥沙粒径在横向上又是如何分布的呢？以图 8-5 为例，这是岸坡某一深度处水质点的速度过程线，假设 V_2' 和 V_2'' 为中等粒径泥沙的起动速度，且 $gbh=kel$，这种颗粒处于动态平衡状态。若在同一点上还有更粗和更细的颗粒，其起动速度相应较大和较小，而且具有 $V_1'/V_1''=V_2'/V_2''=V_3'/V_3''$ 的关系，那么对细颗粒来说，$abc<def$，净向海移动；对粗颗粒来说，$ibj>men$，净向岸移动。由于底流水质点的最大轨道速度随水深减小而增大，因此处于平衡状态的泥沙粒径与水深成反比，比各水深点处于动态平衡的颗粒粗的碎屑向岸移动，细的向海移动，并分别在适当的水深位置上达到平衡。因此在实际的平衡剖面上，处于平衡状态的沉积物颗粒自岸向海由粗变细。

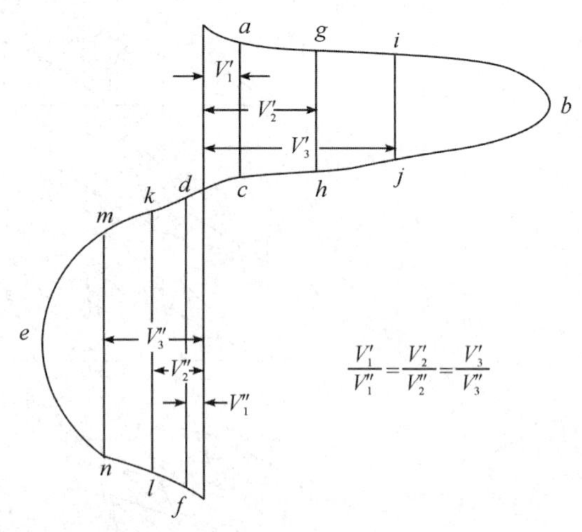

图 8-5　泥沙按粒径的横向分异

（据 列昂杰夫，1955）

如果岸坡的组成物质和坡度与波浪作用力相一致，剖面塑造过程中，就不会有岸线的移动现象，而这在自然界是比较少见的。实际上，平衡剖面和中立线一样，是随着许多自然因素的变化而变化的。例如水下岸坡的原始坡度较大，那么波浪将对岸坡侵蚀，以便达到与波浪作用力相适应的剖面，导致岸线发生侵蚀和向陆方向推进。在这种岸坡，中立线就不存在，因为从剖面塑造过程一开始，只发生颗粒沿坡下移，这样就形成冲刷类型的海岸。相反地，在极其平缓的岸坡上，中立线可能位处坡脚的某一地点，剖面上的泥沙在波浪作用下仅发生沿坡向岸方向搬运，并被堆积在海滨线附近，从而引起岸线向海方向移动，形成了堆积型海岸。介于这两种岸坡之间的过渡型海岸，剖面塑造与上述的理论模式的塑造过程近于一致，也即形成两个冲刷带和两个堆积带。

在讨论海岸平衡剖面塑造过程中，假设了海底坡度、波浪强度不变及泥沙粒径均一，实际上，即使在同一海岸带，这些条件也会有明显变化，因此平衡剖面只有暂时的、相对的意义。任何条件的变化都会使原来接近平衡的剖面重新改造，在新的条件下达到新的平衡。影响平衡剖面发育的主要因素有：

1. 岸坡坡度：现代海岸是第四纪最后一次冰期后海面上升淹没陆地形成的，水下岸坡的原始坡降决定了海岸剖面发育的方向。若原始坡降很大，则中立点靠近海岸，岸坡上部形成侵蚀岸，岸坡下部则有大规模的水下堆积阶地（图 8-6A）。相反，若原始坡降很小，中立点远离海岸，泥沙以向岸移动为主，形成堆积海岸，岸边发育水下沙坝、离岸堤及沿岸堤等堆积体（图 8-6B，C）。

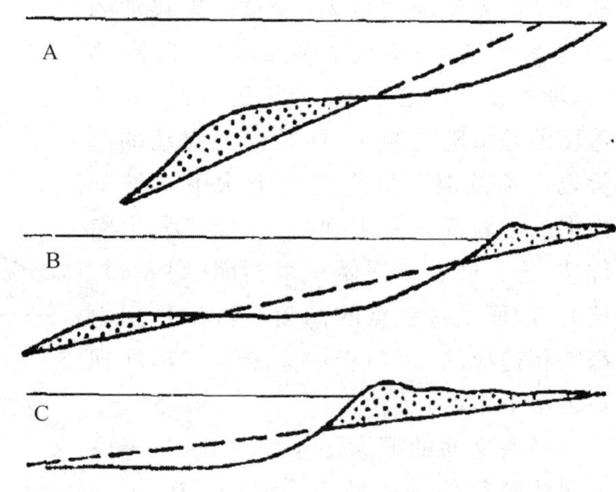

图 8-6　不同岸坡坡度下的平衡剖面

（据 曾科维奇，1962）

2. 泥沙粒径：粗颗粒的泥沙或砾石只有在波浪底流轨道速度很大时才能产生运动，这时向岸和向海的最大轨道速度相差必然悬殊，粗颗粒向岸移动，在岸坡坡度达到相当大时才达到平衡，因此坡度较陡；相反，由较细的颗粒组成的岸坡在坡度较缓时就能达到平衡状态（图 8-7）。

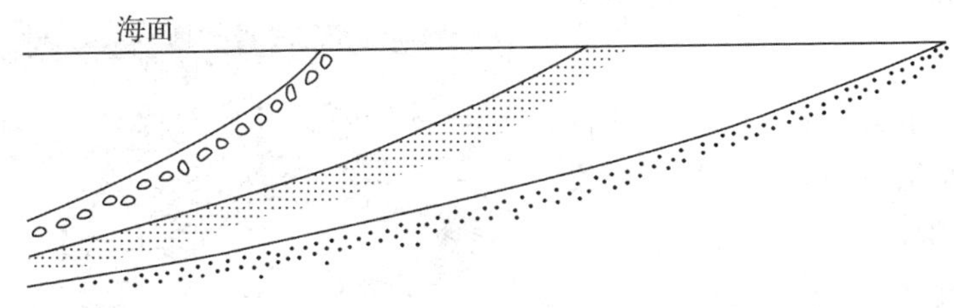

图 8-7　不同泥沙粒径的平衡剖面

(据 曾科维奇,1962)

3. 波浪强度:波浪强度的改变可引起平衡剖面的再塑造。当波浪减弱时,水下岸坡变窄,波浪底流轨道速度降低,相当于泥沙粒径相对增大,泥沙颗粒净向岸移动,堆积在岸边,使坡度变陡;波浪增强时,水下岸坡变宽,波浪底流轨道速度增大,相当于泥沙粒径相对减小,这时泥沙颗粒净向海移动,在岸坡下部堆积,使岸坡变缓。

上述讨论适用于由松散泥沙构成的海岸斜坡的塑造过程。当海岸由坚硬基岩组成时,将发育成以海蚀作用为主的平衡剖面。波浪作用使基岩破坏,产生的碎屑物质被退流带走,沉积到离岸较远的海底中,这一过程长期进行下去,就形成海蚀平衡剖面。在海蚀平衡剖面上,不再发生岩石的破坏,只有细颗粒呈悬浮状态时才能移动。

第三节　海岸侵蚀与堆积地貌

波浪作用是海岸侵蚀、堆积作用的主要动力,海岸地貌的塑造主要发生在暴风浪期间,正常天气条件下的风浪只对海岸地貌起着经常的修饰作用。潮汐对基岩、砾石和砂质海岸的影响是通过改变波浪作用实现的,在细粒物质组成的粉砂淤泥质海岸,沉积作用主要由潮流完成。

一、海岸侵蚀地貌

(一)海岸侵蚀作用

海岸侵蚀作用主要发生在基岩海岸,波浪通过冲刷、研磨和溶蚀,使岸线逐渐后退。发生在海岸带的侵蚀作用称为海蚀作用,它表现为三种形式:

1. 冲蚀:指波浪水体给予岸线的直接冲刷。基岩海岸的水下岸坡一般具有较大坡度,波浪抵达岸边时以巨大的能量冲击海岸,水体本身的巨大压力和岩石裂隙、节理中被压缩的空气,对海岸产生强烈的破坏,这种力量可达每平方米数十吨。

2. 磨蚀:指海水携带的沙砾随波浪往返运动对海底产生的侵蚀。在波浪前进和后退的往返运动中,海水携带着砾石、泥沙和海岸上侵蚀下来的岩石碎块,对海底基岩进行研磨,加快了海岸侵蚀的速度。

3. 溶蚀:指海水溶解海岸基岩引起的海岸侵蚀。海水对岩石、矿物的溶蚀能力要比淡水强,特别是在由碳酸盐岩等可溶性岩石组成的海岸,溶蚀作用对海岸的破坏更大,可形成独特的溶蚀平台。

(二)海岸侵蚀地貌

基岩海岸在波浪的侵蚀作用下可形成典型的海岸侵蚀地貌。完整的海蚀剖面由海蚀崖、海蚀平台和水下堆积阶地等地貌单元组成(图 8-8)。

从海岸上侵蚀下来的碎屑物,被波浪搬运到海蚀平台前缘以下,在岸坡深处堆积,形成水下堆积阶地。

(三)海蚀平衡剖面

在波浪作用下基岩海岸发育的不同阶段,海岸剖面具有不同的形态,因此波浪能量对海岸的作用强度及其分布也不相同。波浪对基岩海岸的长期作用,最终可以使其达到平衡状态。图 8-9 表示了海蚀平衡剖面的塑造过程。

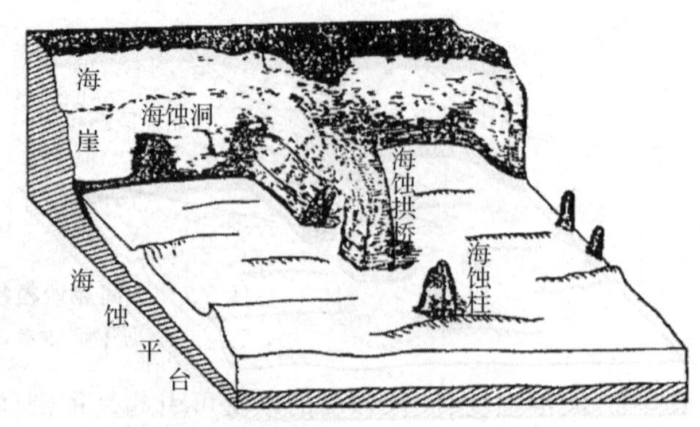

图 8-8 岩石海岸的海蚀地貌

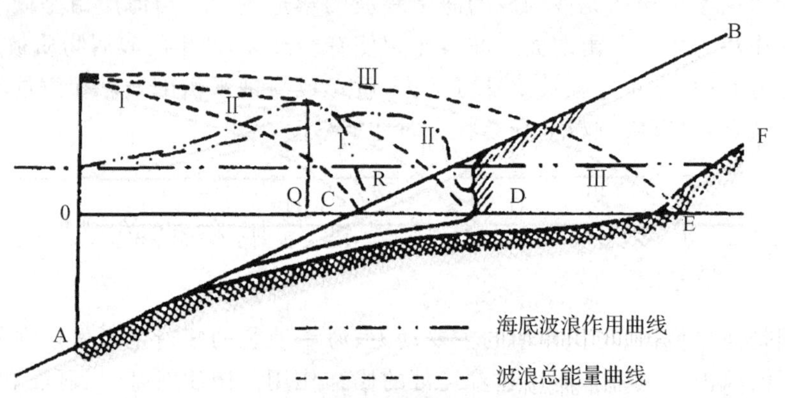

图 8-9 海蚀平衡剖面的塑造

(据 曾科维奇,1962)

在海蚀作用的最初阶段(剖面线为 ACB),波浪对海底作用的强度呈不对称的上凸曲线,从 A 点波浪进入浅水区作用于海底开始,作用强度逐渐上升,到激浪带(Q 点)达到最大,然后急剧下降,到 R 点降至零。海岸在 C 点附近受到强烈侵蚀而后退,剖面变成 ADB。由于剖面变长,波浪破碎带变宽,岸坡已有一段被磨蚀成平台,波浪在强烈侵蚀地带能量减弱,侵蚀作用减缓。在最后阶段,剖面线变为 AE,海岸已形成宽缓的海滨带,波浪向岸前进时逐渐变弱,而不发生急剧的倒转破碎,激浪对海底的作用已十分微弱,波浪对岸坡的岩石不再发生破坏作用。这时剖面不再受波浪作用的改造,完成了海蚀平衡剖面的塑造。海蚀平衡剖面呈上凸形态,靠海的一侧坡度较大。海蚀平衡剖面形成后,与剖面上任何一点相适应的波浪能量都处于临界值,大于该值剖面就要受到冲刷。剖面上不再发生侵蚀,只有细颗粒呈悬浮状态时才能移动。

二、海岸堆积地貌

进入海岸带的松散物质,在波浪和水流的作用下运动,当动力减弱或运动受阻时,就会发生堆积,形成各种海积地貌。粒径较粗的沙砾物质主要由波浪搬运,以沿底面的推移为主,称为波场物质;粉砂、淤泥等细粒物质易进入悬浮状态,以潮流搬运为主,称为流场物质。波场物质是以瞬时速度较快的往复振荡方式实现移动,而流场物质是在较长时间内作速度较慢的定向运动。

在泥沙横向运动中形成的堆积地貌有水下堆积阶地、海滩、水下沙坝和离岸堤等;在泥沙纵向运动中,由于泥沙流的容量降低而发生堆积,形成滨海沙体(海滩)、沙嘴、湾坝和连岛坝等。

(一)泥沙横向运动形成的地貌

1. 水下堆积阶地

在中立线上下各有一个侵蚀带,中立线以下的侵蚀带泥沙不断向海运动,部分堆积在水下岸坡坡脚,成为水下岸坡的组成部分,这就是水下堆积阶地。在粗颗粒物质组成的陡坡海岸,水下堆积阶地较发育。

2. 海滩

中立线以上,侵蚀带的泥沙在激浪的进流作用下,移动到岸边堆积,形成水上堆积阶地,即海滩。海滩是激浪流作用形成的、与陆地相连的沙砾质堆积体,在平缓的海岸有着广泛的发育。海滩的形态与激浪流引起的进、退流速度之比密切相关。

若海滩的向陆侧有自由空间,激浪流的进流可以越过滩顶流到向陆坡上,因此退流很弱,形成双坡形海滩,即所谓完整剖面的海滩。其剖面形态为上凸形,称为滩脊或沿岸堤。在开阔的岸段,通常分布有数条与岸线平行的沿岸堤。

如果海滩的向陆侧受到海蚀崖、海岸堆积体或人工建筑物的限制,就发育单坡向海倾斜的海滩,称为不完整剖面的海滩。由于在海滩上部没有激浪流充分的活动空间,进流水体大部分参加到退流中去,带下的物质堆积在海滩下部,因此砂质海滩剖面常呈平缓的凹形。但在砾石质海滩,由于进流水体的大量渗透,退流速度迅速减小,进流带来的物质停积在海滩上,海滩剖面呈上凸形。

3. 水下沙坝

浅水波在相当于1～2个波高的水深处发生部分破碎,倾翻的波峰水体强烈掏蚀海底,掀起的水体带动大量泥沙,这些泥沙一部分被激浪流带向海岸,而大部分则堆积在破碎点的靠海一侧,形成水下沙坝。波浪部分破碎后,各种波浪要素减小,继续向海岸前进,又在相当于1～2个波高的水深处再次破碎,如此继续直到完全破碎形成激浪流。在细颗粒组成的缓坡海岸,可以有多条水下沙坝,其规模和间距向海岸逐渐变小。在粗颗粒组成的陡坡海岸,水下沙坝往往只有1～2条。波浪冲刷水下沙坝的前坡,并把泥沙带到坝后沉积,造成沙坝两坡的不对称,向海坡较缓,向陆坡较陡。

季节性的风浪变化,使波浪破碎点位置改变,可引起水下沙坝的迁移。在风浪大的季节,水下沙坝移向深处;风浪小的季节,水下沙坝移向浅处。水下沙坝向岸移动并不断加高,在海面大幅度迅速下降时,可逐渐露出水面,成为与海岸隔离的长条形岛状堆积沙坝,即离岸堤。虽然在水下沙坝转变为离岸堤的问题上尚有争议,但在暴风浪作用下形成的水下沙坝露出海面的实例见于墨西哥湾。

4. 离岸堤

离岸堤主要是激浪作用的产物。激浪流所夹泥沙在未到达水边线以前,就在一定的位置上形成露出水面之上的堤状堆积体,把堤内向陆一侧的海水与外部相对隔离开来,形成半封闭的浅水域,称为泻湖(lagoon)。离岸堤也称为障壁岛或堡岛,它是海岸带规模很大的堆积体,长度可达数百公里,宽数公里,组成物质为砾、砂、贝壳或其混合物,视波浪作用程度及物质供应条件而定。由于堡岛的保护,泻湖中波浪微弱,沉积物多为细粒泥质物,平均沉积速率为0.38～0.40 cm/a。除了泥沙横向搬运堆积以外,对于堡岛的成因还有两种不同的看法。一种看法认为是泥沙的纵向运动形成的,另一种看法则认为它是海面上升淹没原始堆积地形 的结果。堡岛—泻湖体系组成的海岸，在世界上分布十分广泛，其岸线总长度约 32 000 km，约占世界海岸线的 13%，是现代海岸的一种重要类型。

(二)泥沙纵向移动形成的地貌

1. 波场泥沙流

海岸带常有大量的泥沙在运动，虽然在风的作用下波浪方向经常变动，但泥沙在一年中有着大致相同的运动方向和较稳定的数量。我们把在波浪作用下海岸带泥沙群体长时期内沿某一平均方向移动的现象，称为波场泥沙流。波场泥沙流的方向往往与该地区的盛行强风浪方向一致。如果说泥沙的纵向移动是短时间的局部现象，是一种暂时的海岸水动力过程，那么泥沙流就是这种过程的长时期的平均状态。

泥沙流的特性可以用以下几个要素来描述：

容量：指单位时间内波浪通过某一断面能够搬运泥沙的最大数量，它是波浪挟沙力的表示。泥沙流的容量取决于入射波的强度和方向。当波浪入射角(α)对泥沙的纵向迁移最有利时(记为 φ)，容量可达到最大值，入射角大于或小于 φ 都将使泥沙流的容量降低。

强度：指单位时间内通过某断面波浪搬运泥沙的实际数量，它是波浪挟沙量的表示。

饱和度：指泥沙流的强度与其容量之比。强度与容量相等时，泥沙流即处于饱和状态，这时波浪的全部能量消耗于泥沙的迁移。

出现侵蚀现象是泥沙流不饱和的标志。若泥沙流不饱和，即强度＜容量，波浪就有一部分能量可用于侵蚀海岸或水下岸坡。饱和的泥沙流在容量降低时，波能不足以搬运挟带的所有泥沙，便会发生堆积作用。引起泥沙流容量降低的原因有岸线的转折和岸外屏障的遮挡等。

2. 泥沙流形成沙体的方式

假设在平直的岸段，波浪入射角为泥沙沿岸运动的最佳角度，且泥沙流处在饱和状态。若条件变化，引起容量降低，所挟带的泥沙将部分发生沉积，形成滨海沙体。由泥沙流形成沙体的方式有凹岸充填、凸岸堆积、屏障掩遮和湾内波能降低等(图 8-10)。

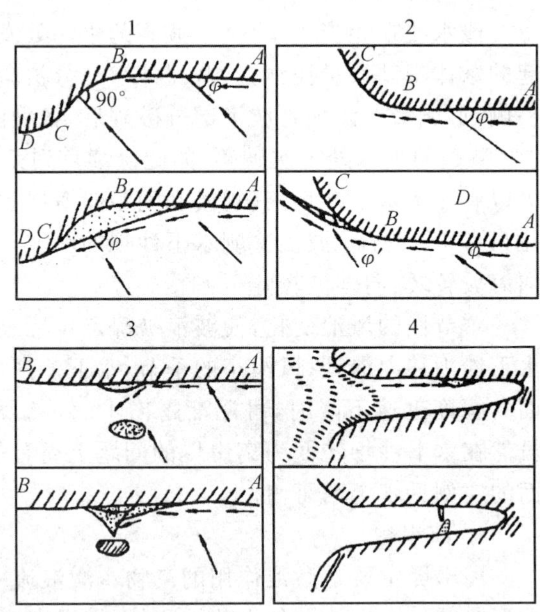

图 8-10 泥沙沿岸运动形成沙体的四种形式

(据 列昂杰夫，1961)

(1)凹岸充填 若海岸线向海转折，由 AB 变为 BC (图 8-10，1)，形成凹岸，波浪相对于 BC 岸段入射角增大，泥沙流容量降低，搬运泥沙的能力减小，部分泥沙发生沉积，逐渐充填 AB 和 BC 间的凹角，形成滨岸堆积沙体，使凹角逐渐夷平，直至泥沙又可重新沿岸运动。

(2)凸岸堆积 若海岸线向陆转折，由 AB 变为 BC(图 8-10，2)，波浪到达 B 点将发生折射，波能减小，挟沙能力降低，泥沙流达到过饱和，部分泥沙发生堆积形成沙体。沙体从海岸突出部位开始，根部与海岸相连、前端离岸向海延伸，通常称为沙嘴。若不考虑波浪折射的影响，则沙嘴的延伸方向与上游岸线走向一致。但实际上凸岸处由于波浪折射，能量集中，容量略有上升，可再挟带泥沙运移一段，故偏离一定角度。若沙嘴形成于海湾湾口，在其发展中可封闭海湾，成为拦湾坝。

(3)屏障掩遮　当岸外存在岛屿或水下浅滩，泥沙流通过岛屿和海岸之间的地带时，由于岛屿和浅滩的保护，被屏障的海岸处于波影区，进入波影区的泥沙流容量减小，沿岸移动的部分泥沙在岸边堆积下来，形成向岛屿和岬角延伸的沙嘴；若岛屿后的海峡宽度和深度不大，沙嘴就可能发展成与岛屿相连的连岛坝(图 8-10,3)。山东芝罘岛就有我国最著名的连岛坝，长达 7.5 km。由防波堤引起的岸边堆积与此类似。

(4)湾内波能降低　在狭长海湾内，由于波浪折射，波能降低，波浪搬运泥沙的能力降低，泥沙流容量减小，最后达到过饱和，部分泥沙堆积，形成沙体。在自然界往往在海湾两侧沙体互相对生，最后连成拦湾坝。依其形成的部位，可称为湾口坝和湾中坝。被湾口坝隔开的海湾称为泻湖。在潮汐海岸上，潮流的出入往往使对生的沙体不能连接，保存潮流通道(图 8-10,4)。

三、潮汐作用下海岸地貌的特征

(一)潮汐升降对基岩和沙砾质海岸的影响

基岩海岸的侵蚀和沙砾质海岸的碎屑物搬运、堆积过程主要都是波浪作用完成的，通过周期性的海面升降，潮汐可加强或减弱波浪作用。在无潮海，激浪的位置比较稳定，波能集中，侵蚀强度大；而在有潮海岸，潮汐升降使激浪位置在潮间带范围内上下移动，海岸地貌特征则与潮差大小有关。例如在堡岛—泻湖海岸，潮差较小的砂质海岸波浪作用位置比较稳定，易于形成沿岸连续分布很长距离的离岸堤；在潮差大的海岸带，离岸堤不发育，即使有也不会稳定地堆积增高和纵向连续分布。大潮时波浪作用强，激浪流常常越过堤顶，强大的风暴潮还能冲开离岸堤，使泻湖与外海相通，形成潮汐通道。涨潮流带入通道的泥沙在进入泻湖端形成潮汐三角洲；落潮流从泻湖中带出的泥沙既细又少，同时又受沿岸波浪的作用，很难在通道的出口处形成堆积(图 8-11)。

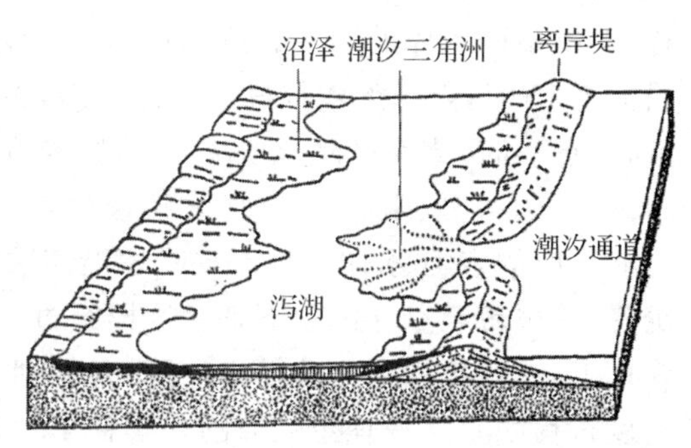

图 8-11　潮汐升降与离岸堤—泻湖海岸

(据 Strahler,修改)

在受激浪流作用的沙砾质海滩上，潮汐作用的影响能使海滩发生周期性的冲淤变化。沙砾质海滩具有较大的渗透率，海滩中的地下水位随潮汐海面而升降，但又落后于潮汐海面。涨潮时，地下水位的上升速度落后于海面上升速度，海水补给地下水，使激浪引起的进流大量渗入海滩中，退流减弱，致使海滩的沙砾向上部迁移，海滩坡度增大。落潮时，地下水位的下降速度落后于海面，地下水排出滩面，使激浪的退流加强，海滩的沙砾向下部迁移，坡度又趋和缓(图 8-12)。同样，海滩的冲淤还随大潮和小潮发生半月周期的变化。潮差增大时，海滩的下部沙砾向上部移动；潮差减小时，海滩的上部沙砾向下部移动。

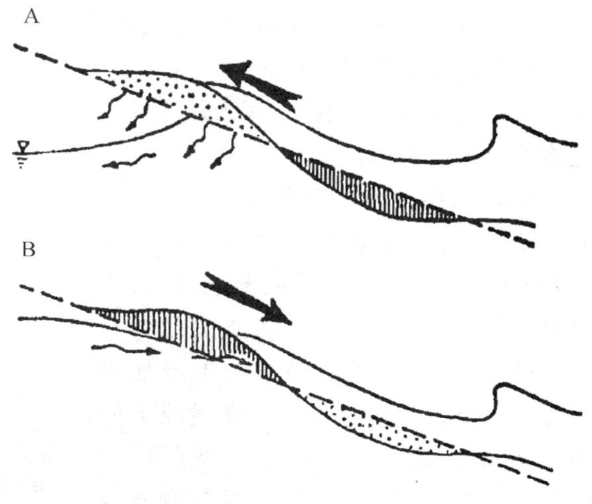

图 8-12　砂砾质海滩剖面随涨落潮的冲淤变化

A. 涨潮时　B. 落潮时

(二)潮流在淤泥质潮间浅滩上的沉积作用

虽然潮流对海底泥沙的扰动作用远不如波浪,但潮流对呈悬浮状态的泥沙的迁移作用却是波浪无法比拟的。在潮间浅滩上,潮流速度可以达到 50 cm/s,对沉积物的搬运和堆积起着重要作用。

宽阔平缓的粉砂淤泥质潮间浅滩,一般坡度仅有 1～0.5‰,滩面物质常是粒径小于 0.05mm 的粉砂和黏土,沉积物颗粒的分布自海向陆方向由粗变细,与海滩正好相反。关于潮流的沉积机制,普斯麦 (Postma,1954)和斯特拉顿 (Van Streaten,1957)用沉积滞后效应和冲刷滞后效应的理论加以解释(图 8-13)。假设滩面物质由起动速度为 V_1 的相同粒径的细颗粒组成,曲线表示潮间带各点水体的潮流流速过程线,暂且认为同一水体的涨落潮流速对称,向岸不同水体的潮流流速降低,如点 A,B,C 和 D。涨潮时,点 A 的水体随涨潮速度逐渐增大至 V_1 时,点 1 的颗粒进入悬浮状态,并向海岸移动。点 A 水体的流速经最大值后逐渐降低,到点 3 时,流速已降至 V_1;以后,颗粒开始沉降,在沉降过程中颗粒继续被涨潮流带动一段距离至点 5。落潮时,点 A′的水体通过点 5 颗粒时流速尚未达到 V_1,只有由点 B 向陆水体返回时形成的点 B′水体经过点 5 时才能使颗粒悬浮起来,带至点 7 时,流速减到 V_1,颗粒又开始沉降,并被带至点 9 沉积下来。这样经过一个潮周期,颗粒由点 1 移动到了点 9。在潮流不断作用下,颗粒不断向岸移动,直至后来的潮流流速小到再也不能移动颗粒为止,如 D 点水体的速度过程线。这一理想化的图式解释了大量悬浮颗粒在潮间浅滩上沉积的原因,也能说明潮间浅滩上泥沙粒径向岸变细的规律。实际上,涨潮流速大于落潮流速,这使上述潮间浅滩的沉积趋势和粒径横向分异规律更加显著。普斯麦(1961)进一步用潮流时速的不对称性来解释潮滩沉积物的分布序列。他在研究荷兰潮滩时发现,高潮时的憩流期比低潮时的憩流期长,可达 2 小时,足以使悬浮物质在高潮滩沉积下来;而低潮时憩流期不到 1 小时,悬浮物质尚未全部沉积,又被涨潮流搬运向岸移动,这样就使得低潮滩的沉积物相应较粗。此外,低潮线附近波能较大,泥沙易被掀起并随涨潮流向岸搬运,也是一个原因。

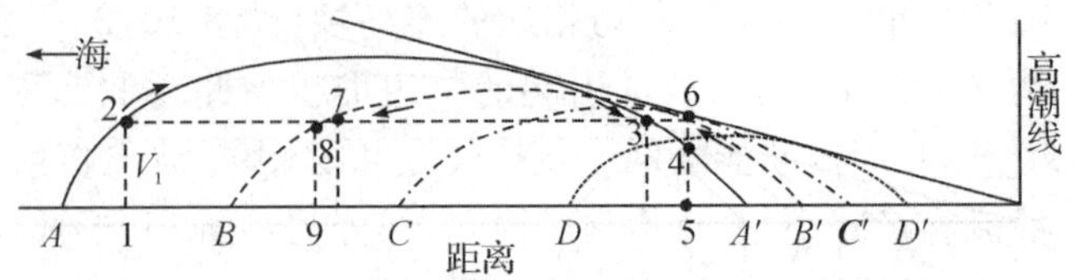

图 8-13 潮间带潮流流速分布与泥沙横向移动图式

(据 斯特拉顿,1957)

(三)粉砂淤泥质海岸的演变与地貌特征

粉砂淤泥质海岸的形成和发育需要大量的细粒沉积物补给,其演变取决于细粒物质的来源情况。若泥沙来源充足,可形成淤积型粉砂淤泥岸;若泥沙来源断绝,则海岸受冲刷侵蚀,甚至演变成沙质海岸。

在淤积型的粉砂淤泥岸上,潮间浅滩不断淤高,并向海推进,原来的浅滩逐渐脱离海水的作用,先形成湿地,然后成为海积平原。潮间浅滩与湿地之间没有明显的地形界线,可从植被的差异加以区分。主要地貌形态是分布在浅滩上的树枝状潮沟,它们是落潮流对滩面侵蚀的结果。潮沟的分布规模能反映潮滩的动态。对于迅速淤积的潮间浅滩,在湿地上常有潮沟沟头遗留的线形洼地;在

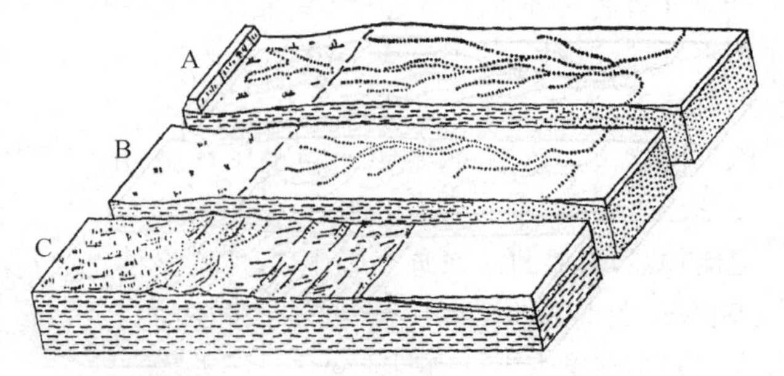

图 8-14 粉砂淤泥质海岸的潮间浅滩

A. 淤积型 B. 稳定型 C. 冲刷型

冲淤大致平衡的稳定的潮间浅滩上，潮沟沟头以高潮线为界；在冲刷型的潮间浅滩上，潮沟消失（图 8-14）。这些现象在我国苏北的粉砂淤泥质海岸上都能见到。

泥沙来源断绝时，粉砂淤泥岸迅速冲刷后退，在苏北废黄河口附近后退速度每年平均达 100 多米，受冲刷潮间浅滩坡度增大到 1‰以上，宽度减至几百米。冲刷浅滩的波浪将残存在泥沙中的生物介壳淘洗出来，经激浪堆积在岸上形成贝壳堤或贝壳滩。贝壳堆积是粉砂淤泥岸受冲刷的标志，其地貌形态是判断海岸冲刷速度的依据。在强烈冲刷的岸段，贝壳不能稳定地堆积，常形成堆积低矮的呈片状分布的贝壳滩；而在冲刷缓慢的岸段，贝壳稳定堆积成堤状。贝壳堆积与潮间浅滩之间分布着高度数米的淤泥质海蚀崖，崖脚有泥砾堆积。

粉砂淤泥岸的碎屑物质主要是由一些大河供给的。河流改道等原因可以引起泥沙来源的周期性变化，使海岸的冲刷期和淤积期交互出现。这样，在低缓的粉砂淤泥质海积平原上可以形成一系列互相平行的贝壳沙堤，它们代表了当时岸线的位置。

第四节　海面变化与海岸演变

全球各地海岸的许多岸段，在现代海岸的高潮位以上发现了海相沉积物和海蚀崖等可作为海岸线标志的地貌形态，这样的古海岸称为上升海岸（emerged shorelines），它们是海平面变化的有力证据。同时，在海底也发现了一些海岸下沉的标志，如沉溺的河口、沙丘地形等，在陆架沉积层中甚至发现陆相大型动物的骨骼化石，它们被埋覆在海底的不同深度下，是沉溺海岸的标志，这种古海岸称为下沉海岸（submerged shorelines）。

一、海面变动对海岸发育的影响

海面变动引起海岸线向陆或向海迁移，而陆源碎屑物的沉积引起海岸线向海推进，因此海岸线的迁移还取决于沉积速率。若海面上升速率超过沉积速率，海岸线位置向陆迁移，发生海进；反之则海岸线向海推进，发生海退；若二者相当，则岸线可以保持稳定。海面下降时，一般都发生海退，海岸线向海迁移。海岸线的迁移将导致在新的位置重新塑造海岸带剖面。

海面相对上升，相当于海岸下沉，原来水下岸坡的水深变大，波浪发生变形和破碎的界线向陆靠近，波能在原来位置的消耗减小，波浪抵达岸边时能量相应增大，增强了海岸的侵蚀作用，侵蚀作用改造原有堆积地貌（海滩），被侵蚀的海岸碎屑物质向岸外移动并在水下岸坡下部堆积。这种由海面上升引起的海滩剖面再造过程的理论模式可用布鲁恩（P. Bruun，1962）的图解（图 8-15，图 8-16）来表示。在突出海岸的岬角部位，海面上升加剧了侵蚀过程，促使海岸夷平。

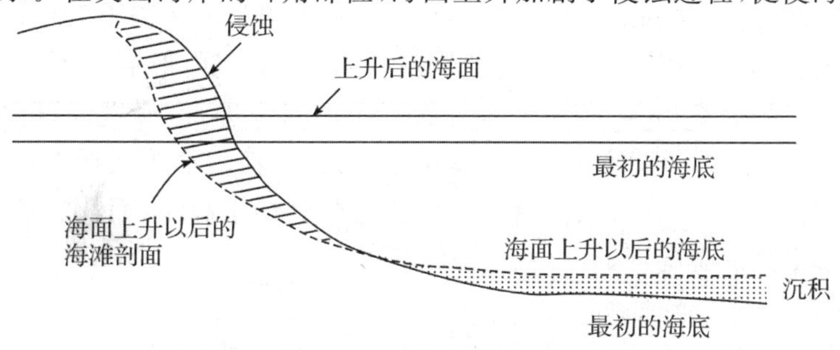

图 8-15　海面上升引起海岸侵蚀与岸外堆积

（据 Bruun，1962）

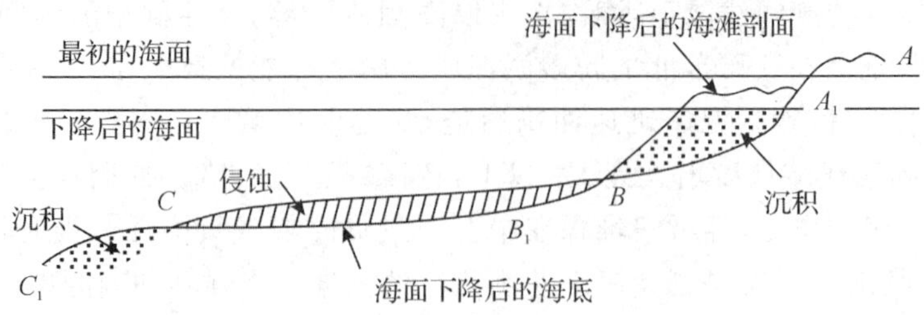

图 8-16　海面下降对堆积海岸剖面的塑造

（据 Bruun，1962）

随着海岸下沉，海水可以渗入侵蚀海滩后侧的低地，或从海岸沙坝之间的凹槽通道进入低地，结果使原来没有港湾的平直海岸亦可发育泻湖。随着陆地下沉，海滩、沙坝向海一侧不断遭受冲刷，部分泥沙沉积可越过海滩或沙坝，堆积在沙坝后侧，导致沙坝向陆移动，覆盖在先前形成的泻湖沉积上，致使泻湖缩小，泻湖沉积又在海滩或沙坝的前坡坡脚处出露，这种现象常在下沉海岸区见到。

当海面相对下降时，水下岸坡深度减小，波浪变形和破碎的界线外移。在堆积海岸，中立带的位置向海移动，上部冲刷物质向岸堆积，使海滩扩大，海岸线向海推进，下部冲刷物质在水下岸坡堆积，构成新的均衡剖面。但是，如果堆积海岸的泥沙是靠海岸侵蚀来供给的，那么由于海蚀岸段不再受波浪作用，剖面上缺乏泥沙供给，海岸堆积体的发育也将受到限制。在海蚀海岸，当海面下降时，海蚀崖逐渐脱离波浪作用，海蚀作用停止，原来的海蚀平台成为上升岩滩。在有河口汇入的海岸带，海面相对下降时河流侵蚀作用增强，泥沙供应量增加，有利于三角洲的发育。当沿岸泥沙供应丰富时，上升海岸将被泥沙堆积成夷平海岸。

二、海水进退的沉积层序

如果没有沉积间断，沉积层序的垂直序列可以反映横向上地理环境的演变情况。瓦尔特(Walther，1894)指出，在整合垂直层序中的产物，是在横向相邻的环境中形成的。这个原则被广泛用于解释沉积层序的变化规律，也可以用来解释海进和海退形成的沉积层序的不同特征。

当海面上升速度超过沉积速率时，海岸线向陆移动，发生海进。波浪基面以上为高能环境下沉积的砂层，以下则是低能环境沉积的粉砂和黏土，陆相层、砂层和页岩属于同期异相沉积，垂直层序自下而上为陆相层、滨海砂岩和浅海页岩。距今 15 000～7 500 a 前的冰后期海面迅速上升，在大陆架和沿岸陆地的地层中均保留有这样的海进沉积层序。当海面上升速度小于沉积速率时，情况正好相反，海相页岩、滨海砂岩和陆相层依次退覆叠置在等时线上，垂直剖面自下而上为海相层、滨海相层和陆相层。7 500 a 以来，由于世界海面上升速度逐渐减小，沿岸地带相继出现沉积速率超过海面上升速度的情况，在世界范围内形成退覆的滨海沉积层。如果海面上升速度与沉积速率相等，海面上升与加积作用同步进行，海岸线可保持稳定，形成较厚的陆相、滨海和浅海相层。海面下降一般均引起海退，即使侵蚀造成局部海进，也不会持久。实际上，快速的海进总是出现在海面上升和侵蚀作用强烈的情况下，而快速的海退则发生在海面下降和沉积速率很高的情况下。

1. 海进层序

现代海岸带和大陆架在玉木冰期低海面时还是陆地，有的地区基岩裸露，形成风化壳，湿润地区风化程度较深，可发育古土壤，低洼地区可留下河流、湖泊等陆相沉积物。冰后期海面上升发生海进，海岸地带首先形成滨海沉积，在海面继续升高过程中，滨海沉积又被浅海沉积所覆盖。于是在海进过程中，形成陆相、滨海相和浅海相依次叠置的垂直层序，自下而上海相性增强，这是海进层序的一般规律。而原始岸坡坡度不同，海面上升速度不同，沉积物来源不同，都会引起具体海进层序的差别。

在西南威尔士下志留统发现几个在海面上升时期沉积的障壁岛体系。这些层序由泻湖相开始，它们常超覆在陆上熔岩流之上（图 8-17），主要由受生物强烈扰动的细粒沉积物组成，但生物种类很少，其中薄的砂岩层组代表冲溢扇或涨潮三角洲沉积，1～3 m厚的向上变细沉积单元代表冲溢水道充填沉积。泻湖相之上覆盖着厚 0.15～8.0 m 的砂岩和砾岩，发育次水平纹层理、大型对称波痕和集中分布的团粒和砾石透镜体，反映了波浪的活动，这些相中有一些被解释为中心冲溢扇，另一些是残留的海侵障壁岛。砂岩顶部经过改造的砾石滞留沉积说明曾有拍岸浪带活动。再向上是生物扰动的泥岩和砂岩，含有种类丰富的海相生物。

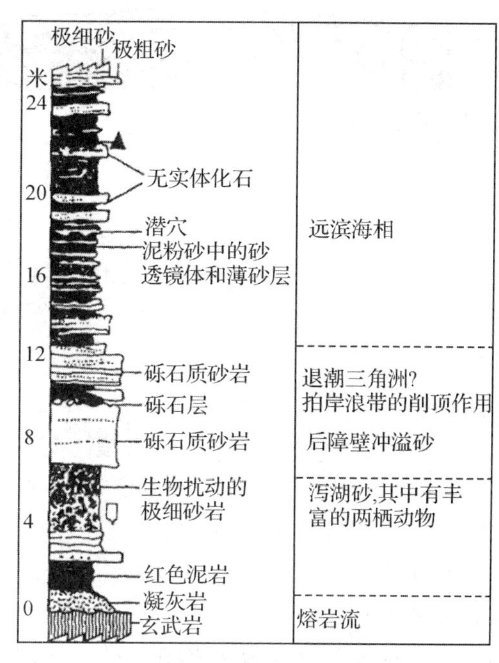

图 8-17　西南威尔士下志留统中的海进垂向层序

（据 Bridges，1976）

2. 海退层序

全新世中晚期，海面上升速度减慢，一些地区沉积速率超过海面上升速度，开始发生海退，在海岸地区留下海退层序（进积体系）。

在美国西部内陆的白垩纪大陆边缘浅水波浪区，识别出了几个进积海滩和障壁岛层序。早白垩世的泥质砂岩是重要的储油层，其平均厚度只有 6.5m，但沿沉积走向却十分稳定。沉积层序主要表现为向上逐渐变粗的序列，反映了从临滨经前滨到风成沙丘环境的逐渐过渡关系（图 8-18）。下部和中部强烈的生物扰动说明临滨盛行的低波能条件，风暴时期的沉积物受到彻底改造；相邻的泻湖相一般由不等厚互层的泥岩、粉砂岩和砂岩组成，偶尔有泻湖充填层序，其中包含有冲溢扇砂岩。新墨西哥州西北部晚白垩世的盖洛普砂岩也显示了一个古代海滩复合体向海的侧向过渡（Campbell，1971），它包括一系列厚 1～6 m、宽 0.5～2 m 的退覆叠瓦状沉积单元，每一单元代表海滩面进积作用中的一幕（图 8-19），这些沉积单元完全可以与现代海岸平原的沉积相对比。

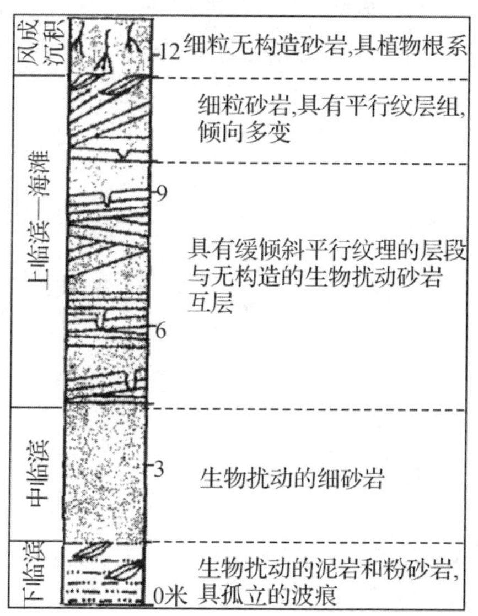

图 8-18　早白垩世泥质砂岩中向上变粗的海退层序

（据 Davies 等，1971）

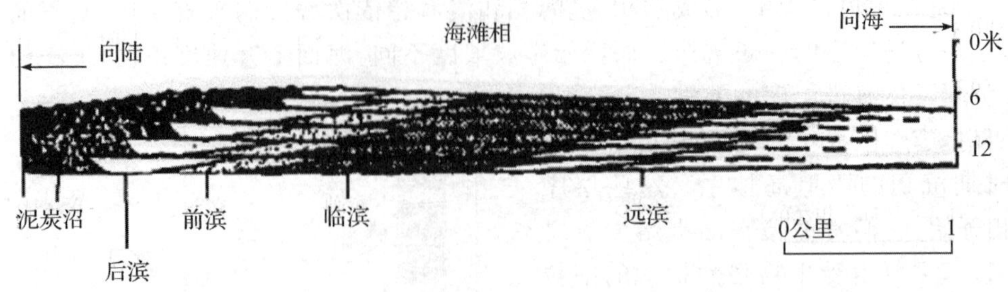

图 8-19　进积海滩相的横向关系

(据 Campbell,1971)

复　习　思　考　题

1. 怎样从“海洋和陆地相互作用”的角度来理解海岸带范围的界定?
2. 海岸分类的主要依据有哪些?
3. 怎样理解水下岸坡平衡剖面的塑造过程?
4. 海岸带泥沙运动的方向取决于哪些因素?
5. 海岸侵蚀和堆积地貌与海岸带的物质组成有何关系?
6. 波浪和潮汐作用下海岸带沉积物的分布特点有何不同?
7. 海面变化对海岸发育有何影响?
8. 海进和海退沉积层序各有什么特点?
9. 名词解释:海岸线和海滨线、海岸带、海滩、起动流速、中立线。

第九章　河口与三角洲

在河流注入海洋、湖泊或汇入主流的河流下游地带，河流与所注入的水体发生作用，形成河口这一特殊的动力环境。世界上绝大多数河流是以海洋和湖泊作为它们的受水盆地，在侵蚀作用大于堆积作用的河口地区，形成河口湾；在以堆积作用为主的河口地区，发育三角洲。虽然河口湾是河口的一种类型，但习惯上常把河口作为河口湾的同义语。本章论述的对象是入海河口及其三角洲。

第一节　河口及其分类

一、河口的概念

入海河口是河流与海洋之间的过渡地带，包括河流下游的河口沿岸及海滨地带。河口湾(estuary)一词来自拉丁文的 aestus，意思是沸腾，指的是潮汐效应。由于潮汐进入湾内，咸淡水混合也是河口定义的重要部分。从自然地理的角度来看，河口湾是海岸的沉溺谷地，它大多发育在潮流强大、河流动力相对较弱、输沙量较少的河口，平面形态呈喇叭状或漏斗状。

入海河流的河口区是河流与海洋相互作用的地段，其范围与潮流作用有关。涨潮时潮流沿河上溯到达的最远点，称为潮流界，在这里潮流流速与河流流速相抵消，潮流停止上涌。在潮流界以上，虽然海水倒灌停止，但河水受到潮水顶托引起水位抬高，这种受潮流影响的最远点称为潮区界。在潮区界以上潮差为零，河水完全不受潮汐作用影响。河口区可分为近口段、河口段和口外海滨段(图 9-1)。

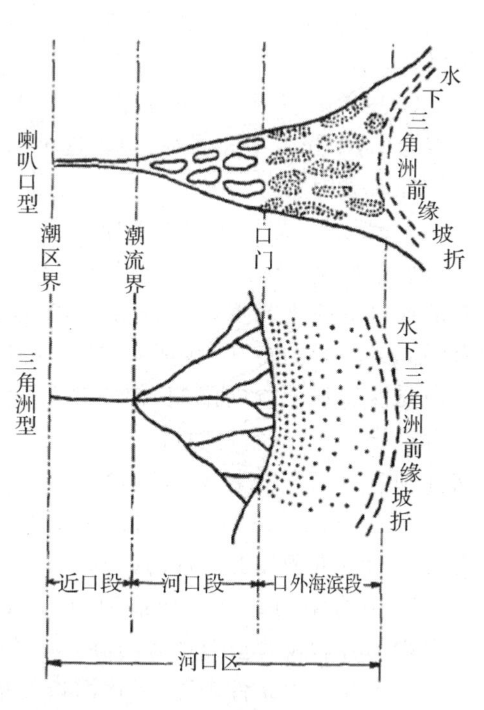

图 9-1　入海河口的分段

(据 萨莫伊洛夫，1952)

近口段：指的是潮区界和潮流界之间的河段，这里的水动力表现为河流的径流作用，水流只有单向向下游方向的运动，但潮汐作用使这一河段的水位产生有规律的涨落，并引起河流流速的变化。在这一地段只形成单一的河流地貌和冲积地层。

河口段：从潮流界到口门，这里水流开始分汊或形成三角洲，具有径流下泄和潮流上溯双向水流作用，变化复杂，河床很不稳定。径流和潮流两种力量相互消长，愈向上游，径流的作用愈显著；向下游，潮流逐渐代替径流作用，成为塑造河床的主要动力。河流河口段上主要发育汊河和河口沙岛。

口外海滨段：口门以外到滨海浅滩的前缘坡折处，在大陆架狭窄的地区，口外海滨段和大陆坡相连。动力作用以潮汐、海流、波浪等海洋动力为主，河流只起运供泥沙的作用。由于比降减小，河流输入的泥沙发生堆积，形成水下三角洲和水下浅滩等。

上述分段界线的位置并不是固定的，它们会随着河流洪枯季变化和潮流力量的消长而变动。洪水期时河流作用增强，潮流界和潮区界均下移，枯水期则相反。如长江河口在枯水大潮时期，潮区界在安徽大通，距口门616 km，潮流界在镇江、扬州河段；在洪水期，潮区界下移到芜湖，距口门500 km，潮流界下移到江阴附近。

二、河口分类

全球大部分河流的现代入海河口是冰后期海侵时形成的沉溺谷地，是由于海面迅速上升淹没了晚更新世低海面时的古河谷而形成的，因此它们的发育和演变只有6 000～7 000年的历史。在不同的海岸地区，这些沉溺谷地受到潮流、径流和泥沙堆积等不同程度的影响，使每一个入海河口都具有各自的特点。河口分类是一个比较复杂的问题，研究者曾分别从形态、地形、成因、盐度结构、环流形式等方面进行过分类。有些分类基于单个要素，例如根据潮差将河口分为弱潮河口，中潮河口和强潮河口（Hayes，1973）；有些分类基于两个以上要素的综合，例如形态与成因结合，盐度结构与形态结合等等。从自然地理和盐度结构两个角度进行的分类，代表了对河口定义的两种不同理解。

（一）河口的自然地理分类

根据河口的地形特征和泥沙阻塞程度，费尔布里奇（1980）把河口概括为以下几种类型（图9-2）。

1. 高度起伏河口　河谷剖面呈“U”型，如峡湾（1a）。

2. 中等起伏河口　河谷剖面呈“V”型，且河谷弯曲，如里亚斯式河谷(2)。这种河口在石灰岩地区尤为发育。

3. 低度起伏河口　如平原海岸河口(3)：河口较小且有多个分汊，平面形态上呈喇叭形，有的河口受沙坝或堡岛的部分堵塞，使河口具有泻湖或海湾的特征；沙坝河口(4)：河口延伸方向受沙嘴延伸方向限制，使下游河段的走向与海岸线相平行；堵塞河口(5)：沿岸漂沙、沙丘或沙坝对河口产生季节性堵塞作用。

4. 三角洲前沿河口　如在三角洲前缘，具有分汊河道堆积体的河口湾(6)。

5. 复合型河口　如构造河口(7)，在低平原海岸的背后发育里亚斯式河谷。

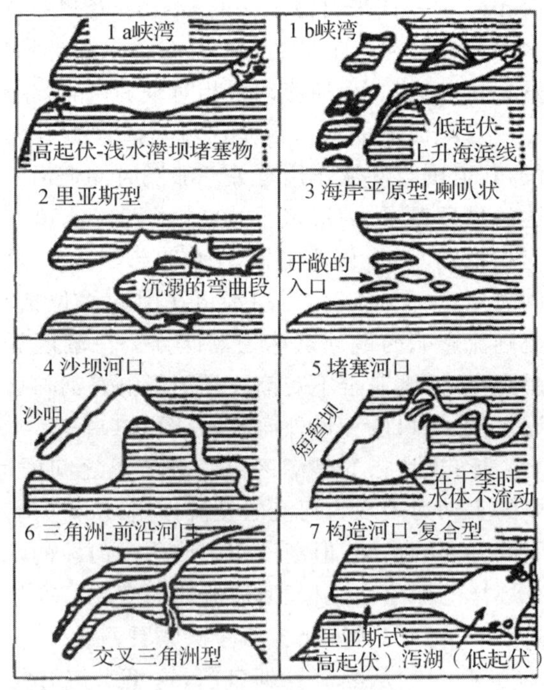

图9-2　河口湾的自然地理类型

据费尔布里奇，1980

从水文动力条件来看，上述河口类型中，第1～2类具有动力条件“不平衡”的河口特征，第3～5类则表现为“平衡河口”或“建造河口”的特征。这样的分类，既考虑了长周期的地壳构造运动和海面升降之间的相对变化，也考虑了径流量、泥沙供应量和纬度带气候等因素对河口形态及其发育的影响。

（二）河口的盐度结构分类

普里查尔德（1955）根据河口的盐度分布和环流特征，将河口划分为三大类型（图 9-3）。在不同类型的河口，径流量与潮流量之比有明显差别，可用咸淡水混合指数 MI 来衡量：

MI＝半个潮周期内进入河口的淡水量/一个潮周期内进入河口的总潮流量

1. 高度分层型河口（A 型）

这种类型的河口以径流作用为主，$MI \geqslant 1$，海水则呈楔形沿着河口向上游方向入侵（图 9-3，A）。在不考虑摩擦作用的情况下，咸淡水之间保持着水平的界面。在界面以上的淡水，其流向均指向下游；在界面以下的咸水，其流向均指向上游。然而，由于河水和海水都有黏滞性，在界面附近流动的水体会产生切变现象，使界面向下游方向推移，直至表面形成足以抵抗切变力的坡度时，淡水层下面的盐水层形成向上游方向微缓倾斜的楔形。这种河口称为盐水楔河口。美国密西西比河的西南分流河口和我国珠江口都属于这种类型。

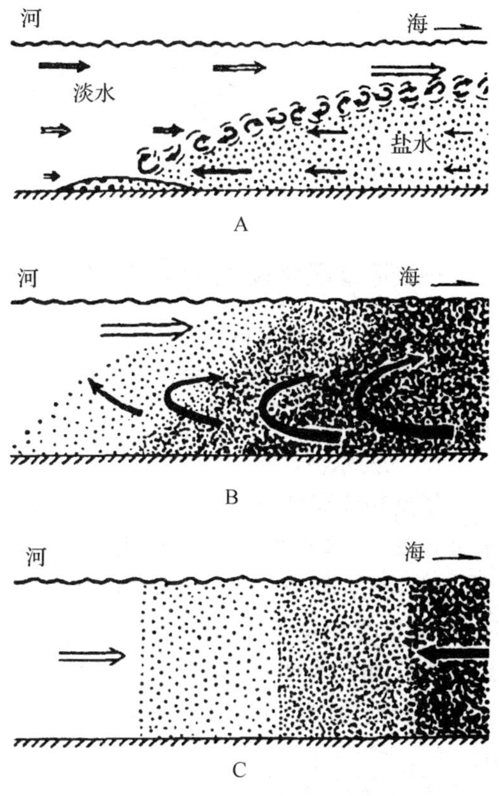

图 9-3　河口的盐度结构类型

A. 高度分层型　B. 轻度混合型　C. 高度混合型

在深度很大的峡湾，淡水层向海流动超过一定速度时，在界面上形成的内波趋于破碎，盐水楔向上混掺进入淡水层，使淡水层的盐度增大，向海流动的水体增多，而底层的盐度几乎不变。这种河口称为峡湾型河口。

2. 轻度混合型（或部分混合型）河口（B 型）

当 $MI=0.2 \sim 0.5$，潮流足以使咸淡水混掺时，就会产生轻度混合，这时咸淡水之间没有明显的界面，不存在盐度梯度很大的过渡带（即盐跃层）。但在垂向上，底层和表层的盐度仍有显著的差别（图 9-3，B）。在涨潮过程，底部的流速增大，而表层的流速减小；落潮过程则相反。因此，在一个潮周期内，对河口区的环流泥沙运动有很大的影响。在这种河口，盐水楔入侵的界限随着径流量和潮汐强度的变化而移动，在移动的范围内出现“最大浑浊带”。浑浊带内的悬浮质浓度和水体的浑浊度比它的上、下游高得多，从而造成了该带内泥沙颗粒快速沉积。长江口是轻度混合型河口的例子。

3. 高度混合型（或强混合型）河口（C 型）

在潮汐作用远超过径流作用的河口，$MI \leqslant 0.1$，垂向上咸淡水混合比较均匀，盐度梯度消失（图 9-3，C），在纵向盐度从河口向上游方向逐渐递减，底层的盐度高于表层。根据在横向上河口湾两侧的盐度分布特点，可进一步划分为侧向非均匀混合和侧向均匀混合两种类型。前者是指在潮汐作用强，河槽的宽、深比例较大的河口，咸淡水发生强烈混合，在垂向上表层和底层的盐度差不超过 10‰，盐度线几乎成垂直分布，而在纵向上盐度从湾口向湾顶递减。英国泰晤士河口和我国钱塘江河口属于这种类型。

径流量大、潮汐弱的河口，属高度分层型；潮汐强、径流量小的河口属高度混合型。随着径流量和潮汐作用的季节变化，同一河口可能在某个时期为高度分层型，而在其他时期为轻度混合型甚至为高度混合型。如长江口平时为轻度混合型，在洪水及小潮时为盐水楔型。

第二节　河口湾沉积

一、河口区水动力特征及其沉积作用

入海河流河口区既有河流动力作用，又有海洋动力作用；既有物理过程，又有咸淡水混合等化学过程；上述作用又随着时间和空间位置的不同而发生变化，因此其水动力条件是十分复杂的。

1. 双向水流

径流和潮流结合形成的双向水流，是潮汐河口水动力的主要特点。河流单向向下流动，其水量有洪、枯季节的变化；潮流则是上下往复流动，有日变化和季节变化。径流和潮流互相接触，交替更迭，形成不同组合。涨潮时，潮流和径流流向相反，二者的作用相互抵消使水流流速降低，由此导致侵蚀能力减小，堆积加剧。落潮时，潮流和径流流向一致，水流流速增大，特别是在洪水期尤为明显，导致河口冲刷能力增强。因此，河口区的侵蚀和堆积作用过程相当复杂。一般而言，落潮流对河口区河床的塑造最为重要，个别强潮河口也可以涨潮流的作用为主。

2. 咸淡水混合

河流注入受水盆地时不同水体的混合将引起密度、含盐度、生物和化学等一系列复杂的变化，咸淡水混合是入海河口最重要的特征之一。径流挟带的下行泥沙与潮流挟带的上行泥沙的淤积部位与咸淡水的界线密切相关。河口区咸淡水混合的程度取决于径流量和潮流量的变化。

在高度分层型河口，比重较大的海水沿河底侵入，形成河口盐水楔。盐水楔顶端是沉积物堆积作用活跃的地方，在河口地区形成的堆积统称为拦门沙。在盐水楔型河口形成的拦门沙位置比较稳定。以美国密西西比河西南分流河口为例，洪水期拦门沙位于口门附近，造成航道的严重淤积；枯水期盐水楔顶端及浅滩移至口门以内 250 km，而在口门不淤积。因此，高度分层型河口的拦门沙，一般是洪淤枯冲。

在轻度混合型河口，盐水楔不甚明显，仅在垂直断面上存在盐度变化带，泥沙随涨落潮流上下漂移，在憩流时暂时沉淀下来，当潮流流速加大后又悬浮起来，一般在盐水侵入的上下限之间（即过渡段）堆积，形成沙洲、浅滩，因此堆积位置不固定，浅滩分布较为复杂。根据实验和模型研究，在每一个潮周期内主要向陆的底流与主要向海的底流的辐合点（即净水流运动为零处），河流淤积最严重。

在高度混合型河口，潮流作用显著大于径流作用，咸淡水均匀混合，仅在水平方向存在盐度差别。径流挟带的泥沙亦与潮流挟带的泥沙迅速混合，故泥沙淤积与咸水界的关系不甚明显，河口浅滩的形成主要受其他因素控制。这种河口堆积强度不大，但范围可以很广，能形成大面积的拦门沙。

3. 波浪作用

河口区的外动力作用以波浪的能量最大，波浪对河口地区的沉积和地貌塑造都有很大影响。波浪可以使河口泥沙发生堆积，促进河口沙嘴生长，也可以侵蚀岸滩，改造河口区的沙岛和三角洲形态。波浪作用在口外海滨区形成的水下沙坝和离岸堤，给河口及附近海域创造一个平静环境，也有利于泥沙的沉积。

二、河口湾的发育及其沉积物分布

河口湾是被海水淹浸的河口区，外形为喇叭状或漏斗状，走向大多垂直海岸。在河流含沙量少、潮流作用强的河口，进、退潮均可发生强烈的侵蚀作用，形成喇叭形河口湾。如钱塘江每年入海泥沙只有 8.9×10^6 t，最大潮差可达 8.93 m，涨潮流作用的侵蚀很强，在杭州湾的北侧形成巨大的冲刷深槽。若河口外有坝滩分布，潮汐作用就会明显减弱，一旦湾口沙坝封闭了河口湾，就形成泻湖。

冰后期海面上升，入海河流下游被海水淹浸形成的河口湾，由于湾内沉积，面积一般是逐渐缩小的。在最大海侵时形成的河口湾，如果河流输沙量较小，没有足够的沉积物充填，至今仍可保留河口湾的形态；如果河流的输沙量较大，河口湾将最终被泥沙充填而转变为三角洲。因此河口湾只是地质历史上的短暂现象，湾内沉积的结果将使其最终转变成三角洲，而在地层中得以保存的也是三角洲的沉积层序。

河口区的泥沙动态在很大程度上取决于水流形式。在河口区径流与涨潮流相互顶托，接触消能，形成水流相对平静的“动力平衡带”，泥沙在此大量堆积。同时，咸淡水相遇，引起悬浮胶体颗粒絮凝沉积。据实验，在流速小于 30 cm/s 时，絮凝作用进行得最快。因此，在憩流期间絮凝沉积最多，河口口门附近因此常出现浅滩等拦门沙，使口门的水深变浅。

在河口湾沉积的泥沙一部分来自河流，即由河流流域补给，称为陆相泥沙；另一部分是潮流从河口外的海域带来的，称为海相泥沙。河口湾沉积物的分布取决于河口湾的形状、水文状况及地质条件。在开阔的喇叭形河口湾，河流带来的泥沙在河口扩散沉积，沉积物从湾顶到湾口逐渐变细，如杭州湾；若河口湾口门狭窄，潮流作用较强，悬移质经潮流作用分选，沉积物粒度自湾口到湾顶逐渐变细。

三、河口拦门沙

拦门沙是河口口门附近堆积地貌的统称，包括河口沙坝，水下浅滩，口内沙坎以及汊道上碍航的浅水地段。在强潮河口，海底受潮流冲刷形成深槽，称为潮流深槽。拦门沙和潮流深槽是河口湾最基本的堆积和侵蚀产物。

由于河口区特殊的动力和物理、化学环境，拦门沙的形成是比较复杂的。拦门沙的位置主要取决于径流与潮流强度的对比，其规模与泥沙的来源和数量有密切关系。由于河流和潮流的水文状况存在年变化和季节变化，拦门沙的位置和高程也是变化的。以海域来源泥沙为主形成的拦门沙，年内季节变化一般是洪冲枯淤，如钱塘江河口。以河流来沙为主形成的拦门沙，其季节变化一般为洪淤枯冲，如辽河口。

在沉积结构上，拦门沙常有粗细相间的分层现象。径流挟带下行的较粗颗粒的泥沙，一般沿河底推移到咸水上下界之间沉积，形成沙岛或浅滩。但在洪水季节粗粒泥沙可一直被推移到口门外，因此在长江口、辽河口等拦门沙上都有颗粒较粗的沉积物。另一方面，径流所带的细粒悬浮质在口门外运移，有时暂时落淤，在风浪、潮流作用下又成为海相泥沙，随着涨潮流返回到河口地区，在拦门沙上淤积。因此，拦门沙的沉积物具有粗细互层，粗粒物质代表河流堆积，细粒物质代表潮流堆积，两者的比例可以反映泥沙来源。如钱塘江口以海域来沙为主，粒径为0.005～0.01 mm的粉砂颗粒占90％以上。

第三节　三角洲的发育过程及类型

一、三角洲的概念

三角洲是地质学中最古老的概念之一，指的是在河口区形成的巨大的堆积体系。公元前5世纪，希腊历史学家希罗多德（Herodatus）用希腊字母“△”来形容形似三角形的埃及尼罗河的河口平原，1832年被莱伊尔在《地质学原理》一书中引用，于是产生了三角洲（delta）这一专业术语。

三角洲是河流流入湖泊或海洋形成的堆积体，是由河口区的沙洲、沙嘴等发展而成的冲积平原。三角洲是河流补给的沉积体系，它的沉积物主要由一定范围的水系供给。河流在汇入盆地水体时，水流分散、流速降低，河流挟带的粗粒沉积物首先在河口附近沉积下来，较细的物质则呈悬浮状态搬运到岸外较深水区沉积。盆地水体的作用（如波浪、潮汐等）既促使河流沉积物的分散，也使其发生改造。因此三角洲是河流与盆地相互作用的结果。

三角洲沉积是露出水面或在浅水环境中形成的碎屑沉积体，它包括陆上和水下两个部分，水下部分是陆上部分的自然延伸，陆上部分则是水下部分发展的最后结果，二者紧密联系，构成完整的三角洲沉积体系。但陆上和水下部分的面积比例在各个三角洲可以有很大不同，如长江为0.78，伊洛瓦底江为0.1，尼日尔河为8.5。通常在向海方向上可以追溯到三角洲沉积中泥沙颗粒逐渐变细的现象，但是由于受到波浪、潮汐、沿岸流以及风力等因素的改造，在古老的地层中辨认三角洲沉积是相当困难的。

现代三角洲常形成广阔的湿地，土地肥沃，具有很高的生物生产力。在人类历史上，三角洲很早就是重要的农业基地，对于人类文化的发展起着十分重要的作用，三角洲往往是一个国家最发达的地区。古老的三角洲常是巨大的沉积中心，其巨厚的沉积层中蕴藏着丰富的资源，如煤、石油和天然气等。

二、三角洲的发育

（一）三角洲的发育条件

三角洲是由于河口区的堆积作用超过侵蚀作用而形成的。河流的流量、沉积物供应量、近岸的波浪和潮汐、受水盆地地形以及构造、气候和人类活动等因素，对三角洲的发育都有不同程度的影响。形成三角洲必须具备以下几个条件：

1. 河流的泥沙来源丰富

三角洲沉积的泥沙是由河流供给的，河流输沙量的大小是能否形成三角洲的决定因素。河流的输沙量是流域面积和流量的函数，径流量和输沙量越大，三角洲的规模也越大。如恒河—布拉马普特拉河的年输沙量为0.64×10^9 t，三角洲面积103 637 km^2；长江的年输沙量为0.5×10^9 t，三角洲面积66 674 km^2。河流的输沙量通常随着其径流量而增减，但二者并不完全一致。据世界上一些河流的测定统计，当河流的年输沙量与其年径流量之比大于或约等于0.24时，可发育三角洲，否则形成河口湾或海底冲积扇。

2. 海洋的侵蚀搬运能力小

河口附近的波浪、潮汐、海流的能量较小时，河流携带的泥沙就不至于被波浪和海流带走，而能够在河口地区沉积下来，形成三角洲。波浪和潮汐特性也决定了三角洲的堆积形态及其沉积物分布特点。

3. 口外海滨区水浅、地势平坦

坡度和缓的岸外斜坡，将导致岸外波浪的能量衰减，使波能迅速降低。这种环境下的水动力能量较弱，三角洲沙体主要受河流作用，有利于河口泥沙的沉积；另一方面，水深较浅也有利于堆积的浅滩露出水面。

4. 沉积环境稳定

地壳运动相对稳定，海水面和河川径流变化小，河流终极侵蚀基准面长期稳定，有利于堆积作用的进行。在受水盆地缓慢下沉的地区，三角洲堆积体的厚度可超过正常沉积区的数倍。

（二）三角洲的发育过程

三角洲的形成经历水下和水上两个发育阶段。当河流流到口门后，由于水流扩散、比降减小、流速降低及咸淡水混合，使得泥沙迅速大量沉积，因此河口地区的沉积物是砂、粉砂和黏土的混合物，只是在沉积物分异沉降过程中，靠近河口地区的沉积物质中含砂的比例较大，而远离河口的地区以黏土沉积为主。泥沙在河口大量沉积形成河口沙坝（拦门沙），同时在河口两侧也可发育河口沙嘴（水下天然堤）。河口沙坝的形成导致河床再分汊，以后又在新的汊道上形成新的沙坝和沙嘴，同时河口沙坝也逐渐扩大、淤高，成为水下三角洲。河口沙坝是河口水流变化的直接产物，是三角洲的胚胎形式，也是三角洲最重要的组成部分。随着河流不断携带泥沙在流出口门后继续堆积，水下三角洲不断扩大并增高，这样一方面使三角洲外缘不断向海伸展，另一方面在三角洲内形成许多小海湾和泻湖，泻湖可因植物繁殖而成为沼泽，或因泥沙冲填而成为低地，逐渐露出水面，成为水上三角洲。

上述这种河口沙坝的形成和河流的分汊，是三角洲发育的主要方式。河口沙坝的出现和发展，使得过水断面大大缩小，迫使河流产生分流，形成汊道。在汊道口又形成新的河口沙坝，使汊道再次分流，出现新的汊道（图 9-4）。例如伏尔加河的入海汊道就多达 500 余条。与此同时，河口沙坝不断淤积增高，并向海扩展，逐渐露出水面，成为河口沙岛；在众多的汊道中，有些发展成主河道，另一些因流水不畅而淤塞消亡，形成泻湖、沼泽或低地，从而导致沙岛的联合或并岸。沙岛、沙嘴和泻湖、沼泽（即废弃的汊道或港湾）成为三角洲的水上部分，它们与水下三角洲共同构成完整的三角洲沉积体系。

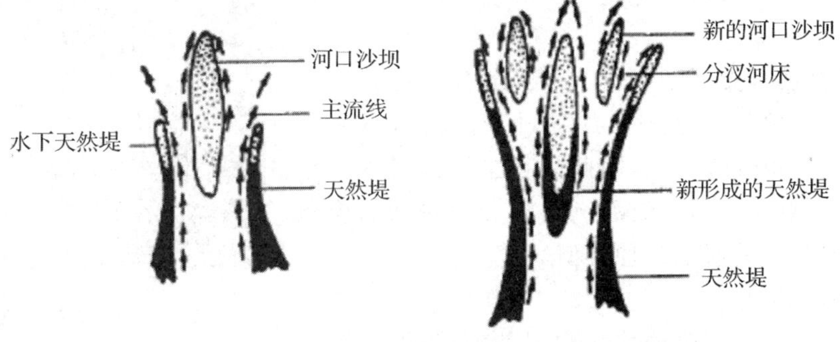

图 9-4　河口沙坝和汊道的形成

（据 Scott 等，1969）

河口沙坝的产生和增长形成了三角洲的胚胎和骨架，但是对于各个具体的三角洲而言，随着河口水动力条件的不同，其后期的发展过程并不一致。例如，尼日尔河三角洲表现为单一的三角洲沉积体系，边缘发育滨外沙坝和泻湖，三角洲呈扇形向海推进；密西西比河三角洲的扩展，主要依靠洪水期在汊道两侧形成决口扇并发育新的亚三角洲，全新世共有 16 个这种亚三角洲，由于决口具有偶然性，因此亚三角洲的排列是无序的；长江三角洲也是由一些亚三角洲组成，而它们是按 6 个形成时期依次退覆叠置的，河口沙坝向东南方向呈规则的雁行排列；珠江三角洲则由同时发展的西江、北江和东江三个毗连交错的三角洲构成复合的三角洲沉积体系，沉积作用多以湾内的基岩岛屿为核心逐渐扩大，彼此相连成陆。

三、三角洲的类型

(一)三角洲的形态分类

世界各地的三角洲形成过程复杂，形态、结构和控制因素各不相同，可以从不同的角度对它们进行分类。根据三角洲的平面形态特征和形成过程，可将它们分为 4 种类型：

1. 扇形三角洲

在入海河流含沙量很高，口门海水较浅，河流分汊多且各汊道经常改道，河流和海洋动力强度大致相当时，形成扇形三角洲。河流入海后，大量泥沙通过各汊河带到河口堆积，汊河不断向外推进，由于汊河很多且常改道，同时较远的汊河受波浪冲刷，泥沙较均匀地堆积在汊河之间的凹地上，因此使得整个三角洲岸线呈放射状全面均匀地向海增长。扇形三角洲是一种常见的三角洲形态，如黄河三角洲（图 9-5）、伏尔加河三角洲等，都是典型的扇形三角洲。

图 9-5　黄河三角洲

2. 鸟足形三角洲

在海洋作用微弱的河口，输沙量较大的河流分成几股大小不一的汊道入海，它们以不同的速度从不同的方向向海推进，其中有 1～2 条含沙量和流量都很大的主流，以最快的速度伸展最远，由于各汊流和形成的河口沙坝参差不齐，形似鸟爪，故而得名。这种类型的三角洲以密西西比河三角洲最为典型（图 9-6）。

图 9-6　密西西比河三角洲

3. 尖头形三角洲

如果河流在河口处只有一条主流，没有或只有很小的分汊，泥沙在主流河口堆积成沙嘴，同时波浪、海流作用较强，对河流堆积改造强烈，因此只在主流河口附近形成突出的堆积。意大利的台伯河三角洲和西班牙的埃布罗河三角洲(图 9-7)就属于这种类型。

4. 岛屿形三角洲

在河流含沙量不大，潮汐作用很强的河口区，泥沙堆积成许多向海延伸的沙滩和沙坝，沙坝之间是冲蚀的潮汐水道，沙坝进一步发育成沙岛，河流分汊。星罗棋布的沙岛和纵横交错的汊河构成三角洲的主体，故称岛屿形三角洲，如恒河—布拉马普特拉河三角洲(图 9-8)。

图 9-7　埃布罗河三角洲

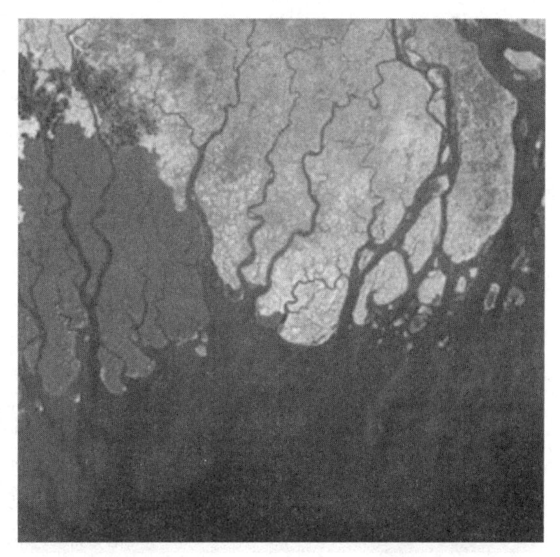

图 9-8　恒河—布拉马普特拉河三角洲

此外也有一些三角洲属于过渡类型。如长江三角洲从整体上看,似为尖头形,而从河口区沙岛、浅滩分布和河道的分汊来看,又与岛屿形相似(图 9-9)。三角洲的形态类型与它们所经受的河流和海洋动力作用的程度紧密相关(图 9-10)。

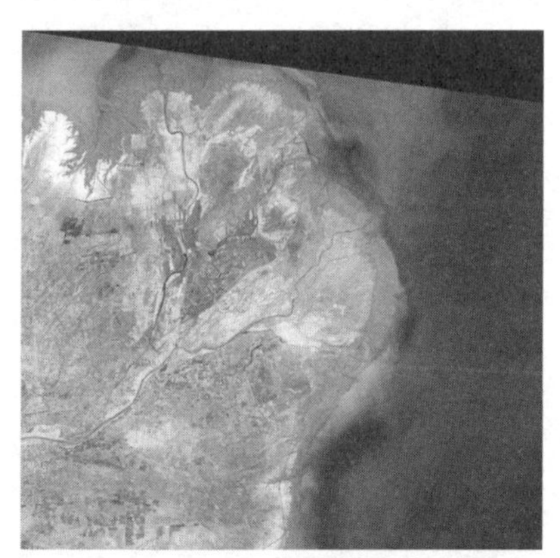

图 9-9　长江三角洲

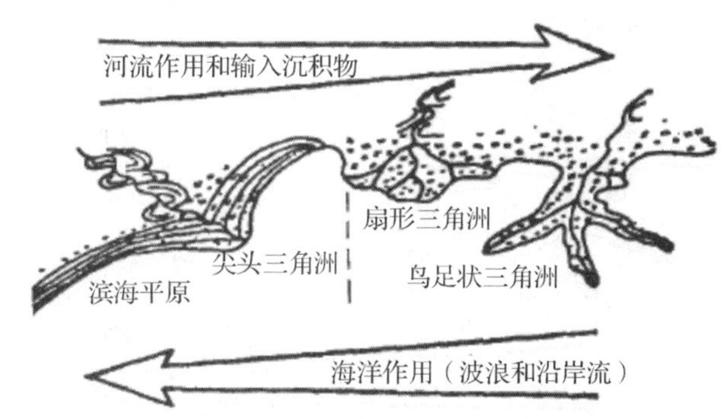

图 9-10　河流、海洋作用与三角洲类型的关系

(据 Scott 等,1969)

(二)三角洲的动力特征分类

根据对现代三角洲的定量分析对比,费歇尔(Fisher,1969)等提出另外一种划分模式,根据三角洲受河流、波浪和潮汐控制的程度,分为高建设性三角洲和高破坏性三角洲(图 9-11)。前者是指以河流的堆积作用为主、主要受河流作用控制的三角洲,或称河控三角洲;后者是指以海洋动力的改造作用为主、主要受海洋作用控制的三角洲,进一步又区分出浪控三角洲和潮控三角洲。

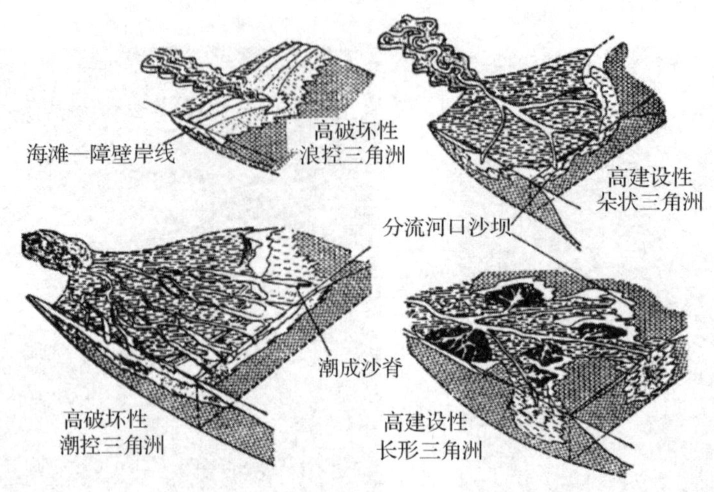

图 9-11　三角洲的动力特征分类

(据 Fisher 等,1969)

三角洲分类的三角图(图 9-12)定性地表示了三角洲地貌与三角洲前缘主要过程的性质关系。从图上可以看出,尼罗河的赫罗多特斯三角洲主要是受波浪控制的,而现代密西西比河鸟足状三角洲是受河流控制的。世界各地的三角洲都可以根据河流、波浪和潮流三者的关系,在三角图中找到相应的位置。河控和浪控三角洲的地层学已被充分论证过了,而对潮控三角洲的内部构造还了解得不多,主要根据它们的形态和沉积体系以及地表沉积物的分布来解释。

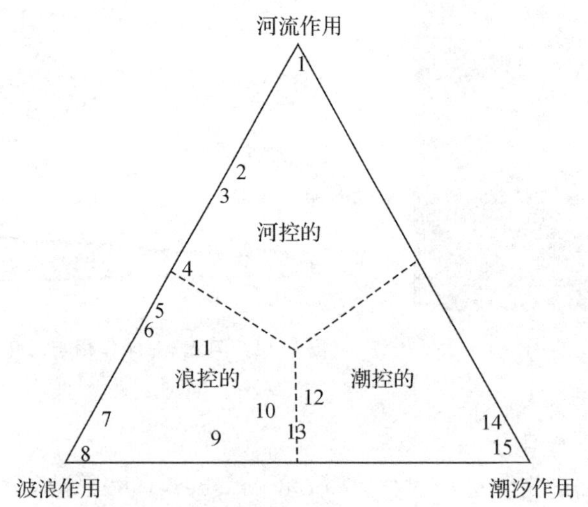

图 9-12　三角洲动力特征分类的三角图

(据 Galloway, 1975)

1. 密西西比河　2. 波河　3. 多瑙河　4. 埃布罗河　5. 尼罗河　6. 罗讷河　7. 圣弗兰西斯科河　8. 塞内加尔河　9. 伯德金河　10. 尼日尔河　11. 奥里诺科河　12. 湄公河　13. 科珀河　14. 恒河—布拉马普特拉河　15. 巴布亚湾

第四节　三角洲的沉积特征

一、三角洲的沉积结构

古代三角洲沉积的研究始于吉尔伯特（Gilbert，1885，1890）对邦维尔湖更新世三角洲沉积的描述。三角洲向前推进时形成3层具有不同特征的垂向层序，这种三重构造后来被用作识别古代三角洲沉积的标志，分别用顶积层、前积层和底积层来命名，每一层都有不同的层理、结构、颜色和生物组合（图9-13）。

图9-13　三角洲的沉积结构

（据 Gilbert，1885；Barrell，1912）

A. 由三角洲进积作用所产生的垂向层序

B. 邦维尔湖更新世三角洲剖面

1. 顶积层

三角洲顶层的沉积，包括陆上和水下部分，由冲积、湖积和沼泽堆积的交互沉积组成。河口地区陆上发育汊河道，其间分布湖泊和沼泽；在向海增长的过程中，部分汊道延伸到水下，并发育沙嘴和沙坝，其间有海湾分布。沉积物以河流沙坝、沙嘴和浅滩沉积的砂、粉砂为主，有明显的水平微层理和交错层理，夹有湖泊或沼泽堆积形成的黏土和泥炭，在水下三角洲还有海湾沉积的薄层细粒泥质沉积物。

2. 前积层

水下三角洲倾斜前坡的堆积，沉积物以粉砂及黏土质粉砂为主，含有黏土夹层，有较薄的斜层理和波状层理。其中砂质为河床、河口堆积；黏土质为浅水海湾堆积，含有较多有机质。由于沉积物在自身重力作用下的顺坡滑动，在沉积层中可形成各种弯曲和揉皱。

3. 底积层

三角洲底层的海相沉积，多为悬移质，沉积物粒度很小，以黏土、亚黏土为主，富含有机质，具水平层理，含有大量海相生物化石。向外过渡为大陆架浅海沉积。

上述划分适用于海洋动力微弱或流入湖泊的河流三角洲，并非所有三角洲都有这种吉尔伯特型的构造，但它作为三角洲研究的经典一直沿用至今。大型倾斜的前积层是否存在被认为是在识别古代三角洲时的一个重要标志。这个概念也长期支配着人们对现代三角洲的认识。

二、三角洲沉积相

从沉积环境的角度分析，根据河口区不同的动力、沉积和生物等综合特征，一个完整的三角洲沉积体系可以划分为三部分，即三角洲平原相，三角洲前缘相和前三角洲相。

1. 三角洲平原相

三角洲平原相指的是三角洲的陆上部分，相当于顶积层的水上部分。其界线在向陆一侧从河流大量分汊处开始，与河流下游的冲积平原相接，向海一侧以水边线与三角洲前缘相接。三角洲平原是广阔的低平地区，它们由活动的和已废弃的分流河道组成，分流河道间为浅水环境和出露(或近于出露)水面的地表，如海湾、洪泛平原、湖泊、潮坪、沼泽和盐碱滩等，在不同的气候带形成多变的组合。三角洲平原相的沉积物包括河流、湖泊、沼泽和泻湖等多种类型，以细粒物质为主，含有少量海陆过渡相生物。

2. 三角洲前缘相

三角洲前缘相位于三角洲的水下部分，相当于顶积层的水下部分和前积层的上部。这里是河水和海水混合、泥沙大量堆积的地带。河流物质经海洋作用改造和再分配，形成分选好、成分纯净的砂质沉积物集中带，平均含沙量＞75％。沉积物颗粒较粗，泥质、有机质含量极少。微体生物具有海陆过渡相的特点。

三角洲前缘是携带泥沙的河流进入盆地的地区，分流河口处水动力条件的急剧变化引起注入水流的扩展和减速，水流能量减小，从而使泥沙沉积下来。海洋动力或参与沉积物的分散和沉积，或对注入水流分散直接沉积的沉积物进行改造和重新分布。在三角洲前缘，总的趋势是粗砂沉积在分流河口，而较细的沉积物则被搬运到更远的盆地，沉积在滨外的深水环境中。沉积作用构成了一个缓缓向海倾斜的剖面，其倾角一般小于 2 度，沉积物向盆地方向逐渐变细。由于沉积物的不断供应，三角洲前缘逐渐向滨外推进，结果原先为滨外的地方最后被滨线沉积所覆盖。因此，与三角洲前缘向海变细相应的是，在剖面上形成一个较大型的向上变粗的层序，它反映了河口区海水盆地的充填作用。

3. 前三角洲相

前三角洲相位于三角洲前缘外侧的向海地带，相当于前积层下部和底积层，由河流输送来的悬浮物质和胶体溶液再沉积形成。沉积物是富含有机质的泥质物质，呈暗色，具细纹理，含水量高达 80％，是良好的生油层。含海相生物化石，完全属于海相沉积。在泥质含量高的大河三角洲中，前三角洲相沉积厚度大，分布广。

三、三角洲层序的特点

三角洲是陆源堆积的重要场所。随着三角洲的推进，三角洲平原相、三角洲前缘相和前三角洲相依次叠置。在三角洲层序中，自下而上依次出现前三角洲相、三角洲前缘相和三角洲平原相，其沉积相标志的变化相当明显(图 9-14)，自下而上表现为：(1)沉积物的粒度由细变粗，再变细；(2)沉积物的分选性由差变好，再变差；(3)沉积构造由水平层理向上渐变为波状层理和各种类型的交错层理，再往上又变为以水平层理为主；(4)沉积物中黏土矿物、有机质和微量元素含量逐渐减小，但在三角洲平原相，特别是湖沼沉积中，含量又增多；

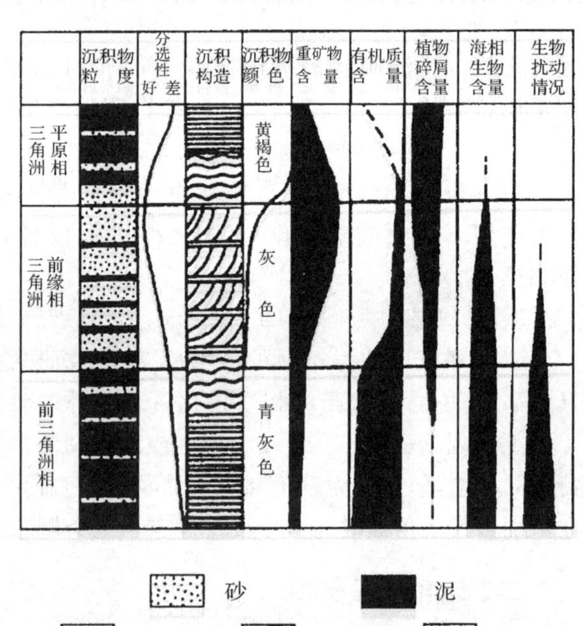

图 9-14　三角洲沉积层序的基本特征

(据 李从先，1978)

(5)沉积物的颜色由暗变淡，由青灰色转为灰色，上层为黄褐色；(6)海相生物减少，陆相生物则逐渐增多；(7)层序下部常见生物洞穴，顶部出现植物根系。在三角洲的垂直层序中，这三种沉积相是逐渐过渡的，没有截然界线。

世界上三角洲的类型是复杂多样的，特别是三角洲平原，其沉积环境明显受到气候和其他自然地理因素的影响，因此各三角洲的沉积层序并不完全相同。另一方面，三角洲地区的海进海退是经常发生的，特别是在全新世的气候频繁变化时期，三角洲在其发展过程中甚至可能经历废弃阶段，这就使得三角洲的层序进一步复杂化。但是三角洲层序的三层结构是三角洲的共性，也是识别古代三角洲的基本依据。

复习思考题

1. 怎样理解河口的定义及其分段？
2. 怎样从盐度结构上对河口进行分类？
3. 河口区的水动力作用有何特点？
4. 河口拦门沙的发育与泥沙来源及径流、潮流作用有何关系？
5. 什么是三角洲？其发育条件与河口湾有何不同？
6. 三角洲的动力特征与其形态类型有何关系？
7. 一个完整的三角洲沉积体系包括哪些部分？
8. 在三角洲层序中，其沉积相标志自下而上表现为哪些变化？
9. 名词解释：潮流界、潮区界、拦门沙、陆相泥沙和海相泥沙。

第十章　大陆边缘及其地质构造

第一节　大陆边缘及其类型

一、大陆边缘及其研究意义

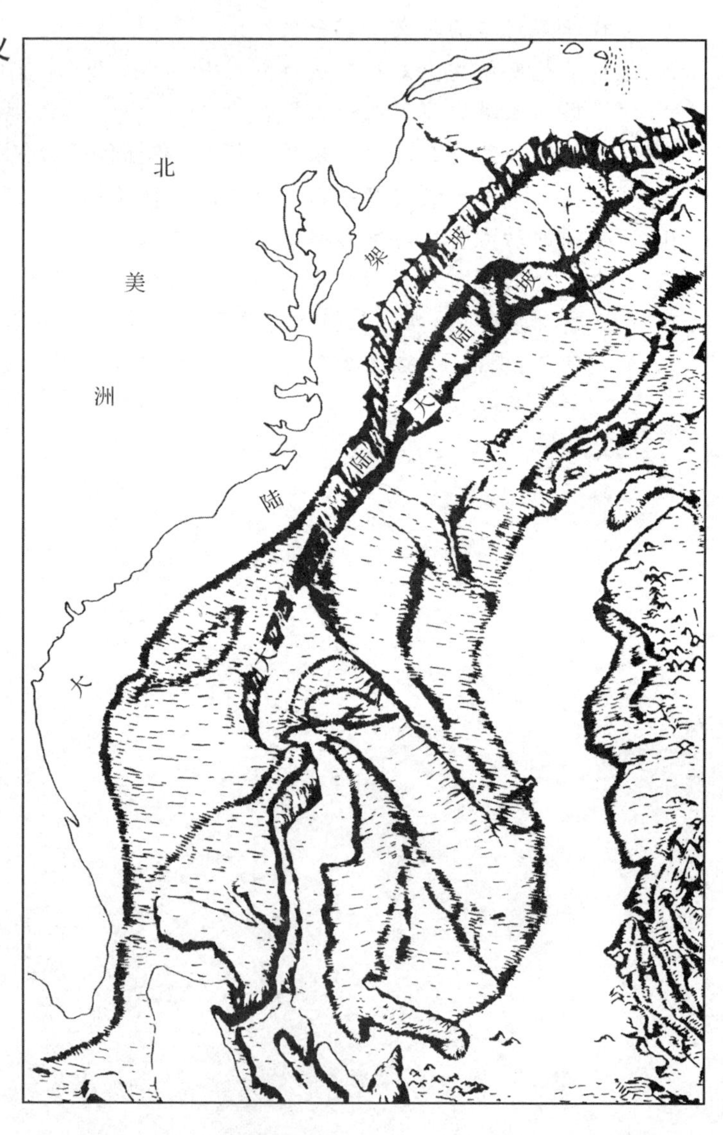

图 10-1　稳定大陆边缘图(G. Boilot,1980)

大陆边缘亦称大洋边缘，它是近海陆地上观察到的岩层与地质构造向海下的自然延伸部分。地球物理资料表明，大陆边缘不仅在地形上是一个巨大而复杂的斜坡带，而且在地质上也是大陆地壳与大洋地壳之间的地壳过渡带，地壳厚度从海岸向洋底逐渐变薄。

由于大陆边缘代表大陆地块生长的边沿，许多现代构造运动均发生在其中，这就为解释内陆山区所看到的褶皱、隆起系列的早期地球历史乃至大陆的成因提供了可靠信息。研究表明，现在已转化为山系的古地槽往往是沿大陆边缘生成的。现代有关大陆和洋盆发展演化的假说，也离不开对大陆边缘的研究。

另外，由于大陆边缘海区贴近大陆，陆地为它提供了丰富的陆源碎屑物质。据研究，巨厚的边缘海沉积物可占全部海洋沉积物的一半以上（Heezen 和 Tharp，1965），目前已知其中含有丰富的石油和天然气资源可供人类开发利用。此外，陆上许多古代海相地层中的一些沉积特征，可在现代大陆边缘的沉积层中找到。因而，加强对现代大陆边缘的研究，通过古今对比，来解释陆上古代沉积岩的形成环境，对于沉积岩相和成岩作用机理的研究具有非常重要的意义。

二、大陆边缘的类型

按照板块构造的观点，全球大陆边缘分为三种类型：发散型、汇聚型、转换型，它们分别占世界大陆边缘总长度的49%、27%、24%(K. O. Emery，1980)。

根据大陆边缘形态及构造的组合特征，全球大陆边缘主要分为两大类型：即大西洋型(又称被动型、发散型、无震型、稳定型)大陆边缘和太平洋型(又称主动型、汇聚型、有震型、活动型)大陆边缘。

大西洋型大陆边缘以陆侧是稳定的大陆地块为其特征，自古以来很少变动，在地质构造上长期处于相对稳定的状态。它位于岩石圈板块的内部，缺失海沟俯冲带，被动地随着板块的运动而移动，故无强烈的地震、火山和构造运动。典型者，由宽阔的大陆架、较缓的大陆坡和缓坦的大陆裙组成，主要分布在大西洋、印度洋边缘(图10-1)。

太平洋型大陆边缘是两个汇聚板块的边界，它与毗邻的洋底分别属于不同的板块，常伴有海沟、火山作用、活动性的山脉和强烈的地震。其形态和构造单元比较复杂，除发育有大陆架、大陆坡以外，还伴生有岛弧、边缘海和弧后盆地(Laughton和Roberts，1978)，往往缺失大陆裙。这类大陆边缘因有频繁的火山、地震活动，所以又称为活动大陆边缘，主要分布于环太平洋区(图10-2)。根据太平洋两侧所表现出的不同形态构造特征，又将其分为两种亚类型：太平洋东岸型和太平洋西岸型。前者的特征是，弧形山脉(又称山弧)与大陆架、大陆坡及海沟相连，没有边缘海盆，多分布在太平洋东岸，尤以南美洲西海岸为典型，沿岸为陡峻的安第斯山脉，大陆架和滨海平原极不发育，其向海山麓直接与海沟相连，故亦称安第斯型大陆边缘；后者的特征是，大陆架、大陆坡的外面分布有宽广的弧后边缘海盆，然后是岛弧与海沟，二者地形高差悬殊，有频繁的火山和地震活动，构造运动强烈。

图10-2　活动大陆边缘图(G. Boilot，1980)

第二节　被动大陆边缘的地质构造

一、大陆架的地质构造

大陆架(continental shelf)是环绕陆地的近岸浅水海域,其地形平坦,自海岸向外缓缓倾斜。由于海底油气资源的开发和军事上的需要,人们曾对大陆架进行过深入、系统的地质和地球物理调查研究,获取了丰富的资料。

因为大陆架涉及各沿海国家的领海主权、海洋资源开发权和航运等问题,所以大陆架已成为目前纷争的国际问题之一,引起联合国和各国政府的重视。1958 年联合国海底委员会通过的《大陆架公约》对大陆架的定义是,"大陆架是沿海大陆被海水淹没的浅海地带,海底地形开阔、平坦,一直延展到海底坡度剧烈增加的转折处,这一转折处被称为陆架边缘,陆架边缘以浅的水域称为大陆架"。由于该公约没有得到大多数成员国的承认,1982 年 4 月在联合国第三次第 11 期海洋法会议上通过了《联合国海洋法公约》(UNCLOS),目前已有 150 多个国家在该公约上签了字,1994 年根据世界各国的意见对某些条款进行了修改,1994 年 11 月 26 日该公约正式生效。根据公约,每个沿海国家或岛屿有权最大限度地确定 12 n mile 的领海、24 n mile 的毗连区和 200 n mile 的专属经济区和一直延伸到边缘的大陆架。这一公约有利于促进海洋的和平用途、海洋资源的公平有效的利用、海洋生物资源的养护以及研究、保护海洋环境等。

大陆架边缘的水深及其海底范围内油气资源的多寡取决于地质状况。因此,研究大陆架的地质构造及地质作用具有十分重要的意义。

(一)大陆架的沉积作用

大陆架是海底沉积作用最为发育的地带,其沉积类型和特征受环境因素制约。由于大陆架的水域为浅海环境,所以影响大陆架沉积作用的因素有:①海平面变动;②物源补给;③水动力条件;④气候及其波动;⑤碎屑物粒度;⑥生物作用;⑦化学因素;⑧大陆架地形;⑨海域敞蔽程度;⑩周边陆地区域地质特征;⑪构造背景。

对大陆架浅海沉积模式的认识经历了一个逐渐完善的发展过程。最早的约翰逊(H. D. Johnson,1919)模式认为,大陆架沉积物粒度的分布呈近岸(水浅)者粗、远岸(水深)者细的趋势;随后的大陆架底质调查,尤其是大陆架上发现残留沉积之后证明这种模式与事实不符。于是谢帕德—埃默里(F. P. Shepard,1932;K. O. Emery,1968)提出了第二种模式,认为全球大陆架的 70%分布着残留沉积,并指出陆架上呈镶嵌图案式分布的沉积物主要有六类:①残留沉积物;②残余沉积物;③现代碎屑沉积物;④有机沉积物;⑤自生沉积物;⑥火山沉积物(K. O. Emery,1952,1958)。后来认为残留沉积物在大陆架上的分布面积不会超过 50%(H. D. Johnson,1978),许多观测资料表明水动力的作用也不能忽视。20 世纪 70 年代,斯威夫特—柯雷(D. J. P. Swift,1971;D. J. Stanley 和 J. R. Currey,1964,1972,1976)将前二种模式结合起来,提出了第三种模式,即海侵—海退模式,认为既要考虑更新世末期以来的海平面上升,也要注意大陆表面随海侵而出现的现代动力作用过程,并指出大陆架上主要有三种沉积相:①大陆架残留砂表层相;②近滨现代砂柱相;③现代大陆架泥表层相;还把真正的残留沉积与经受现代海洋动力加工和改造过的变余沉积区别开来。日本星野通平(1973)则按海洋环境将大陆架沉积分为四类:①河口海区沉积物;②海峡沉积物;③海湾沉积物;④开阔大陆架沉积物。20 世纪90年代初，我国学者沈锡昌(1991)提出全世界大陆架浅海的第四种沉积模式—水动力模式(表10-1)。该模式认为，现代大陆架浅海的沉积物类型、特征、分布，反映了大陆架自更新世以来的历史过程。残留沉积是海侵前的产物，现代沉积是海侵后浅海环境的产物，变余沉积为过渡类型。残余沉积归入现代沉积，现代沉积和残留沉积都可细分为碎屑、生物和化学三个亚类。现代大陆架的碎屑沉积(硅质)明显地受到水动力的控制，冲淡水、波浪、潮流和海流分别形成了各具特点的沉积物。在沉积速率较快、地形较陡的地段，可局部出现水下块体运动，形成滑塌堆积和重力流沉积物。

表10-1 现代大陆架浅海沉积模式

大类	亚类	小类
现代沉积	(硅质)碎屑沉积	1. 冲淡水控大陆架浅海碎屑沉积 2. 波浪控大陆架浅海碎屑沉积 (1)正常波浪控大陆架浅海碎屑沉积 (2)风暴浪控大陆架浅海碎屑沉积 3. 潮流控大陆架浅海碎屑沉积 4. 海流控大陆架浅海碎屑沉积
	生物沉积	1. 骨骼碳酸盐——生物礁等 2. 非骨骼碳酸盐 3. 有机沉积
	化学沉积	1. 自生沉积 2. 残余沉积
残留沉积	(硅质)碎屑残留沉积	
	生物遗体残留沉积	
	化学沉积物残留沉积	
变余沉积		

沈锡昌，1991

综上所述，大陆架沉积可分为三类：现代沉积、残留沉积和变余沉积：

1. 现代沉积

沉积物的性质与目前所处的沉积环境及其物质来源相一致，处于一个统一的动态平衡系统之中，这类沉积物称为现代沉积。如目前大河口的三角洲相沉积，热带浅海的碳酸盐沉积，海底火山周围的火山碎屑沉积等。

现代沉积主要分布在内陆架，以陆源碎屑为主；但现代碳酸盐沉积却一般都分布在外陆架，因为那里离岸较远，陆源碎屑物质较少，沉积物的主要成分是砂质的生物碎屑，如有孔虫、介形虫、藻类和软体动物等碎屑。

现代沉积物的性质与其所处的环境一致，首先表现在分布上：高纬度地区，现代沉积物为冰运碎屑物、巨大漂砾、冰碛砂和泥等堆积成的冰碛丘状堆积体；中纬度地区，现代沉积物为砂、泥质沉积；低纬度地区，现代沉积物中钙质含量高，正常盐度浅水区为珊瑚礁，低盐度浅海区为牡蛎礁沉积。现代沉积的性质与其物质来源也是一致的，如墨西哥湾现代沉积物主要是密西西比河搬运来的；而我国黄海、东海陆架上的现代沉积物则由黄河、长江搬运而来。现代沉积的性质与其所处的水动力环境是统一的，从滨岸向外，随着水深加大，沉积物逐渐变细，表现出明显的分带性。如墨西哥湾中，从滨岸向外，现代沉积物的分带是：石英和贝壳沙砾、贝壳砂、藻屑砂、鲕状砂，最外为有孔虫砂。另外，现代沉积物的性质，与其所含生物遗骸的性质也具有一致性，如一般近岸以底栖生物为主，深水区浮游生物不断增加，海峡区水浅，虽有利于生物栖息，但因那里水动力较强，生物含量反而稀少。一般海湾区，现代沉积物颗粒细，海草丰富，河流带来的养分多，生物量亦多，但其种类有限。

2. 残留沉积

残留沉积(relict sediment)是指形成于与目前陆架海区完全不同的沉积环境之中的沉积物，其属性与现代水动力条件不相适应，如外陆架出现砂质沉积、浅海底出现淡水环境的沉积物等。

残留沉积一般包括硅质碎屑残留沉积、生物遗体残留沉积和化学沉积物残留沉积三类，它们形成于更新世末期，在全新世海侵后仍保留着原先的岩性、结构、构造和化石，以及沉积地形(残留沉积地貌)，基本未被改造。其组分以砂为主，但也可以是砾石、冰碛物、介壳、泥炭和土壤组成的沉积物。主要分布在外陆架，内陆架上沉积速率极小、或处于微侵蚀状态的海区也可有残留沉积出现。

对于残留沉积，渔民早就有所觉察，因为在泥沙质浅海中，有冰川漂砾刮破渔网的现象。又如英国海外发现一片沉没于浅海的森林(Lyell，1850)；北海多格(Dogger)滩上有泥炭沉积(Stather，1912)；波罗的海底有冰碛物和湖相黏土(Gripenlerg，Pratje，1930)等。这些沉积物沉积时，大部分处于陆上环境，以后沉溺于浅海，但未被新的沉积物掩埋和改造，仍保持它的原来面貌，残留于现代浅海底表层。谢帕德(1932)认为，这些块状残留沉积是更新世低海面时期的产物。

硅质碎屑残留沉积的辨认，国内外都积累了不少经验。例如由砾石、砂和介壳组成的残留沉积物，在电子显微镜下观察可以发现残留砂粒表面往往被氧化铁污染或者因溶解而出现凹坑；化学残留沉积物，如鲕粒碳酸盐，则可根据水深及其年龄加以辨认；生物遗体残留沉积往往根据生物壳体的颜色和年龄加以识别。

残留沉积在全世界大陆架上的分布面积达 19×10^6 km^2(埃默里，1968)，主要出现在外陆架。目前已知世界陆架上最大的残留沉积是自我国黄海向南延伸至马来亚沿外陆架形成的一条长达 4 000 km 的连续地带(图 10-3)，沉积物以细砂为主，其中含有大量的钙质结核。

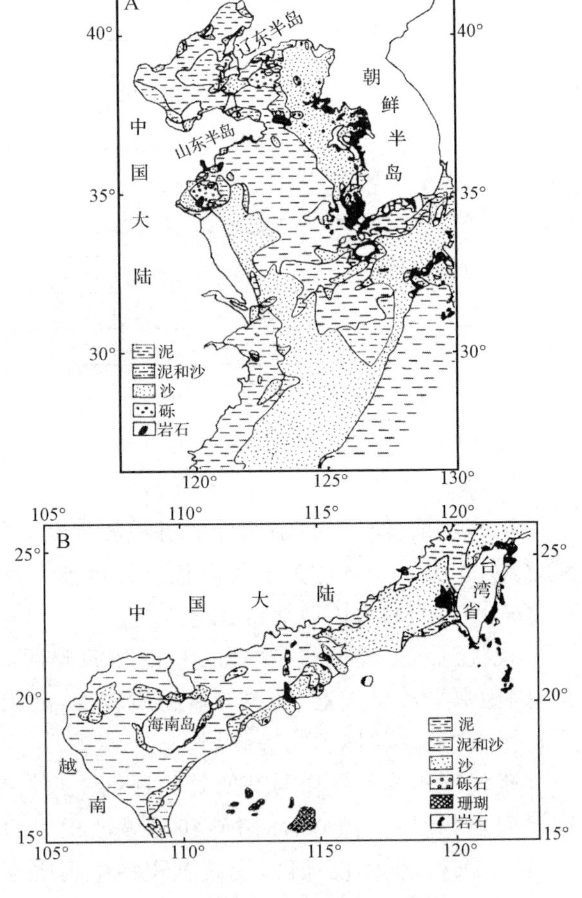

图 10-3　中国海沉积图(据谢帕德，1963)

3. 变余沉积

变余沉积(palimpsest sediment)是指经过海侵后受到现代海洋动力作用加工和改造过的

残留沉积物，其性质介于现代沉积和残留沉积之间。变余沉积又称准残留沉积(斯威夫特，1971)或假均衡沉积(柯雷，1973)。残留沉积受过后期改造作用是一个普遍存在的现象。斯威夫特(1971)认为，从残留沉积到现代沉积，是冰期沉积物向冰后期海侵条件下的演变过程，随着时间的推移，残留沉积迟早要被现代沉积改造或掩埋。

例如，我国山东半岛南部黄海陆架上的残留沉积目前正被改造成为变余沉积；而我国南海北部内陆架与外陆架的过渡地带(即现代沉积与残留沉积之间)也有变余沉积分布，沉积物主要为细砂、粉砂及黏土。近年来，对大陆架沉积物深入研究的结果表明，大多数残留沉积都在不同程度上受到浅海环境的影响，有的或多或少掺入了现代沉积物，有的重新塑造了沉积地形。

(二)大陆架的地质构造

由于大陆架构造运动比较平稳，岩浆活动和变质作用微弱，因而其地质构造具有如下三个基本特征：

1. 大陆架的表面形态特征

大陆架的宽度、坡度和外缘深度受毗邻大地构造特性的控制。潘诺夫(Д. Г. Панов，1958)首先描述了大陆架与相邻陆地的关系，他认为：大陆架地形往往是相邻陆地在浅海底的延伸，并把这种延伸地形称为继承性地形。陆架与相邻陆地的大地构造性质有着密切的关系，根据这种关系，他把陆架分成：

(1)位于前寒武纪地台边缘的陆架，通常宽度不大，如非洲及澳大利亚边缘的陆架；

(2)位于古生代地台上的陆架，宽度较大，如欧洲西部和西北部，北美大西洋沿岸等地；

(3)中生代和阿尔卑斯褶皱带边缘的陆架最窄，如印度尼西亚和菲律宾等沿岸的陆架；

(4)大陆平原邻接的陆架，是新生代的下沉区，这类陆架具有最大的宽度，如北冰洋和黄海大陆架。

2. 大陆架的地壳性质

大陆架地壳的组成、结构和厚度基本上与相邻陆地一致，属于大陆型地壳性质。如我国东海大陆架厚度为30～32 km，闽浙沿岸地壳厚度为35～40 km(金翔龙，1983)。

3. 大陆架构造层的划分

全球大陆架地壳的垂直剖面自上而下划分为三个构造层：

(1)表层　大多数陆架的表层分布着全新世以来形成的松散沉积物；

(2)盖层　松散碎屑沉积物之下，逐渐过渡为新生代及部分中生代沉积岩层，其岩层产状平缓，构造活动轻微，缺乏岩浆和变质作用，是油气储集的理想层位；

(3)基底　为前古生代、古生代及部分中生代褶皱变质岩，基底与盖层间普遍存在不整合，基底遭受变质，岩浆作用强烈，构造复杂，其特征与邻近大陆相近。

(三)大陆架的构造类型

大陆架构造类型的划分有多种方案，现将前苏联潘诺夫(1958)、美国谢帕德(1973)和我国梁元博(1983)的分类方案简介如下：

1. 潘诺夫的大陆架分类

潘诺夫依据地槽—地台的演化，按照大陆基底的时代和大地构造性质，将大陆架分为六种类型：(1)前古生代地台形成的陆架，为前古生代地台边缘断裂和挠折沉降而成；(2)古生代地台大陆架，是古生代地台同样因断裂及挠折而成的陆架；(3)中生代地台大陆架，大陆架基底被中生代沉积层覆盖而成；(4)中、新生代地台边缘坳陷形成的大陆架；(5)中、新生代褶皱带边缘强烈下沉形成的大陆架;(6)现代地槽褶皱带下沉形成的大陆架。

2. 谢帕德的大陆台阶分类

谢帕德将大陆台阶(含大陆架、大陆坡)的构造骨架分为八种类型,如图 10-4 所示。

3. 梁元博的大陆架分类

梁元博按大陆架基底的时代和地形,将大陆架作了不同情况和层次的划分:

(1)按基底时代和构造变动情况　将大陆架分为三类:①基底由前寒武纪结晶岩组成;②基底由寒武纪以来褶皱变质岩组成;③基底由较少经过变动的沉积岩组成。

(2)按基底形态　将大陆架分为两类:①台式陆架,基底呈水平状向外延伸,其外缘构造分为两种情况,如图 10-5 所示;②盒式陆架,基底外缘向上凸起,形成边缘坝,按边缘坝的构造形式又分为六种,如图 10-6 所示。

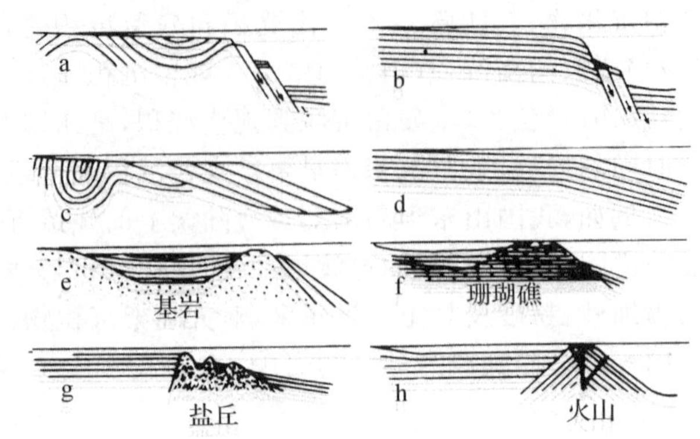

图 10-4　大陆台阶的基本类型

(谢帕德,1973)

a、b 型大陆架外缘发育阶梯状断层;

c、d 型大陆架外缘因堆积而不断增宽;

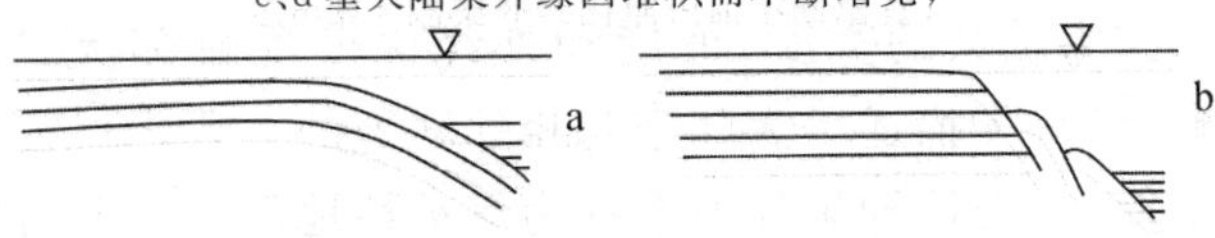

图 10-5　台式陆架构造形式

(梁元博,1983)

a. 增筑型外缘陆架　b. 阶梯状断层型外缘陆架

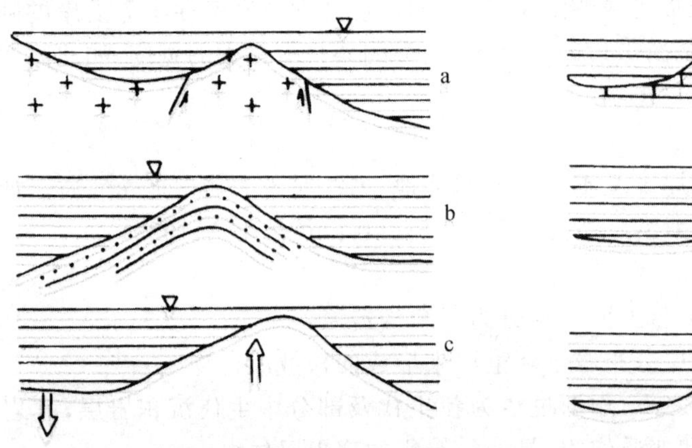

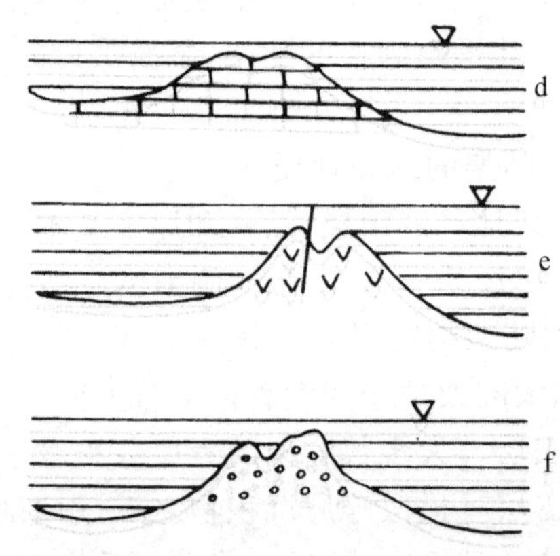

图 10-6　大陆架边缘坝的构造形式

(梁元博,1983)

a. 基底脊　b. 褶曲堤　c. 掀斜坝　d. 生物礁　e. 底辟坝　f. 火山锥或侵入体坝

二、大陆坡的地质构造

大陆坡的地质构造是相邻陆地的地质构造通过大陆架在陆坡上的延伸,仅地壳厚度比陆架略薄一些,并从这里过渡为大洋地壳。因而,大陆坡在地质构造上的最大特点是活动性比大陆架强烈,断层十分发育,火山、地震活动也比陆架上多。另外,大陆坡上的沉积作用和现代地质作用特征也与大陆架迥然不同。

（一）大陆坡的沉积作用

大陆坡的沉积作用与大陆架有显著的不同，首先表现在它的成分上。根据谢帕德（1964）的研究，陆坡沉积中，泥质占 60%，砂质占 25%，砾石、岩块占 10%，碳酸盐占 5%；其次，沉积作用的机理也不一样，陆坡上的碎屑沉积主体由浊流作用形成，沉积层中保留有浊流沉积的结构、构造，还有部分的塌方和滑坡等重力堆积，以及介壳和碳酸盐软泥夹层。

（二）大陆坡的现代地质作用

过去人们一直认为，陆源碎屑物质通过河流，或由海岸向海洋盆地输送，主要在大陆架和大陆坡上沉积下来。因此，大陆坡和大陆架一样，是海底的主要沉积区。

然而，对大陆坡的广泛调查后发现，世界各地的大陆坡上普遍发育有陆坡平坦面和海底峡谷。这证明大陆坡是海底强烈侵蚀作用地区，而不是主要的沉积区，海底峡谷则是陆源碎屑和浅海物质输往更深海区的通道。

大陆坡上的地球物理调查显示，大陆坡是全球地震最活跃的地带之一，并常有规模巨大的断裂和塌方发生。因此，一般认为大陆坡上的主要地质构造是断裂活动。大西洋型大陆边缘的陆坡尽管基底上有一系列断层，但其表面往往被巨厚的沉积层覆盖着，坡度平缓，所以比较稳定；太平洋型大陆边缘则不同，陆坡上断层十分发育，并伴随有强烈的火山和地震活动，其坡麓往往与深海沟沟壁相接，反映太平洋型陆坡正处于活动阶段。

（三）大陆坡的构造类型

据人工地震调查，大陆坡地壳仍具双层结构特征，但硅铝层显著变薄。所以，大陆坡地壳属过渡型。

各国学者对大陆坡构造类型的划分有不同的方案，现择其要者简介如下：

1. 列昂捷夫（O. K. Леонтьев，1955）的分类

列昂捷夫按陆坡上断裂构造的发育程度，将大陆坡分为四类：

（1）堆积型陆坡　基底稳定，未发生断裂变形，接受沉积（图 10-7a）；

（2）挠折型陆坡　基底因巨厚沉积层的重压而发生挠折（图 10-7b）；

（3）断块型陆坡　基底发生断陷，凹陷处接受沉积，凸起部分遭受侵蚀（图 10-7c）；

（4）阶梯状断层陆坡　陆坡基底发生阶梯状断层（图 10-7d）。

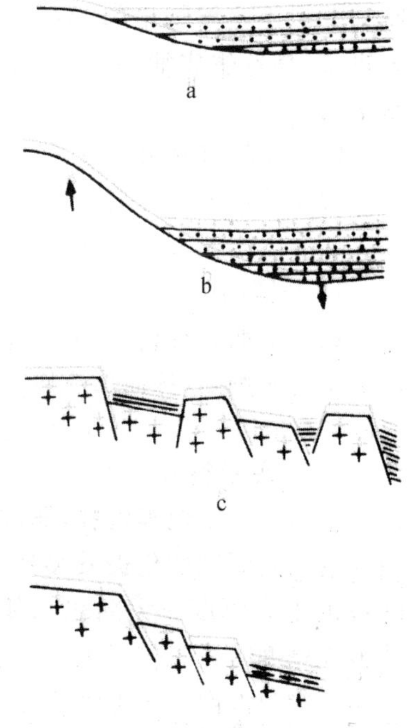

图 10-7　大陆坡的构造类型

（列昂捷夫，1955）

2. 梁元博（1983）的分类

中国学者梁元博按照大陆坡构造活动形式，将大陆坡分为四类：

（1）重力滑动型　因沉积物的重力作用而产生滑动形成的陆坡；

（2）断块型　由复杂的断层组合形成的陆坡；

（3）底辟型　由低密度的盐或泥被沉积物掩埋后，在沉积负载作用下蠕动并产生底辟构造（如穿刺盐丘等）而形成的陆坡；

(4)前积型　堆积于大陆边缘前部的沉积物向大洋方向推展(即向前进积作用)形成的陆坡。

3. 谢帕德(1973)的分类

谢帕德依据板块构造观点,将大陆坡分为三种类型:

(1)发散型(被动型)大陆坡　属拉张型陆坡,往往产生重力断层,形成断块。陆坡宽度大而坡度小,在断陷低洼处接受沉积;

(2)汇聚型(主动型)大陆坡　属挤压型陆坡,两板块碰撞、俯冲而形成。陆坡上缓下陡,断层、滑动构造发育,基岩裸露;

(3)转换型大陆坡　属剪切型陆坡,陆坡窄而陡。

三、大陆裙的地质构造

大陆裙在被动大陆边缘普遍发育,但直到1959年才由希曾(B. C. Heezen)首次提出,将其从大陆坡中划分出来。关于大陆裙的研究资料至今积累不多,许多问题尚有待进一步调查研究。

(一)大陆裙的现代地质作用

大陆裙是被动大陆边缘的重要组成部分,同时又是一个重要的沉积区,可形成数千米乃至上万米厚的深海沉积扇。据钻孔资料,深海扇由一套分选良好的陆源砂、粉砂和深海硅质软泥的互层沉积物组成。这些陆源碎屑物质表现出明显的浊流递变粒序层理的特征,因此,一般认为大陆裙是更新世以来的深海浊流沉积区。

大陆裙是被动大陆边缘与大洋盆地的接触带,其构造活动以巨型断陷为主,并形成巨厚的沉积体。埃默里(1964)认为,大陆裙上厚层沉积物是在贫氧的底层水中堆积的,富含有机质,具备生成油、气的条件。声波反射测定证实其中富含砂层,是石油和天然气的理想储集场所。

(二)大陆裙的构造类型

大陆裙是大陆型地壳向大洋型地壳过渡的边界构造单元,其沉积体覆盖着大洋盆地的边缘。据地球物理调查,大陆裙有两种构造类型:

1. 基底坳陷型

据人工地震资料,美洲东岸外陆裙基底因发生巨大拗陷,从而形成巨厚的沉积体型大陆裙(图10-8)。

2. 基底断裂型

据有关人工地震资料,非洲西岸外大陆边缘的地壳厚度变化极其突然。大陆架、大陆坡的地壳厚度较大陆裙和邻近大西洋底的地壳厚度陡增三倍以上,非洲大陆基底硅铝层直接与大西洋底上地幔相接。显然,非洲西岸外大陆裙基底是以断层形式与大西洋相接(图10-9)。

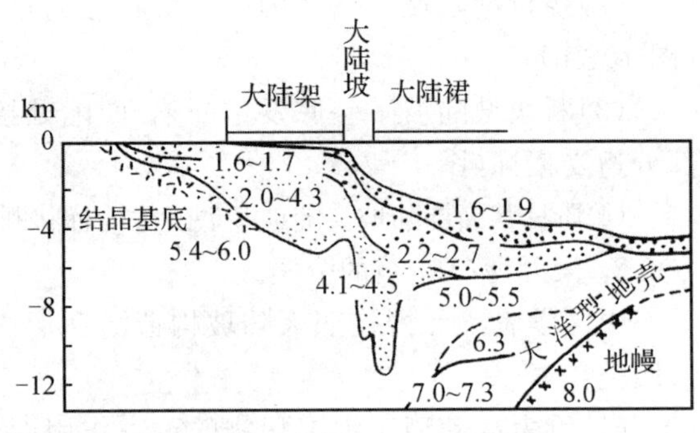

图10-8　美洲东岸大陆边缘地壳结构

(Drake, C. L., 1968)

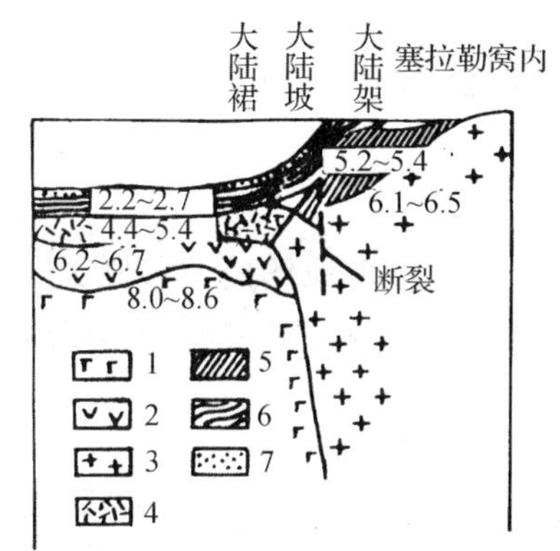

图 10-9　非洲西岸塞拉勒窝内大陆边缘地壳结构示意图

(sheriden,R. 等,1969)

1. 上地幔　2. 洋壳Ⅲ层　3. 非洲大陆基底硅铝层　4. 洋壳Ⅱ层　5. 大陆盖层(下)　6. 洋壳盖层与大陆盖层(上)　7. 海底松散堆积层

四、大陆架—大陆坡—大陆裙的成因

由大陆架、大陆坡、大陆裙组成的大陆边缘的成因,迄今已提出不少假说。归纳起来,主要有外动力塑造说和构造运动决定说两种。

(一)外动力塑造说

按外动力塑造大陆边缘的过程和方向,可把大陆边缘形成的基本原因分为四种:

1. 陆缘堆积说

由于陆缘物质不断汇聚大海,在大陆边缘发生堆积,使大陆不断地向海洋盆地扩展(图 10-10a)。

2. 陆缘侵蚀说

世界上不少大陆架、大陆坡上并非都为沉积物所覆盖,而是基岩裸露或侵蚀平台广布、沟谷纵横,海岸后退亦是常见的现象。因此,大陆边缘的形成,有可能是原有陆缘被侵蚀破坏,海水不断向大陆进侵的结果(图 10-10b)。

3. 陆缘侵蚀—堆积说

从整个大陆边缘来看,确实存在陆缘被侵蚀、破坏的情况(大陆架内缘、大陆坡),同时也有陆缘不断堆积、前展的情况(大陆架中外部、大陆裙)。因此,大陆边缘的外动力地质作用在水平方向上的发展不一定仅是单向的,亦可能在向大陆进侵的同时,也向深海盆地扩展(图 10-10c)。

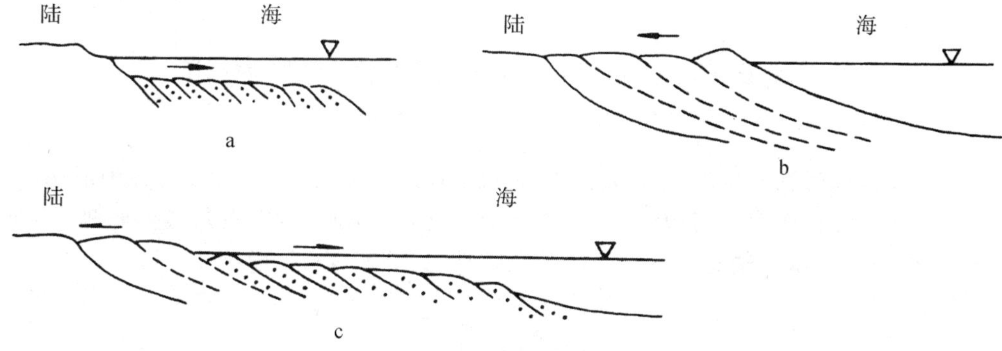

图 10-10　外动力对大陆边缘的塑造及陆缘发展方向

4. 冰川控制说

最近，许多地质学家都认为，更新世玉木冰期时，全球海平面下降，对现今世界各地大陆边缘的形成起着决定性控制作用。

(二)构造运动控制说

深入研究大陆边缘的形成机制后，许多地球科学家都认为，大陆边缘构造运动的性质是控制大陆边缘成因和发展方向的主要因素。具体学说主要有三种：

1. 大陆边缘挠折说

别洛乌索夫(B. B. Белоусов，1962)等认为，大陆是全球最大的隆起，海洋盆地是全球最大的拗陷。因此，在大陆与海洋之间必然存在一个巨大的挠折带，在这个挠折带上形成越来越大的堆积体(沉积楔)。随着沉积体的增大，挠折带因受到逐渐增大的重压而不断下沉。当这种沉降与堆积长期处于平衡状态时，就可能形成巨厚的沉积层(图 10-11)。

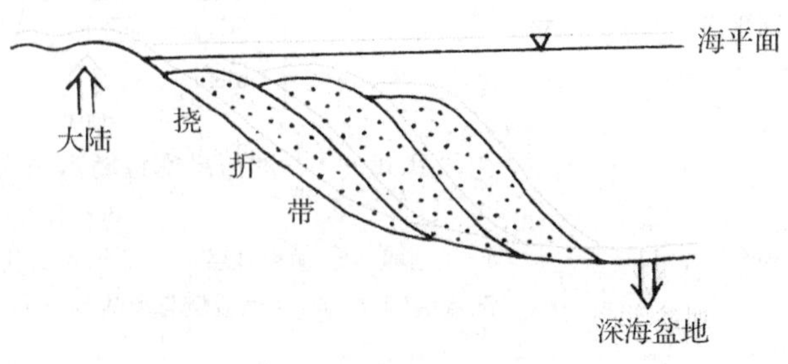

图 10-11 大陆边缘挠折及沉积楔

依据地槽演化理论，大陆边缘巨厚沉积层的发育，最后必然导致大陆边缘的褶皱隆起，形成的褶皱带拼贴于大陆上，使大陆增生，其边缘向海洋扩展。

2. 大陆边缘断裂说

另一些学者，如哈茵(B. И. Хаин，1956)等，根据现代大陆坡上断裂活动发育，并常有大规模地震、滑塌、断陷发生的事实，认为大陆边缘完全可以因断裂活动而受到破坏，从而不断向大陆进侵，甚至可能最终毁掉整个大陆。

3. 板块移动说

板块构造理论问世以来，持此观点的学者对大陆边缘的形成和发展方向，提出了新的论断：

(1)扩张边界产生被动大陆边缘　由于大陆张裂，在扩张轴两侧，板块侧向移动，形成被动大陆边缘。被动大陆边缘产生张性断裂，并出现断陷构造；

(2)汇聚边界产生主动大陆边缘　由于板块俯冲(或仰冲)，原来的大陆坡遭受破坏，发生挤压作用，已经形成的大陆裙逐渐沉没、消亡，随之形成海沟。

综上所述，关于大陆架—大陆坡—大陆裙的成因，目前还是地质学中一个有争论的问题。确切的结论，尚需进一步调查研究和统一认识。

第三节　主动大陆边缘的地质构造

主动大陆边缘的地质构造比较复杂，以西太平洋边缘最为典型，发育有各种形态的构造单元。从大洋向陆地依次有海沟边缘隆起(边缘堤)、海沟、外弧(增生楔)、弧前盆地、中央弧(前弧)、内弧(火山弧)、弧后盆地(边缘海盆)及大陆坡、大陆架等(图 10-12)。

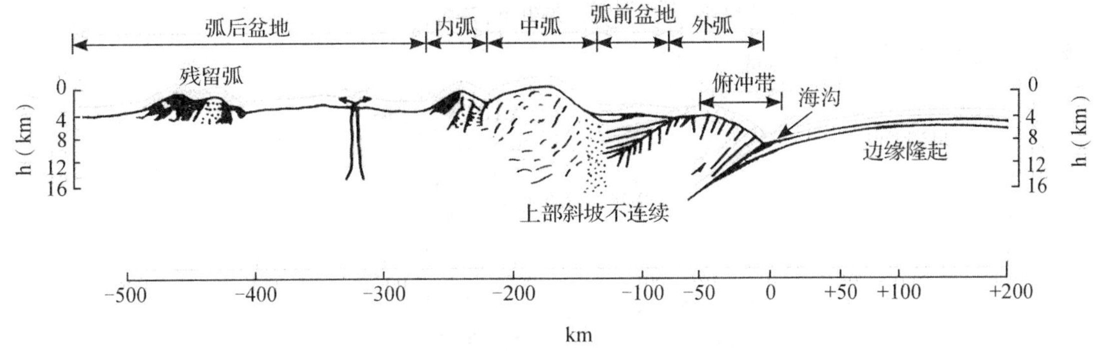

图 10-12 西太平洋大陆边缘剖面概示图

(Karig,1974)

一、海沟的地质构造

海沟是主动大陆边缘的重要边界形态构造单元,它往往出现在板块俯冲带开始的地方。

(一)海沟的地质作用

1. 海沟的沉积作用

海沟是海底极深的狭窄地带,通常是大陆架、大陆坡上的陆源碎屑物质和沟侧斜坡上的滑塌物质的堆积场所。同时,大洋岩石圈俯冲时被刮削下来的沉积物及大洋岩石圈的构造滑脱物质也堆积在海沟底部,形成特殊的沉积类型。海沟沉积物与大洋沉积物的不同之处在于,它含有大量粗碎屑物质(浊流沉积物)、火山物质及洋壳超基性物质。值得提及的是,在海沟沉积物中很难找到远洋微体生物化石,这可能是因海沟的深度极大,远洋带来的生物残骸遭到分解的缘故。

2. 海沟的构造作用

据人工地震资料和深潜器实地观察,海沟底部沉积层产状由洋侧向陆侧倾斜,且靠近陆侧沉积层产状往往发生紊乱变动,这是海沟底部靠近陆侧遭受挤压作用的反映。

人工地震资料还显示,海沟洋侧斜坡上的沟状地形属正断层错动,而且这种错动越靠近沟底规模越大,说明沟底和洋侧斜坡是受垂直海沟轴向的张应力的作用;而海沟陆侧斜坡则表现为逆冲断层,其倾斜角度越靠近大陆越大,证明海沟陆侧曾受到压应力的强烈挤压作用(图 10-13)。

3. 海沟的变质作用

大洋岩石圈板块从洋中脊产生,然后向两侧运移,经过大洋盆地到达海沟处的俯冲带时已经“变冷”。因此,当大洋板块向大陆板块下面俯冲潜没时,必然降低俯冲带的地温梯度,降低率可达 5~10 ℃/km。大洋板块在俯冲消亡的过程中,在洋侧产生低温高压变质作用,其变质相为沸石相,葡萄石—绿纤石相、绿片岩相,均属低温低压代表相;

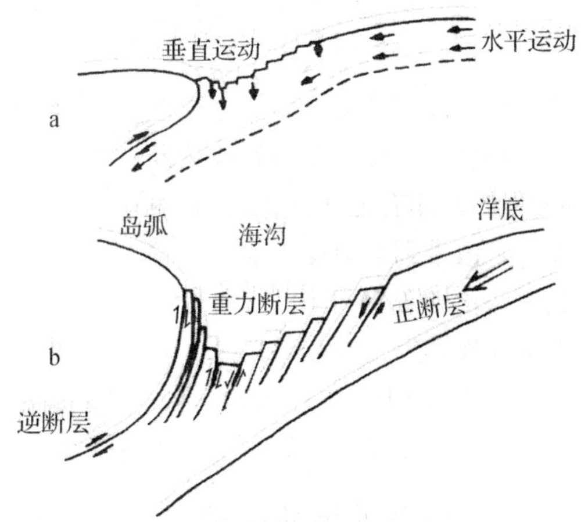

图 10-13 海沟洋侧斜坡及沟底产生正断层、陆侧斜坡转为逆冲断层

(Malahoff. 1970)

与此同时产生的蓝闪石片岩相和部分榴辉岩相，则属低温高压变质相。在与海沟伴生的岛弧(前弧)一侧，由于上地幔物质局部熔融、上升，致使地温梯度增高，可达 25 ℃/km 以上。在岛弧一侧，由于大陆板块的仰冲而使海沟内侧(中弧)产生高温低压变质作用，其变质相为红柱石相、绿片岩相、角闪岩相及麻粒岩相。并且，其深部因深熔作用可产生花岗岩类岩石与之共生(图10-14)。

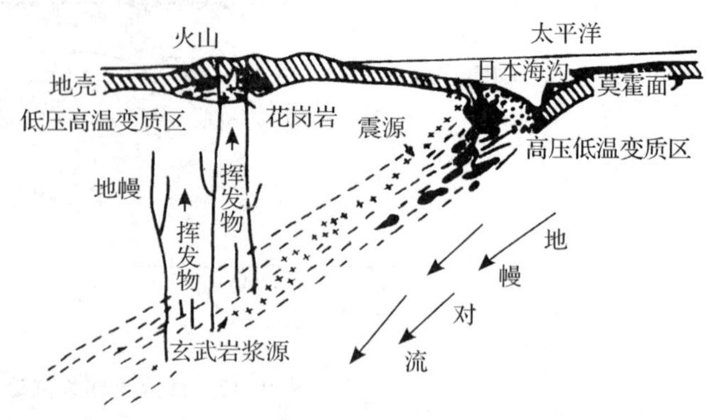

图 10-14　日本岛弧的俯冲带及其双变质带

(都城秋穗，1967)

(二)海沟的构造活动类型

近年来，对海沟进行的连续测深、人工地震、深海钻探工作，特别是 20 世纪 70 年代实施的《地球动力学计划》等一系列国际海洋调查，从许多方面证实海沟的基本构造活动是大洋岩石圈板块向大陆岩石圈板块的俯冲。日本上田诚也(1977)在研究俯冲带的构造类型时，把海沟分为两种类型：智利型和马里亚纳型。

1. 智利型(秘鲁型)海沟

俯冲带两侧的板块发生相对移动，即大洋岩石圈板块向大陆岩石圈板块下面俯冲，大陆岩石圈板块向海沟方向仰冲，两板块间以挤压作用力为主，形成较缓的俯冲角；两板块间摩擦力强，容易发生大地震，海沟中有巨厚沉积层，使其深度变小(如智利—秘鲁海沟深度仅为 6～7 km)。由于俯冲，两板块间产生的巨大挤压力，使海沟洋侧斜坡产生张性断层，向陆侧斜坡逐渐过渡为逆断层，其断层面的倾角，越向大陆方向角度越大(图 10-15a)

2. 马里亚纳型海沟

大洋板块沿俯冲带向大陆方向俯冲，而大陆板块却发生后退移动，两板块间以张力作用为主，所形成的俯冲角很陡。大洋板块在重力拉张作用下，形成堑—垒相间的断陷构造。在海沟陆侧壁上没有被刮下来的远洋沉积物，相反，在海沟洋侧斜坡的断陷低洼处，却有远洋沉积物，它可能一直被带到上地幔被消减。这类海沟由于挤压作用微弱，故一般无大地震发生(图 10-15b)。

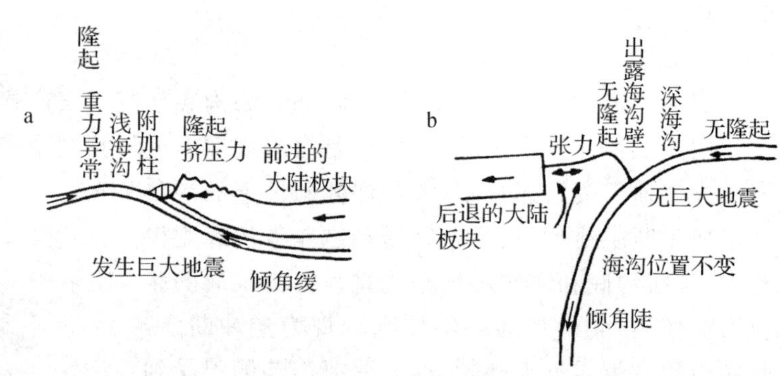

图 10-15　海洋板块与大陆板块相对移动、俯冲形成的海沟类型

(上田诚也，1977)

郭令智(1987)认为，在弧—沟—盆体系中，除智利型、马里亚纳型海沟外，还有苏门答腊型。上田诚也认为，日本海沟在中新世时属马里亚纳型，上新世时则转变为智利型。

二、岛弧的地质构造

岛弧和海沟一样，是主动大陆边缘最引人注目的地质构造单元，它们不仅在形态和分布上共轭伴生，而且在形成机制上紧密相连。

(一)岛弧的地质作用

现在所讨论的岛弧,只是大陆边缘众多弧形海底山脉露出海面的少数峰顶。从现有的弧形岛屿来看,大多数岛弧岸坡上都分布着几级侵蚀阶地(如琉球岛弧岸坡上存在着高程为20 m、60 m、80 m、100 m的四级阶地),表明岛弧近期呈现出上升运动趋势。因而,岛弧上的风化剥蚀作用较为发育,沉积作用不太明显。

岛弧系列中的内弧是火山弧,其地表热流值高,常常有中心式巨型火山喷发,喷出岩以安山质熔岩为主。在岛弧外侧(外弧),普遍分布着钙碱性侵入岩,岩石成分以花岗岩、花岗闪长岩、二长岩等常见。

(二)岛弧的构造特征

岛弧一般具有彼此大致平行的二列或三列同心弧状构造,其中央弧和外弧是由各个时代的变质岩组成。中央弧有花岗岩类侵入体分布;外弧则为增生楔(图10-16),无花岗岩类分布,属低温高压变质带。它是在板块俯冲作用下,被刮削下来的各种沉积物、岩石混杂堆积的产物,或由较老的基岩组成。在中央弧与外弧之间,形成弧前盆地,其内的沉积物可厚达数公里。内弧则由一系列火山岛组成,其岩石为钙碱性火山岩,属高温变质带。火山岛的排列除平行岛弧走向外,还呈垂直弧形列岛延长方向的排列,表明岛弧上的火山喷发与大洋岩石圈向岛弧下面俯冲有关。

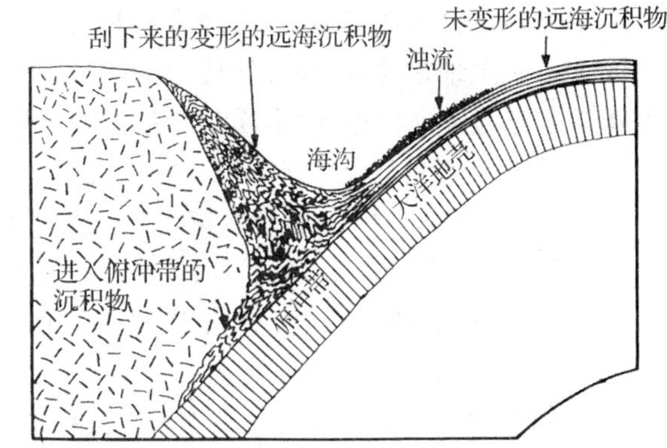

图10-16 大洋板块上的远海沉积及浊流沉积在俯冲作用下被刮下,在海沟内壁构成增生楔形体;也有一些沉积物随俯冲板块向下潜没(据F. Press等,1978)

因此,岛弧上断裂构造发育,现代上升运动强烈。

(三)岛弧的地壳性质

岛弧的地球物理特征与海沟迥然不同。海沟是海底热流值最低的地带,而岛弧的热流量可以高达2~3.5 μcal/cm^2 · s①,特别是从火山弧前缘开始,热流值急剧上升。海沟陆侧斜坡和岛弧的外弧带为负重力异常,而内弧(火山弧)则为正重力异常。此外,岛弧上的地震活动特征也与海沟不同。从海沟洋侧斜坡因洋壳拱曲而产生的浅源地震开始,直至内弧,由于大洋板块的俯冲作用和靠近岛弧的挤压作用,地震强度逐渐增大,震源深度亦不断增加。

据人工地震资料,岛弧具大陆型地壳的双层结构,地壳厚度可达30 km左右。而邻近的边缘海盆和海沟的地壳厚度仅为10 km左右,可见岛弧是大陆边缘中地壳的增厚地带。

三、边缘海的地质构造

位于岛弧背后或两岛弧之间的边缘海,大都平行岛弧分布,其深度一般较同时代的大洋底的深度要大500~1 000 m。

(一)边缘海盆的地质作用

边缘海盆是大陆边缘的主要沉积场所之一,第四纪以来的松散沉积层厚度可达1 000 m

① 热流量单位。热流值一般以 μcal/cm^2 · s(微卡/厘米^2 · 秒)计算,通称为热流单位(HFU),指每秒钟从地下通过每平方厘米地球表面释放了多少微卡的热。一微卡为百万分之一卡。

以上。据 ODP 第 127 和 128 航次在日本海的钻探结果，日本海盆底部上新世—更新世为富含有机质的硅质黏土沉积和粉砂、黏土沉积，其厚度在西部大和浅滩（第 799 站位）达 1 000 m 以上，而东部大和海槽（第 798 站位）仅为 500 多米厚（ODP 第 128 航次科学家小组，1990）。

据拖网取样和深海钻探资料，边缘海盆底部缺失花岗岩类岩石，经常采到的样品为玄武岩，其$^{18}O/^{16}O$比值与大洋中脊玄武岩一致，为拉斑玄武岩。

边缘海盆内浅源地震很少，一般为深源地震，如日本海盆内记录到的地震震源深度为 500 km以上。边缘海盆的热流值较高，其分布与海盆深度相一致。如南海海盆平均热流值达 1.8 $\mu cal/cm^2 \cdot s$，而东部及其以南的苏录海、苏拉维西海海盆的平均热流值可达 2.0 $\mu cal/cm^2 \cdot s$。另外，边缘海盆底部一般具有对称的地磁异常条带。这表明，许多边缘海（尤其是西太平洋的边缘海）属初期扩张的海盆，海盆底部曾受到拉张力的作用。

（二）边缘海盆的地壳性质

根据地球物理探测结果，边缘海盆具有高热流值，地震活动相对微弱，盆底地壳的厚度为 10～20 km，在盆地最薄处，地壳厚度仅为 10 km 左右，且缺失花岗质层，直接由玄武岩组成。因此，许多学者把边缘海盆称为“小洋盆”，张文佑（1988）则称边缘海盆的地壳性质为“次洋壳”。

人工地震资料揭示日本海盆的地壳剖面如下：

Ⅰ层：中新统—更新统松散沉积层，厚度 0.5～2 km。西部厚，东部薄；

Ⅱ层：沉积岩和火山岩层，厚度 1.7～2 km；

Ⅲ层：玄武岩质侵入岩（辉长岩），厚度 10～16 km。

日本海盆地壳的平均厚度为 20 km，东部大和海槽地壳最薄处的厚度仅为 9～11 km。

南海海盆中央具有洋壳的性质，这已获得各国学者的公认。据地球物理探测结果，南海海盆热流值高达 1.8 $\mu cal/cm^2 \cdot s$，海盆中央缺失沉积岩层，地壳厚度约 10 km，其西南凹陷部分地壳的厚度仅 6～8 km。

四、海沟—岛弧—边缘海盆的形成机制和演化方向

西太平洋海沟—岛弧—边缘海盆体系是全球最活跃、最壮观的大陆边缘构造系统，也是探索大洋地壳与大陆地壳互相转化、岩石圈板块汇聚、地幔对流等重大理论问题的最佳地带。因此，“国际岩石圈计划”将海沟—岛弧—边缘海盆体系的形成机制和演化方向列为重点研究课题之一。

（一）地槽理论对海沟—岛弧—边缘海盆的成因及演化方向的认识

在地槽概念中，海沟是沉降带，岛弧是拱起的地背斜，边缘海盆则是山间拗陷。地槽在其发展过程中，海沟、边缘海盆不断接受大量陆源碎屑物质堆积，最终引起地槽回返，以造山运动的形式结束地槽的生命，形成稳定的褶皱带，并拼贴于邻近的大陆上（图 10-17），使大陆增生，海沟—岛弧—边缘海盆又在新的条件下，开始新的发展旋回。

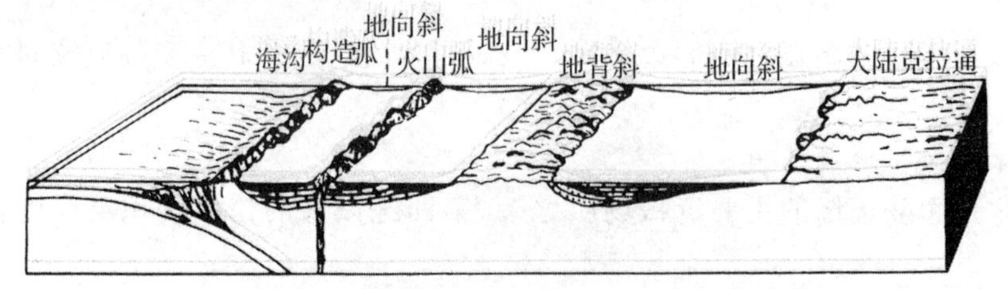

图 10-17　地槽概念中海沟—岛弧—边缘海盆体系

（斯特拉莱，1977）

斯特拉莱(A. N. Strahler,1977)按地槽及其演化理论,将地槽分为四种基本类型,如图10-18所示。

(二)板块构造理论对海沟—岛弧—边缘海盆体系的成因及演化方向的认识

自从板块构造理论问世以来,由于对板块运动驱动力问题的争论,人们很自然地把研究的重点集中到海沟—岛弧—边缘海盆体系的成因问题上。虽然在此之前,已有不少地质学家根据地质调查和地球物理勘探资料,对海沟—岛弧—边缘海盆的成因提出过一些假说。但是,把海沟—岛弧—边缘海盆作为一个全球构造体系、从活动论的观点出发,来考察其形成机制,并作出系统、科学的解释,还要数板块构造理论。目前,尽管对板块运动的驱动力—地幔对流说(对流的起因、范围,对流的方式和作用等)还有争论,然而板块理论的支持者们却对海沟—岛弧—边缘海盆体系的形成机制已经作了大量国际范围的考察,并提出许多有益的探讨。下面仅介绍几种基本观点:

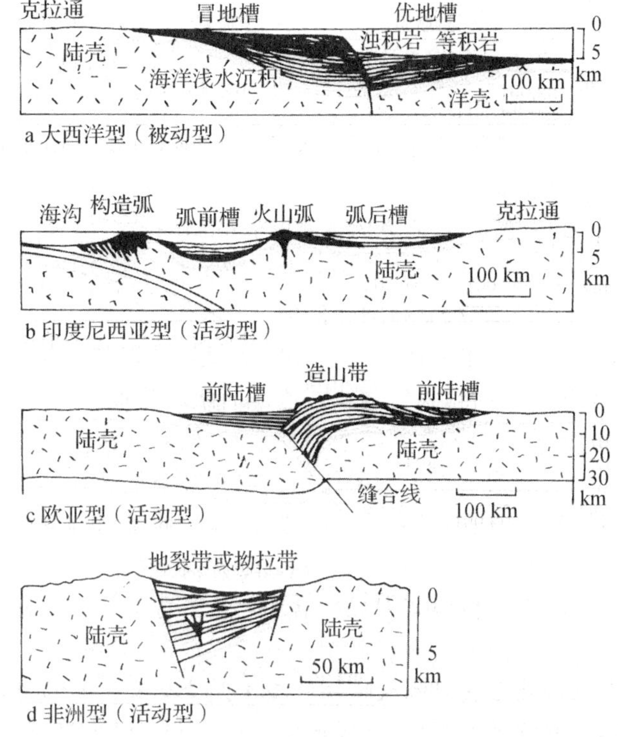

图 10-18　地槽的四种基本类型

(斯特拉莱,1977)

1. 卡里格模式

美国学者卡里格(D. E. Karig,1971)对汤加海盆进行研究后认为:由于大洋板块向大陆板块下面俯冲,两板块摩擦生热,地幔(软流圈)物质以底辟形式上涌,导致地幔对流,形成岛弧(火山岛),又由于对流体的拉张作用,形成弧后边缘海盆(图10-19)。这种边缘海盆的特征是:(1)从盆地中央向其两侧对称地分布着磁异常条带;(2)盆地由标准的海底扩张形成的拉斑玄武岩组成;(3)这种边缘海盆盆底地壳的年龄为中央新,向其边缘逐渐变老。

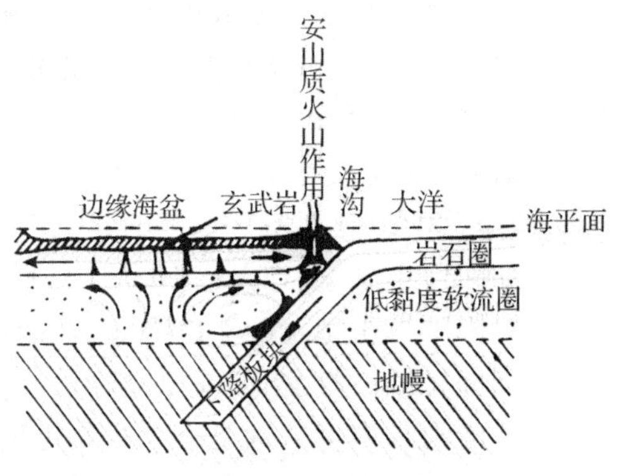

图 10-19　板块俯冲诱发的软流圈对流及上覆岩石圈变热模式

(Toksoz 和 Bird,1971)

卡里格模式是最早提出,而且目前仍是相当流行的海沟—岛弧—边缘海盆体系的成因模式。之后,美国加州大学的托肯桑和伯德(M. Z. Toksoz and P. Bird,1976)对卡里格模式又作了补充,认为俯冲的大洋板块可以把一部分低黏度的软流圈物质拖下去,直至发生对流,同样可以因对流产生的拉张作用形成岛弧和弧后盆地。

托肯桑和伯德从软流圈对流机制出发，把边缘海盆的演化分为四个阶段：①俯冲开始，对流尚未产生；②对流开始，弧后盆地尚未发育；③对流的热物质上涌，使上覆岩石圈变热；④对流作用充分，产生拉张作用，弧后边缘海盆形成。

与上述边缘海盆演化的四个阶段相对应，可形成四种类型边缘海盆地：①未成熟边缘海盆，如阿留申海盆，其热流量低，平均为 1.1 $\mu cal/cm^2 \cdot s$；②活动边缘海盆，如马里亚纳海盆，其热流量高，平均为 2.5 $\mu cal/cm^2 \cdot s$；③成熟的边缘海盆，如日本海盆、斐济海盆、鄂霍次克海盆等，其热流量也很高，平均为 2.2 $\mu cal/cm^2 \cdot s$ 以上；④不活动边缘海盆，如西菲律宾海盆等，其热流量趋于正常，平均为 1.1 $\mu cal/cm^2 \cdot s$。

2. 上田诚也对边缘海盆形成机制的划分

上田诚也(1976)综合研究了俯冲带的热力学问题，分析了边缘海盆的地磁异常资料，把边缘海盆的形成机制归纳为四类：

(1)中脊俯冲作用　具有扩张脊的海底向大陆下面俯冲，使弧后板块发生扩张作用，形成与大洋底相同的弧后盆地。这样的弧后盆地不仅热流值高，而且具有从海盆中央向两侧呈对称式分布的磁异常条带。如日本海盆、南斐济海盆等；

(2)转换断层的圈闭作用　因转换断层作用，产生新的岛弧—海沟系，把原来是大洋底的一部分海底圈闭起来，形成弧后盆地。此类弧后盆地在磁异常条带的分布上与原来的大洋底一致，而其热流值却较低。如白令海盆、西菲律宾海盆等；

(3)卡里格模式的弧后盆地　这类边缘海盆的磁异常条带不甚规则，磁场强度也弱。如汤加海盆、南海海盆等；

(4)漏缝转换断层作用　由于两个运动的板块间存在巨型剪切作用，并伴随产生正断层裂谷，即漏缝转换断层，结果形成边缘海盆。如安达曼海盆、加利福尼亚海盆等。

3. 朱奎银对边缘海盆的成因分类

朱奎银(1990)认为不存在全球性的地幔对流，软流圈地幔对流可能是因板块运动而产生的被动流动或局部流动。软流圈的这种热运动从全球来看，可以认为是固定的。从这种观点出发，朱奎银将边缘海盆的成因分为四类：

(1)板缘拉张型　即卡里格的板块俯冲作用导致弧后扩张作用，其特点是边缘海盆与岛弧、海沟伴生，边缘海盆有自己的扩张轴，盆地内有对称式分布的磁异常条带，热流值较高，如西太平洋的边缘海；

(2)岛弧(或大陆)圈围型　包括上田诚也分类中的转换断层圈闭型及转换断层漏缝型，这类边缘海盆的地壳性质与邻近的洋壳有关，一般无拉伸扩张痕迹，它是原有老的洋底被圈围的结果，如阿留申海盆、加勒比海盆；

(3)圈围拉张型　此类边缘海盆既有原来老洋底被圈围部分，又有后期扩张作用产生的新洋壳，如苏拉威西海盆、苏录海盆等；

(4)陆间陆内型　这类边缘海盆指地中海等欧亚大陆与非洲大陆之间的一系列海盆，其特点是热流值高，有扩张作用，但无岛弧分布。

4. 埃默里对大陆边缘演化阶段的划分

美国海洋地质学家埃默里(K. O. Emery，1980)根据板块运动理论和大陆边缘沉积物的供应情况，对大陆边缘的演化阶段进行了划分。他将大陆边缘的演化(发育)划分为幼年期、青年期、壮年期和老年期，如表 10-2 和图 10-20 所示。

表 10-2　大陆边缘的发育阶段

发育阶段	大　陆　架	大　陆　坡	大　陆　裙
幼年期	构造运动前的岩石、构造期中的岩石、火山岩或冰碛岩出露，或仅有薄层披盖或斑驳状赋存	构造运动前的岩石、构造期中的岩石、或火山岩出露或仅呈薄层披盖赋存	没有
青年期	在盆地或海槽中有巨厚的沉积层充填	构造运动前的岩石，构造期中的岩石，或火山岩出露或仅呈薄层披盖赋存	没有或很小
壮年期	巨厚的沉积覆盖 1. 宽广的盖层　2. 珊瑚礁堤 3. 断裂后的底辟	巨厚沉积物 1. 推进的　2. 削蚀的 3. 断裂后的底辟	1. 发散边缘有巨厚大陆裙 2. 转换边缘有微薄大陆裙
老年期	褶皱断裂叠复沉积物	水深很大，沉积层强烈扰动	没有，发育海沟

据 K. O. Emery，1980

(1)幼年期　为新生的大陆边缘，大陆架、大陆坡基岩裸露、上覆沉积物零星分散，未形成大陆裙。约占大陆边缘的 6%，主要分布在哈德逊湾、新几内亚东北和阿留申西部等地；

(2)青年期　大陆架上有厚层沉积物充填在盆地和海槽中，大陆坡基岩裸露或有少量沉积物，没有大陆裙或只有不发育的大陆裙。约占大陆边缘的 48%，分布在亚洲东南部海区、澳大利亚周边，非洲及北美的东岸外，欧洲西岸外和南极洲周围；

(3)壮年期　大陆架和大陆坡上均有巨厚的沉积物，陆架外边缘堤发育，并产生后期断陷。陆坡上断裂活动强烈，滑塌和浊流作用频繁，形成大陆裙堆积体。约占大陆边缘的 25%，主要分布于南北美洲东岸外，非洲西岸外和北极海周围；

(4)老年期　两板块汇聚、俯冲，沉积物在汇聚挤压作用下遭受强烈褶皱、断裂、剪切和掩覆，致使大陆裙消失，形成海沟。约占大陆边缘的 21%，主要分布于太平洋周边的岛弧区。

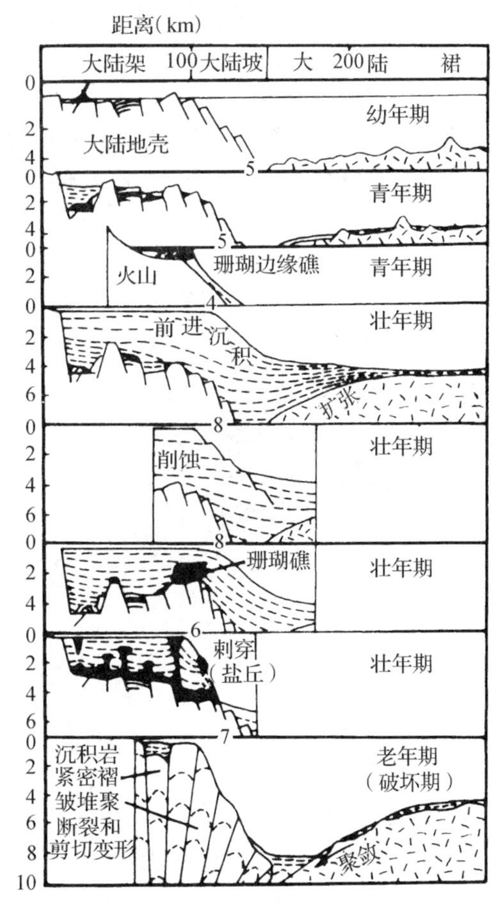

图 10-20　大陆边缘演化阶段

(K. O. Emery，1980)

复 习 思 考 题

1. 何谓大陆边缘？研究大陆边缘有何重大意义？

2. 大陆边缘有几种类型？试述大西洋型大陆边缘和太平洋型大陆边缘的主要特征。

3. 影响大陆架沉积作用的因素有哪些？

4. 大陆架沉积可分为哪三类？试述现代沉积的含义及其分布特征与沉积环境的关系。

5. 全球大陆架构造层自上而下划分为哪三层？试述每层的含义。

6. 大陆坡在地质构造上的最大特点是什么？

7. 大陆坡的沉积作用与大陆架有何不同？

8. 为什么说大陆裙具有生成油、气的良好条件？

9. 由大陆架、大陆坡、大陆裙组成的大陆边缘(被动型)的成因，迄今已提出不少假说。你认为哪种假说较为合理？为什么？

10. 主动大陆边缘的地质构造比较复杂，以西太平洋大陆边缘为例，其上发育有哪些构造单元？

11. 试述海沟的变质作用和岛弧的构造特征。

12. "国际岩石圈计划"为什么将海沟—岛弧—边缘海盆的形成机制和演化方向列为重点研究课题之一？

13. 卡里格模式认为，弧后边缘海盆是由于对流体的拉张作用而形成的。请回答，这种边缘海盆的特征是什么？

14. 美国海洋地质学家埃默里将大陆边缘的演化(发育)阶段划分为幼年期、青年期、壮年期和老年期，请说出各期大陆边缘的特征。

15. 名词解释：残留沉积、变余沉积。

第十一章　深海沉积

水深＞200 m 的海域，包括半深海（水深 200～2 000 m）和深海（水深＞2 000 m），泛称深海环境，在深海环境下形成的沉积物叫作深海沉积。也有人认为，深海沉积物是指沉积在大于500 m 左右水深的沉积物（J. kennett，1982）。由于深海沉积物较难进行直接观察，因此在一百多年前，人们对深海沉积还知之甚少。自 19 世纪 70 年代"挑战者"号环球考察开始，才第一次对深海沉积物进行了综合研究。近代进行的深海底取样与摄影、深潜观察、深海地球物理调查，尤其是 1968 年"格罗玛·挑战者"号执行深海钻探计划（DSDP-JOIDES）以来，迄今已在世界大洋各处钻取了三千余孔的岩芯，并提供了异常丰富的深海沉积方面的资料。这就使得人们对深海沉积物的来源、性质、组成、沉积作用和沉积建造有了较为深入的了解。经过综合研究所提出的浊流沉积、等深流沉积和深海沉积物的分布规律等，不仅大大地丰富了沉积学的内容，而且促进了古海洋学和古气候学的发展。

第一节　深海沉积物的来源、分类和分布

一、深海沉积物的来源

全世界海洋每年接受相邻陆地输入的剥蚀产物超过 200×10^{8} t（包括悬浮和溶解物质），这些陆源碎屑物质主要通过河流、冰川、风和海流等搬运入海，至海洋底部形成深海陆源沉积。另外，大洋本身通过海洋生物和化学作用积累了各类生物软泥和各种自生矿物，还有来自地球外部的宇宙物质和地球内部的火山物质等，均是深海沉积物的来源之一。

1973 年，谢帕德将深海沉积物的来源作了归纳，如图 11-1 所示。

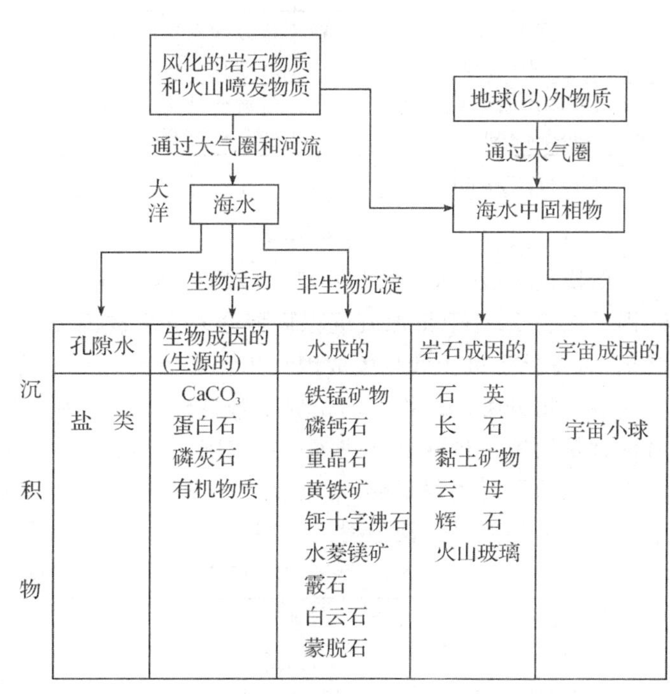

图 11-1　深海沉积物及其来源

据 谢帕德，1973

二、深海沉积物的分类

自 1891 年"挑战者"号调查时首次对深海沉积物进行分类以来，至今已有很多种分类。概括起来，这些分类可归纳为以下三种形式：

(一)以水深为主要依据的分类

默莱等(1891)、奈须纪幸(1976)的分类和沈锡昌(1988)的分类(表 11-1)等属于这种形式。该分类型式的共同特点是,首先将沉积物分为半深海沉积和深海沉积二大类,然后再细分。这种形式的分类在以往(如克莲诺娃,1948;奎年,1950)曾被广泛采用,目前仍在地质学的有关书籍中沿用。谢帕德(1973)的分类也基本上属于此种分类。

表 11-1 以水深为首要依据的深海沉积物分类

半深海沉积物	深海沉积物
1. 蓝色软泥 2. 红色软泥 3. 绿色软泥 4. 其他沉积物 (1)珊瑚碎屑 (2)火山碎屑 (3)冰碛物 (4)浊积物	1. 深海陆源沉积物 (1)浊积物 (2)冰川沉积物 (3)风运物 2. 深海生物源沉积物 (1)硅质软泥 ①硅藻软泥 ②放射虫软泥 (2)钙质软泥 ①有孔虫软泥 ②翼足类软泥 ③颗石藻软泥 3. 深海黏土 4. 锰结核 5. 多金属软泥

沈锡昌,1988

(二)以成分、粒度为主要依据的分类

安德烈(T. H. V. Andre,1981)的分类(表 11-2)和帕克(W. H. Berger,1974)的分类属于这种形式。该分类形式的共同特点是以沉积物颗粒成分、粒度及其百分含量为依据,不涉及沉积物的水深。这种形式的分类对大洋钻探样品进行自动化鉴定很适合,因此近年来在深海钻探及近海调查中被广泛采用。

表 11-2 乔迪斯(JOIDES)深海沉积物分类

远洋黏土(硅质壳<30%,自生组分常见)	非常见沉积物	陆源碎屑沉积物
远洋硅质沉积物($CaCO_3$<30%,粉砂、黏土<30%,硅质壳>30%)	过渡性硅质沉积物(粉砂、黏土>30%,硅藻>10%,$CaCO_3$<30%)	火山碎屑沉积物($CaCO_3$<30%,硅藻<10%,自生组分稀少)
远洋钙质沉积物(粉砂、黏土<30%,$CaCO_3$>30%)	过渡性钙质沉积物(粉砂、黏土>30%,$CaCO_3$>30%)	

据 T. H. V. Andre,1981

(三)以成因为主要依据的分类

斯特拉勒(A. N. Strahler,1981)的分类和沈锡昌(1992)的分类(表 11-3)属于这种形式。沈锡昌在表 11-3 中将深海沉积物划分为五大成因类型:陆源碎屑沉积、生物源沉积、火山碎屑沉积、深海黏土沉积和自生成因沉积。各大类下又分若干亚类。

沉积物分类的最终目的是要了解各种沉积作用及其相互联系。因此,沉积学的一个重要目标就是发展一种既能反映沉积物成因又能反映其历史的分类系统。遗憾的是,至今对很多沉积过程的了解还很不够,而难以从一系列交替的过程中选择出单一的形成过程。所以,描述性分类目前仍然最广泛地得到利用。

表 11-3 深海沉积物的成因分类

大　类	亚　类	大　类	亚　类
陆源碎屑沉积	1. 浊流沉积 2. 等深流沉积 3. 海洋冰川沉积 4. 风运沉积	火山碎屑沉积	火山灰沉积
		深海黏土沉积	深海黏土沉积

续表

大　　类	亚　　类	大　　类	亚　　类
生物源沉积	1. 钙质软泥沉积 (1)有孔虫软泥 (2)颗石软泥(钙质超微化石软泥) (3)翼足类软泥 2. 硅质软泥沉积 (4)硅藻软泥 (5)放射虫软泥 3. 珊瑚碎屑沉积 4. 有机沉积	自生成因沉积	1. 锰结核和锰结壳 2. 金属硫化物(多金属软泥和块状硫化物) 3. 磷块岩 4. 自生蒙脱石

据沈锡昌,1992

三、深海沉积物的分布

图 11-2 表示了深海沉积物的分布状况。由于火山碎屑沉积和自生成因沉积的分布零星,故在图 11-2 中没有表示;陆源碎屑沉积中的海洋冰川沉积,以及生物源沉积中的钙质软泥沉积和硅质软泥沉积的特征明显,分布面积较大,故在图 11-2 中单独表示。实际上,图 11-2 表示了不同等级的五种深海沉积的分布状况。

从图 11-2 可见,陆源碎屑沉积主要分布于大陆边缘,海洋冰川沉积主要分布在高纬度地区,而广大洋盆底部则分布着深海黏土、钙质软泥和硅质软泥三种沉积类型。表 11-4 列出了三大洋底三种沉积类型的面积分布频率。

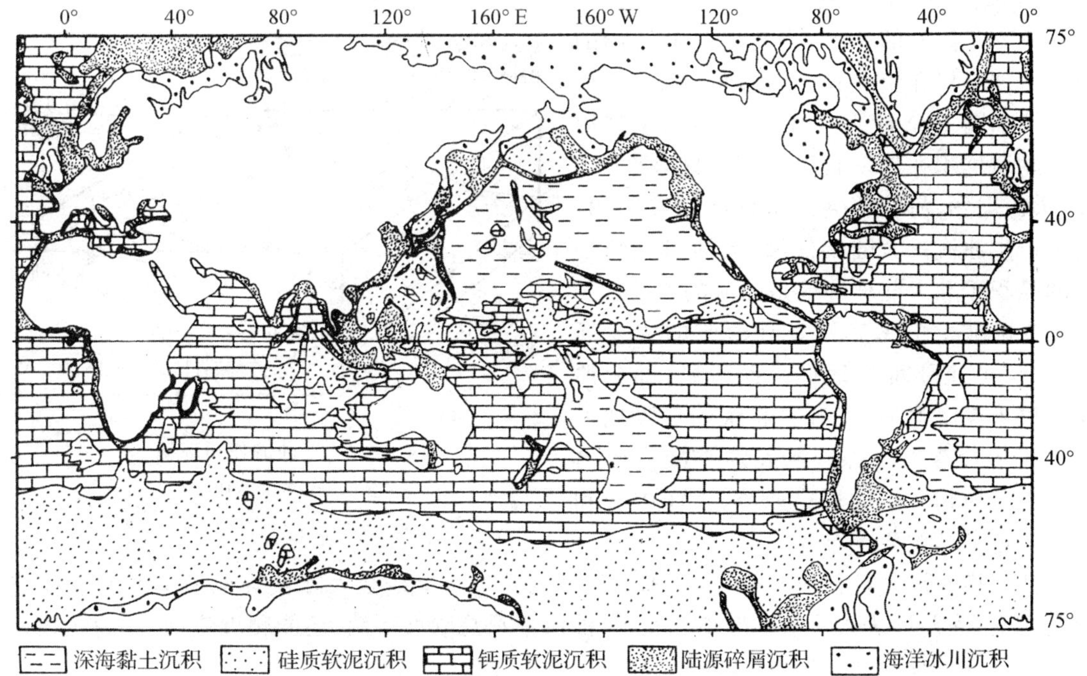

图 11-2　深海沉积物主要成因类型的全世界分布

(Couper,A.,1983)

表 11-4　三大洋中深海沉积物主要成因类型的面积分布频率

成因类型＼大洋		大西洋	太平洋	印度洋	全世界
钙质软泥沉积	钙质软泥	65.1	36.2	54.3	47.1
	翼足类软泥	2.4	0.1	—	0.6
硅质软泥沉积	硅藻软泥*	6.7	10.1	19.9	11.6
	放射虫软泥	—	4.6	0.5	2.6
深海黏土沉积		25.8	49.0	25.3	38.0
占大洋总面积的百分率		23.0	53.4	23.6	100.0

* 主要是有孔虫类和颗石藻类。(Berger，W. H.，1976)

第二节　深海陆源碎屑沉积

深海陆源碎屑沉积是指陆源碎屑物质占30%以上的深海沉积物，包括浊流沉积、等深流沉积、海洋冰川沉积和风运沉积四个亚类。它们主要分布在大陆坡和大陆裙，少量分布于深海盆地。

一、浊流沉积

关于浊流的概念，在第六章第一节中已经提及。简言之，浊流是陆源碎屑物质(泥、沙)与水混合而成的，在水盆底面上顺坡流动的高密度重力流。它主要发育于海盆，湖盆也有。

(一)浊流的沉积环境和发育机制

1. 浊流的沉积环境

发育于湖盆的浊流，不属本教材讨论的范畴。这里仅介绍发育于海盆的浊流，其沉积环境如图 11-3 所示。通常，当有大量陆源碎屑物质堆积在地形较陡的海底时，遇上地震、火山爆发、海啸等突发事件的触发作用，就可产生浊流。大陆架外缘、大河口三角洲外的悬积舌和大陆坡等地是浊流的多发区。

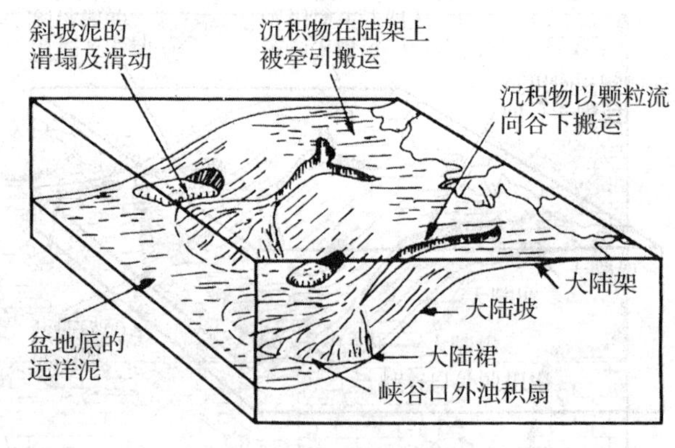

图 11-3　浊流作用环境

(Selley，R. C.，1976)

大陆坡上的海底峡谷是浊流的主要通道；浊流的主要堆积地形是深海扇；部分浊流可进入深海盆地，将海底起伏的丘陵地形填平而形成深海平原。海底的碳酸盐碎屑和火山碎屑物质也能形成浊流，大洋中脊和热点等地是其主要分布区。

浊流横越海底各种地形单元，在宏观上其流向与海岸线至大陆坡等地形单元的界线呈高角度相交，落差可达数千米。近年来发现，浊流不只是顺坡下淌，还能爬坡流动，爬高达数百米(Damuth，1979；M. T. Muck，1990)。

2. 浊流沉积的发育机制

20 世纪 50 年代初，奎年和米利格林(Ph. K. Kuenen and C. I. Miliogrini，1950)的论文“浊

流是递变层理的成因”开创了浊流理论;1962年美国的鲍马(A. H. Bouma)建立了理想的浊流沉积层序,使浊流理论更趋完善。20世纪70年代以来出现的重力流概念和深海扇模式,使浊流理论得到了进一步发展。

在沉积物重力流中,沉积物在重力作用下进行搬运,而且沉积物的运移带动孔隙水发生移动(Middleton和Hampton,1976),沉积物重力流以此区别于河流等的液体重力流。在河流里液体是在重力作用下向下流动并搬运着沉积物,这也和风吹颗粒的搬运过程不同,因为风是和颗粒一起向前运行的。悬移、跃移以及推移等搬运机制是沉积物重力流和某些类型派生流的特征。但是,在沉积物重力流内附加的、而在液体重力流内很少出现的某些过程却是很重要的,这些附加过程包括粒间上升流、颗粒之间直接相互作用以及黏性液体对颗粒的支撑作用。

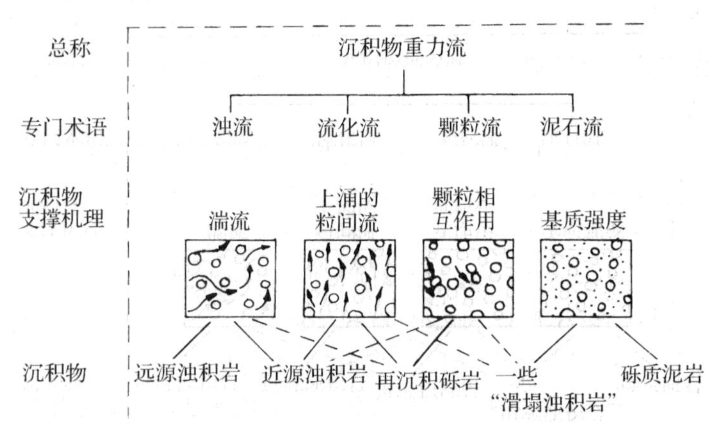

图 11-4　根据颗粒支撑机制的沉积物重力流分类

(梅得尔敦等,1976)

沉积物重力流有两大类:一类是包括湍流在内的由各种机制所支撑的高浓度沉积物流;另一类是浊流,它是由湍流支撑的低浓度沉积物流。前者的密度稍小于未固结的沉积物的密度(大约为1.5～2.4 g/cm^3),而后者(浊流)的密度往往是1.03～1.3 g/cm^3。梅得尔敦(V. Middleton,1976)等根据沉积物颗粒的主要支撑机制,将沉积物流分为四类(图11-4):(1)浊流,在其中沉积物主要由液态湍流向上的分力所支撑;(2)液化流(或流化流),当沉积物的颗粒在重力作用下沉降时,从沉积物颗粒之间逸出的向上流动的液体支撑了沉积物;(3)颗粒流,沉积物是由颗粒与颗粒之间直接的相互作用所支撑;(4)碎屑流(或泥石流),较大颗粒是由孔隙水及细粒沉积物的混合物构成的一种具有有限屈服强度的基质所支撑。在每一次块体重力搬运事件中,各阶段可出现多种支撑机制(图11-5)。而海底块体运动的发生,通常与沉积物的稳定性有关。沉积速率高、坡度大的海底沉积物稳定性低,埋深15 m以内的沉积物稳定性亦较低。

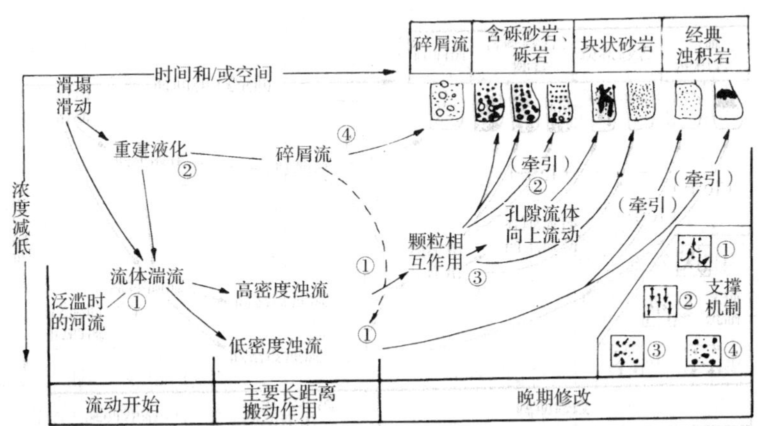

图 11-5　沉积物重力流的起动、搬运、沉积过程(沃克,1978)

颗粒支撑机制:①湍流　②液化　③粒间碰撞　④基质强度

浊流的形成,一般与崩塌、滑坡等伴生。在大陆边缘,往往由于地震的触发作用,海底开始出现崩塌、滑坡,随后出现浊流。浊流在流动过程中逐渐形成头、身、尾三部分,头部含泥沙量高、粒度粗、流速大,具有很强的侵蚀破坏能力;其身部为泥沙的载体,涡动力可以把泥沙悬起,在流速加大时,沿途还会席卷底部的泥沙;尾部含泥沙量少,颗粒细。罗厄(1982)发现,浊流底部的粗颗粒也有牵引作用。迄今已分出二种浊流:高密度浊流(50～250 g/l),流速可达 50～250 cm/s;低密度浊流(0.025～3 g/l),流速为 10～50 cm/s。

浊流一旦形成,其运动的驱动力是惯性力和重力在斜坡上的斜向分力,随着坡度减缓和惯性力减小,浊流流动的动能逐渐衰减而发生沉积。沃克(R. G. Walker,1978)认为,浊流沉积作用有三个阶段,分别形成鲍马层序的 A 段,B、C 段,D、E 段。沉积物重力流的沉积分异过程见图 11-5。

莫克(M. T. Muck,1990)等根据对海域的实地观察、理论和实验模型的对比提出,当浊流突然遇到海底障壁时,会出现爬坡流动,可爬高 500 m 或更高,在海沟洋侧斜坡或海底高地上产生爬坡沉积作用,形成以往难以解释的浊积层。

浊流运动具有突发性和间歇性,流动时间短暂。在一次中等规模的浊流中,粗颗粒大多在数小时内沉积下来,细颗粒沉积下来要持续一个星期(王琦等,1989)。柯马尔(P. D. Komar,1985)、艾伦(J. R. L. Allen,1991)分别对鲍马层序 A、B、C 三个阶段的持续时间作了估计,虽然方法不同,但结果相近。艾伦估计,美国加利福尼亚始新世—中新世一套硅质碎屑浊积岩层(含 A、B、C 三个段,共厚 0.27 m),大约持续沉积了数十分钟。

(二)浊流沉积地形

浊流沉积主要分布在大陆裙,形成一系列深海扇;一部分分布在大陆坡下部,形成陆坡裙(Slpe-apron)。后者因为没有主扇谷,故不属深海扇,而属于非扇浊积岩体。少量浊流展布在海沟和深海盆地,没有特定的堆积形态,通常充填在低洼地带。

在鲍马(A. H. Bouma,1985)主编的有关著作中,斯托维(Stove,1985)根据沉积物的粒度、物源区的特点和沉积扇的形态等将深海扇划分为两种类型:弧形扇和长形扇,它们在沉积物特征和构造环境等方面都有不同之处(表 11-5)。

表 11-5　深海扇类型及其特征

特征＼类型		弧形扇	长形扇
深海扇外形	形态	弧形	伸长形
	规模	小(半径数十公里)	大(数百公里,或更大)
沉积物特征	粒度	富砂	富泥
	供应量	小	大
	搬运距离	短	长
构造环境	大陆边缘性质	主动型	被动型
	大陆架宽度	窄	宽
	构造运动影响的程度	高	低
实例		东北太平洋的圣地亚哥扇、纳维扇、圣卢卡斯扇	东北太平洋的阿斯托里亚扇,北印度洋的孟加拉扇、印度扇,西北大西洋的劳伦斯扇、西南大西洋的亚马孙扇以及地中海的罗纳扇

Shanmugam 的资料,1985;本书改编

在一个深海扇上，往往有一个活动扇，一个以上废弃扇。主扇一般在中扇区，主扇谷明显，还有分流谷网。上扇区地形较陡，具天然堤，扇顶紧挨峡谷口；下扇区地形平坦(图 11-6)。

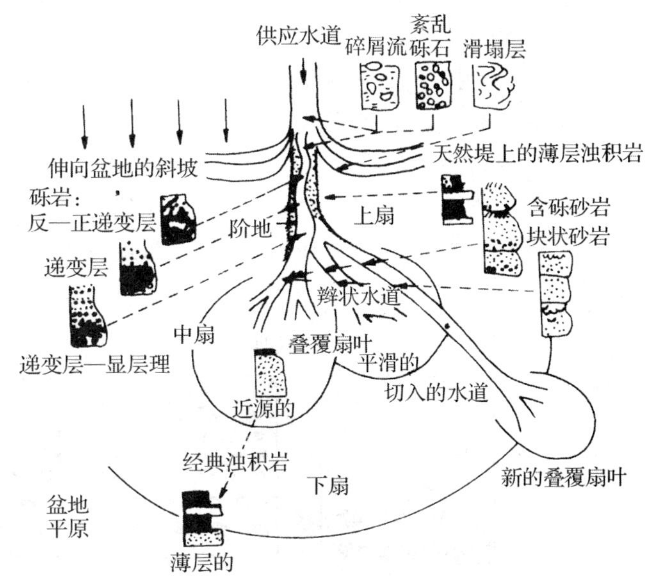

图 11-6　深海扇沉积模式及深海扇地形分区

(Walker, R. G., 1978)

(三)浊流沉积物

1. 鲍马层序(序列、模式)

1962 年，鲍马根据许多地区的资料综合，提出著名的浊积岩层的沉积序列，称为鲍马层序(Bouma sequence)。鲍马层序(图 11-7)是一次浊流事件所形成的浊积层的理想层序，在垂向上自下往上分为 A、B、C、D、E 五个段，各段岩性(粒度)和层理如图 11-7 所示。

A 段　一般由砂级颗粒组成，为块状层或粒序层，近底部含砾石，其粒径很少>10mm。底面上有冲刷—充填构造，具有多种印模构造。砂岩中有充填了的生物潜穴，并可有撕裂碎屑。本段常较其他段厚度大，代表快速堆积。

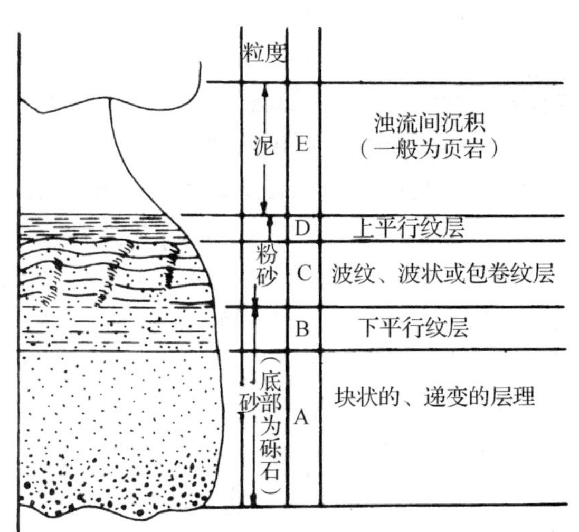

图 11-7　鲍马层序

(Bouma, A. H., 1962)

B 段　颗粒粒度较 A 段中的砂粒小，具有平行的纹理，它与 A 段都是上部水流动态的产物。

C 段　一般为粉砂级颗粒，具有流水沙纹型层理及包卷层理，它是下部水流动态的产物。

D 段　为具有水平层理的粉砂级沉积，与 B 段相对应，也有人称之为上平行纹层(将 B 段称之为下平行纹层)。本段系薄的边界层流所造成，厚度不大。

E 段　通常为远洋沉积的页岩或泥岩，有时也具水平纹理，故与 D 段不易分开。它是远洋或次深海的细粒降落沉积物。

2. 浊积物的成分

浊积物有三种成分：

(1)陆源碎屑物质　以石英、长石为主，含植物碎片，也可含海绿石、浅海生物遗体等，表明是从陆架搬运而来。一般组成 A—D 段及 E 段的下部；E 段上部含深水有孔虫，属正常深海盆地沉积。

(2)碳酸盐物质　分布在热带海区，系从生物礁上搬运而来，有颗粒流、塌积物等。

(3)火山碎屑物质　在岛弧附近(如日本海)、板内热点附近(如夏威夷岛)都有分布。

3. 浊积物粒度

对浊积物后二种成分的粒度研究较少。陆源碎屑物质粒级广，有中细砾、砂、粉砂、黏土，但以细砂、粗粉砂为主，是重要的储油层。

鲍马层序中，A、B 段为砂岩，C 段为粉砂岩，D 段为粉砂岩与泥岩的互层，E 段为粉砂质泥岩或泥岩。从下往上，浊积物粒度由粗变细。

4. 浊积物层理

浊积物中常见的层理有递变层理和交错层理。

(1)递变层理　又称粒序层理，按粒级递变方向可将其分为正递变层理和反(逆)递变层理(图 11-8)。

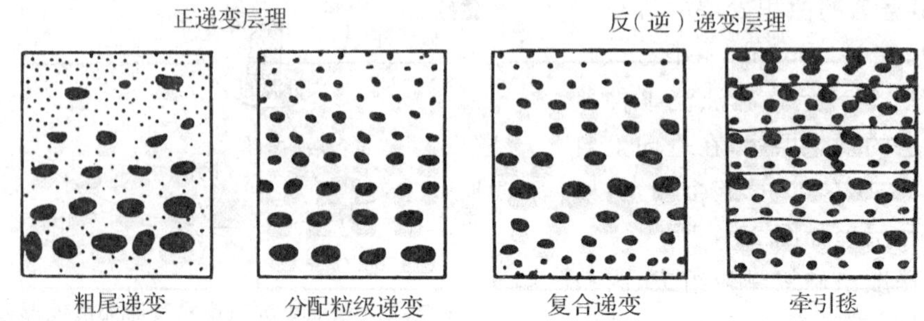

图 11-8　递变层理类型

(吴崇筠，1986)

正递变层理中的粗尾递变层理是砾质高密度浊流在近源陡坡上快速堆积的产物；分配粒级递变层理是低密度浊流缓慢沉积时形成的；反(逆)递变层理中的复合递变层理是快速堆积形成的；牵引毯单层厚度一般<5 cm，最厚可达 30 cm，由颗粒流沉积而成，常见于砂质高密度浊流的牵引毯阶段，反复沉积形成若干单层(罗厄，1982)。

(2)交错层理　过去认为浊积物为悬浮沉积，只形成递变层理，“没有大型交错层理”(刘宝珺，1980)，因此，将它作为浊流沉积与非浊流沉积的重要区别。但理论和实践的研究都证明在浊流沉积中，牵引沉积作用和悬浮沉积作用将碎屑颗粒分别从底负荷和悬浮负荷中直接沉积下来(罗厄，1982)。海底调查表明，深海扇的上扇与中扇的水道中可有大型交错层理(沃克，1978)；小型交错层理在牵引毯中十分普遍(J. Sanders，1965)。

5. 浊积层底面构造

浊积层的底面构造记录了浊流的水动力状况。经典的浊积岩层，都发育有清晰的底痕，可分为两类：①侵蚀痕(冲刷痕)，其中槽模(槽形印模)是常见的一种侵蚀痕；②工具痕(刻痕)，其中沟模(沟形印模)是最常见的一种工具痕，其他有跳模、刷模、椎模等(刘宝珺，1980；余素玉，1989)。

二、等深流沉积

等深流理论(希曾，1966)是沉积学继浊流理论后的又一里程碑事件，研究等深流沉积物具有开发深水油气资源的潜在意义(D. A. V. Stow，1979)。

(一)等深流的沉积环境和发育机制

1. 等深流的沉积环境

等深流(Contour current)又称等高流、水平流、平流，发育在深水环境，它是大洋盆地中沿等深线作水平流动的一种大洋底流，主要分布在 2 000～5 000 m 深的海底，某些海湾的外陆架也有分布；密度梯度力是等深流的驱动力，它基本上在同一地形单元内流动，流动方向受柯氏力的影响，属全球温盐密度环流。

等深流沉积主要分布在大洋盆地的西缘，海峡口外也有分布。

2. 等深流沉积的发育机制

等深流是一种流速缓慢、流动持久、流程很远的底层流，其流速一般为 2～20 cm/s（龚一鸣，1986），或 5～25 cm/s（王琦等，1989），最快时可达 55.55 cm/s（N. A. Rnpke，1978）。等深流的流速可有时空变化，据北大西洋西部新斯科舍（Nora scotia）陆裙测定，5 000～4 800 m 深处水流强，4 000～3 200 m 水层宁静，<3 200 m 处水流弱；一个测站平静时流速为 5 cm/s，数天内可变为 30～40 cm/s，个别站可达 73 cm/s（Richardson 等，1981）。这种短时期内流速猛增的深海暴流与流速缓慢的等深流不同，而类似于浅海风暴流。

据北大西洋西部洋底的摄影与测流同步观测，当流速<6～10 cm/s 时，泥状洋底生物构造清晰；当流速达 5～15 cm/s 时，出现粉砂质沉积，不见生物痕迹，洋底光滑平坦或有新月形小波痕；当流速>20 cm/s 时，沉积物被起动、推移，形成各类底床形态（C. D. Hollister and I. N. Mccave，1984）。等深流的簸选作用，可形成粗粒滞留沉积，并产生砂质等积物和粉砂质等积物。

（二）等深流的沉积和侵蚀地形

1. 等深流沉积地形

有中、小底形（沙丘、底流波痕）和大型地形。沉积脊堆（Depositional vidge）是洋底最壮观的沉积地貌景观之一，沿某一等深线分布，大型者可长数百公里、宽数十公里、厚数公里。例如，在美国东海岸外，沿 5 000 m 等深线有一条长数十公里、比高百米的长条形海丘，其形成显然与等深流有关（金性春，1982）；往南至布莱克—巴哈马外侧，沿 2 000 m 等深线有一沉积脊堆长 800 km、宽 40 km、厚 2 km（王琦等，1989）。

沉积脊堆一般分布于等深流的边缘，这是因为边缘受周围相对平静水体的作用，使流速降低而有利于沉积。但分布在直布罗陀海峡口外大西洋底的法鲁脊堆是由于流出峡口的等深流流速从 300～180 cm/s 骤然下降至 30～40 cm/s 而沉积的，此脊堆在 50 000～60 000 a 内向西北延长了 10 km（Gonthier，1984）。

2. 等深流侵蚀地形

可分为深水海渠和环形小海壕两种地形。

(1)深水海渠（Furrow）　它是深海底最重要的一种侵蚀痕，长数千米、宽数米乃至数十米、深度<20 m，沟距 50～200 m，等距相间；沟垄与水流方向平行，可随等深线转向；沟底平坦，可有基岩出露，沟坡有沉积物分布。其形成机制正在研究中。

(2)环形小海壕（Moat）　它分布在冰川漂砾、锰结核等障碍物边缘，是水流遇障碍物发生分离、产生较强的涡流冲刷而成。

（三）等深流沉积物

等深流形成的沉积物称等积物或等深积物（Contourites），已成岩者则称等积岩。现代海洋调查表明，95%以上的等深流沉积发育在深海环境中。可见，等积物是一种深水相沉积物（龚一鸣，1986）。

等积物按粒度与成因可划分为三类：①泥质等积物；②粉砂—砂质等积物；③滞留砾石质等积物（王琦等，1989）。等积物的成分多种多样，有陆源碎屑、生物碎屑和火山碎屑等。

1. 泥质等积物

泥质等积物又称远洋等积物、悬积等积物，它是等积物的主要类型（占总量的 3/4）。粉砂质黏土是其主要成分，含砂10～15%，分选很差，块状构造、生物扰动构造发育，有觅食迹、斑团构造等。

2. 粉砂—砂质等积物

粉砂—砂质等积物又称簸选等积物，中粉砂和粗粉砂是其主要成分（>50%），砂含量≤40%，黏土含量<10%；少数等积物以砂为主（砂含量>50%），分选良好，可见水平纹层和交错层理。现代沉积中的粉砂—砂质等积物常以厚1～20 cm的不规则夹层出现于泥质等积物的层间，两者的关系以过渡为主（正粒序或逆粒序），也可见侵蚀面接触。

3. 滞留砾石等积物

滞留砾石质等积物又称簸选滞留等积物，它是流速高的等深流将细颗粒簸选搬走后滞留下来的粗碎屑物质。

等积物与浊积物常共生，通常是等深流改造浊积物而形成等积物。将两者区分开来很重要，区分的方法是运用希曾的等积物标志和鲍马的浊积物标志，并且加以对比（D. A. V. Stow，1979）。

三、海洋冰川沉积

海洋冰川沉积物是源自大陆冰川的冰山在大洋中漂流时，因逐渐融化而将其携带的陆源碎屑坠落海底而形成的，简称冰海沉积物。主要分布在环南极大陆的海域以及北冰洋、哈德逊湾和白令海峡等地。冰海沉积物有三类：近源块状底碛、冰海混杂的层状冰碛和含有冰碛坠石的海相纹层泥（M. B. Edwards，1978）。

（一）近源块状底碛

近源块状底碛分布在高纬度地区，位于大陆冰川进入海洋的起始点，海陆交界附近的海底。冰碛物从冰川末端直接释放到海底，形成底碛。其分布范围小，离岸距离不远，特征十分明显：无分选性、无层理、无本地生物群。它与大陆冰碛相比，其密度较低，孔隙度及塑性指数较高，故又称水碛岩。

（二）冰海混杂的层状冰碛

冰海混杂的层状冰碛是海洋冰川沉积物的主要类型，图11-2上的海洋冰川沉积物分布范围就是层状冰碛和块状底碛的分布区，而且其中主要是层状冰碛。其分布范围，在北半球，可达50°N；在南半球，可达60°S。

层状冰碛出现在块状底碛的向海方向，形成一个很少含粗粒沉积物的带状。它是狭义的冰海沉积物，与近源块状底碛在生物组合、粒度和层理等方面有明显不同。其特征是：含有原地埋藏的软体动物，偶尔有海生植物碎屑，黏土含量高，粗碎屑少，岩屑长轴方向杂乱，具层理构造。

（三）含冰碛坠石的海相纹层泥

含冰碛坠石的海相纹层泥是海洋冰川沉积物与正常海相沉积物的过渡类型。该类型以正常的海相沉积为主，含有海生硅藻，由纹层状砂、粉砂和黏土互层组成，有时层理不明显而呈块状。当某一海域的冰山崩解时，冰碛石即坠落海底，散布在海相沉积物之中，坠石可穿过纹层或将其压弯，尔后的正常海相沉积又可将坠石覆盖。当冰山突然翻转时，其顶面融化出来的大量冰碛瞬间倾入海底，使该部位的沉积层中冰碛石富集。这种类型自南极陆缘往外延展了数千公里（Lisitzin，1972）。

四、风运沉积

风是重要的地质营力之一。随风飘扬的陆源尘埃物质有相当部分落入海洋中，最终沉降到海洋底部，形成风运沉积。据估计，全世界现代落入海洋的风运物约 16×10^8 t/a(沈锡昌，1988；吴邦毓等，1989)。

(一)风运沉积环境和发育机制

地球表面现代风带的分布格局导致中纬度空气干燥，大陆上 30°N 附近，无论北非或西亚都有大片沙漠分布。进入海洋上空的风运物主要降落在 30°N 和 30°S 附近的海域，以及印度洋的西北海区，因为那里空气干燥、风力强劲并有丰富的物质来源。

对于风运深海沉积物来说，发生在对流层(高度在 10 km 以内)的搬运最为重要，搬运轴线位于 30°N 和 30°S 附近，主导方向自 E 往 W，尘土在大气中的逗留时间为数天到数星期，搬运距离可达数百公里至上万公里。

据对北非撒哈拉沙漠和毗邻的北大西洋东部两地空中和深海风运沉积物的研究，贸易风(信风)和尘暴是将沙漠风尘带入大西洋的两种主要动力。据估计，由尘暴从撒哈拉带到大西洋的风尘量，一个夏季可达 2×10^8 t(Calson 等，1977；Tetzlaff，1980)；最近两年(1997，1998)发生在我国西北、华北等地的尘暴亦可将部分沙漠风尘带入西太平洋(徐茂泉，1998)。

进入海区上空的风尘，主要由于搬运过程的重力分异作用，砂和粉砂大多沉积于海洋周缘地区，进入深海的风尘以黏土颗粒为主，也可有少量粉砂。

(二)风运沉积的特征

风运沉积物往往混入生物软泥和深海黏土等其他深海沉积物中，故不单独构成深海沉积的一类。但在大西洋 30°N 和 30°S 附近、以及新西兰以东太平洋的局部深海沉积物中，风运物质的含量可高达 30%以上(周福根，1982)；各类深海沉积物中的极细组分，大多为风尘；在中纬度的深海黏土中，风尘物的含量亦相当高。

在大西洋上空和深海底风运沉积物的组分主要是黏土矿物，通常伊利石的含量占其总含量的 50%左右；其次是高岭石、蒙脱石、绿泥石，不同纬度的百分含量略有变化(王琦，1980)。风运沉积物的粒径一般<5 μm，有一定分选性，磨圆度差至中等(周福根，1982)。

石英是风运沉积物的特征矿物。因为石英是大陆地壳岩石中最常见的矿物，性质稳定，但在大洋地壳的基岩中几乎缺失；由于冲淡水、浊流和冰山等带入海洋的石英又大多分布于大洋周边海域，故大洋盆地和大洋中脊的沉积物中石英含量较低，且主要出现在风运沉积和浊流沉积之中。北太平洋的深海黏土中，石英的含量可达 20%，30°N 附近更加富集，其粒径<10 μm；南太平洋洋底的石英来自澳大利亚和新西兰，其含量低于北太平洋。澳大利亚以东和以西两个石英高含量带，与沙漠风的搬运作用有关(З. Н. Горбунова，1991)。此外，风运沉积物中亦可含有一定数量的长石、云母、角闪石等碎屑矿物，但含量一般较低。

第三节　深海生物源沉积

深海沉积物中生物骨屑含量>30%(谢帕德，1973；奈须纪幸，1976；英国开放大学，1985)或>50%(周福根，1982；Dean，1985)时都可定义为深海生物源沉积，也叫生物软泥。广义的深海生物源沉积包括钙质软泥、硅质软泥、珊瑚碎屑沉积和有机质沉积四个亚类，前二者合称生物软泥，为狭义的深海生物源沉积，是深海生物源沉积的主体，其分布面积占世界大洋总面积的 61.9%(W. H. Berger，1976)。生物软泥的物源是大洋浮游生物，植物性软泥的生物碎屑颗粒大多<63 μm，动物性软泥颗粒的粒径大多>63 μm。珊瑚碎屑的物源是底栖生物；深海有机质沉积的主要物源来自大洋浮游生物。

一、钙质软泥

钙质软泥约占世界深海碳酸盐类的 75%，$CaCO_3$ 含量一般大于 30%，平均约为 65%。常见的为有孔虫软泥、颗石软泥、翼足类软泥，三者合称钙质软泥。

(一)钙质软泥的沉积环境和发育机制

深海钙质软泥的形成，受介壳产量、溶解效应和稀释作用等三种因素控制，各种因素又是一定环境状况的反映(沈锡昌，1990)。

1. 钙质软泥的沉积环境

由于钙质软泥的物源是有孔虫、颗石藻、翼足类等钙质浮游生物，所以要了解钙质软泥的沉积环境，首先必须明确钙质浮游生物的生态环境。正常盐度的海水适合浮游生物生长，因为大多数属种为狭盐性；温暖的海水适合大多数属种发育，其他水温也有钙质浮游生物，但发育较差。研究表明，不同水温有不同的属种，呈现出明显的纬度分带性(图 11-9)。

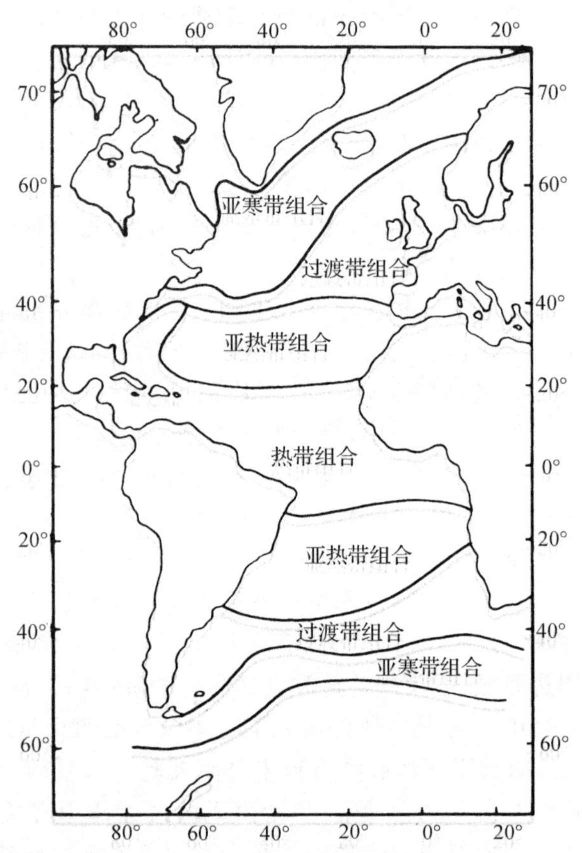

图 11-9 大西洋现代颗石藻组合分区图

(Melntyre and Be，1967)

浮游生物绝大多数生长在表层海水中，但其壳体则可降落在不同深度的海底。海底深度这一环境因子，又直接影响着碳酸盐沉积物的溶解和堆积。生物沉积要求以生物介壳成分为主，因此能否形成生物沉积不仅取决于生物介壳的绝对数量，而且还取决于介壳被海水的稀释溶解程度。

2. 钙质软泥的发育机制

影响深海钙质软泥发育机制的因素有三：

(1)海水肥力和生命周期对海域介壳产量、面貌的控制　在深海生物源沉积物的分布上，有一个肥力—深度模式(图 11-10)。海水肥力是营养盐多寡等水体综合特征的反映，在图 11-10 中，近岸海域或上升流区为高肥力区，生物生产率高，硅藻特别发育，故海底多分布硅藻软泥；远洋为低肥力区，生物生产率低，但颗石藻对肥力的灵敏度小，相对量多，所以海底主要分布颗石软泥；而有孔虫软泥和放射虫软泥则分布在较高肥力区的海底。

一般来说，生物量大时介壳产量高。但是，生命周期也明显地影响着介壳的产量。在同一水域，生物量相同的两类生物群相比，生命周期短者介壳产量高，生命周期长者介壳产量低。如大洋中，浮游有孔虫活体数量与翼足类、异足类的数量相近或略少，但有孔虫的生命周期短，与后者相差4倍，再加上介壳成分不同而引起的差异溶解，致使沉积物中有孔虫介壳的数量远远大于翼足类、异足类的壳体数量。

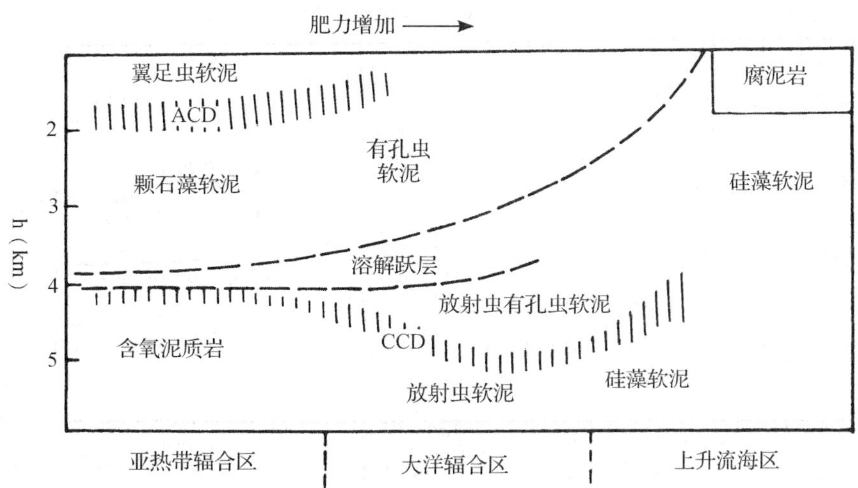

图 11-10　深海生物源沉积物分布的肥力-深度模式(Olausson 等，1971)

ACD. 文石补偿深度　CCD. 方解石补偿深度

(2)差异溶解效应和深度溶解效应对埋葬介壳产量、面貌的影响　介壳是形成生物源沉积的物质基础，但并非全部介壳都能保存在沉积物中。埋葬介壳往往比水层中的介壳少，这是由于介壳的耐溶性和海水的溶解能力不同而引起的。即表现在差异溶解效应和深度溶解效应两个方面：①差异溶解效应，系指由于介壳的耐溶性随生物群及属种而异，导致海域生物群与埋葬生物群面貌不同的现象。钙质介壳从易溶到难溶的顺序是：翼足类(文石)→有孔虫(方解石)→颗石(方解石)。浮游有孔虫中有刺类比无刺类易溶；有孔虫壳体的耐溶能力有四个等级(W. H. Berger，1970，1976)，我国南海中北部浮游有孔虫各个种的耐溶能力与帕克的划分比较一致(图11-11)。颗石有12个耐溶等级(W. H. Berger，1973)。据赤道大西洋资料，钙质介壳的暖水种易溶，冷水种、广温种难溶。这是另一类差异溶解效应，它可以使沉积物中的化石群“变冷”，所以分析古气候时要考虑这种差异溶解效应。②深度溶解效应，是指海水对介壳的溶解能力随海水深度的变化而变化，不同水深介壳遭受溶解的程度不同的现象。钙质介壳和硅质介壳都有深度溶解效应，但具体

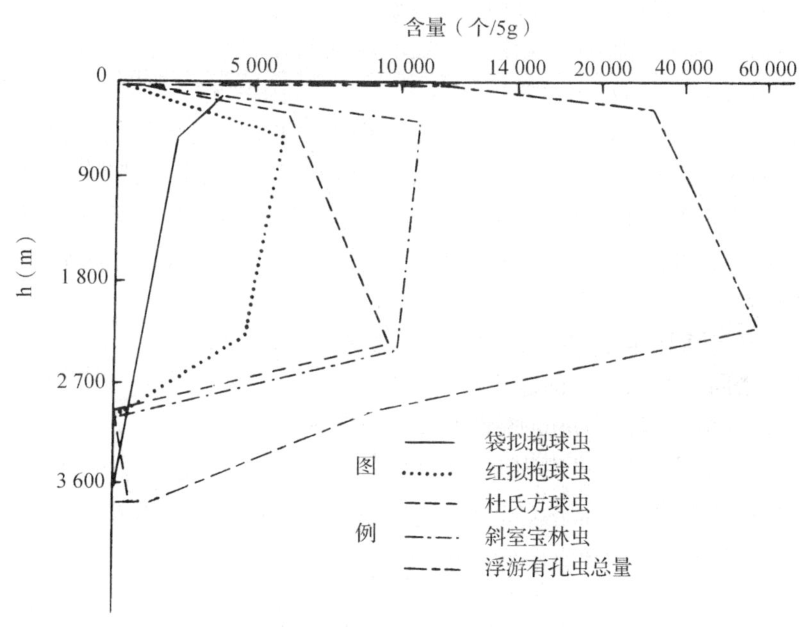

图 11-11　中国南海中北部，117°E 断面浮游有孔虫遗壳含量、深度曲线图(涂霞等，1988)

表现不同。$CaCO_3$ 的饱和度为 D，大洋水体不同深度的 D 值不同，导致对 $CaCO_3$ 的溶解效应也不同(图 11-12)。大洋上层水体的 $D>1$，为过饱和层，钙质介壳不溶解；深水层水体的 $D<1$，为不饱和层，钙质介壳遭受溶解；两者之间必有一处的 $D=1$，称饱和面(或饱和层)。在此面以下，$CaCO_3$ 的溶解速率随深度的增加而增大；到某一深度溶解速率突然增快，称为溶跃面(或溶跃层)。在饱和面和溶跃面之间的水体中，钙质介壳为弱溶的 P 相；溶跃面内为 L 相，溶解能力有所增强。在溶跃面以下的水体中，介壳供应量相对减少，而溶解速率增加很快；当到某一深度，钙质介壳的供应量与溶解量相等而达到平衡时，称之为碳酸盐补偿深度(Carbonate compensation depth)，简称 CCD。研究早期以方解石为样品，后来又研究了文石，目前一般以 CCD 代表方解石的补偿深度；通常以 CCS 表示碳酸盐补偿深度线，以 CCD 表示碳酸盐补偿深度面。在溶跃面与 CCD 之间的水层中钙质介壳的溶解程度较强，形成 R 相；在 CCD 上，介壳溶解程度更强，形成 N 相。在 CCD 以下的海底，钙质介壳绝大多数被溶解掉，不能形成钙质软泥，只出现深海黏土或硅质软泥。由上述可知，大洋水体中钙质介壳的深度溶解效应，主要是通过由浅到深分布的三个特征面——饱和面、溶跃面、补偿深度面反映出来的；同时也可以从 P 相—N 相的有孔虫溶解特征得到反映。据实测资料，有孔虫壳(方解石)在水深>3 800 m 的深层水中为侵蚀带，在水深<3 800 m 的水层中很少溶解或不溶解。

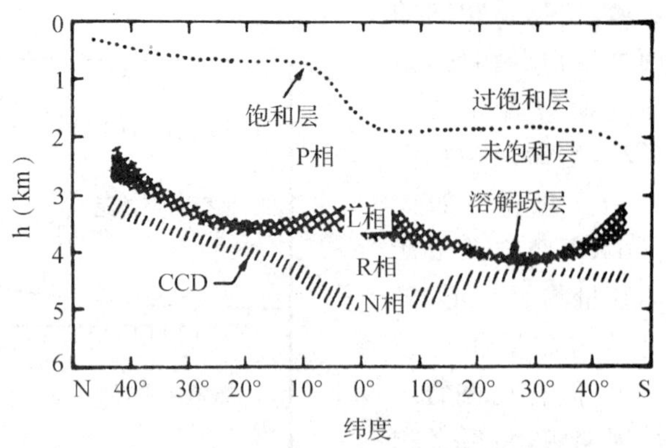

图 11-12 中太平洋碳酸盐饱和层、溶解跃层和补偿深度面的位置，以及有孔虫溶解相模式

(Berger, W. H., 1976)

(3)稀释作用对深海生物源沉积物形成的制约　在两个介壳产量相等、溶解效应相同的海区，于同一时期形成的沉积物中，虽然生物碎屑的绝对含量相同，但其相对含量却可因两个海区由其他环境因素决定的非生物碎屑量的多寡而不同。在稀释作用弱的海区，因陆源碎屑或火山碎屑少，可形成生物源沉积；反之，不能形成生物源沉积。当硅质介壳与钙质介壳同时沉积时，虽不影响生物源沉积物的形成，但由于它们互相稀释，对形成单一的硅质或钙质沉积物有一定影响。

(二)钙质软泥的分布

钙质软泥沉积的分布见图 11-2。从图 11-2 和表 11-4 可以看出，钙质软泥在大洋中分布最广，占大洋总面积的 47.7%；但在三大洋中分布不均，大西洋为 67.5%，太平洋为 36.3%，印度洋居中。在水深>CCD 的洋底，没有钙质软泥分布。而 CCD 在各大洋的深度是不同的，太平洋<4.5 km，大西洋>5 km，印度洋居中，这就是三大洋中钙质软泥面积频率不同的原因。另外，CCD 的深度还与纬度有关，赤道区深达 5～5.5 km，高纬度海区仅 3～4 km(见图 11-12)，所以钙质软泥主要分布在热带和亚热带洋区。

(三)钙质软泥的特征

1. 有孔虫软泥

有孔虫软泥是钙质软泥中最重要的一种类型。浮游有孔虫是深海沉积物的主要供应者，它和颗石一道占了现代海洋碳酸盐沉积物的 80%以上(布拉谢尔，1980)。有孔虫壳体直径为

0.02～110 mm，一般＜10 mm(郝诒纯，1980)。有孔虫是窄温性(暖水型、温水型、冷水型及过渡型)海洋生物，故其遗壳是研究古气候、古环境的有用标志(方惠瑛，1995)。

有孔虫软泥常呈乳白色，有时出现棕黄色或淡蓝色，生物碎屑中绝大部分为浮游有孔虫，其中常见抱球虫，底栖有孔虫不足1%；可有少量翼足类、颗石等。具砂状结构的有孔虫软泥的粒径为10～1 000 μm(W. H. Berger，1976)。

2. 颗石软泥

颗石软泥又称超微化石软泥，为钙质软泥的主要类型，其状如白垩土，故亦称白垩软泥。颗石藻属于金藻门颗石藻纲，是自养超微浮游植物，个体大小为5～60 μm，一般＜20 μm。构成颗石软泥的是颗石藻上的鳞屑，由低镁方解石组成，直径3～15 μm，多属粉砂粒级，一般称为超微化石。一个颗石藻细胞上的颗石数目随种而异，一般为10～150个，平均20个(J. P. Kennet，1982)，个别种可达200个。颗石多数被浮游动物吞食，包裹在粪便中排出，当粒径增大到0.1 mm，22～100 d就能沉到海底。

3. 翼足类软泥

翼足类软泥为有孔虫软泥的变种，谢帕德(1973)在深海沉积物分类中没有列出此类，但目前仍经常使用这一名称。翼足类和异足类为浮游软体动物，主要生活在热带、亚热带海域，两者的壳体均由文石组成，一般长0.3～10 mm，最长者可达28 mm。

翼足类软泥中常含大量有孔虫壳，而且含量往往超过30%；翼足类含量为30%～40%，其余为少量异足类和碎屑矿物。

二、硅质软泥

常见的为硅藻软泥和放射虫软泥，二者合称硅质软泥。因为在具硅质介壳的四种海洋生物中，硅藻和放射虫的数量最多，所以可以分别形成硅藻软泥和放射虫软泥；而硅鞭藻和硅质海绵的量较少，一般不单独构成软泥。

(一)硅质软泥的形成环境和发育机制

硅质软泥沉积的形成，受硅质介壳的产量、溶解效应和稀释作用三种因素的制约，各种因素又是特定环境状况的反映。

1. 硅质软泥的沉积环境

硅质介壳浮游生物是深海硅质软泥的物源，主要是硅藻和放射虫。它们的生态环境除了具有浮游生物的共同特点外，还表现为硅藻喜低温。寒冷海域中硅藻的产量比其他水域高些(李新伟，1982)。此外，硅藻产量的多少，还取决于海水中营养盐的含量。所以，冷水区和上升流区的硅藻丰富。水温是放射虫组合的主要因素，虽然放射虫可广布于大洋中，但在赤道附近较为繁盛；而放射虫软泥则堆积于氧化环境中。

2. 硅质软泥的发育机制

(1)海水肥力和生命周期对海域硅质介壳产量的控制　在深海生物源沉积物分布的肥力—深度模式图(见图11-10)上，硅藻软泥分布在高肥力区，放射虫软泥分布在较高肥力区。短生命周期的生物介壳产量高。

(2)差异溶解效应和深度溶解效应对埋葬介壳产量、面貌的影响　①差异溶解效应：硅质介壳从易溶到难溶的顺序是：硅鞭藻→硅藻→脆弱的多囊类放射虫→牢固的多囊类放射虫和海绵骨针(Arrhenis，1952；Schrader，1972)。放射虫中棘刺虫和暗囊虫的壳体易溶，因此其化石稀少。②深度溶解效应：海水对硅质介壳的深度溶解效应，与钙质介壳不同。在海水中也存在氧化硅溶跃面和补偿面，其溶跃面的深度小于碳酸盐溶跃面，而其补偿深度又大于CCS，只不过二者的界线没有碳酸盐那么明显。由于海水中氧化硅含量处于不饱和状态，故对蛋白石($SiO_2 \cdot nH_2O$)等非晶质氧化硅具有溶解力。水体上层温度高，SiO_2 含量低，溶解能力最强(克林，1971)。据实测资料，放射虫壳(蛋白石)的溶蚀带位于0～1 000 m水层，>1 000 m处有微小的溶解作用(W. H. Berger，1967，1968)。

(3)稀释作用对硅质软泥沉积形成的制约　硅质软泥沉积的形成不单要有很多硅质介壳的产量，而且还要求陆源碎屑或火山碎屑的数量不能过多；至于钙质介壳的产量，也会影响单一硅质软泥的形成。但在CCD以下，因溶解作用使大部分钙质介壳遭受溶解，所以硅质介壳可在数量上占据优势而形成硅质软泥。

(二)硅质软泥的分布

从图11-2可见，深海硅质软泥的分布状况是：在高纬度海区，如南大洋的大片海区(环南极带)和太平洋40°N以北的阿拉斯加湾、白令海、鄂霍次克海、日本海的局部海域，均有明显的硅质软泥分布，它们主要由硅藻组成，为硅藻软泥；在赤道带，也断续有硅质软泥分布，这是由放射虫残骸为主组成的放射虫软泥。

(三)硅质软泥的特征

1. 硅藻软泥

硅藻大多数为浮游单细胞生物，是硅质软泥的最主要组分，也是海洋浮游植物的主体。硅藻的细胞壁95%由蛋白石组成，现代硅藻长5～2 000 μm，大多为20～200 μm。海洋有机碳总量的70%由硅藻生产(奈须纪幸，1976)。

硅藻软泥通常呈棕黄色，干时呈乳白色，在还原环境中呈淡灰绿色；其中除硅藻外，还含有放射虫、海绵骨针、钙质生物碎片和矿物碎屑等，但非晶质氧化硅含量可达80%以上。硅藻软泥的大部分颗粒粒径为5～10 μm，且分选好(Lisitzin等，1966)；当硅藻含量为30%～50%时，其粒度和分选性则受其他成分的颗粒控制。干燥的硅藻软泥似浮石，无黏性，纤维状，麦秆光泽(奈须纪幸，1976)。

2. 放射虫软泥

放射虫全部为海洋浮游生物，归属为原生动物界肉足动物门射足动物纲的放射虫亚纲和棘刺虫亚纲。放射虫亚纲下分两个超目，多囊虫壳为蛋白石质；三孔虫壳为混合物(有机质含量≤95%、硅质含量为5%～20%)，主要为暗囊虫；棘刺虫壳为硫酸锶(布拉射尔，1980)。放射虫软泥中主要是多囊虫的壳体，因为三孔虫、棘刺虫的遗壳不易保存。多囊虫有很多种属，但在沉积物中只发现40多种(赵其渊，1989)。放射虫大多为单体，个体大小为50～400 μm；少数为群体。

放射虫软泥呈暗灰色，非晶质氧化硅含量很少超过50%；除放射虫外，还含有硅藻、海绵骨针、有孔虫和矿物碎屑等。

三、深海珊瑚碎屑沉积和有机质沉积

(一)深海珊瑚碎屑沉积

分布于深海的珊瑚碎屑大多来自浅海底，主要是热带海域陆架外缘的浅水珊瑚礁和大洋礁，极少量来自海底高原的深水珊瑚礁。我国南海中沙群岛环礁的礁前塌积带下限水深为400 m(黄金森等，1987)。

深海珊瑚碎屑沉积属重力流碳酸盐沉积，通常在礁前的大陆斜坡或岛坡上形成滑塌堆积或颗粒流沉积，如大西洋巴哈马群岛、太平洋环礁和我国南海环礁周围海域有该类型的沉积物。

（二）深海有机质沉积

深海有机质沉积的形成与底层水含氧量的多寡有极大关系。现代海洋的表层水体，溶解氧含量丰富（0～5 ℃，7.5 mL/L），因为溶解氧来自大气和植物，海水的运动和浮游植物的光合作用可使表层海水中溶解氧富集；在水深 150～1 000 m 的中层海水里，因生物尸体的腐解作用消耗氧，而成为缺氧层；水深>1 000 m 的深层水含氧量较高（3.5 mL/L），是因为大洋垂向环流直接将表层海水送到底部，但又被消耗掉一部分之故。

因为现代大洋缺氧层的深度范围在大陆坡，所以该处缺氧海底的沉积物必然富含有机质，从而形成深海有机沉积。印度洋北部水深 150～1 500 m 为缺氧层，阿拉伯海的陆坡上分布有绿灰色纹层状泥质，此类沉积物虽富含有机质，但除有孔虫外别无底栖动物（Thiede 和 Van Andel，1977）。黑海和波罗的海也有相似沉积物形成。

第四节　深海黏土和火山碎屑沉积

一、深海黏土沉积

深海黏土又称远洋黏土、褐色黏土或红黏土，一般呈黄、红、褐等色，系为铁锰氧化物（Fe^{3+}，Mn^{4+}，Mn^{3+}）所染之故。它在大洋中的分布面积仅次于钙质软泥，主要分布在太平洋（见图 11-2 和表 11-4）。

（一）深海黏土的沉积环境和发育机制

深海黏土形成在沉积速率低、生物生产率低、远离大陆和水深很大的洋底，这种沉积环境与其他深海沉积类型有很大的区别。

1. 低沉积速率和远离大陆

低沉积速率和远离大陆是深海黏土沉积环境和发育机制的重要特征之一。大陆边缘沉积速率较高，如大陆坡和大陆裙为 100 mm/10^3 a；而深海黏土沉积区的沉积速率却很低，如北太平洋仅<5 mm/10^3 a。造成沉积速率这种地区差异的原因，显然与其离大陆的距离有关；此外，还与海沟的分布状况紧密相连，因为海沟能阻挡陆源碎屑物质在大洋中的散布。太平洋周边海沟众多，所以太平洋中深海黏土沉积区的面积比大西洋和印度洋大得多。深海黏土中有50%～70%的碎屑物质颗粒粒径<2 μm，主要与远离大陆的沉积环境有关；其次，是因为海洋中沉积下来构成深海黏土沉积物的大集合体，能够轻易地被破碎成这一粒级范围的细分散颗粒。

2. 低生物生产率

生物生产率低是深海黏土沉积环境和发育机制的另一特征。在生物生产率高的海区，往往会产生较多的生物介壳，沉积在该区海底形成生物软泥，而且其沉积速率比深海黏土区大。如钙质软泥的沉积速率为 10～100 mm/10^3 a，平均约 30 mm/10^3 a。由于大洋边缘、上升流区和赤道带等海域的生物生产率很高，因此那里不会形成深海黏土沉积。而大洋环流中央为缓流区，其中位于中纬度者为辐聚区，海水由外围向中心流动，致使水体肥力低、生物生产率低、深积速率低。如北太平洋深海黏土区中有东、西两个小区的沉积速率<1 mm/10^3 a，其位置刚好与低肥力的辐聚区相吻合，说明低生物生产率是影响深海黏土形成和发育的重要因素。

3. 水深大于 CCD

水深大于 CCD 是深海黏土沉积环境和发育机制的第三个特征。由于水深大于 CCD 的海区,90%以上的钙质介壳被溶解,故使黏土质陆源碎屑占优势,从而形成深海黏土沉积。太平洋的 CCD 深度浅,因此其深海黏土的分布面积大于印度洋和大西洋。

(二)深海黏土的组分和分布特征

1. 深海黏土的组分特征

深海黏土的主要组分是黏土矿物,含量可达 50%～70%;其中伊利石分布最广,次为高岭石和绿泥石,这三者均是陆源碎屑矿物;第四种为蒙脱石,既有陆源成因,也有自生成因(基性火山熔岩原地海解而成)。石英、长石、角闪石等陆源碎屑矿物是深海黏土的次要组分,其中石英的含量可占 5%～30%,粒径为 1～10 μm。石英在太平洋的丰度分布有两个特点:①太平洋北部高于南部,这是大洋周围陆地多少的反映,表明石英为陆源;②最高丰度区与陆地干燥气候带相一致,表明石英是被风从沙漠搬运进入大洋的。长石的来源有两个:①属陆源的大多为酸性斜长石和钾长石;②属海底火山喷发的多为中性斜长石和基性斜长石(王琦等,1989)。

深海黏土的另一重要特征是其中的自生组分和宇宙源组分较其他成因类型相对富集。自生组分主要有钙十字沸石、铁锰结核和多金属软泥,前者是洋底玄武岩碎屑蚀变作用的产物,后两者则为很有价值的海底矿产资源;宇宙源组分通常是指陨石,其粒径一般为毫米级或<1 mm,有时可见厘米级。在三类陨石中,石陨石最多,铁陨石次之,石铁陨石最少。石陨石为硅酸盐玻璃,<1 mm 的颗粒大多呈熔滴状。

中国南海的深海黏土分布水深>4 000 m,粒径<4 μm,颗粒含量>80%,以黏土矿物为主,也有石英、长石等;生物介壳含量<30%,以硅质介壳为主;沉积速率为 1.7 mm/10^3a(中国科学院南海海洋研究所,1987)。

2. 深海黏土的分布特征

深海黏土在三大洋中均有分布(见图 11-2),其中太平洋最多,覆盖了该洋总面积的 49.0%(见表 11-4)。深海黏土一般分布于水深>4 500 m 的洋底,即 CCD 和非晶质氧化硅补偿深度以下的深海强氧化环境中。深海钻探揭示,自晚侏罗世以来,大洋中都有深海黏土沉积,通常厚度不大,在太平洋中平均厚约 200 m,在大西洋和印度洋中的较薄,向洋缘或火山物质分布区及洋底山脊下变厚。通常从洋盆边缘到中心,陆源物质供应量减少,厚度变薄,颗粒变细,黏土矿物、沸石、铁锰矿物增多,有机碳含量减少。

格里芬(Griffin,1968)统计了三大洋沉积物(<2 mm)中的四种黏土矿物(蒙脱石、高岭石、伊利石、绿泥石)的百分含量(表 11-6),并分别绘制了含量分布图(图 11-13)。该图对于探索各种黏土矿物的物质来源、搬运途径,并进而评价其地质演变过程有一定意义。然而,如何解释黏土矿物的分布规律,不同学者却显示出一定差异。谢帕德(1973)和英国开放大学(1985)都注意到绿泥石、高岭石的分布与纬度有关,前者分布于高纬度海区,后者分布于低纬度海区,并认为这与大陆一定气候条件下的风化作用有关;奈须纪幸(1979)认为绿泥石大都分布在有变质岩的两极地区;斯特拉霍夫(Strahov,1979)则认为不能用现代气候来解释黏土矿物的分布,因为地球气候带是对称的(以赤道为轴),而蒙脱石、伊利石和高岭石的含量均呈

表 11-6　三大洋沉积物(<2 μm 粒级)中黏土矿物含量(%)

洋　区	样品数	高岭石	伊利石	蒙脱石	绿泥石
北太平洋	170	8	40	35	18
南太平洋	151	8	26	53	13
北大西洋	193	20	56	16	10
南大西洋	196	17	47	26	11
印 度 洋	245	16	30	47	10
合　　计		13.6	39.2	34.9	12.2

格里芬,1968

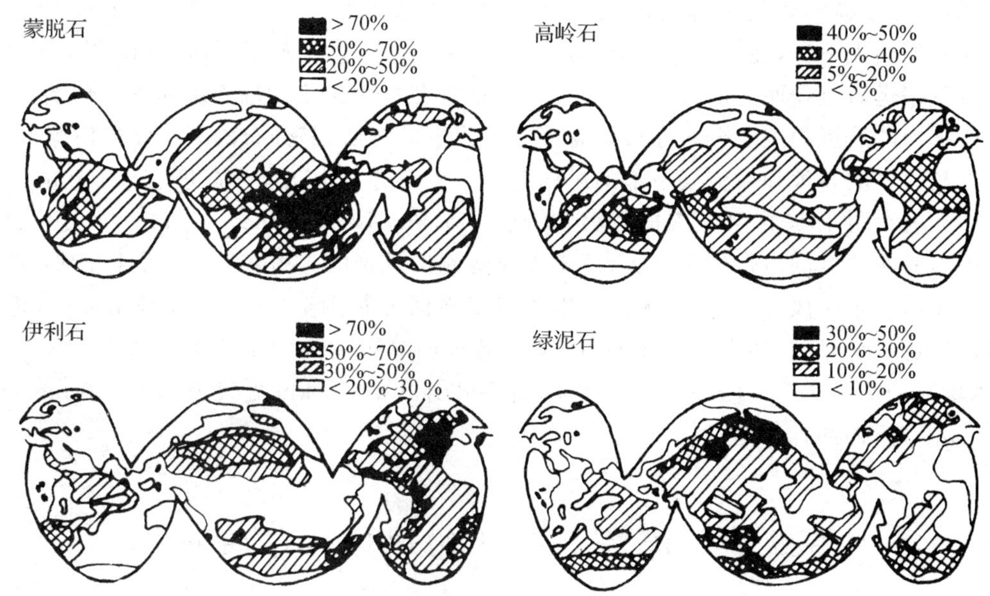

图 11-13　蒙脱石、高岭石、伊利石、绿泥石在世界海洋的百分含量分布

（格里芬，1968）

不对称分布，仅绿泥石呈对称分布；赵其渊(1989)进一步指出，黏土矿物主要不是现代风化而是大陆剥蚀带中老黏土岩的再冲刷产物。

二、深海火山碎屑沉积

火山碎屑中以火山灰的分布最广。在风力作用下，火山灰散布到深海中，尔后沉入海底形成火山碎屑沉积。南、北太平洋和大西洋中部表层的碎屑物有 25%～75%来自大气尘埃，而其中 30%为火山灰(汪品先，1989)。据采自太平洋底的 106 个柱状样统计，第四纪火山灰可构成火山灰层的仅不足 25%，其余的均散布在其他沉积物中。火山弹一般就近落入火山周围的海底，少量浮石可漂移很远的距离。东海冲绳海槽中的砾石绝大部分是火山浮石，粒径数毫米至数十厘米(秦蕴珊等，1987)。

(一)深海火山碎屑的沉积环境和发育机制

扩张中心(如冰岛)和板块热点(如夏威夷)的火山，因系基性岩浆而喷发宁静，故火山碎屑较少，分布范围有限；板块碰撞边界的火山，包括岛弧(如日本、印尼)和山弧(如安第斯山)，因是中性岩浆而喷发强烈，所以火山碎屑较多，分布范围较大，可达数千公里。

火山喷发具有间歇性和短暂性的特点。一个火山灰层厚数厘米至数十厘米，代表一次火山喷发，并且是在数日或数周内形成的；数年或数十年后，又可能再度发生火山喷发而形成新的火山灰层。日本海东部(ODP798 站位)上新世—更新世期间形成了 113 个火山灰层(ODP128 航次科学家小组，1990)。

(二)深海火山碎屑沉积的组分和分布特征

深海火山碎屑沉积主要由火山灰层构成，不同的火山灰层有不同的特征。首先是颜色、层理和火山灰层的厚度，以及火山灰颗粒的大小、形状和分选性；其次是矿物成分和地球化学特征。一般来说，火山灰层主要由粒径 0.01 mm 左右的具弯曲外形的火山玻璃和长石、角闪石、钛铁矿、石英、黑云母、磷灰石等组成；通常洋盆中心的深海火山碎屑沉积以基性火山物质为主，而洋盆边缘和岛屿附近的深海火山碎屑沉积以中酸性火山物质为主。如日本列岛以东1 000 km处的西太平洋，在10 m岩芯中有14层白色安山质火山灰层，这是由日本列岛火山喷发物被西风搬运后沉积而成的；南海一个长7 m的柱状样中出现四层安山质火山玻璃。

深海火山碎屑沉积主要分布在板块碰撞边界附近的海底，其分布范围不仅与物源有关，而且与火山灰喷发的高度和对流层下部的风向有关。大部分火山灰喷发高度<6 000 m；但堪察加半岛一无名火山于1956年喷发时，火山灰高达37 km(J. P. Kennet，1981)。火山灰的搬运方向与火山所在位置的风带性质有关，位于赤道两侧信风带的火山灰均往西漂移，因为那里常年刮着东北风或东南风。另外，从火山灰堆积速率平面分布图上，也可以反映出风向，近源处速率高，下风向速率低。如南太平洋Balleny群岛火山喷出的火山灰往东扩散4 000 km，500 km以内堆积速率为7～150 $mg/cm^2 \cdot 10^3 a$，而距火山口3 700 km处仅为0.1～20 $mg/cm^2 \cdot 10^3 a$(Huang等，1975)。

第五节　深海沉积物的地球化学特征

深海沉积物有各种类型，它们都是在特定环境下由多种含量不同的化学元素组成的。研究这些元素的分配、集中、分散、共生组合和迁移演化规律即地球化学特征，有助于揭示沉积物的形成机制。

一、深海沉积物中主要元素的地球化学特征

分布在大洋底部的深海沉积物有钙质软泥、硅质软泥和深海黏土等三种类型，它们的平均化学成分见表11-7。由该表可知，SiO_2为主要成分，其平均含量为42.77%；其次为$CaCO_3$和Al_2O_3，平均含量分别为24.87%和12.29%；Fe_2O_3、MgO、K_2O等为含量较少的组分。主要元

表11-7　深海沉积物的平均化学成分(W_B%)

成　份	钙质软泥(1)	钙质软泥(2)	硅质软泥	深海黏土	大洋平均值
SiO_2	26.96	31.21	63.91	55.34	42.77
TiO_2	0.38	0.43	0.65	0.84	0.59
Al_2O_3	7.97	9.19	13.30	17.48	12.29
Fe_2O_3	3.00	3.31	5.66	7.04	4.89
FeO	0.87	0.95	0.67	1.13	0.94
MnO_2	0.33	0.37	0.50	0.48	0.41
CaO	0.30	0.34	0.75	0.93	0.60
MgO	1.29	1.46	1.95	3.43	2.18
Mn_2O	0.80	0.83	0.94	1.53	1.10
K_2O	1.48	1.17	1.90	3.26	2.10
P_2O_5	0.15	0.16	0.27	0.14	0.16
H_2O	3.91	4.25	7.13	6.54	5.35
$CaCO_3$	50.09	43.16	1.09	0.79	24.87
$MgCO_3$	2.16	2.30	1.04	0.83	1.51
有机碳	0.31	0.32	0.22	0.24	0.27
有机氮	—	0.014	0.016	0.016	0.015
合　计	100.00	100.10	100.00	100.00	100.00

(25个样品平均值)　　(艾韦基和赖利，1965)

注：钙质软泥(1)包括2个极高钙质样品；钙质软泥(2)不包括2个极高钙质样品。

素的含量取决于沉积物的主要矿物组成，Ca 集中分布在钙质软泥沉积中，其主要矿物是方解石和文石；Al 在深海黏土中较多，其主要矿物为各种黏土矿物；Si 主要分布在硅质软泥和深海黏土中，蛋白石和黏土矿物分别是两者的主要矿物。另外，石英为深海沉积物中的常量矿物，其含量有时超过 25%，这也是造成各类深海沉积物中 SiO_2 含量高的原因之一。

二、深海沉积物中痕量元素的地球化学特征

痕量元素在深海沉积物中的含量分布如表 11-8。痕量元素的含量分布受物源、存在形式和沉积过程的影响，是深海沉积物的重要地球化学特征。Cr、V、Ga 存在于矿物晶格内，主要分布在陆源碎屑矿物中，因此它们在近岸泥和深海黏土中的浓度基本一致（见表 11-8）；Cu、Ni、Co、Pb、Zn、Mn、Fe 等主要以吸附状态存在，吸附前均溶于海水（内源—火山、热液；外源—陆源、宇宙源）中，它们从海水中移出速率是均匀的。黏土微粒沉降时吸附痕量元素，沉降快时吸附少，沉降慢时吸附多，称之为痕量元素表面富集理论（Wedepohl，1960）。钙质软泥中的碳酸盐矿物以海洋源为主，沉积较快，痕量元素除 Mn、Fe 外均较贫；深海黏土中的黏土矿物以陆源为主，颗粒细、沉积慢，痕量元素较富。因此，深海黏土中非晶格痕量元素含量为沉积速率的函数（赵其渊，1989）。

表 11-8　痕量元素在深海沉积物中的含量分布（10^{-6}）

痕量元素	近岸泥①	深海钙质软泥②	大西洋深海黏土③	太平洋深海黏土④	东太平洋海隆沉积物⑤	锰结核⑥
Cr	100	11	86	77	55	10
V	130	20	140	130	450	590
Ga	19	13	21	19	—	17
Cu	48	30	130	570	730	3 300
Ni	55	30	79	293	430	5 700
Co	13	7	35	116	105	3 400
Pb	20	9	45	162	—	1 500
Zn	95	35	130	—	380	3 500
Mn	850	1 000	4 000	12 500	60 000	220 000
Fe	69 900	9 000	82 000	65 000	180 000	140 580

注：资料来源：①Wedepohl(1960)；②Turekian 和 Wedepohl(1961)；③Wedepohl(1960)，Turekian 和 Imbrie(1967)；④Goldberg 和 Arrhenius(1958)，El Walkeel 和 Riley(1961)，Landergren(1964)；⑤Bostrom 和 Peterson(1969)，除去碳酸后的数据；⑥Chester(1965)（赵其渊，1989）

三、深海沉积物中的有机组分及其特征

在深海沉积物中，有机质仅占 1%左右，近岸可达 2.5%。在太平洋北部的沉积物中，有机质为 1%～1.15%；南部为 0.4%～1%。大西洋的沉积物中，有机质含量为 0.3%～1.5%。海洋沉积中有机质的组分繁多，其中包括有机碳、蛋白质、核酸、碳水化合物、脂类及残余物等，通常以有机碳或氮的百分含量来表示；而特拉斯克（Trask）则用 C×1.8（或 1.724）或 N×18 值来表示。由于氮的演化速率快于碳，所以 C/N 值可用于表示有机质分解程度的指标。如 C/N 值在各类沉积物中平均约 8.5，在有孔虫软泥中可达 20.8，褐色黏土中仅为 4.5。C/N 值之所以出现这样大的波动，是由于有机质已在下沉过程中发生分解而使 C/N 值增大之故。但如果有机质被充分氧化（在褐色黏土中），则氮和碳都被消解到最低值，C/N 值又趋变小。有机质分解残留下来的为稳定的腐植质。

不溶性有机质为各类沉积物最主要的组分，从浅海至深海占沉积物中有机质的 45%～

70%，在钙质软泥中可超过 80%。这类物质最稳定，甚至在成岩过程中也不会消失，并可演化为石油的母质。

深海沉积物中有机组分的研究，随着有机地球化学的进展及石油成因研究和海洋地质学的发展，越来越被重视。现已从深海沉积物中检出了所有种类的氨基酸，并利用其外消旋作用进行地质年代的测定。另外，对有机质演化成石油和天然气的过程以及探索生命起源等方面的研究也都在迅速发展之中。

第六节　深海沉积速率与沉积分布规律

一、深海沉积速率

深海沉积速率可由地层厚度和年龄资料计算获得。根据 1 300 个样品经过铀铅钍法和放射性碳(^{14}C)法测定的绝对年龄以及用古生物法确定的相对年龄与实测的沉积厚度，计算得到的现代深海沉积物的沉积速率通常为 0.1～10 cm/10^3a。大洋沉积速率等值线(图 11-14)表明，现代沉积速率最低带和陆上的干旱气候带一致，一般约为 0.1 cm/10^3a，太平洋小于此数，

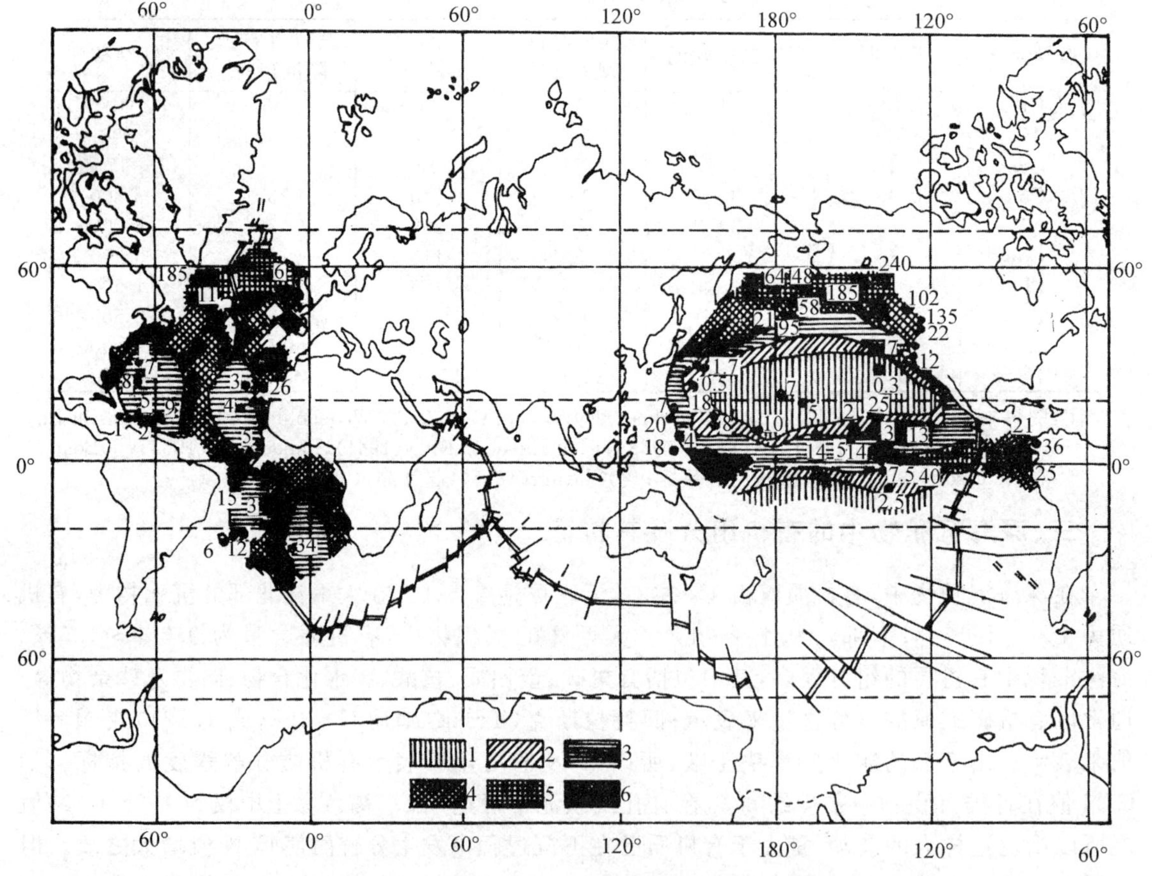

图 11-14　太平洋和大西洋新生代沉积速率(cm/10^3a)分布

(据　里希津，1973)

图例：1：<0.1；2：0.1～0.3；3：0.3～1；4：1～3；5：3～10；6：>10

双线——大洋中脊；细线——主要断裂带

大西洋则为 0.3～1 cm/10^3a；三条沉积速率最高带与南北温湿带和赤道带一致，为 1～3 cm/10^3a，在轴部可达 10 cm/10^3a，显然受生物生产力的影响。从洋盆边缘到中心，沉积速率由大逐渐变小，是受陆源供应物的影响之故(图 11-15)。当洋底处在 CCD 以下时，沉积速率降低，如褐色黏土的沉积速率通常<0.1 cm/10^3a；在 CCD 以上的洋底沉积速率往往增高，如抱球虫软泥的沉积速率一般超过 1 cm/10^3a，局部可更高。现代深海沉积速率等值线分布的格局与古近纪、新近纪时相似，与古地理推断的中生代以来的气候带的位置一致。各大洋中同一类型沉积物的沉积速率不一，有的差值较大，如大西洋、印度洋中抱球虫软泥的沉积速率各为 1.2 cm/10^3a 和 0.6 cm/10^3a，相差一倍。不同类型沉积物间的沉积速率可相差更大，如太平洋西北海盆中，生物软泥的沉积速率为 3.2 cm/10^3a，非生物软泥的沉积速率为 0.26 cm/10^3a，相差十几倍；而大西洋中褐色黏土的沉积速率却可达 0.86 cm/10^3a，印度洋中硅藻软泥的沉积速率仅为 0.5 cm/10^3a。马古鲁海盆中，通常的沉积速率为 7 cm/10^3a，而其中夹有火山灰的沉积层却可达 66 cm/10^3a。上述资料表明，深海沉积速率因地因层而异，这是由其沉积环境和沉积作用决定的。

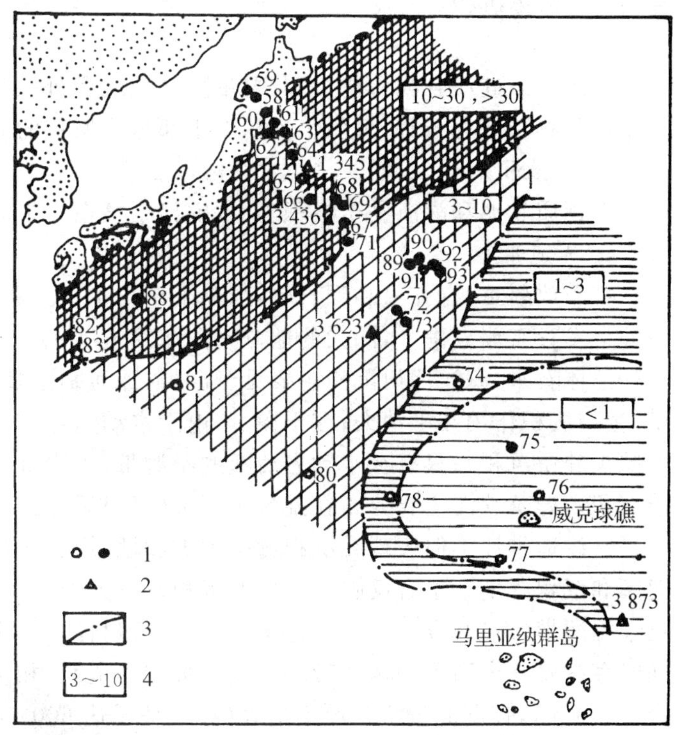

图 11-15　日本—威克岛太平洋西北海盆沉积速率

(据　里希津，1972)

图例：1.“维卡兹”号 46 航次考察点；2. 据文献的取样点；3. 各沉积速度区的界线；4. 平均沉积速度(mm/10^3a)

二、深海沉积的分布规律

深海沉积作用既受气候、距陆地的远近、水深等外力作用因素控制，也受内力作用即构造因素制约。这就是说，影响深海沉积分布规律的大洋沉积作用存在着气候(纬度)地带性、环陆地带性、垂直地带性以及构造地带性。多年来，前苏联学者里希津(Л. П. Лисицин，1974，1978)等较系统地论述了大洋沉积作用的地带性问题。

(一)气候地带性

地球上明显地存在着纬向分布的气候带，不同的气候带及其所造成的大洋环流特点控制着海洋生物的繁衍和分布。因此，气候带的差异必然会在海洋沉积中得到反映。据里希津的研究，在大洋中从两极往赤道方向，可划分出冰带、温带、干燥带、赤道带。温带和赤道带都属于湿润带的范畴，其间被干燥带(相当于亚热带)所分隔。

1. 冰带

广布着海洋冰川沉积。南冰带以冰山沉积为主；在北冰带，格陵兰附近为冰山沉积，北冰洋地区多海冰沉积。

2. 温带

南温带以硅质软泥占优势，北温带除硅质沉积外多钙质和陆源沉积。该带的黏土矿物主要是伊利石和绿泥石；深海黏土沉积见于邻近干燥带的海域。

3. 干燥带

以钙质软泥和深海黏土沉积为主，铁锰结核在本带亦常见。

4. 赤道带

广布放射虫、有孔虫和颗石软泥，黏土矿物主要为高岭石和蒙脱石。在水深较浅的海山或海岭上发育有珊瑚礁，水深大的地方有深海黏土沉积。

总体看来，海洋冰川沉积主要见于冰带，深海黏土多限于干燥带和赤道带的深水区。在冰带，生物沉积作用几乎消失；在干燥带，由于水动力停滞，生物沉积作用相对较弱（有钙质沉积但缺少硅质沉积）；只有在水动力活跃的湿润带，生物沉积作用最为旺盛（既有钙质沉积也有硅质沉积），硅藻软泥主要分布在温带湿润带（以南温带为主），放射虫软泥则见于赤道湿润带。

气候地带性不但表现在沉积物的种类和性质上，而且也表现在沉积物的数量上，即在沉积速率和沉积厚度上也有反映。最低的沉积速率见于干燥带（<0.1 cm/10^3a），最高沉积速率则见于湿润带（>10 cm/10^3a）。这样，在赤道两侧各有一个沉积速率最小地带（南、北干燥带），同时存在着三个高沉积速率带（南、北温带和赤道）。相应地，在干燥带沉积厚度最小（在太平洋<100 m），在湿润带沉积厚度最大（在太平洋达 600 m）。沉积巨厚的赤道带夹于沉积较薄的干燥带之间。因此，人们往往根据某一地质时期大洋沉积厚度明显增大之处，来判断当时古赤道的位置。

（二）环陆地带性

在环绕陆地的洋缘地带，广泛地发育了陆源沉积；而在远离陆地的远洋地带，则沉积了深海黏土、钙质和硅质软泥等远洋沉积物。

（三）垂直地带性

碳酸盐沉积最严格地服从于垂直地带性，它见于水深小于碳酸盐补偿深度的海域；相反，深海黏土总是分布在深水区。在垂直地带性的一般图式中，可划分三个相带：介壳保存完好的钙质沉积物（溶跃面以上）；介壳被溶蚀破碎的钙质沉积物（溶跃面以下）；非钙质沉积物（补偿深度以下）。

（四）构造地带性

深海沉积作用是在海底扩张（板块运动）的背景下进行的，新的大洋地壳一但从中脊轴部新生出来，便开始了接受沉积的过程；同时，海底边扩张，边沉降，边接受沉积。海底扩张速率约为每年数厘米，比深海沉积速率大好几个数量级，所以在中脊轴部，构造因素起主导作用，其上沉积层缺失或仅充填于凹地中；向两翼，随着洋底年龄的增大，沉积厚度也逐渐增加。

在深海沉积过程中，气候地带性、环陆地带性、垂直地带性和构造地带性是同时存在的，它们相互交织在一起，使得我们所看到的深海沉积物在分布上呈现出互相穿插的复杂格局。地带规律性的研究，有助于揭示深海沉积物的类型以及数量上分布的根源。同时，掌握地带性规律，对于运用现实主义原则恢复古代深海沉积的形成环境也是大有裨益的。

复 习 思 考 题

1. 何谓深海沉积？简述深海沉积物的来源、分类和分布。

2. 试述浊流沉积的发育机制及鲍马层序各段的岩性特征。

3. 什么是等深流和等积物？等积物按其粒度和成因可划分为哪三类？简述各类等积物的特征。

4. 何谓生物源沉积？广义的生物源沉积包括哪些类型？

5. 为什么碳酸盐补偿深度往往会在生物生产力高的海域有所降低？

6. 何谓深海黏土？简述深海黏土的沉积环境和发育机制。

7. 深海黏土在矿物组分上有哪些特征？

8. 简述深海火山碎屑沉积的组分和分布特征。

9. 深海沉积物中主要含有哪些痕量元素？它们的地球化学特征是什么？

10. 试从大洋沉积作用的地带性入手，说明深海沉积分布的规律性。

11. 名词解释：陆源碎屑沉积、差异溶解效应、深度溶解效应、溶跃面、碳酸盐补偿深度、痕量元素表面富集理论。

第十二章　古海洋学

深海钻探使地球科学产生了两个重大突破:第一是以具体的沉积物岩心证实了海底扩张、板块构造学说;第二是创立了一门新的边缘学科——古海洋学(任美锷,1985)。古海洋学(Paleoceanography)作为地球科学最新的一个分支学科从20世纪70年代正式提出以来,正以迅猛的势头向前发展。

古海洋学同时又是海洋地质学的一个分支学科,它主要是根据海洋沉积物研究地质时期里的海洋环流、海洋化学和海洋生产率、生物地理的演变过程。然而,对于古海洋学的含义却存在着不同的理解。以美国帕克(W. H. Berger,1979)为代表的多数国家的学者认为,古海洋学是研究"大洋环流、化学、肥力和生物地理的历史"的科学,这一认识得到美国的肯尼特(J. P. Kennet,1982)和我国汪品先院士等的支持;而以里希津(A. Лисицын,1980)为首的前苏联学者则把古海洋学定义为"大洋地质历史的科学,即历史海洋学",其研究对象是"地质时期里的世界大洋"。前者是狭义古海洋学,后者则为广义古海洋学。实际上,古今海洋都由洋盆和海水两大要素构成,二者缺一不可。因此,古海洋学的研究内容,既要包括大洋盆地的演化,也要涵盖古海水的历史。

第一节　大洋盆地的起源和演化

一、大洋盆地的起源

大洋盆地作为地球的一级地形单元,是以大洋型地壳为基础的低洼地带。关于大洋盆地的起源问题,是地质学最重大的理论问题之一。长期以来,曾提出各种理论和假说。

美国的丹纳(J. D. Dana,1847)等倡导的大洋永存说认为,大洋是原生的,大洋地壳形成于地质历史的最初阶段,大陆则是后来形成并逐渐增生的,现代大洋盆地是大陆增长以后原始大洋的残留部分,在目前大洋的位置上从来不曾被大陆占据过。可是,一系列的地质资料,特别是古生物地理资料,促使修斯(E. Suess)早在两个世纪前就已断言,中生代中期前,现今印度洋以及南大西洋的位置上曾存在着冈瓦纳超级大陆,后来魏格纳(A. L. Wegener)进而认为曾有过统一的联合古陆。这些事实与大洋永存说根本对立。另外,若大洋果真如永存说所鼓吹的是形成于太古时期,尔后从未经历变动的话,那么,洋底钻探应能钻遇古生代以至前寒武纪的巨厚沉积地层。然而,深海钻探的事实证明,洋底沉积层极薄且非常年轻,其年龄均不老于侏罗纪。

前苏联学者别洛乌索夫(B. B. Белоусов,1962,1970)提出的大洋化说认为,在古生代末期以前,全球皆被大陆地壳所覆盖,太平洋、大西洋、印度洋地区在那时还不是大洋;古生代末至中生代初,来自地幔的基性、超基性岩浆大规模上升,大陆地壳破裂为块状,并与上升的基性、超基性岩浆混合,遭受变质,密度加大并沉入地幔之中;大陆地块沉陷之处,形成洋盆;随着玄武岩浆的喷溢，洋盆底部覆盖上一层玄武岩层。这便是大陆地壳的基性化或大洋化作用。

上述两种假说均属固定论观点。大洋化说虽然解释了大洋的年轻性，但在论述大陆地壳究竟如何沉没而转化为大洋地壳时所提出的基性化具体作用过程，很难令人完全信服。别洛乌索夫主张地壳运动以垂直升降为主，不承认大规模水平方向的大陆漂移和板块运动。根据地壳均衡原理，很难想象厚而轻的大陆地壳会发生大规模整体陷落，甚至转化成为截然不同的薄而重的大洋壳；阿尔杜什可夫（Artyushkov, E. V.）尖锐地指出，普通地壳与地幔组分的混合总是比地幔物质轻，故不会沉入地幔中。由此看来，大洋永存说并不可信，大洋化说亦不足取。

大陆漂移、海底扩张和板块运动的概念，使人们对于洋盆演化的认识发生了根本的改变。以板块构造学说为代表的新活动论认为，大洋诞生于大陆张裂的裂谷地带，像东非那样的大裂谷可视为大洋演化的胚胎期。在大陆裂谷阶段，地幔物质向上涌升，地表可被抬升成为穹隆形隆起；在张力作用下，大陆地壳被拉伸变薄，并沿薄弱地带形成一系列断裂和地堑，出现深陷的谷地和湖泊，而且伴随着碱性玄武岩浆的喷出。这一阶段，地壳张裂相当缓慢。可能会持续数千万年之久。当大陆岩石圈终于被拉断裂开而丧失了完整性，地幔物质随即沿裂谷涌出形成新的大洋地壳，这就意味着一个新的大洋已经诞生于世。新的大洋通过海底扩张作用不断成长壮大，而一个成熟的大洋又可以通过海底俯冲作用逐渐收缩变窄，甚至关闭消亡。加拿大学者威尔逊首先注意到大洋开合的不同发展趋势，并依据板块构造学说将大洋盆地的演化划分为六个发展阶段，被后人称之为威尔逊旋回。这一活动论观点，为当代大多数地球科学家所赞同，并受到广泛的支持。

二、威尔逊旋回

威尔逊（1966，1973）提出的大洋盆地演化分为六个阶段，从早到晚依次为：胚胎阶段、幼年阶段、成年阶段、衰退阶段、终了阶段和遗痕阶段，并对各阶段的主要运动、特征形态、典型火成岩、典型沉积和变质作用作了表述（表 12-1）。

表 12-1　大洋盆地演化旋回中的各个阶段及其特征

阶　段	实　例	主导运动	特征形态	典型火成岩	典型沉积	变质作用
Ⅰ. 胚胎期	东非裂谷	抬升	裂谷	拉斑玄武岩溢流，碱性玄武岩中心	少量沉积作用	可忽略
Ⅱ. 幼年期	红海，亚丁湾	扩张	狭海（有平行的海岸及中央凹陷）	拉斑玄武岩溢流，碱性玄武岩中心	陆架与海盆沉积，可能有蒸发岩	可忽略
Ⅲ. 成年期	大西洋	扩张	有活动中脊的洋盆	拉斑玄武岩溢流，碱性玄武岩中心，但活动集中于大洋中央	丰富的陆架沉积（冒地槽）	少量
Ⅳ. 衰退期	太平洋	收缩	环绕边缘的岛弧及毗邻海沟	边缘的火山岩及花岗闪长岩	大量源于岛弧的沉积物（优地槽）	局部广泛
Ⅴ. 终了期	地中海	收缩并抬升	年青山系	边缘的火山岩及花岗闪长岩	大量源于岛弧的沉积物（优地槽），但可能有蒸发岩	局部广泛
Ⅵ. 遗痕（地缝合线）	喜马拉雅山的印度河线	收缩并抬升	年青山系	少量	红层	广泛

据 Jacobs, Russell, Wilson, 1974

威尔逊旋回的前三个阶段表征了大洋盆地的形成和张开，后三个阶段则标示了大洋盆地的收缩和关闭(图 12-1)。

(一)胚胎阶段

东非裂谷是大洋盆地演化的胚胎阶段的实例。该裂谷宽30～60 km，全长 4 000 km，两侧有高角度正断层。其内发育了一系列深陷谷地和狭长湖泊，如坦噶尼喀湖长逾600 km，深达1 435 m。由于地幔物质的上涌，致使裂谷内火山、温泉众多，浅源地震频繁，地壳被拉伸而变薄(从 40 km 减至 30 km)，热流值增高(2～4 μal/cm^2·s)。随着大量玄武岩的喷发(拉斑玄武岩、碱性玄武岩)，大陆裂谷也就转变成发育于洋壳上的中央裂谷，从而表明一个新的大洋即将诞生。

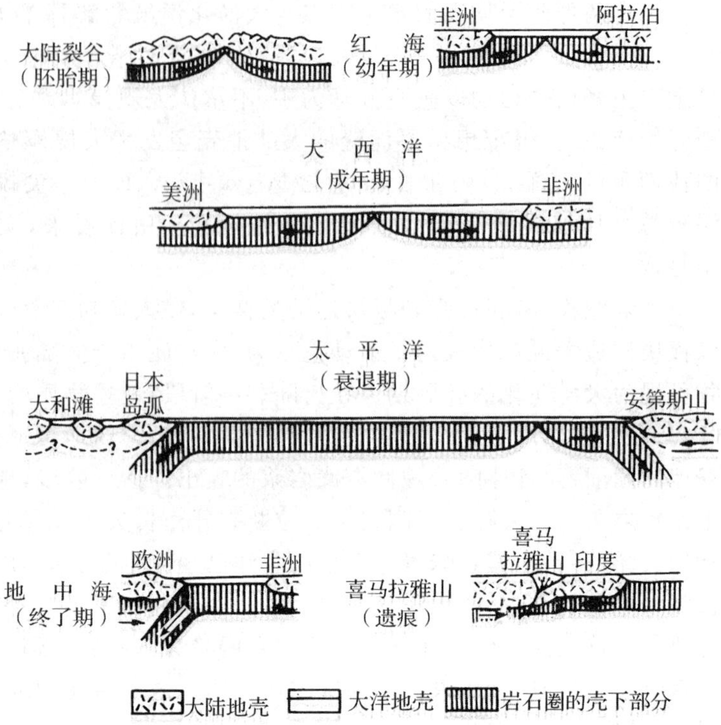

图 12-1 大洋盆地的发展阶段

(二)幼年阶段

红海是大洋盆地演化为幼年阶段的实例。大约在 2 000 多万年前，红海开始张开，其中轴部有裂谷发育。当大陆在拉张作用下完全裂开，裂谷增宽，深陷的谷底涌进海水时，便成为幼年海洋。比红海更为年轻的幼年海洋是加利福尼亚湾。亚丁湾和加利福尼亚湾一样，也是幼年海洋，湾内均发育有洋中脊及错开脊轴的转换断层，海底一些地段还见有纵向的磁异常条带。

(三)成年阶段

大洋盆地演化为成年阶段的实例是大西洋。幼年海洋进一步张开，两侧大陆愈益分离，逐渐形成宏伟的洋中脊山系和开阔的深海平原，其两侧发育有被动大陆边缘，大洋的发展进入成年期。今日的大西洋和印度洋已是浩瀚的成年大洋，然而在当年，它们也经历过自己的胚胎期和幼年期，均是从无到有、从小到大逐渐发育起来的。

(四)衰退阶段

随着大洋不断张开，大洋边缘(或大陆边缘)离开中脊的距离越来越远，岩石圈不断冷却变重并向下沉陷；同时，由于被动大陆边缘上接受了巨厚沉积物，地壳均衡作用就会使洋缘的岩石圈遭到显著的沉陷。至一定阶段，洋缘的岩石圈终于在挤压作用下破裂，大洋一侧岩石圈下沉、潜没于另一侧之下，随即出现了洋缘的海沟和板块俯冲带，被动大陆边缘于是转化成为岛弧或活动大陆边缘。当板块的俯冲作用占优势，即洋壳在海沟的消减量大于中脊处的新生量时，大洋盆地的演化便进入衰退期，太平洋即为其实例。

(五)终了阶段

现代地中海(主要指它的东部)为古地中海收缩后的残余海洋，其内不见活动的洋中脊，海盆相当窄小，标志着大洋盆地演化到了终了阶段。中生代的古地中海，北缘横贯着一系列海沟俯冲带，颇似今日大西洋的情景；南缘濒临印度、阿拉伯、北非等陆块，为宽缓的被动大陆边缘。随着其南缘陆块的向北推进，古地中海洋底沿北缘海沟向北潜入欧亚大陆之下，洋盆日益缩小，逐渐关闭。至今，东地中海海底仍沿着北缘的海沟向北俯冲。

（六）遗痕（地缝合线）阶段

终了阶段的残余海洋继续收缩，当洋壳俯冲殆尽，洋盆闭合消逝、海水全部退出之时，洋盆演化就进入了遗痕阶段。古地中海除现代地中海以外的其余部分，新生代以来由于洋壳的俯冲而关闭，印度、阿拉伯陆块与欧亚大陆相遇碰撞，产生很大的挤压力，于是引起岩层褶皱、断裂、逆掩、混杂，地面向上隆升，形成了巍峨的褶皱山系（如喜马拉雅山系等）。那里是已消逝的洋盆的遗痕（地缝合线），其中往往会留下古洋壳的残片（即蛇绿岩套），如印度河—雅鲁藏布江一线确实存在着呈条带状展布的蛇绿岩。

三、大洋盆地的演化

由上述可知，大洋盆地的演化呈现出张开和关闭的旋回形式。由于大洋盆地是全球最大的构造—地貌单元，它占据了地球表面的大部分，因此大洋开闭的发展旋回主宰着地球表层活动和演化的全局。在某种程度上可以讲，大洋盆地演化发展旋回是板块构造学说的一个总纲，它体现了板块理论的精髓。

大陆漂移和板块构造说认为，两亿多年前地球上所有的大陆都互相联结，组成统一的联合古陆（或称泛大陆）。当时没有大西洋、印度洋，而只有环绕联合古陆的统一泛大洋（参见图 5-4）。以后由于联合古陆破裂，各大陆飘移分离，才在其间张开而形成了大西洋和印度洋。

图 12-2 展示了扩张着的大西洋、印度洋和收缩着的太平洋，许多大陆正漂离大西洋和印度洋，向着太平洋推移，这是联合古陆破裂后四散分离过程的继续。大西洋、印度洋周围的被动大陆边缘，不是板块的边界，相邻的洋底和大陆是作为同一板块移动的，故大西洋、印度洋周缘的大陆被扩张着的洋底推动着，主要是向外侧推移。相反，太平洋周缘诸大陆漂移的方向是指向太平洋内部的。一个大陆，相对于它的飘移方向而言，可有前缘和后缘之分。美洲大陆的前缘（西缘），是陡峭的太平洋型大陆边缘，后缘（东缘）则是宽缓的大西洋型大陆边缘（图 12-3）。随着美洲大陆向西漂移，其前缘仰冲逆掩于太平洋底之上（现代主要是指南美和中美洲的西缘，这里伴随有板块的俯冲带），前方的太平洋趋于收缩，后方的大西洋逐渐张开。太平洋的宽度在中生代初达 17 000 km，中生代末为15 000 km，目前已收缩至 13 000 km。可见，大陆漂移与大洋的开合相辅相成。大陆一裂为二，其间张开形成新的大洋；两陆漂移相遇，其间的洋盆闭合。从两亿年前统一的联合古陆演化为今日的海陆布局，一些大洋（如大西洋和印度洋）新生扩展开来，另一些大洋（如太平洋和古地中海）收缩甚至关闭。可以说，我们的地球表面就是由漂移着的大

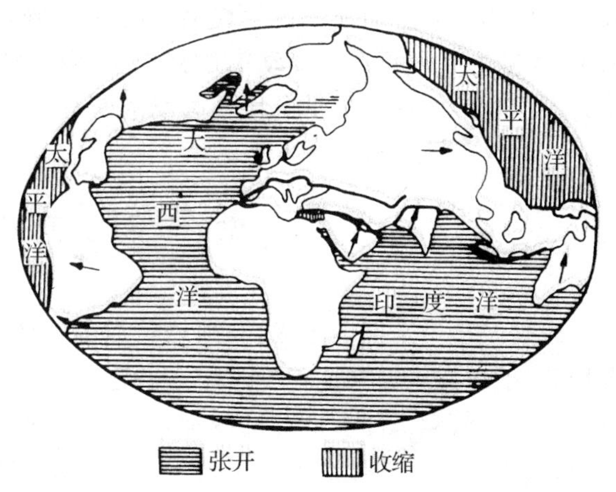

图 12-2　扩张着的大西洋、印度洋和收缩着的太平洋

陆和变动着(张开和关闭着)的洋盆所组成,这是岩石圈板块生长、漂移和俯冲活动的必然结果。

由深海钻探等资料可知,世界各大洋的洋底地壳相当年轻,一般不超过 1.6 亿年。太平洋虽然古老,但它的洋底确因海底扩张和俯冲作用而更新过。大洋是古老的,洋底却是年轻的,这是太平洋的独特之处。

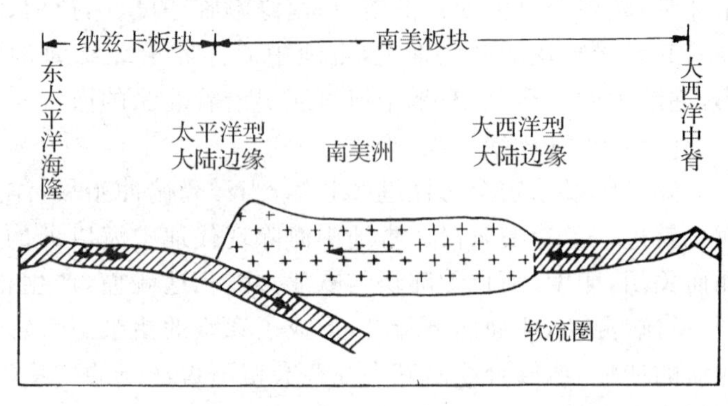

图 12-3 向西漂移的南美大陆以及它所伴随的大西洋型大陆边缘和太平洋型大陆边缘

从深海动物群的进化看来,大洋是一种相当古老的地质体。据研究,海水的存在几乎可以与大陆地壳的历史相提并论。所以,尽管洋底是年轻的,但却不能简单地把所有大洋都当作是最近两亿年来新生的。实际上,大洋的历史是漫长的,洋盆的位置也在不时地变动着;海水可以从关闭着的洋盆退出,涌入扩张新生的洋盆中。威尔逊旋回的演化形式,可能在数亿年乃至十几亿年前的古老地质时代就已经存在。寻找关闭消逝洋盆的最重要标志是蛇绿岩套,而古生代的蛇绿岩套广泛地出露于北美东部的阿巴拉契亚山系、欧洲西北部的加里东褶皱山脉、欧洲和亚洲之间的乌拉尔山脉以及中亚—蒙古褶皱山系等。这说明,至少从古生代起,大陆就被运动着的板块带来带去,曾经反复地裂离和碰撞,而洋盆则屡经张开和关闭。正如古地中海关闭消逝于中、新生代的阿尔卑斯—喜马拉雅褶皱山系一样,有许多古大洋也已相继闭合消逝于古生代诸如阿巴拉契亚、加里东、乌拉尔、中亚—蒙古等古老褶皱山系中;大陆则在反复离合变动的过程中变得越来越复杂了。威尔逊所表达的板块构造模式,不仅为大洋盆地的演化提供了比较圆满的解释,而且为大陆地质的研究开拓了新的局面。

第二节 古海水的历史

海水及整个水圈的生成,与地球物质的整体演化作用有关。早在 18、19 世纪,就有一些学者推断,地球在生成初期曾处于熔融状态,从地球内部析出的水蒸气及其他气体在地球表面构成了原始大气圈。随着地球的冷却,原始大气圈分离形成原始海洋以及剩下的大气圈。根据此说,大洋水是在地球发展历史的早期阶段形成的。

近年来,许多学者主张,水汽和其他气体是通过岩浆活动和火山作用从地球内部不断排出的。一般认为大洋水主要是地球演化的较早时期排出的,现代排气(火山)已十分缓慢(肖普夫,1980)。地史早期火山所排出的水汽凝结为液态水,积聚成原始海洋;还有一些火山气体溶解于水,并转移到原始海洋中。而另外一些不溶或微溶于水的气体则组成了原始大气圈。

原始海洋和水圈至少在太古代即已出现,其证据是地壳中发现太古代的沉积岩,并有太古代的火山岩系显示出水下喷发的性质。可见,大洋盆地虽然是年轻的,但海水却是古老的。大多数学者认为,海水中溶解盐类的阴离子主要来自岩浆,阳离子来自岩石风化(格拉姆别尔格,1983)。

古海水的历史是狭义古海洋学的研究对象,其中包括古海洋水文、古海洋化学、古海洋生物和古海洋气候等。而海洋沉积物(无机、有机)则是研究古海水历史的主要依据,但首先需要确定其时代。

一、大洋沉积层时代的确定

古海洋学和其他地质科学一样,都需要建立在地层学的基础上。大洋地层学研究大洋沉积层的时代,其方法虽然与大陆地层学没有本质区别,但却独具特点。首先,大洋沉积层比较连续,利用岩芯采样可获取较完整的沉积层序,只是其年代仅局限于侏罗纪以来的中、新生代;其次,大洋沉积层的横向相变较少,没有必要建立地方性地层单位;第三,大洋沉积层往往具有比陆地优越的保存条件,可以用同位素等方法进行高分辨率的地层学研究。

确定大洋沉积层(地层)时代的方法,常用的有七种,分属三大类(表 12-2)。

表 12-2 确定大洋地层时代的方法

大类	种类		
层序地层学方法	岩性地层学方法	间断地层学方法	地震地层学方法
演化地层学方法	生物地层学方法	气候地层学方法	磁性地层学方法
年代(时间)地层学方法	放射性同位素地层学方法		

据汪品先,1989;沈锡昌,1993. 综合

(一)层序地层学方法

该大类包括岩性地层学、间断地层学、地震地层学三种方法。岩性地层学方法是依靠不同岩性划分地层,并根据“上新下老”的原则确定其相对地质年代的方法;间断地层学方法是依据洋底广泛分布的沉积间断对大洋地层进行划分对比,目前在实践中是一种行之有效的方法;地震地层学方法是一种物探方法,主要利用地层层面和间断面的反射波特征来进行区域性或全球性地层对比、判断地层年代,该方法因经济、快捷而在全世界得到广泛应用。此外,在岛弧两侧海底地层的对比中,还常用火山灰地层学方法。因为火山灰层厚度薄、层次多、特征明显,可以为大洋地层学的研究提供良好的标志,如果其中有古地磁、氧同位素等测年数据加以控制,则可成为理想的标志层。

(二)演化地层学方法

演化地层学方法,主要是依据有机界、无机界的演化规律来确定地层时代。据生物演化的不可逆性、阶段性来确定地层顺序,称生物地层学方法;依据气候演化的周期性来确定地层顺序,叫气候地层学方法;以地球磁场极性倒转记录为准则确定地层顺序的方法,称磁性地层学方法。因磁极倒转全球同步,并且测定方便,已成为确定大洋沉积层时代的一种重要而普遍使用的方法。

浮游微体生物化石是大洋地层学的研究基础。由于它们个体小、数量多,分布于广阔的海域,所以在洋底钻孔的岩芯中很容易找到。其中应用最广的是浮游有孔虫和钙质超微化石,在碳酸盐补偿深度以下则为放射虫和硅藻。化石带是生物地层的基本单元,四大类海洋浮游微生物化石的白垩纪、老第三纪(古近纪)、新第三纪(新近纪)化石带已陆续编出,其中白垩纪浮游有孔虫分带方案见表 12-3。

表 12-3 白垩纪浮游有孔虫分带方案

年代：世	年代：期	地质年龄（距今 Ma）	浮游有孔虫带
晚白垩世	马斯特里赫特	65.0(64.4)	*Glt. mayaroensis*
			Glt. gansseri
			Glt. stuarti/Glt. falsostuarti
	坎潘	65.0(64.6)	*Glt. calcarata*
			Glt. elevata/Glt. stuartiformis
	桑顿	83.0	*Glt. concavata carinata*
	康尼亚	86.0	*Glt. concavata*
	土伦	88.5	*Glt. sigali/Glt. schneegansi*
			Glt. helvetica
	赛诺曼	91.0	*Wh. archaeocretscea*
			Rtl. cushmani
			Rtl. globotruncanoides/Rtl. brotzeni
早白垩世	阿尔必	95.0	*Rot. appenninica/Pl. buxtorfi.*
			Tic. breggiensis
			Hed. rischi/Tic. primula
			Hed. planispira
	阿普特	107(112)	*Tic. bejaouaensis*
			Hed. trochoidea
			Gld. algeriana
			Gld. ferreolensis
			Schk. cabri
			Gld. maridalensis/Gld. blowi
			Gld. gottisi/Gld. duboisi
			Hed. similis
	巴列姆	114	*Ctes. aptiensis*
			(Ctes. intercedens)
			Clh. eocretacea
			Hed. sigali
	戈特里夫	116	*Ctes. bartensteini/Gay. gr. djaffaensis-sigmoicosta*
			Cauc. gr. hauterivi
			Doroth. ouachensis
			Hapl. vocontienus
			Lent. oucchensis var. bartensteini/Doroth. hauteriviana
	凡兰今	120	*Lent. gr. eichenbergi-meridiana*
			Lent. busnardoi
			Lent. guttata
	贝利阿斯	128(135)	

据 *Sigal*,1977;*Harland* 等,1982

说明:地质年龄数据按表 12-4 作了校正

表 12-4 全球中、新生界地层表(用放射性同位素地层学方法和磁性地层学方法标定)

宇	界	系	统		阶	地质年龄（距今 Ma）	磁性地层
显生宇	新生界	第四系	全新统			(0.01)	布容(Brunhes)（磁性地层年代 1）
			更新统	上			
				WG			
				中			松山(Matuyama)（磁性地层年代 2）
				WG			
				下		1.6	
		GSSP					
		新第三系（新近系）	上新统	上	皮亚琴阶(Piacenzian)	3.3(3.2)	高斯(Gauss)(3)
				下	赞克勒阶(Zanclian)	5.3(4.8)	吉尔伯特(Gilbert)(4)
			WG				
			中新统	上	墨西拿阶(Messinian)	6.5	大体上混合的磁性地层年代(5—34)
					托尔顿阶(Tortonian)	11(11.3)	
				中	萨拉瓦尔阶(Serravallian)	(15)	
					兰海阶(Langhian)	(16.2)	
				下	布尔地嘎尔阶(Burdigalian)	19(21)	
					阿启坦阶(Aquitanian)	23(23.7)	
		WG					
		老第三系（古近系）	渐新统		卡特阶(Chattian)	27(30)	
					鲁佩利阶(Pupelian) / 斯坦浦阶(Stampian)	36.5	
			WG				
			始新统		普里阿邦阶(Priabonian) / 拉多尔夫阶(Latdorfian)	34(40)	
					巴尔顿阶(Bartonian)	39(43.6)	
					卢台特阶(Lutetian)	45(52)	
					伊普利斯阶(Ypresian)	53(59.8)	
			WG				
			古新统		他奈丁阶(Thanetian) / 西兰德(Selandian)	59(62.3)	
					丹尼阶(Danian)	65(64.4)	
	WG						
	中生界	白垩系	晚白垩统		马斯特里赫特阶(Mastrichtian)	65(64.6)	
					坎潘阶(Campanian)	83	
					桑顿阶(Santonian)	86	正向占优势
					康尼亚阶(Coniacian)	88	
					土仑阶(Turonian)	91	
					赛诺曼阶(Cenomanian)	95	

续表

宇	界	系	统	阶	地质年龄(距今 Ma)	磁性地层*
显生宇	中生界	白垩系	早白垩统	阿尔必阶(Albian)	107(112)	正向占优势
显生宇	中生界	白垩系	早白垩统	阿普特阶(Aptian)	114	正向占优势
显生宇	中生界	白垩系	早白垩统	巴列姆阶(Barremian)	116	混合不规则(M_1-M_{29})
显生宇	中生界	白垩系	早白垩统	戈特里夫阶(Hauterivian)	120	混合不规则(M_1-M_{29})
显生宇	中生界	白垩系	早白垩统	凡兰今阶(Valanginian)	128(135)	混合不规则(M_1-M_{29})
显生宇	中生界	白垩系 WG	早白垩统	贝利阿斯阶(Berriasian)	135(140)	混合不规则(M_1-M_{29})
显生宇	中生界	侏罗系	晚侏罗统	提唐阶(Tithonian) / 伏尔加阶(Volgian)	139	混合不规则(M_1-M_{29})
显生宇	中生界	侏罗系	晚侏罗统	基末利阶(Kimmeridqian)	144	混合不规则(M_1-M_{29})
显生宇	中生界	侏罗系	晚侏罗统	牛津阶(Oxfordian) WG	152	混合不规则(M_1-M_{29})
显生宇	中生界	侏罗系	中侏罗统	卡洛夫阶(Callovian)	159	大体上正向
显生宇	中生界	侏罗系	中侏罗统	巴通阶(Bathoniasn) WG	170	大体上正向
显生宇	中生界	侏罗系	中侏罗统	巴柔阶(Bajocian) WG	176	大体上混合
显生宇	中生界	侏罗系	中侏罗统	阿林阶(Aalenian)	180	大体上混合
显生宇	中生界	侏罗系	早侏罗统	托阿尔阶(Toarcian)	188	大体上混合
显生宇	中生界	侏罗系	早侏罗统	普林斯巴阶(Pliensbachian)	195	大体上混合
显生宇	中生界	侏罗系	早侏罗统	辛涅缪尔阶(Sinemurian)	200	大体上正向
显生宇	中生界	侏罗系 WG	早侏罗统	赫唐阶(Hettangian)	205	大体上正向
显生宇	中生界	三叠系	晚三叠统	瑞替阶(Rhaetian)	210	大体上正向
显生宇	中生界	三叠系	晚三叠统	诺利阶(Norian)	220	大体上正向
显生宇	中生界	三叠系	晚三叠统	卡尼阶(Carnian)	230	大体上正向
显生宇	中生界	三叠系	中三叠统	拉丁阶(Ladinian)	235	反向
显生宇	中生界	三叠系	中三叠统	安尼西阶(Anisian)	240	反向
显生宇	中生界	三叠系 WG	早三叠统	赛特阶(Scythian)	250	反向
显生宇	古生界	二叠系	晚二叠统	鞑靼阶(Tataran) / 长兴阶(Changxing)		大体上反向

* 此栏括号中的数字为海底地磁异常条带编号.

编制者:Cowie,J. W.(英国布里斯托尔大学);Bassett,M. G.(英国威尔士国家博物馆);国际地层委员会执行局(ICS:国际地科联)

说明:1. GSSP 为全球层型剖面及层型点;2. WG 为国际地层委员会(ICS)界线工作组正从事研究的地层界面;3. 依据新的地质年代表(本书表 4-2),老第三系相当于古近系、新第三系相当于新近系,故用括号标示。

(三)年代(时间)地层学方法

真正能为地层提供年龄数据的,是年代(时间)地层学方法。它以年(a)为单位,依据放射性同位素衰变规律来测定岩层距今的具体年数。在研究海底沉积物的年代地层学中,目前广泛应用的是钾氩法，铀系法和碳 14 法等。

（四）全球中、新生界地层表

国际地质科学联合会根据磁性地层学、放射性同位素地层学资料，建立了新的全球地层表（J. W. Cowic 等，1989），其中的中、新生界地层表见表 12-4。该表海陆通用。在深海钻探的实际工作中，大洋地层时代确定的速度较快。如实施 ODP129 航次的"乔迪斯·决心者"号船于 1989 年 11 月 20 日从关岛出发，两个月后返航，次年 6 月就在"Geotimes"上公开发表了调查的初步报告，三个站位(800，801，802)的岩芯柱状图上已将地层划分到阶。

二、古海洋水文

古海洋学是研究大洋系统发展历史的科学，而大洋环流则是推动大洋系统发展最基本的驱动力。目前研究古海洋水文体系的参数主要有三个，即古水温、古洋流和古水深。

（一）古水温

据研究，在距今 3 800～700 Ma 期间，大洋水温为 0～100 ℃；后来的水温则在现代的典型值 2～30 ℃范围内。

古水温是研究古海洋水文的基本内容之一。目前，确定古水温常用的方法有三种：古生物法、稳定同位素法和沉积物法。

1. 古生物法

通常从标志生物和生物群两个方面进行研究，一般定性，有时定量。

(1)标志生物法　窄盐性微体动物是最理想的标志生物，在此方法中应用最广。目前，通常采用的标志生物为有孔虫、介形虫；当缺乏钙质介壳时，则采用放射虫和硅藻；颗石藻的重要性略次。这些生物都有各自的暖水种、温水种和冷水种，各种水温（热带、亚热带、温带、亚寒带）的海区都有其相应的生物组合。依据大洋沉积层中标志生物的温度特征，排除差异溶解效应，就能确定古水温；利用相邻地层中冷水种和暖水种的百分含量变化，则可恢复古水温演变史。

(2)生物群落法　该方法以生物群落结构和壳体形态为标志，应用广泛，特别适合于较老地层。群落结构的主要特征是化石群的分异度。所谓分异度(diversity)，是指生物群落中分类单元（属、种）多样化的程度，属、种数较多者称分异度高、反之为低。绝大多数海相生物的分异度在平面分布上以赤道为对称轴，低纬区分异度高，高纬区分异度低(Schopf，1980)。超微化石的形态特征也有类似的指温性，例如，浮游有孔虫的壳体外形、壳径大小、壳口直径、壳面孔隙的孔径和密度、壳体的左旋（冷水）与右旋（较暖水）等，均随水温、纬度而变化。

(3)定量研究—转换函数法　上述两种方法仅能作定性研究，如揭示水团的属性、水温的相对高低，但并不能定量地得到古水温的具体数值。目前，对古水温的定量研究主要采用转换函数法处理微体化石群的定量分析数据，即用数理统计的技术来确定生物组合与古温度之间的定量关系。

所谓转换函数，是指两类数据之间的关系式。这里指微体化石群的数据与古水温数据之间的关系式：

$$T_a = f(P_1, P_2, \cdots, P_n)$$

式中 T_a 是推算的古水温度值；$P_1, P_2, \cdots, P_n$ 分别代表微体化石群中各个种的相对丰度（百分数值）。当需要求出某一样品所反映的古温度时，首先求出每个种的百分含量，然后用各个种最适宜生存温度的加权平均数将生物丰度的信息转换为对应的古温度值：

$$T_{est} = \sum P_i Ti / \sum P_i$$

式中 T_{est} 为所求的古温度值，P_i 为第 i 种的百分含量，T_i 为第 i 种最适宜生存的温度。在顺利的情况下，用此法求得的古温度值误差在 3℃以下(Seibold and Berger，1982)。

2. 稳定同位素法

利用质谱仪对微体化石中的氧同位素进行测量，用以恢复古海水的温度值，称同位素温度。在进行古海水温度的测量时，可以利用不同门类的生物骨骸及壳体来作氧同位素分析。例如，中生代的箭石，新生代的有孔虫、颗石藻及软体动物，其中尤以有孔虫最为有效而实用。由于碳酸钙的氧同位素组成是温度的函数，所以当温度升高时，相对较轻的 ^{16}O 因有较高的活性而易于迁移，在同位素交换反应中将优先被吸收进入生物壳体里，致使钙质壳体中富含 ^{16}O，即 $^{18}O/^{16}O$ 比值减小或 $\delta^{18}O$ 值下降。地质历史上海水温度变化 1 ℃，$\delta^{18}O$ 大约改变 0.25‰(任美锷，1983)。

氧同位素古温度曲线是迄今所知最能精确反映古气候旋回的资料。但是，由于海洋生物壳体氧同位素值不仅受海水温度的制约，而且还受冰期效应的影响，所以只有在大陆无冰盖时期，氧同位素值才可直接反映当时的古温度绝对值；有冰盖时期，情况比较复杂，难以换算出温度绝对值(Kennett，1982；Shackleton，1984)。

生物壳体中的碳同位素组成对于温度的敏感程度虽不如氧同位素，但其 $\delta^{13}C$ 值也能反映出古海水温度的变化情况。张明书等(1987)测定了西沙珊瑚礁的 $\delta^{13}C$ 值，发现冰期时的数值偏高，间冰期数值偏低，气候事件部位与 $\delta^{13}C$ 曲线一致(沈锡昌，1993)。

3. 沉积物法

深海沉积物的组分、结构和构造也是指示古洋流与古水团的重要标志之一。利用沉积物的组分特征研究古水温的方法，称沉积物法。通常，浅水珊瑚礁和厚层碳酸盐沉积层形成于水温＞21 ℃的浅海。白垩纪中期这类沉积十分发育，其分布范围与现代相比，向两极推移了5°—15°(纬度)，由此推测当时海洋表层 21 ℃等温线至少向两极推移 5°。另外，在地层剖面中，也可以根据冰载物质(冰碛物)含量的变化来反映冰盖扩张与收缩的演化史。当南极冰盖与北半球冰盖开始出现时，都会在深海岩芯的冰载碎屑含量上得到印证。据对北冰洋 Fram 盆地深海岩芯的观察发现，冰载物质的数量在冷、暖气候转化时期明显增多，而在冰期与间冰期的全盛时期，冰载物质均显著减少(Zahn et al.，1985)。因此，深海沉积物中的冰载物质是研究古气候演变相当有用的示踪物。

(二)古洋流

大洋环流发展史是狭义古海洋学研究的核心问题(berger，1981)。古今洋流的分布格局均受海陆分布状况、洋盆轮廓、海底地形以及大气环流、柯氏力和海水密度梯度力等因素的影响。洋流通常可分割成若干水团，其水温、流向、流速和生物群等是主要的研究内容，水团核心及锋面则是研究的重点。古代大洋环流体系与现代洋流一样，也可以分为表层流、深层流和底层流与垂向的升降流三种，它们的研究程度颇不平衡，研究方法亦不尽相同。

1. 表层流

古大洋的表层流往往难以在沉积物中留下直接标志，但在确定了古地理环境之后，可采用下述方法进行研究：

(1)古温度法　温度是大洋水团的主要特征之一，据古水温平面分布格局可绘出相应的古洋流图。到目前为止，这是再造古洋流的主要方法。

(2)古生物地理法　生物扩散以洋流为主要途径，而洋流的路线往往与某些关键性地区的地理位置和地形形态，如海峡通道的开放或封闭密切相关。因此，可以通过比较海峡两侧的化石群，分析是否存在明显的差异或者是否具有某些海流的标志属种(如浮游有孔虫)，以判断是否存在海峡通道，以及当时海流的可能途径。

(3)沉积学法　海洋沉积中冰碛物的分布通常不受底层流的影响，其分布范围往往可以反映当时大洋表层寒流水团的运移途径。

(4)模拟法　根据某一地质时期的海陆分布状况、两极位置及主导风向，模拟并推论当时全球环流体系的方法，叫模拟法。其中包括物理模拟与数学模拟两类：物理模拟法是在实验室用旋转器进行，例如有人用此法再造了白垩纪的洋流体系；数学模拟用计算机进行，这项工作一般要在模拟大气环流的基础上完成。

2. 底层流

已知大洋底部有两种底层流——浊流和等深流，这两种古底层流分别形成浊积岩和等积岩(沈锡昌，1993)。现代深部洋流主要是由重力所驱动，所以在盐度、密度梯度发生较大变化的大洋区均可形成高密度的深部底层洋流，如南极底层流。

实际上，大洋底层流的活动不仅确实存在，而且对洋底沉积物有着直接的改造作用。无论是底层流的侵蚀、溶蚀、搬运还是沉积作用，都会在沉积物中留下不可磨灭的烙印。因此，通常采用沉积学方法研究古底层流，其中包括沉积构造(底床形态)、沉积间断、沉积物粒度、组分及组构的研究。

深海沉积层中的沉积间断面多半是底层流机械侵蚀的结果，特别是等深流。深海钻探发现，新生代地层中有许多沉积间断面，使人耳目一新，也为研究古大洋底层流提供了新的途径。据统计，沉积间断在深海沉积物中相当普遍，老第三纪(即古近纪)地层中有一半以上的地质记录消失，而新第三纪(即新近纪)则缺失 1/10 至 1/2(Berger，1981)，沉积间断主要出现在白垩纪/古新世、始新世/渐新世、渐新世/中新世，以及更新世/全新世等交界时期(任美锷，1984)。

大洋底层流造成的沉积间断主要出现在强水流区，且与板块运动、气候条件的恶化(如冰期的出现等)事件有关。如始新世—渐新世时期，澳大利亚裂离南极大陆向北迁移，其间出现塔斯马尼亚海道，南极底层流遂顺该海道北上达到太平洋。这股底层流来势较猛，所经之处形成广泛的沉积间断(王慧中等，1989)。由于距今 350 万年前南极冰盖的形成，促使南极底层水活动性明显增强，在全球范围内普遍出现强烈的深海侵蚀作用及沉积间断(Glasby 等，1982)。

3. 上升流

无论是在岸边还是在开放性大洋盆地内部，只要表层水从原地被吹离或搬运，出现某种发散现象时，便会发生水位相对下降，造成压力的不均衡。这样，下伏的次表层水将会上涌取而代之，形成上升流，又称补偿流。低温和高生物生产率是上升流的基本特征，并可在沉积物内留下许多重要信息，因此可用古温度法，古生物学法和沉积学法辨认古上升流。

(1)古温度法　上升流区有孔虫的同位素温度偏低，古温度梯度可指示上升流的存在(Ganssen 等，1983)。

(2)古生物法　上升流的高肥力使各门类生物丰富，硅藻类尤甚。因此，可根据上升流区存在的标志性生物化石，如大量的保存完好的、个体偏大的硅藻、放射虫壳体，底栖有孔虫含量高于浮游有孔虫，鱼类残骸(鱼骨和鱼牙等)数量明显增高等标志来圈定或识别古上升流区。

(3)沉积学法　根据低氧或缺氧环境，以及高的沉积速率，可以确定古上升流的存在。另外，上升流区沉积物一般富含有机质，同时把沉积磷矿、海相黑色页岩及标志性冷水种生物化石的出现视作地质时期(古生代)海岸上升流存在的标志。

(三)古水深

确定古水深的三个主要深度标志是海岸线、透光带和大洋中脊峰顶(Schopf，1980)。洋壳年龄与水深之间的密切关系，得到普遍认可。此外，有孔虫也可用来识别古水深。

斯克莱特(J. G. Sclatter, 1971)的统计数字表明，大洋中脊峰顶的平均水深为 2.6 km，洋底在扩张中下沉；经过 70 Ma，洋底水深为 5.5 km，下降了大约 3 km(图 12-4)。在假定海平面相对稳定的前提下，可以根据公式 $\Delta h=0.35\sqrt{t}$ (Δh—水深，单位为 km；t—时间，单位为 Ma)进行计算。其结果为已知年龄的洋底在过去某个时期或未来某个时期的大洋水深，但需要对由于沉积物负荷引起的均衡效应进行校正。年龄＞70 Ma 时，计算的洋底水深值往往偏大。

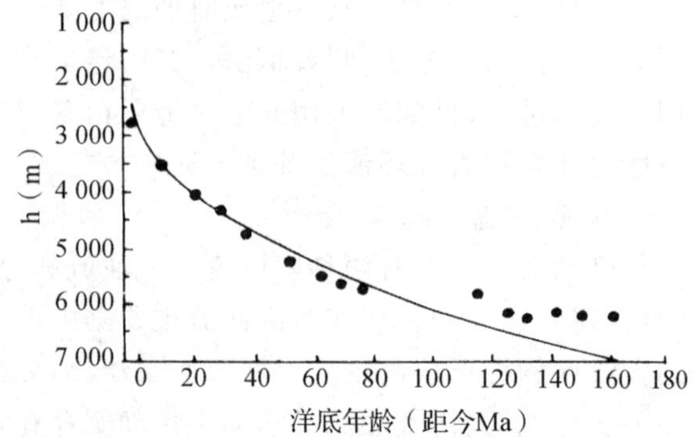

图 12-4　洋底深度与年龄的关系

(Schater, G. 等, 1971)

点子表示实际值，曲线为理论曲线

1954 年埃米连尼(C. Emilliani)首先提出不同属种的有孔虫具有不同的栖息深度，现代潮间带，0～30 m、30～100 m 等不同深度的有孔虫特征种及组合已查明(Be, 1977; Boltovskoy and Wright, 1976)。一般只要分析含有有孔虫岩芯的形成过程，即可查明古水深及追溯海平面变动史。

三、古海洋化学

海洋化学是研究现代海水的化学成分、结构及其变化规律的科学，它涉及海水中的溶解盐类、溶解气体和有机物等，对于了解现代海洋过程，开发和利用海水资源，理解海洋生物和矿物资源的形成、分布，以及对于海洋工程等都有密切关系。古海洋化学则研究海水成分在地质历史中的变化，它对于阐明沉积矿产的分布规律和形成机理，对于解释地质历史中各种现象的成因，都具有重大意义。古盐度、溶解氧和碳酸盐是目前研究古海洋化学的三个主要参数；也涉及磷酸盐、二氧化硅。同时，重建地质时期的 CCD，已引起人们的广泛关注。

(一)古盐度

迄今为止，还从来没找到过地质时期的古海水标本，将来大概也不可能在地球上找到这种“化石”。人们对于古海水盐度的认识，只能间接地从海底沉积物和海洋生物壳体成分，或者从理论推算去求得。

海相沉积岩成分中含有古海水盐度的重要信息，但目前恢复古盐度最有用的标志沉积物是蒸发岩。例如，地中海盐度事件是 1970 年 DSDP 第 13 航次发现的，在中新世末至上新世初(5.9～4.9 Ma)，地中海两度干涸，形成了约 2 000 m 厚的蒸发岩，分上下两层，其间夹有正常海相沉积岩。该蒸发岩成分为白云岩、石膏和岩盐，它们在平面上呈同心带状分布，中央为岩盐，碳酸盐在最外边，硫酸盐介于二者之间。三大盐类沉积的形成及其平面分布，反映了古地中海海水盐度逐渐增大、海水面积逐渐缩小的过程。在盐度事件前后，地中海均是深海沉积环境(Hsii 等，1977)。以往，人们仅从大陆不泄水湖、滨海干旱泻湖中看到盐类沉积，而地中海盐度事件却使人们认识到大洋的一部分也可以出现海水古盐度升高到 50‰以上，形成盐类沉积的现象。

反映古海水中盐类化学成分变化的标志还有：碳酸盐岩中的 Mg/Ca 比值，黏土岩中的 K/Na 比值，黏土矿物表面吸附元素的种类和含量，海绿石化学成分的变化，介壳中微量元素含量等(汪品先，1989)；软体动物壳中 $\delta^{13}C$ 和 $\delta^{18}O$ 资料也可以作为一种古盐度标志(普宁，1980)。

大洋水体的盐度变化和各种元素的含量变化，是古海洋学的重要研究内容，可惜目前尚缺乏直接的或者不具多解性的间接测试手段。此项研究还只是开始，大量的工作还有待今后发展。至于地质历史上比较短暂的盐度变化，更有待于进一步的调查。比如有人推测二叠纪末冰川融化可能造成世界大洋表层水的半咸水化，从而造成大量的生物绝灭，此类假设都需要古海洋学的深入研究加以核实和澄清。

（二）溶解氧

大洋中的溶解氧来自大气，因此氧只在表层海水中由于和大气的交换或在有光带内由于植物的光合作用才能够富集。向下，则由于生物死亡后的腐解作用而消耗 O_2，增加 CO_2，使 O_2 逐渐变为不饱和。在现代大洋 0～5 ℃的海水中，氧的饱和值接近 7.5 mL/L，而实际上大洋深处只有 3～5 mL/L，比饱和值低约 3.5 mL/L，这就是腐解作用消耗的结果。在中等水深（约 150～1 000 m）处有一个数百米厚的水层，是海水中含氧量最低的层次，比上覆和下伏海水的氧含量都低，称为"缺氧层"（Oxygen minimum）。缺氧层之下，由于浮游生物的腐解作用已经结束，深层水和底层水又是因高纬度海区的表层水下沉补给而来，故含氧量又有所回升。

古大洋的含氧量一般采用沉积物法进行研究，因为洋底的沉积环境在某种程度上取决于海水中的氧含量。例如，富含有机质和硫化物的深色泥质沉积物是典型的缺氧沉积物，它的存在表明洋底为缺氧的还原环境。从 20 世纪 60 年代中期起，在北大西洋深海沉积柱样中就发现含有白垩纪中期的硫化物；接着，DSDP 的十几个航次又在南、北大西洋、北太平洋和东印度洋的钻孔中发现白垩纪中期的黑色页岩（Hsü，1982）。现已查明，三大洋在白垩纪中期（110～82 Ma）发生的缺氧事件，是导致富含有机质的黑色页岩形成的直接原因。

白垩纪大洋黑色页岩的发现，引起了地质界的极大关注。这不仅由于它具有重大的学术价值，更重要的在于它潜在的经济意义。众所周知，中生代后期的地层在世界上是油气最为富集的层位，而现在已知的中生代特大油田（如中东等），据认为就与当时的大洋缺氧事件有关。这些缺氧时期沉积的有机碳中有一部分已经成熟，为相应的特大油田提供了油源（Arthur and Schlanger，1979）。而整个大洋的黑色页岩则是一种潜在的油气资源，如果其中所含有机物都形成油气，其储量可能为大陆和陆架目前已知油气总储量的十倍以上（任美锷，1983）。

（三）磷酸盐

虽然磷酸盐在海水中的含量甚低（平均为 0.07 mg/l），但却是海水中盐分的一种重要组分：一方面溶解磷酸盐的含量是海水初始生产率的控制因素之一；另一方面，沉积磷灰石是十分重要的沉积矿产。因此，探讨古海水中溶解磷酸盐的变化，是古海洋学的重要课题之一。

世界大洋中溶解磷酸盐的总量，取决于其进入和析出数量间的平衡。河流将大陆火成岩风化产生的溶解磷酸盐不断携入海洋，这是海水中磷酸盐的主要来源。每年进入大洋中的磷酸盐，大多以沉积物中的有机质、埋藏的含磷化石或者深海沉积的吸附物等形式析出，只有一部分才形成单独的磷酸盐沉积。

现代磷酸盐主要沉积在海岸上升流分布区，而且主要在大陆架和上陆坡地带堆积。地质历史上磷酸盐矿产的形成则很不均匀，有几个时期沉积的磷酸盐特别多，表明地史上大洋中磷的循环曾发生过重大变化。Arthur 和 Jenkyns（1981）认为，不能简单地把地史上大规模磷酸盐沉积的形成归因于某种单个的古海洋学因素（如缺氧事件或者气候突变），而应当是大洋环流、海面升降、气候条件、缺氧事件和大陆位置等多种因素长期作用的结果。

（四）碳酸盐

碳酸盐是大洋水体中主要的溶解盐之一，其中尤以 $CaCO_3$ 为多。现代大洋中，$CaCO_3$ 的来源一方面是陆上风化作用的产物通过河流带入，另一方面依靠大洋中脊热液作用的供应，进入的总速率为0.11 mg/Cm² · a。然而，海洋生物提取海水中的$CaCO_3$形成骨骼而沉落海底，其速率为1.3 mg/Cm² · a。由于过量的析出，使大洋水体除顶层外，$CaCO_3$均不饱和。为了保持碳酸盐的收支平衡，只能依靠大洋深部$CaCO_3$的溶解作用来补偿海水中$CaCO_3$的不足。正是这种深海碳酸盐的溶解作用，造成了大洋底面沉积环境和沉积相的最重要的差异。

现代大洋中存在三个碳酸盐特征面——饱和面、溶跃面和CCD，自浅而深分布，它们反映了大洋水体不同深度碳酸盐饱和度的变化。其中，最具地质意义的是CCD。因为在世界大洋底部，从钙质沉积分布区到非钙质沉积分布区的转折处，是深海沉积相变化最重要的一个界面。这个界面，就是碳酸盐补偿深度(CCD)。而研究古海洋碳酸盐的主要目的，正是重建古CCD，用以恢复其升降史。

重建古CCD，首先需要了解板块地层学所显示的洋中脊沉积相剖面(图12-5)。在一般情况下，洋中脊顶部的平均深度为2～3 km，而大洋CCD的平均水深可达4～5 km。因此，中脊两翼的上部接受碳酸盐沉积；当洋底边扩张、边沉降，越过CCD以后，两翼下部只能形成深海黏土或硅质软泥沉积。所以，在深海钻井的岩芯柱中钙质沉积物顶部(或上覆非钙质沉积物底面)的年龄，便是洋底岩石圈扩张沉降通过CCD时的年龄；又由于钻井站位所在的现代洋底水深是已知的，依据图12-4就可求出该处洋底的古水深，即古CCD。

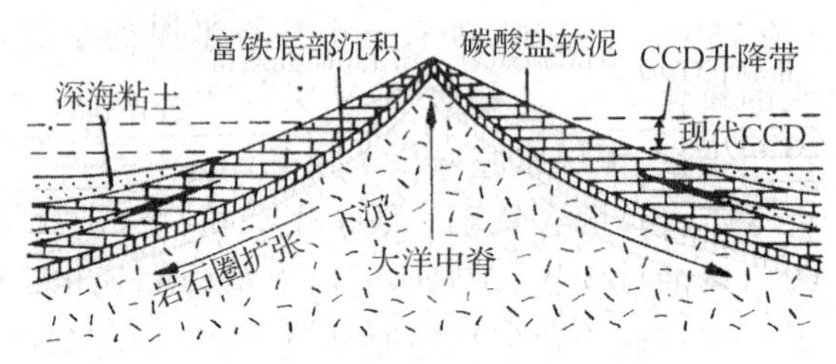

图12-5　板块地层学所显示的沉积相

(Berger, W. H. 等, 1974)

说明：碳酸盐岩与深海黏土互层系由CCD的波动造成

据研究(kennett, 1982)，中生代晚期以来CCD升降强烈，最大幅度将近2 000 m，三大洋CCD的升降趋势一致。白垩纪CCD较浅，约3 500 m；至新生代古新世与始新世，CCD基本稳定。但到渐新世初(38 Ma前)，CCD骤降，太平洋区＞4 000 m，各大洋赤道带降至4 800 m；至中新世晚期(10 Ma)回升到3 900 m，从上新世起CCD深度又急剧下降到现在的4 500～4 900 m，达到CCD升降史上最大的深度(图12-6)。

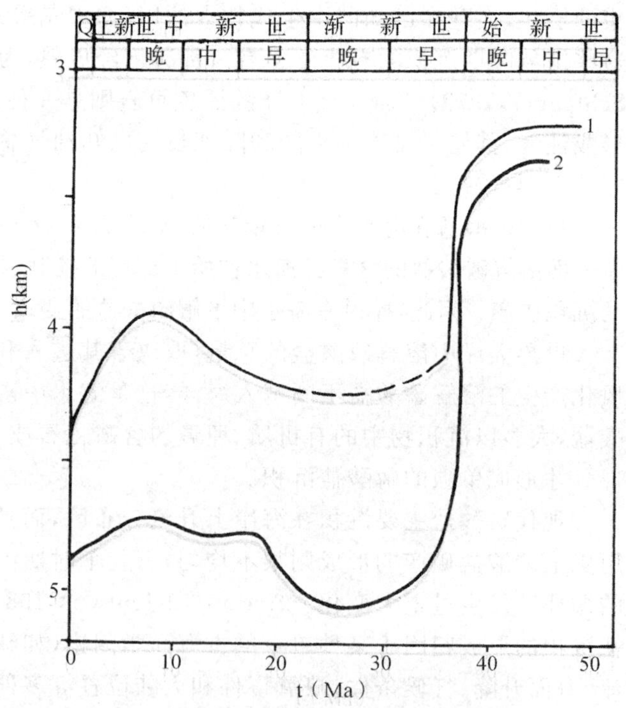

图12-6　新生代CCD的深度变化

(Andel, Van 等, 1975)

1. 太平洋，4°N和4°S　2. 赤道带，3°N—3°S

四、古海洋生物

古海洋中生物的演化和生产率的演变历史，不仅对海洋的物理、化学条件产生影响，而且是理解洋底沉积机理和沉积矿产分布规律的重要因素。东太平洋海隆热液排出口的细菌，被认为是太古代最早生命的现代类似物(Corliss 等，1981)。这些细菌依靠化学作用获取能量，可以在缺少阳光和氧气的环境下生存，这对于研究生命起源具有特殊的意义(Leggett 等，1984)。目前发现世界上最古老的具细胞结构的化石是南非距今 32 亿年(太古代)的细菌，以及单细胞的蓝藻。随着蓝藻的产生和发展，使大气中氧气增加，导致原始大气还原状态的改变，并在高空形成臭氧层，为生命的演化提供了极为有利的条件。从此，大洋中的生命，尤其是浮游生物逐渐繁荣起来，各种类型的生物相继出现。

浮游生物的演化、古大洋生产率和古生物地理，是古海洋生物研究中的三个重要组成部分。

(一)浮游生物的演化

大洋浮游生物的演化与古海洋学有着密切的关系，它的演化经历了三大阶段：①有机质壳浮游生物阶段(前寒武纪与古生代)；②钙质壳浮游生物阶段(中生代)；③硅质浮游生物增多阶段(新生代)。

(二)古大洋生产率

所谓生产率，是指生物在能量循环过程中固定能量的速率，即单位面积、单位时间内所产生的有机物量，通常用 $Cal/cm^2 \cdot a$ 的能量或 $g/m^2 \cdot a$ 的有机碳或干有机物来表示。从某种意义上说，大洋生产率就是大洋浮游生物生产率。因生物能量的根本来源是太阳，而太阳光在海水中的穿透能力会随着水深的增加、浮游生物及其他颗粒物的吸收而逐渐消失，底栖生物所得无几，所以它们对大洋生产率的贡献也就极其微薄。对于古海洋学来说，重要的不只是海水表层的生产率，表层产生的有机物质有多少能进入洋底沉积物中也许更为重要，因为只有进入沉积记录的古生产率标志才能为古海洋学所识别。测定古大洋生产率是一项全新的课题，目前只能根据地层中有机碳含量，通过现代生产率与现代沉积物有机碳含量的关系模式间接地求取古生产率。常用的方法有三种：有机碳法、海水肥力法和 $\delta^{13}C$ 法。

1. 有机碳法

利用地层中有机碳含量的变化，可以对地质时期古大洋生产率作出粗略的估计。肖普夫(Schopf，1980)收集了各个地质时期页岩中有机碳的含量，并假定它们由三角洲底积层(即冲淡水沉积)变成，从而推算出 28 亿年以来生物生产率的变化趋势(图 12-7)。

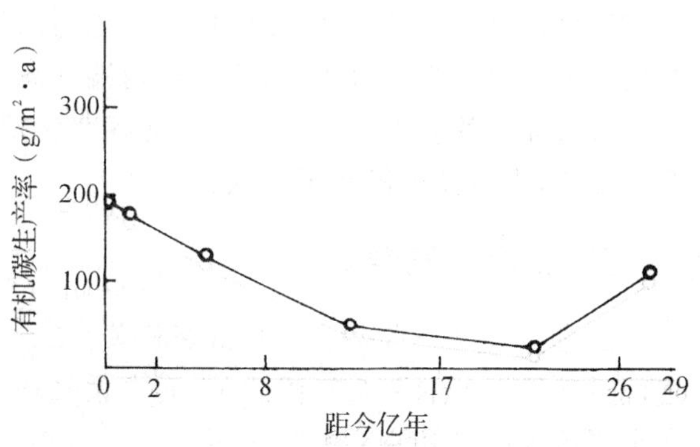

图 12-7 据不同地质时期页岩推算出生物生产率的变化趋势

(肖普夫，1980)

但是，这种过于粗略的估算，在具体的古海洋学研究中并不适用。目前常用的是根据 Miiller 和 Suess(1979)在研究现代大洋表层沉积中的有机碳时提出的经验公式的变换式，求得古大洋生产率。其式如下：

$$R=\frac{\rho_s(1-\varphi)}{0.003S^{0.30}}$$

式中 R 为古生产率($g/m^2 \cdot a$)，ρ_s 为干沉积物的密度(g/m^3)，φ 为孔隙率(用百分数表示)，S 为沉积速率($cm/10^3a$)。需要说明的是，上式仅适用于含砂量较低，浊流影响不明显、陆源有机物含量不高的沉积层，因为该经验公式所依据的表层沉积具有相似的岩性，限定了适用范围。

2. 海水肥力法

海水肥力与大洋生物生产率呈正相关,而各种浮游有孔虫对海水肥力等级的要求不同,故可以用某些有孔虫种的含量比例来表征当时的古海水生物生产率。如 *Neogloboquadrina dutertrei* 反映高生产率,*Pulleniatina obliquiloculata* 则反映低生产率,两者含量比值的升降可以表征地质时期古生产率的变化(Berger,1985)。

3. $\delta^{13}C$ 法

研究古生产率的另一个途径是碳稳定同位素分析,因为 $\delta^{13}C$ 值的变化与生命活动密切相关。当陆地森林繁茂时,^{12}C 被树木大量吸收,海水中^{12}C 相对减少;反之亦然(许靖华,1984)。另外,由于海洋生物摄取的是^{12}C,致使浮游生物大量繁衍的表层海水中^{13}C 含量比深层海水高。因此,新生代以来海洋碳酸盐中 $\delta^{13}C$ 的变化可以标志全球有机碳的积累速率(Shaokleton,1985)。

从经济意义上说,古大洋生物生产率的研究是古海洋学中最关键的部分之一,因为它与油气资源的形成有着密切的关系。而在研究深海沉积生油、气的潜力时,古上升流分布区又特别引人注目。

(三)古生物地理学

古生物地理学是研究地史中生物分布及其演变史的科学(殷鸿福,1988)。

海洋生物的平面分布受气候因子——温度的控制,具有纬度地带性。例如,现代大洋表层水的年平均温度 20 ℃线与生物分区界线基本一致。同时,洋流也影响着生物的地理分布,由暖流、寒流组成的大洋环流使生物分区界线与纬度线斜交。而陆地、大洋、海沟、洋脊等地理单元对生物分布有明显的隔离作用,使其生物属种存在较大差异。热带海水在垂向上的水温界面也控制着生物分区,喜暖生物区位于表层,寒带生物区位于深层,而后者的生物群与两极相似,生物区则在水下相通。

浮游生物的古地理资料表明,从白垩纪到新生代,表层洋流的主要方向曾发生过全球性变化,即由低纬度特提斯海的纬向环流转化为高纬度海区与低纬度海区相连的径向洋流。因此,在判别古海峡通道的启闭时,比较其两端外海区的化石群面貌十分有效。

古海洋学的发展趋势是试图弄清板块构造、大气循环、海洋循环和海洋生物演化之间的关系。因此,古海洋气候是不可缺少的内容。

五、古海洋气候

古海洋气候与古大陆气候密切相关,二者共同组成全球古气候。古气温、古湿度是研究古气候时必须涉及的两个气候因子,而古大气环流、古气候旋回及其发生机制则是重建古气候时必定要涉及的另外两项主要内容。

(一)古气温

据古冰川研究,近 30 亿年以来的地质历史中曾发生过七次大的冰期,自老至新为:①赫罗连冰期(距今 2 800～2 000 Ma);②奈舍冰期(960～890 Ma);③斯特廷冰期(820～730 Ma);④维兰杰冰期(650～580 Ma);⑤奥陶纪冰期(440～420 Ma);⑥石炭二叠纪冰期(330～260 Ma);⑦第四纪冰期(Smith,D. G. ,1981)。由上述可知,奥陶纪冰期较短,而④、⑥、⑦三次大冰期,其时间间隔均约 3 亿年左右。第四纪冰期则可进一步划分出 4～5 个次级冰期或更多。

中生代气候温暖,极地无大陆冰盖。据估计,当时极区(8～10 ℃)与赤道(25～30 ℃)温差仅 20 ℃(徐道一等,1983)。大洋环流弱,无寒冷底流而可能有暖咸底流。

古近纪的古新世和始新世大体上保持中生代暖热大洋的形式。早始新世(55 Ma)是过去 100 Ma 中全球最温暖的时期,起因于洋底裂开、熔岩与海水反应产生的 CO_2 进入大气层引起了温室效应(R. M. Owen,D. K. Rea)。这种温室效应改变着全球热传递过程,深部环流不是流向赤道,而是逆向流动,将热带的热量向两极传递(J. C. Zachos,1990)。

新生代大洋变冷从中始新世(50 Ma)起(J. C. Kennett,1991),变冷过程有三大事件:①渐新世初(36 Ma)南极大陆周缘的南大洋出现海冰;②中中新世(14 Ma)时形成南极冰盖;③晚上新世(2.5 Ma)时北半球出现冰盖。大洋变冷主要表现在高纬度和深层水,赤道表层海水的温度变化不大。在这种新近纪——现代形式的大洋环境中,表层与底层海水温度相差 26 ℃(28～2 ℃),大洋底流为正向流动。流向的转变可能发生在早中新世与晚中新世之间,最近查明大西洋晚中新世深层水流与现代相同(S. Savin and F. Woodruff,1991)。

(二)古湿度

古湿度的恢复主要用沉积物法,其标志物有:蒸发岩、风成物、煤层和风化壳。

蒸发岩一般与干旱气候孪生。咸化泻湖、咸化小型深海盆、洋盆演化早期的地堑等都可以形成蒸发岩;萨布哈、盐碱滩为干旱炎热气候条件下的潮坪沉积。

当大气平均相对湿度为 93%～76%时硫酸钙产生沉淀,在 76%～67%时岩盐沉淀,<67%时钾盐沉淀(肖普夫,1980)。

(三)古大气环流

大气环流是古气候学的核心问题,它既为研究气候演变规律,进行气候超长期预报所必需,又是了解沉积和沉积矿产分布规律的关键之一。因此,大气环流历史的研究在理论和实际方面都有不容忽视的意义(吴邦毓、金性春,1989)。

地质工作者研究古大气环流,主要是从沉积物入手。因为沉积物(尤其是风化沉积物),在其风化、搬运和沉积过程中,古大气环流起着主导作用。海洋中的风海尘埃大部分沉积在深海地区,很少遭受侵蚀,保存良好,能够提供完整而连续的信息。因此,深海风成沉积物的研究对古大气环流与古气候的了解起着十分重要的作用。近年来,人们通过对黄土与深海沉积的对比,对全球更新世以来的古气候状况有了更全面的认识。而冰盖中的尘埃亦是由风力搬运而来,所以对冰盖钻孔所取得的冰芯进行分析,同样可以揭示气流变化的历史。

风尘的搬运营力不仅有贸易风,而且还有尘暴。这是近年来对撒哈拉及毗邻海域、空中进行综合研究所得出的结论。据研究,末次冰期最盛时期,撒哈拉尘暴中心在 18—20°N,与现今相同,但贸易风(21—27°N)无色尘埃带的长度与宽度都比现在大得多。由于当时风速比现在大,故撒哈拉尘埃粒度加粗,风暴物堆积速率高于现代。6000 a 前气候温暖,撒哈拉尘暴中心未变,只是风尘粒径变细;无色尘埃几乎消失,表明贸易风显著减小,亚热带位置基本稳定,仅有少许扩张或收缩。可见,风尘沉积物的大量出现,通常是气候转冷的反映。

(四)古气候旋回及其机制

据现有资料,古气候旋回可归纳为四个等级,互相重叠。

1. 一级气候旋回

指大约 3 亿年为周期的长周期旋回,表现在地质历史上三次大冰期间隔均约为 3 亿年,与其相对应的海平面变动长周期也约为 3 亿年(图 12-8)。一级气候旋回由温室期和冰室期组成,各 1.5 亿年。其形成机制有两种见解:

(1)地外成因说　太阳系环绕银河系运行,公转一周的时间称银河年,长约 2.5～3 亿年,

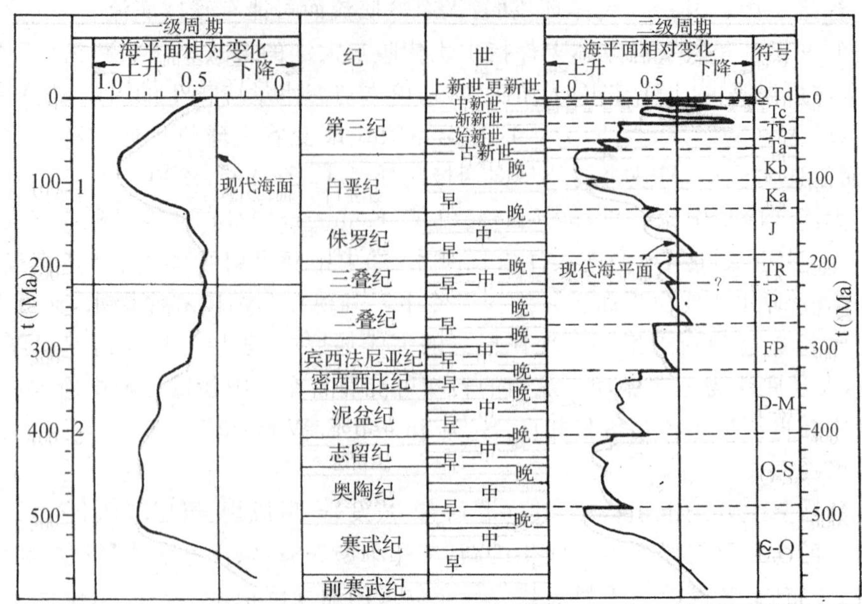

图 12-8 据地震剖面推测的显生宙海平面变动曲线

(维尔等.1978)

图上显示海侵速度慢，海退速度快

这与大冰期的出现周期大体相近(徐道一等，1983)。因此，太阳系环绕银河系运行的轨道及所处位置的变动是影响地球长周期气候变化的重要原因。

(2)地内成因说

显生宙出现的两个长约3亿年左右的一级气候旋回，基本上是受地幔对流周期所支配的(Fischer，1984)。每一地幔对流的前期，以伴有大量地幔柱的快速对流开始，在地球表面表现为岩石圈板块的破裂，泛大陆或超级大陆的解体、漂开。随着大洋中脊的新生和扩展，致使洋盆容积减小、海面上升、大陆海侵。陆地面积的减少，使大气中 CO_2 通过风化作用返回岩石圈的过程减弱，强烈的火山活动则导致从地幔和地壳中逸出的 CO_2 增多。结果，使大气中 CO_2 含量上升，产生温室效应。因而，在这一时期，地球上经向温度梯度较低，两极温暖，大洋普遍较暖，大洋对流滞缓；后期的特征相反，表现为地幔对流减弱、扩张速度减慢、大洋中脊体积缩小、还有一些中脊随着大洋的关闭而消失，致使洋盆容积增大，发生海退。陆地面积的增大可使风化作用强化，从而消耗了大气中更多的 CO_2；火山活动减弱则使排出的 CO_2 数量减少。结果，导致大气中 CO_2 含量下降，温室效应终止而进入冰室期。这一时期的特点是，地球上经向温度梯度增大，极地干冷，出现大陆冰盖和海冰，大洋变冷，大洋环流增强，海水高度富氧。

上述温室期和冰室期各延续1.5亿年左右，整个旋回长约3亿年，与海平面变动的长周期大体上可以对比。在显生宙，温室期曾两度出现，即寒武纪末至泥盆纪末，侏罗纪初至始新世末或后期；而二次冰室期为前寒武纪末至早寒武纪，晚古生代至三叠纪；第三纪后半期(即新近纪)至今已经历了第三次冰室期的一小半。现在，我们正处在最近一次冰室期。这次冰室期迄今不过经历了40～50 Ma，下一次大的温室期应在1亿年以后到来。

2. 二级气候旋回

在冰室—温室一级气候旋回中又叠加着次一级旋回，即二级气候旋回。所谓二级气候旋回，是指大约数千万年或数百万年为周期的中长期气候旋回，这在图 12-8 中的海平面变动曲线上有着明显地反映。在该图中，于两个约 3 亿年的长周期旋回之内，包含着 14 个周期为 80～10 Ma 的海平面变动，另有 80 多个周期为 10～1 Ma 的海平面变动在图中没有表示出来(P. R. Vail，1978)。

海平面变动影响着气候。海面下降，发生海退，陆地面积增加；海面上升，出现海进，陆地面积减少。陆地面积的增减，导致地球反射率和其吸收的太阳能量发生变化，必将引发气候出现旋回。

二级气候旋回的发生机制也有地外成因说。由于银河系各部位物质密度不同，当太阳系通过星云密集区(天文学上称旋臂)时，到达地球的太阳辐射热减少，气候变冷，可能出现冰期；通过旋臂的时间估计约为 10～1 Ma(Mccrea，1975，1976)。

蒋志(1981)认为，银河系旋臂不仅物质密集，影响着地球的气候，而且该区引力场可以对地球产生较强的固体潮，破坏地球的能量平衡，可以引发地球发生一幕幕造山运动。这一观点，将天体运动、地球气候和构造运动三者很好地统一起来，值得关注。

就次级冰期—间冰期气候旋回而论，我们现在正处于间冰期。今天的间冰期是短命的，不久，地球将会进入一个新的冰期。不过，也有人认为，由于工业化的进展(煤和烃类燃烧)产生越来越多的 CO_2，使大气中 CO_2 的浓度不断增高。如果这一趋势持续下去，它所引起的地球温度升高足以超过地球轨道变化所引起的变冷，这也许意味着，严寒的冰期将不再来临。

3. 三级气候旋回

指大约十多万年或数万年为周期的中周期气候旋回，表现在布容极性期 0.69 Ma 期间出现 7 次以 0.1 Ma 为周期的冰期—间冰期旋回，其中夹有两个较小的气候周期(43 000 a，23 000 a)；又如甘肃兰州附近黄土剖面中的黄土—古土壤旋回，平均周期为 25 000 a，干冷黄土期与湿润成壤期即交替一次(Burbank and Li，1985)。

第四纪冰期中出现三级气候旋回的原因，是地球环绕太阳公转的三个参数发生着周期性的变化(偏心率周期为 0.105 或 0.095 8 Ma，倾斜度周期为 40 000 或 41 000 a，岁差周期为 19 000或 23 000 a)。南斯拉夫的米兰科维奇(Milankovitch)于 20 世纪 20～30 年代提出的上述假设，经受住了地质记录(特别是深海岩芯氧同位素)的检验，从而使米氏理论得到广泛承认。但是，还有一些问题尚有待解决。

4. 四级气候旋回

指大约数千年或数百年为周期的短周期气候旋回。毕福志(1989)主要根据海滩岩的研究，指出近 5 000 多年以来中国气候经历了 11 个周期，一个周期可分寒、暖二个半周期，各 250 a；变暖期海滩岩成岩，变寒期则海滩岩间断。以 500 a 为周期的划分，得到冰川变化、海面变动、动植物资料等的佐证。

数百年至数千年的气候变化，主要是受太阳黑子活动和九大行星轨道的影响(任振球等，1981)。

目前气候处于全新世的冰阶，已过去 3 100 a，还将寒冷 7 000 a；冰阶中有次一级的变寒、变暖周期，目前处于变寒期，110 a 后开始变暖(毕福志等，1991)。

据上述可知，对目前气候持续变暖的质疑还是有一定道理的(徐茂泉，2010)。

复 习 思 考 题

1. 关于大洋盆地的起源，曾提出哪些理论和假说？你对这些理论和假说有何见解？

2. 威尔逊提出的大洋盆地演化阶段有哪些？请列举各演化阶段的实例。

3. 你如何理解“大洋是一种相当古老的地质体”？

4. 为什么说大洋盆地是年轻的，海水却是古老的？

5. 确定大洋沉积层时代的方法有哪几种？分别阐述之。

6. 目前，研究古海洋水文体系的主要参数是什么？概述确定古海水温度常用的方法。

7. 古今洋流的分布格局受哪些因素的影响？

8. 何谓上升流？其基本特征和识别方法是什么？

9. 反映古海水中盐类化学成分变化的标志有哪些？

10. 为什么古大洋水体中的氧含量一般采用沉积物法进行研究？研究大洋缺氧事件的意义何在？

11. 研究古海洋碳酸盐的主要目的是什么？如何求取大洋某处的古 CCD？

12. 为什么从某种意义上说，大洋生产率就是大洋浮游生物生产率？求取古大洋生产率的方法有哪些？

13. 据古冰川研究，地球在近 30 亿年以来的地质历史中曾发生过哪几次大的冰期？

14. 何谓一级气候旋回？简述其形成机制。

15. 名词解释：古海洋学、威尔逊旋回、分异度、生产率、沉积间断、缺氧层。

第十三章　海洋矿产资源

第一节　海洋矿产资源的概念及分类

一、海洋矿产资源的概念

所谓海洋矿产资源，通常是指目前处于海洋环境下的除海水资源以外的矿物资源；而对那些过去是在海洋环境下形成的现在已是陆地组成部分的矿物资源，原则上应归属于陆地矿产资源。

海洋是人类的巨大宝库，是未来社会物质生产的重要原料基地。在地球上已发现的百余种元素中，有 80 余种在海洋中存在，其中能够直接提取利用的有 60 余种。从海岸到大洋，从海面到海底均分布有丰富的海洋矿产资源。众所周知，随着社会经济的迅速发展，陆地矿产资源日趋紧缺，人们自然而然地把目光投向海洋。自 20 世纪 70 年代以来，各发达国家已对海洋矿产资源给予了极大的关注；目前，世界各国竞相发展海洋高新技术，实施“科技兴海”战略，其根本目的，就是为了开发利用海洋矿产资源。

由于政治的、经济的、技术的和市场的原因，尽管许多海洋矿产资源目前还只具有潜在的远景地位，但是，对海洋矿产资源的勘探开采，必将势不可挡。海洋矿产资源正以其自身的潜力和价值备受青睐，并日益成为世界各国激烈争夺的对象。需要指出的是，在对海洋矿产资源进行开发和利用时，应当而且必须遵循可持续发展的原则，既要满足当代人的需求，又要以不损害后人的生存和发展为前提。

二、海洋矿产资源的分类

迄今为止，不同学者从不同角度对海洋矿产资源提出过多种分类方案，现列表(表 13-1)如下：

表 13-1　海洋矿产资源的分类方案

作　者	梅罗 (Mero， J. C，1963)	米契尔(Mitchell， A. H. G.) 加森(Garson， M. S，1981)	克罗南 (Cronan， D. S，1984)	周福根(1982)	朱而勤(1978)	郭步英　沈锡昌 (1989)*
分类原则	海洋分区	海洋构造环境	矿种	海洋分区	海洋地质环境	环境与矿种
矿产分类	1. 海水矿产 2. 海滩矿产 3. 大陆架矿产 4. 洋底表层沉积矿产 5. 海底硬岩矿产	1. 被动大陆边缘矿床 2. 大洋环境形成矿床 3. 俯冲带有关矿床	1. 海滩砂矿和集合粒 2. 海洋自生矿物 3. 磷块岩 4. 锰结核和锰结壳 5. 含金属软泥 6. 海底次表生矿床	1. 海滨砂矿 2. 磷钙石 3. 海绿石 4. 海底石油 5. 海底锰结核 6. 重金属软泥	海水矿产 海底矿产： 表层矿产 ①砂矿 ②自生沉积矿 ③复成因矿 ④远洋沉积矿 底岩矿产 ①表下矿产 ②基岩矿产	1. 滨海砂矿 2. 海底磷矿 3. 洋底锰结核和锰结壳 4. 海底多金属软泥 5. 海底块状硫化物矿床 6. 海底油气藏

* 沈锡昌、郭步英，海洋地质学(下册)，第 400～417 页，中国地质大学，1989

由表13-1可知，多数学者都是根据海洋矿产资源的矿物种类及其产出的海洋地质环境进行分类的。虽有微小的差别，但总体来说比较接近。本章将遵循上述原则，在描述各类海洋矿产资源的形态、分布、矿物组成和化学成分的同时，尽量考虑其形成环境并探讨其形成机制，力求全面地反映最新研究成果。

第二节　海洋砂矿

海洋砂矿是指滨海及浅海地区由于海水的反复运动，使有用矿物发生机械分选作用，在有利地形部位富集而成的碎屑矿床。按其产出的海洋地质环境，又可分为滨海砂矿和浅海砂矿。

一、滨海砂矿

滨海砂矿主要是指有用矿物在滨海环境下富集而成的具有工业价值的砂矿。该类矿床分布广、规模大、品位高，具有矿体埋藏浅、易采、易选等优点。

滨海砂矿是增加矿产储量的最大潜在资源之一。国外现已开采利用的30余种滨海砂矿，无论其储量，还是开采量，都在世界矿产储量表中占有相当重要的位置。例如全世界金红石总储量9 435×10^4 t(钛含量)，98%为砂矿；钛铁矿总储量2.46×10^8 t(钛金属)，砂矿占一半；锆石的探明储量3 175.2×10^4 t，96%来自滨海砂矿。从开采量所占世界总产量的比例来看，钛铁矿占30%，独居石占80%，金红石占98%，锆石占90%，锡石占70%(不包括中国)，金占5%～10%，金刚石占5.1%，铂占3%等。

我国在20世纪50—60年代曾对滨海砂矿进行过大规模调查，70年代以后调查工作向水下发展，截止80年代末，已探明具工业储量的矿种有锆石(225×10^4 t)、独居石(13.67×10^4 t)、金红石(3.07×10^4 t)、锡石(0.72×10^4 t)、磁铁矿(72.36×10^4 t)、铌钽矿(Nb 0.274 2×10^4 t，Ta 0.044 9×10^4 t)、钛铁矿(2.152×10^4 t)、磷钇矿(0.72×10^4 t)、金(0.224 1×10^4 t)、铬铁矿(1.48×10^4 t)、玻璃砂(40.824×10^4 t)，共11种(福建省地矿局区调队，1989)。

(一)滨海砂矿的一般特征和地理分布

滨海砂矿的成分主要是一些化学性能稳定和比重较大的有用矿物，如金、铂、金刚石、锡石、锆石、金红石、独居石、磷钇矿、钛铁矿、磁铁矿等；某些非金属轻矿物如石英、贝壳等，当其大量聚集，也可作为玻璃砂、型砂或建筑材料进行开采。

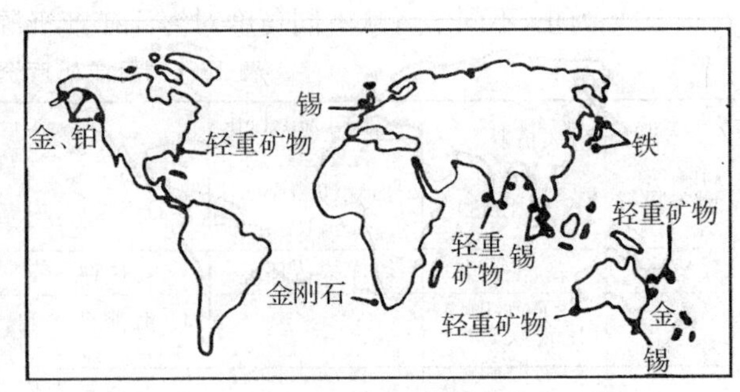

图13-1　某些砂矿床的地理分布

(埃默里和诺艾克斯，1968)

埃默里和诺艾克斯把相对密度4.2～5.3的重矿物划为轻重矿物，如钛铁矿、金红石、锆石和独居石等

滨海砂矿的地理分布范围较广，并且具显著的地域性差异(图13-1)。例如，美国西北太平洋沿岸及陆架(40°—50°N)分布着钛铁矿、铬铁矿和锆石等砂矿(彼得森等，1988)；在澳大利亚和新西兰沿岸，金红石、锆石、独居石和钛铁矿等砂矿床，均具有重要的开采价值；西南非洲岸外分布着有开采价值的金刚石砂矿床，并伴生金、铂、铬铁矿等有用

组分；东南亚南部，印度尼西亚、泰国、马来西亚等沿海地带，是世界上最重要的砂锡矿床分布区；印度、斯里兰卡等南亚沿岸海滩，则是金红石、锆石、独居石、钛铁矿等砂矿床的重要分布区，其伴生有用组分为稀有金属砂矿；西北太平洋沿岸，前苏联、加拿大特别是日本列岛岸外，主要为巨大的磁铁矿砂矿床。

我国滨海砂矿的分布以广东沿岸最多，集中了滨海金属砂矿的90%，非金属砂矿的82.7%，其次为台湾、山东、福建，广西。而河北、江苏、浙江的沿岸，几乎没有工业意义的滨海砂矿（福建省地矿局区调队，1989）。至2002年，我国沿海海岸地带已探明砂矿产地326个，各类砂矿床191个，重要矿点135个。

(二)滨海砂矿的类型和矿物组成

克罗南(1980)将滨海砂矿划分为非金属砂矿、重金属砂矿及稀有金属砂矿等三大类（表13-2）。

表13-2 滨海砂矿的类型和矿物组成

砂矿类型		有用矿物	相对密度
非金属砂矿	氧化硅	石英砂	2.65
	石灰	贝壳和贝壳砂	2.7
	砂和砾石	各种不同矿物	3.0
	黄玉	黄玉	3.4～3.6
	尖晶石	尖晶石	3.5～4.0
	刚玉	刚玉	3.9～4.1
重矿物砂矿	铍	绿柱石	2.75～2.8
	钛	金红石	4.18～4.25
	钛	钛铁矿	4.7
	铬	铬铁矿	4.6
	锆	锆石	4.68
	锰	黑锰矿	4.72～4.84
	锰	褐锰矿	4.72～4.83
	铁	磁铁矿	5.18
	钍	独居石	5.0～5.3
	稀土族	15个稀土元素氧化物组	
	锡	锡石	6.8～7.1
	汞	辰砂	8.10
宝石及稀有金属砂矿	金刚石	金刚石	3.5
	铜	天然金属	8.9
	银	天然金属	10.5
	金	天然金属	15～19.3
	铂	天然金属	14.19
	铌、钽	铌铁矿、钽铁矿	5.2～7.9

克罗南，1980

这种分类的不足之处在于，宝石砂矿不仅仅只有金刚石，而且还应包括非金属砂矿中的黄玉、尖晶石、刚玉及重矿物砂矿中的绿柱石、金红石、锆石等。因此，把金刚石归并到非金属砂矿中，删去宝石二字，似更妥当。

我国主要是依据滨海砂矿的矿物成分和工业用途对其进行分类的。因为我国滨海砂矿一般为复合型矿床，所以只能依据所含矿物的主次，将其归于某一工业类型。现将谭启新、孙岩编制的分类表（表13-3）列出，供参考。

此外，对滨海砂矿的分类尚有下述三种方法：

1. 按成因—地貌分类

该分类首先依据滨海砂矿在其形成过程中占主导地位的外动力作用因素进行分类，然后按其赋存的不同地貌形态划分亚类，两者的结合反映了滨海砂矿在成矿作用中的动力环境。一般按成矿营力因素划分为残坡积、冲积、海积、风积和混合堆积5类；按地貌形态分为16个亚类（表13-4）。我国滨海砂矿以海积成因类型规模较大，其次为冲积和风积型；地貌形态类型以海积沙堤、沙嘴、沙地和河口堆积平原型等工业意义较大，其次为海滩、冲积阶地、风积沙丘和海积阶地型。

2. 按地质时代分类

依据滨海砂矿形成的地质时代，可分为现代滨海砂矿和古滨海砂矿。前者是指在现今滨海地带所形成的砂矿，一般指晚全新世以来在现代岸线附近形成的砂矿；后者是指晚全新世以

表 13-3　中国滨海砂矿工业类型分类表(谭启新、孙岩,1988)

大类		亚类	典型矿区
黑色金属	磁铁矿	磁铁矿	山东日照、石臼所
		含锆石磁铁矿	台湾金山、双溪
	铬铁矿	铬铁矿	广东海康、东里
		伴生钛铁矿、锆石的铬铁矿	广东沙箸、三更寺、烟墩
	钛铁矿	钛铁矿	海南儋县龙山、小海
		锆石—钛铁矿	海南新村港、长安
	金红石	伴生钛铁矿、锆石、独居石的金红石	山东石岛、广东徐闻柳尾、海南万宁、保定、陵水乌石
有色金属	金	金	山东三山岛
		锆石—金	辽宁金厂湾
	铂	伴生钛铁矿、锆石的砷铂矿	海南坑龙
	锡石	锡石	广东海丰杨铺
		含铌铁矿锡石	广东台山沙咀、珠海高栏
稀有金属	铌钽铁矿	褐钇铌矿	广东台山大洋
		铌铁矿	广东台山那章
		含铌钽钛铁矿	海南保定、东澳
	锆石	锆石	山东石岛、广东甲子、滴水、上英、铺前
		钛铁矿—锆石	海南沙箸、潭门、长安
	独居石	独居石	广东南山海、电白、沙尾、福建厦门黄厝
		钛铁矿—锆石—独居石	海南保定
		磷钇矿—独居石	广东电白电城
		金红石—钛铁矿—锆石—独居石	广东徐闻柳尾
	磷钇矿	磷钇矿	广东电白沙尾
		独居石—磷钇矿	广东吴川吴阳
非金属	金刚石	金刚石	辽宁复州湾
	石英砂	玻璃石英砂	福建梧龙、广西北虎头
		型砂	福建山迹
		玻璃—型砂	山东旭口、双岛、云溪
		建筑砂	山东王家皂

表 13-4　中国滨海砂矿成因—地貌形态分类表(谭启新、孙岩,1988)

成因		地貌形态	矿例
残坡积		残丘	山东三山岛砂金矿、广东兴隆钛铁矿
		剥蚀平台	广东兴隆钛铁矿
冲积		河床	广东乌石钛铁矿
		河漫滩	广东大洋褐钇铌矿
		阶地	山东诸流河砂金矿
		埋藏河谷	辽宁复州河金刚石
		冲积小平原	山东石岛锆石矿
海积		海滩	海南乌石钛铁矿、辽宁金厂湾砂金矿
		沙堤	海南保定钛铁矿、锆石、独居石矿,台湾东石独居石矿
		沙嘴	山东石岛锆石矿
		沙地	广东铺前锆石矿
		连岛沙堤	山东褚岛锆石矿
		阶地	广东横山钛铁矿
风积		沙丘	山东牟平石英砂矿、广西北海白虎头石英砂矿
混合成因	冲海湖积	泻湖	海南南港,潭门锆石—钛铁矿
	冲海积	河口堆积平原	广东杨柳埔砂锡矿

前形成的、目前离现代海岸有一定距离的砂矿,又可进一步分为抬升型古滨海砂矿和埋藏型古

滨海砂矿。

3. 按离母岩的距离分类

按照滨海砂矿离母岩的距离的不同，可分为近源滨海砂矿和远源滨海砂矿两类。前者是指那些在原地或离原生地数公里至数十公里沉积富集而成的滨海砂矿，比重大、易磨损的矿物多形成该类砂矿，其规模一般较小，如金、锡、铬铁矿和铌钽铁矿等；后者是指离原生地数十至数百乃至上千公里处富集而形成的滨海砂矿，这类砂矿一般为比重相对较小、抗磨蚀能力较强的矿种，如锆石、钛铁矿、金红石、磷钇矿、磁铁矿和金刚石等。目前，我国已发现的具有工业价值的较大型滨海砂矿床多为远源型。

二、浅海砂矿

浅海砂矿主要是指有用矿物在浅海环境下富集而成的具有工业价值的砂矿床。目前已在浅海区发现的重矿物多达 60 余种，初步调查结果表明，具有远景的矿种有金、锆石、钛铁矿、金红石、锐钛矿、独居石、磷钇矿、磁铁矿和石榴子石等。

目前，我国在渤海、北黄海和东海浅海区已圈定出一些工业矿物相对高含量区，如莱州湾为金的高含量区、东海为钛铁矿、磁铁矿、石榴石、锆石的高含量区等。各海区工业矿物高含量区的划分标准见表 13-5。

表 13-5　各海区工业矿物高含量区划分标准（谭启新、孙岩，1988）

矿种／海区	分析粒级（mm）	钛铁矿（%）	磁铁矿（%）	锆石（%）	石榴子石（%）	金
渤　海	0.1～0.05	＞5	＞2	＞2	＞10	
北黄海	0.125～0.063	＞10		＞1	＞20	
东　海	0.25～0.063	＞30		＞3	＞10	
莱州湾	全样					＞0.025 g/m³

依据 1975 年《海洋调查规范》，将样品中所含的工业矿物含量分为五级，每级含量是把所分析粒级中的单矿物含量换算为占全样的品位，然后再在此基础上划分为两个级别的异常（表 13-6）。

表 13-6　南黄海、南海重砂异常区矿物含量分级表（谭启新、孙岩，1988）

矿种／异常级别	工业品位（g/m³）	边界品位（g/m³）	Ⅰ级异常			Ⅱ级异常	
			1	2	3	4	5
钛铁矿	25 000	10 000	＞10 000	10 000～7 500	7 500～5 000	5 000～2 500	＜2 500
锆　石	2 000	1 000	＞1 000	1 000～750	750～500	500～250	＜250
金红石（锐钛矿）	2 000	1 000	＞1 000	1 000～750	750～500	500～250	＜250
独居石（磷钇矿）	200	100	＞100	100～75	75～50	50～25	＜25
石榴子石	6 000	4 000	＞4 000	4 000～3 000	3 000～2 000	2 000～1 000	＜1 000

按照上述原则，我国近海砂矿高含量区有 19 个，Ⅰ级异常区 22 个，Ⅱ级异常区 27 个（表 13-7）。

据研究（谭启新、孙岩，1988），我国浅海区砂矿异常和高含量区有如下特点：

表 13-7　中国各海区砂矿异常(Ⅰ,Ⅱ)及高含量区统计表(谭启新、孙岩,1988)

海区＼级别	高含量(%)	Ⅰ(%)	Ⅱ(%)	矿　　种
渤　海	5			钛铁矿、磁铁矿、锆石、石榴子石、金
北黄海	6			钛铁矿、锆石、石榴子石
南黄海		12	7	锆石、钛铁矿、金红石、石榴子石
东　海	8			锆石、钛铁矿、磁铁矿、石榴子石
南　海		10	20	锆石、钛铁矿、金红石(锐钛矿)、独居石
合　计	19	22	27	

(1)砂金矿主要分布在渤海的莱州湾东部,磁铁矿分布在渤海和东海,独居石(磷钇矿)分布在南海,金红石(锐钛矿)分布在南黄海和南海,石榴子石在渤海、北黄海、南黄海、东海和南海都有分布。

(2)矿体形态以平行海岸呈条带状、椭圆状、斑块状和不规则状等沙体为主,面积大小不等,一般为数十至数百平方公里,少数为上千余平方公里。

(3)水深一般小于 200 m,多在 50 m 以内,部分小于 20 m。

(4)异常及高含量区的沉积物类型主要为细砂、粉砂,部分为中—粗砂、泥质砂、含结核砂和含砾砂等。

(5)所处地貌单元有冲刷槽、沙脊群、水下沙坝、古河谷、三角洲、海湾、浅滩、潮流辐射沙脊、水下岸坡、水下阶地、古滨海平原等。

(6)砂矿物质以陆源为主,来自陆地、岛屿和海底含工业矿物的不同时代的各类基岩侵蚀物,在海流、波浪、沿岸流、潮流等海洋动力因素作用下,砂矿物质在有利的地形、地貌部位进行富集。在其富集过程中,海洋水动力因素起着重要作用。

三、海洋砂矿的形成环境和成矿控制因素

(一)海洋砂矿的形成环境

据埃默里和诺艾克斯(K. O. Emery 和 L. C. Noakes,1968)的研究,海洋砂矿最适宜的形成环境是现代中纬度海滩和低纬度高能海滩。陆源碎屑物质被径流搬运至河口、海滨地带,还可能有原地的残存物质或海蚀产物,在海平面相对稳定的情况下,经波浪、潮汐、沿岸流的反复分选作用后,一些化学性质比较稳定且密度较大的矿物,如钛铁矿、金红石、锆石、独居石等在沿海特定的地貌部位(如沿岸沙堤底部等)富集到具有经济意义时,便成为滨海砂矿(图 13-2)。一般情况下,多平行海岸分布。

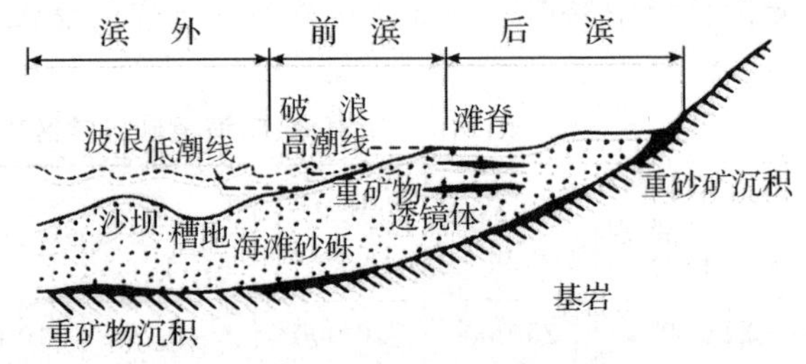

图 13-2　海滩横剖面图(梅罗,1965)

图内黑粗线标明重矿物富集的有利部位

(二)海洋砂矿的成矿控制因素

控制海洋砂矿的成矿因素如下:

1. 母岩类型

海岸及入海水系流域的母岩类型是控制海洋砂矿成矿的首要因素。一般而言,岩浆岩的有用矿物丰度高,变质岩次之,而沉积岩最差。母岩中的有用矿物丰度越高,补给面积越大,母岩剥蚀越深,形成砂矿的可能性也越大;反之则小。砂矿形成的规模,可利用富集成矿系数和

原生源(补给有用矿物的原岩)面积这两个参数来预测：

$$富集成矿系数=\frac{原生源某一工业矿种品位(g/m^3)}{砂矿中该矿种最低要求工业品位(g/m^3)}$$

富集成矿系数越大，原生源面积越大，形成砂矿的规模也越大。

海洋砂矿的补给方式，一般可分为单源补给和混合源补给两种。单源补给是指砂矿来源于同一母岩，这种补给方式形成的砂矿主要为内生矿原生源补给；混合源补给是指砂矿来源于两种或两种以上的母岩，这种补给方式形成的砂矿最多。按砂矿物的变化过程又可分为直接补给和间接补给两种，前者由母岩直接转为砂矿，后者则是由母岩转入沉积岩或古砂矿以后再进入砂矿中。

据彼得森(C. D. Peterson，1988)对美国西北太平洋沿岸海成砂矿的研究，分布于华盛顿和俄勒冈海岸西北部的洋壳玄武岩是这一带钛铁矿的主要原生源；而加利福尼亚西北部和俄勒冈西南部(Klamath 山)洋壳下部超铁镁质岩的存在是这一带铬铁矿的主要原生源。

2. 气候条件及水动力因素

气候条件是决定母岩风化形成和剥蚀速度的重要因素之一。在炎热湿润的条件下，物理—化学风化作用最强烈，这样的地区也是形成滨海砂矿的最有利地带。

海洋水动力因素(波浪、潮汐、沿岸流)决定着近岸地区陆源碎屑物的再分配和海底泥沙运动及其分布规律。因此，海洋水动力的强弱及方向的变化直接控制着海成砂矿的形成、分布规律及其赋存的地貌部位等。

例如，美国俄勒冈州纽波特附近的 Otter Rock 海滩，由于冬季暴风浪冲蚀海滩面，轻矿物极易被海水带走，从而使钛铁矿在海岸底部聚集成黑砂矿；在海岸突出的海岬南侧，往往是黑色重金属矿物富集的地方，这是因为冬季暴风浪从西南方向涌向海岸，使重矿物在西南侧富集的缘故(彼得森，1988)。

3. 海岸和地貌类型

依据滨海砂矿在时空上的分布特点，海岸类型是控制其成矿的重要因素。一般而言，港湾沙砾质海岸最有利于成矿，沙砾质平原海岸对成矿较为有利，可能成矿的海岸有港湾淤泥质海岸、红树林海岸及中小型三角洲海岸，而平原海岸、大河形成的三角洲海岸、基岩海岸、珊瑚礁海岸及断层海岸最不利于成矿。

滨海砂矿矿体主要赋存于海成沙堤、沙嘴、海积小平原、冲积河谷、冲积阶地、河口堆积平原等区；泻湖、风成砂丘、残坡积层等地貌单元只能形成中小型砂矿；剥蚀或海蚀地貌单元一般不成矿。

4. 海平面变化

海平面变化对海洋砂矿有着明显的控制作用。有用矿物组分在滨海富集成矿，只有在足够长的时间内海平面保持相对稳定时才能实现。当海平面上升时，原有的滨海砂矿就沉溺为浅海陆架砂矿，甚至滨岸河谷砂矿也可能沉溺为浅海陆架内溺谷砂矿，这时的砂矿床完全受溺谷地形的控制；当海平面下降时，原来形成的滨海砂矿将成为海积阶地砂矿。

第三节　海底磷矿

海底磷矿是指 P_2O_5 含量＞18％的磷块岩(由于其中富含 CaO，又称磷钙石)，其主要矿物成分是胶磷矿，为隐晶质或呈胶状构造的磷灰石。此外，还包括与胶磷矿伴生的细晶磷灰石。自1873—1876年英国“挑战者”号调查船在南非岸外阿古拉斯(Agulhas)浅滩首次发现现代海洋磷块岩以来，1885年默里在美国佛罗里达滨外布莱克海台找到海底磷钙石，1937年美国在加利福尼亚南部海滩发现磷钙石结核。其后，又在北美洲、非洲、澳大利亚、新西兰岸外相继发现海底磷块岩的存在。一个多世纪以来，人们对海底磷矿的分布，形成过程及矿物学、地球化学特征等进行过大量调查研究工作。估计海底磷矿约有千亿吨以上，如采用其中10%，则可供世界各国几百年之用。所以，海底磷矿是重要的海洋矿产资源之一。

一、海底磷矿的一般特征和地理分布

(一)海底磷矿的一般特征

海底磷矿(磷块岩或磷钙石)一般呈结核状、块状、板状、颗粒状产出，其内部多呈鲕状或层状构造，通常含杂质较多，常呈暗灰色。如含大量碳或黄铁矿，则呈黑色。

磷块岩中的主要杂质为黏土、碎屑物、海绿石、方解石、白云石、碳质、硅质、黄铁矿以及一些生物骨屑等。其结核通常呈不规则状，致密坚固，相对密度为2.6～2.8，硬度(摩氏硬度)5。结核大小相差悬殊，在加利福尼亚湾沿岸平均直径为5 cm，最大结核为60×50×20 cm^3(Dietz等，1942)。

(二)海底磷矿的地理分布

海底磷矿主要分布在滨外浅滩、浅海陆架、陆坡上部、边缘台地、海山等处，产出水深一般为几十至几百米，但也可以产于上千至几千米深的海底。在出现上升流，特别是在上升流辐散、沉积速率不大的地方，更有利于海底磷矿的富集。通常，大洋东侧较其西侧更富集(图13-3)。

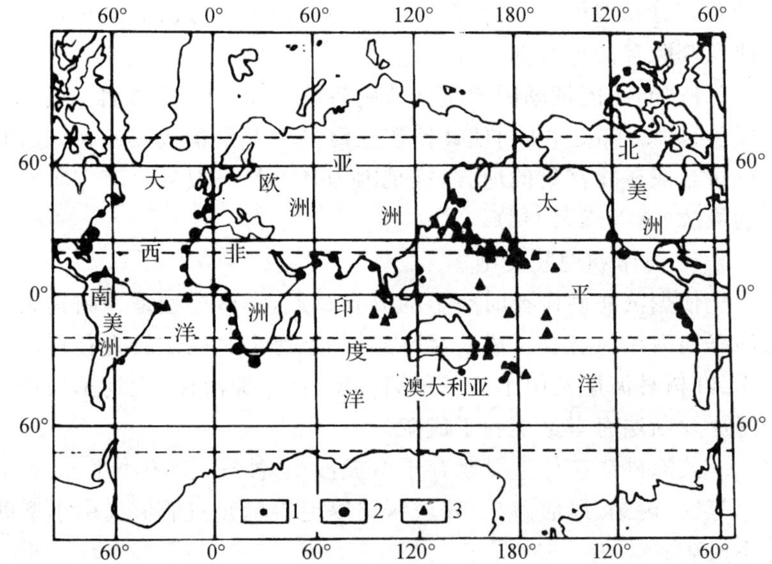

图13-3 海底磷矿的地理分布

(巴图林，1989)

1、2 大陆边缘磷块岩 3. 海山磷块岩

巴图林(G. N. Baturin，1985)按海底磷块岩的分布和产状，将其分为大陆边缘磷块岩和海山磷块岩两类：

1. 大陆边缘磷块岩

主要分布在四个地带：

(1)东大西洋带 主要在非洲西海岸外，如南非的厄尔勒斯滩、西南非洲的纳米比亚、中非的安哥拉、西北非的摩洛哥和撒哈拉等地的陆架区；

(2)西大西洋带 主要是北美洲岸外，如布莱克海台、佐治亚和北卡罗来纳的陆架区；

(3)东北太平洋带 指加利福尼亚湾和墨西哥湾陆架区和陆坡上部；

(4)东南太平洋带 主要是指秘鲁—智利岸外的陆架区。

2. 海山磷块岩

主要分布在太平洋地区，包括海底火山、平顶山(截顶山)、海岭等，如印度尼西亚西南部海山、新西兰附近的海山所产磷块岩。

二、海底磷矿的化学成分

海底磷矿(主要为胶磷矿)的化学成分为 $Ca(PO_4)_2 \cdot 2H_2O$，其中 PO_4^{3-} 可以被 CO_3^{2-} 置换，由置换反应造成的化学不平衡可由 F^-、OH^-、Cl^- 等介入而得以补偿(Gulbrandsen 等，1966，Price 和 Galvert，1978)，形成含 F、Cl、OH、CO_3 等的一系列磷灰石变种。

各大洋磷块岩的平均化学成分见表 13-8。

三、海底磷矿的产出环境及形成机制

(一)海底磷矿的产出环境

1. 富磷的氧化环境

默莱和雷纳德(Murray and Renard，1891)在《挑战者》号调查报告中指出：由于冷暖海流汇合，引起温度大幅度而迅速的变化，使深海生物大量死亡，导致生物体腐解，创造了海水中溶有大量磷酸盐的环境。一旦富磷酸盐进入氧化的海洋环境，磷酸盐即以胶体形式凝聚于海底。

2. CO_2 含量低的环境

斯密尔诺夫(A. I. Smitrnov，1957)在其所著《磷灰石的成因问题》一书中强调：海水中磷酸盐的可溶性决定于 CO_2 的含量。当深部富磷酸盐海水涌向表层时，由于压力降低、温度升高、CO_2 逃逸，导致磷酸盐过饱和而沉淀。

3. pH 值低的厌氧环境

美国一些学者(Krumbein，Garrels，1952；Aleschuler，1958；E. K. Goldberg，1963)根据加利福尼亚湾海底磷灰石中存在低价铀以及在特旺特佩克湾(Tchuantepec)发现磷灰石化木等认为：磷灰石形成于 pH 值低的厌氧海盆环境中。不过，在加利福尼亚湾南部海域某些氧化强烈的海洋环境中，也发现海底磷灰石。看来，厌氧环境是形成磷灰石的有利条件，而非必要条件。

(二)海底磷矿的形成机制

梅罗(J. L. Mero，1965)、巴图林(1989)等研究了现代海底磷块岩的生成条件，提出了海底磷矿的形成机制(图 13-4)。

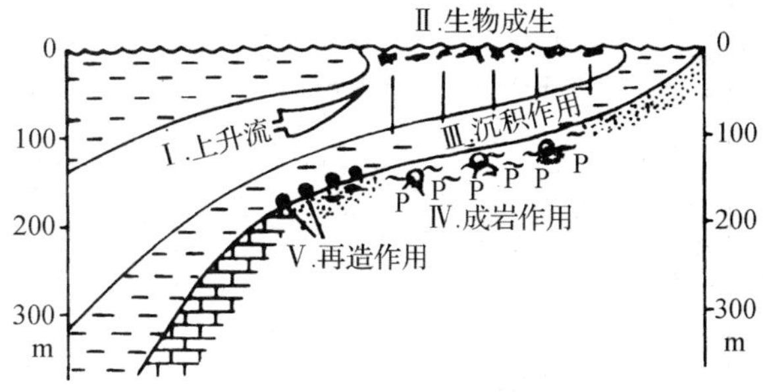

图 13-4　大陆架上现代磷块岩形成机制

(巴图林，1989)

在大洋东侧的上升流区较冷的富含 P_2O_5 的海水，从深部上升到陆坡上部、外陆架区，给表层海水中的生物提供了迅速繁殖的条件(图 13-4，Ⅰ)；随后，浅海浮游生物吸收海水中的磷并使其固定(图 13-4，Ⅱ)；当海水中大量生物的粪粒及生物死亡之后的残骸堆积于海底，其中大部分腐解，参与水体的再循环，并改变海水的 pH 浓度(使 pH 值升高)，有利于海水中磷酸盐沉淀(图 13-4，Ⅲ)；有机质磷分解后溶于沉淀物的孔隙中，其浓度可达 8～9 mg/L，以此过饱和状态，在沉积物颗粒表面析出磷酸盐凝胶、并不断富集，可使 P_2O_5 含量增至 20～30%。在此过程中，由于成岩作用，海底溶液中的 Mg^{2+} 浓度不断降低，也

表 13-8 大洋磷块岩的平均化学成分(ω_B%)

地区	深度(m)	P_2O_5	CaO	Mg	Fe_2O_3	Al_2O_3	SiO_2	Na_2O	K_2O	CO_2	SO_3	F	C	烧失量
太平洋														
加利福尼亚盆地	100～350	30.0	47.8	0.7	1.0	1.4	9.5	0.8	0.6	5.5	2.1	3.4	1.0	9.3
秘鲁陆架	117～446	21.2	34.0	1.5	2.1	4.9	22.0	0.90	1.1	3.6	1.1	2.14	0.64	9.2
智利陆架	100～430	23.0	33.7	1.2	2.7	4.8	21.0	0.85	1.3	3.0	0.4	2.20	0.62	8.0
鄂霍茨克海萨哈林陆架	150～180	23.28	35.11	0.87	3.0	1.5	18.76	1.15	0.64	5.81	0.60	1.34	—	5.5
日本海	450～1 800	28.0	43.37	0.94	2.41	1.44	7.90	2.15	0.42	3.75	1.14	2.97	0.8	7.3
澳大利亚东陆架	200～300	9.78	20.9	2.5	27.5	3.38	17.28	0.57	1.0	—	—	2.20	—	15.8
查塔姆海底隆起	285～465	21.0	42.7	0.2	2.38	0.06	5.3	0.55	0.9	12.2	—	2.25	—	20.8
密尔沃基海山	400	23.50	49.22	1.60	1.19	0.12	—	—	—	14.53	—	—	0.32	—
夏威夷海岭斜坡	2 750	26.10	41.44	1.20	2.09	3.06	19.25	0.95	0.90	3.58	—	2.83	0.12	7.32
马尔摩斯—内克海山	1 050	31.60	48.72	0.60	0.39	0.25	—	2.16	0.15	4.90	—	3.87	0.25	8.38
马尔摩斯—内克海山	1 800	31.35	48.30	1.03	0.61	0.47	—	—	—	5.49	—	3.96	0.33	—
马尔摩斯—内克海山	2 440	30.30	47.46	1.00	1.19	0.79	—	2.00	0.30	4.75	—	3.89	0.19	8.42
库克岛附近的海山	3 680	29.42	46.48	0.40	1.29	1.72	4.89	1.82	0.30	3.50	—	3.29	0.18	7.12
平顶海山	1 000～1 500	16.42	45.69	5.37	1.09	0.08	0.67	0.13	—	—	—	—	—	27.66
所罗门平顶海山	500～1 500	14.54	40.37	6.17	4.35	0.63	0.30	0.39	0.09	—	—	—	—	27.36
大西洋														
西班牙陆坡	200～1 000	12.87	39.44	1.41	7.54	7.22	15.50	0.71	0.77	—	—	1.33	—	17.5
葡萄牙陆坡	425～1 945	14.0	43.77	2.62	8.41	1.59	5.59	0.17	0.43	—	—	1.8	—	—
摩洛哥陆架	55～290	20.5	39.4	3.7	11.2	1.5	6.8	—	—	13.7	—	1.0	0.5	15.95
塞内加尔陆架	20	10.0	35.6	4.8	1.3	痕迹	1.3	—	—	—	—	—	1.9	27.1
几内亚陆架	250	15.39	16.90	4.92	30.66	5.60	11.66	0.23	1.00	7.04	0.36	0.84	0.29	2.9
安哥拉陆架	150	21.77	34.27	1.8	4.6	1.9	19.3	—	—	3.65	3.04	2.4	0.76	7.6
纳米比亚外陆架	150～200	24.12	42.0	4.6	1.4	0.6	1.4	—	—	—	—	2.5	0.88	12.4
纳米比亚内陆架	70～120	32.7	46.4	1.7	0.2	痕迹	0.17	1.0	0.05	6.3	1.82	3.02	0.92	12.2
南非外陆架	215～490	15.60	22.4	2.1	5.3	2.53	23.34	—	—	7.10	6.76	1.5	0.55	14.2
厄加勒斯海岭	100～500	18.0	38.33	1.5	5.5	1.9	10.4	0.72	1.3	11.1	1.5	2.1	0.67	14.8
北卡罗利纳陆架	30～40	27.5	45.0	1.0	0.68	0.54	—	—	—	6.76	3.20	3.14	0.63	—
布莱克海台	300～600	22.2	50.0	1.2	4.1	1.1	3.7	0.6	0.3	11.4	0.38	2.5	0.4	14.9
伯南布哥海台	1 750～2 200	22.86	42.78	—	11.90	3.36	7.85	—	—	—	1.32	—	—	—
冈夷斯隆起(13°30′N,63°10′W)	620～730	24.0	42.4	0.5	1.0	2.57	1.95	—	—	—	1.33	—	—	—
扬马延海岭	1 000	10.28	19.23	1.58	4.62	17.8	30.14			—	—	1.16	—	8.46
印度洋														
索科特拉陆架	210	28.0	43.9	1.1	5.75	2.3	3.1	0.9	0.43	8.45	—	2.0	0.55	2.0
印度西陆架	260～300	9.50	25.6	6.37	8.86	4.63	11.2	0.62	0.55	24.0	—	1.36	0.64	4.8
海山(13°45′N,99°56′E)	3 689	27.8	45.35	1.40	1.39	2.29	4.66	—	—	3.55	—	2.58	—	—

注：短线表示没有可用的数据。巴图林(1989)

促使磷酸盐沉淀(图 13-4,Ⅳ);原始磷酸盐沉淀物呈半液态的粉砂、黏土级质点,经波浪的簸选,把轻组分带出,使较重的磷钙石等在原地富集(图 13-4,Ⅴ)。

第四节　洋底锰结核和锰结壳

1868 年,瑞典"索菲娅"(Sophia)号在西伯利亚岸外的北冰洋喀拉海中探险时首次发现锰结核。之后,英国"挑战者"号于 1872 年 2 月 18 日在大西洋西非岸外的法罗岛西南约 300 km 处用拖网采集到锰结核,后来又陆续在大西洋、印度洋、太平洋的一些海域采集到了类似的结核样品,发现它在世界上大多数海域都存在(埃尔尼)。但直到 20 世纪 60 年代,Mero(1965)根据 110 个测站样品的分析结果,估算出仅太平洋海域就蕴藏结核 16×10^{11} t,约含 Mn 20×10^{10} t、Cu 50×10^{8} t、Ni 90×10^{8} t、Co 30×10^{8} t,人们才认知其巨大的开发远景和经济价值。从此,各国政府、企业和研究机构竞相开展对该资源进行调查研究。1979—1983 年我国"向阳红 16"号船,首次在北太平洋海域(7°—13°N,167°—178°E)500 m 深的海底采得 310.9 kg 锰结核样品;1986—1987 年我国"海洋四"号船又在中太平洋和东太平洋获取 608.8 kg 锰结核和锰结壳样品,其中在约翰斯顿岛附近的海底采得单体重 41 kg 的锰结核,并完成 72 万 km^2 海域的海底多金属结核的普查任务。在国际上,美、日、德、苏联等国已确定了几个远景区并进行了试采,对采矿设备和冶炼工艺的研究亦日臻完善。估计在不久的将来,将会出现锰结核的大规模开采活动。

20 世纪 80 年代初,人们根据对洋底多金属结核的形态、矿物组成、形成机制等方面的研究,将其分为锰结核和锰结壳两大类。

一、锰结核

锰结核(亦称铁锰结核、多金属结核、锰矿瘤、锰矿球)是一种富含多金属元素,主要由铁锰氧化物和氢氧化物组成的黑色"球状"沉积物团块。其中除含有多量的铁、锰外,还富含铜、镍、钴、铅等金属元素,含量一般大于 1%,成为仅次于海底石油的重要海洋矿产资源。

(一)锰结核的基本特征

锰结核一般为黑色、绿黑色至褐色,由多孔的微晶集合体、胶状颗粒和隐晶质物质组成,外形常呈球状、椭球状、菜花状,其表面有三种类型:粗糙表面、光滑表面和葡萄状表面。就单个结核体来说,其外表形态也有极大的变化,尤其是结核的上部和下部可呈现出极大的差异。雷布(W. Raab,1972)在北太平洋矿带上采得"汉堡包"形锰结核,其上部表面光滑,下部表面比较粗糙(图 13-5)。据雷布(1972)的研究,"汉堡包"形锰结核,上部与海水接触,其成分中 Fe、Co 占优势,主要由海水中所含元素供给;下部处于海底沉积物埋藏状态下,其成分中 Mn、Ni、Cu 占优势,主要由沉积物内孔隙水中所含元素供给。锰结核的硬度变化较大,按摩氏硬度可为 1～4 度;其大小相差悬殊,有直径小于 1 mm 的微结核,也有直径大于 10 cm 的大结核,一般直径为 2～6 cm。锰结核的平均密度为 1.96 g/cm^3,结核核心物质有四类:

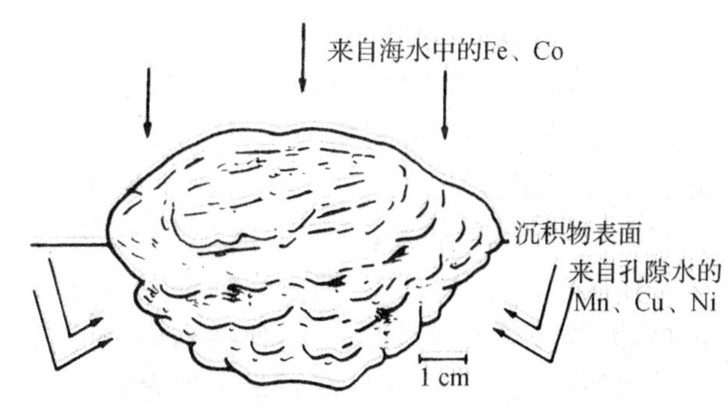

图 13-5　"汉堡包"形锰结核
(克罗南,1978)

①老的锰结核碎块;②深海沉积物(如深海黏土等);③火山碎屑;④生物骨骼(如鲨鱼牙齿等)。结核壳层构造可分原生构造和次生构造两大类,并可进一步划分成 17 种构造类型(表 13-9)。

表 13-9 锰结核的壳层构造类型

<table>
<tr><td rowspan="2">原生构造</td><td>生长构造</td><td>1. 环柱构造
2. 波状层纹构造
3. 杂乱构造
4. 同心球粒构造</td></tr>
<tr><td>间断构造</td><td>5. 平行间断构造
6. 角度间断构造</td></tr>
<tr><td rowspan="3">次生构造</td><td>裂隙构造</td><td>7. 同心壳层状裂隙构造
8. 放射状裂隙构造
9. 不规则状裂隙构造
10. 龟甲状裂隙构造</td></tr>
<tr><td>充填构造</td><td>11. 简单脉状构造
12. 对称脉状构造
13. 梳状构造
14. 龟背石构造</td></tr>
<tr><td>交代构造</td><td>15. 交代致密构造
16. 交代残余构造
17. 交代生物构造</td></tr>
</table>

据孔祥瑞,1991

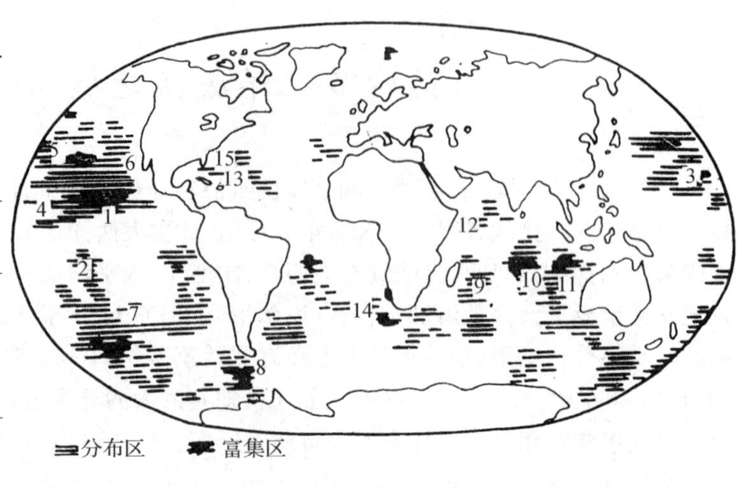

图 13-6 世界大洋多金属结核分布(Cronan,1980)

锰结核区(据 Andreev 等,1984):1—克拉里昂-克里帕顿;2—南太平洋;3—威克-内克;4—中太平洋;5—夏威夷;6—加利福尼亚;7—米纳德;8—德雷克水道-斯科舍海;9—迪亚曼蒂纳;10—中印度洋;11—西澳大利亚;12—索马里;13—北美-圭亚那;14—厄加勒斯角;15—布莱克海台

(二)锰结核的分布特征

锰结核主要分布于太平洋、大西洋、印度洋的深海洋底,其中尤以太平洋深海区分布最广(图 13-6),在我国南海海盆也有发现。就水深而言,锰结核通常分布在海洋碳酸盐补偿深度(CCD)以下,即水深大于 4 000 m 的洋底。

依据大洋底的构造地貌特征和海区所处的地理位置以及锰结核的化学成分、丰度等,可在太平洋划分出八个主要的锰结核富集区:①克拉里昂—克里帕顿区(也称 CC 区);②中太平洋区;③威克—内克区;④夏威夷区;⑤加利福尼亚区;⑥南太平洋区;⑦米纳德区;⑧德雷克—斯科舍区等。上述富集区均位于中太平洋和东北太平洋,而且以 6°—12°N、120°W—160°E 的广大海域内锰结核最丰富。这是因为,赤道附近为高生物生产力带,限制了锰结核的生长;而太平洋周缘,由于陆源碎屑物的大量输入,也不利于氧化锰的生长。北太平洋海底,某些地区深海黏土堆积速率仅为 1 mm/10^3 a,就非常有利于锰结核的富集;在南太平洋海底,基本上是硅质软泥覆盖区,堆积速率为 3 mm/10^3 a,也有利锰结核生长,所以锰结核在该海域含量最高。

印度洋洋底锰结核主要分布在赤道以南。因为北印度洋洋底的大部分为巨大的深海扇所占据,大量陆源碎屑物的输入,使锰结核不可能发育。

大西洋是三大洋中锰结核最不发育的洋区,这是由于其洋底(尤其是大西洋中脊)的大部分在碳酸盐补偿深度以上的缘故。但是,在大西洋两侧的深海盆地内,包括布莱克海台及海山上,却分布着丰富的锰结核,这可能与大西洋底层流的强烈活动有关。

(三)锰结核的矿物组成及化学成分

1. 矿物组成

锰结核中的矿物种类繁多,其中锰矿物有钡镁锰矿、布塞尔矿、钠水锰矿、水羟锰矿(δ-MnO_2)、软锰矿、拉锰矿、恩苏锰矿(γ-MnO_2)、硬锰矿、黑锌锰矿、钙锰矿等(表 13-10),铁矿物有针铁矿、赤铁矿、四方纤铁矿、水铁矿、磁赤铁矿等。另外，锰结核的层间和层内还含有黏土矿物(蒙脱石、伊利石)、沸石矿物(钙十字沸石、斜方沸石)、石英、长石、云母、蛋白石、重晶石、硬绿泥石、辉石、角闪石、葡萄石、方解石、文石、尖晶石等。

表 13-10　多金属结核中的锰矿物特征(朱而勤等，1991)

矿　物	推测成分	晶　系	晶胞参数(Å)
钡镁锰矿	$(Ca,Na,K)(Mg,Mn^{2+})Mn_5O_{12}\cdot H_2O$	单斜	$a=9.75;b=2.894;c=9.59$
布塞尔矿(1nm 水锰矿)	Na　Mn 氢氧化物	六方	$a=8.41;c=10.01$
钠水锰矿	$(Ca,Na,K)(Mg,Mn)Mn_6O_{14}\cdot 5H_2O$	六方	$a=2.85;c=7.08-7.31$
水羟锰矿(δ-MnO_2)	$MnO_2\cdot nH_2O\cdot m(R_2O,RO,R_2O_3,)$ $R=Na,Ca,Fe,Mn$	六方	$a=2.86;c=4.7$
软锰矿	MnO_2	四方	$a=4.39;c=2.87$
拉锰矿	MnO_2	斜方	$a=4.53;b=9.27;c=2.87$
恩苏锰矿(Y-MnO_2)	$(Mn^{2+},Mn^{3+},Mn^{4+})(O,OH)_2$	六方	$a=0.65;c=4.43$
硬锰矿	$(Ba,K,Mn^{2+},Co)_2Mn_5O_{10}\cdot H_2O$	单斜或斜方	$a=9.56;b=2.88;c=13.6$ 或 $a=8.254;b=13.40;c=2-8.6$
黑锌锰矿	$Zn_2Mn_6O_{14}\cdot 6H_2O$	三斜	$a=7.54;b=7.54;c=8.22$
钙锰矿	$(Ca,Mn)Mn_4O_9\cdot 3H_2O$	六方	$a=2.84;c=7.07$

富含 Cu、Ni 的锰结核，其矿物总是以钡镁锰矿为主要矿物。因此，一般把钡镁锰矿的存在视作含 Cu、Ni 锰结核富集区的标志矿物，如太平洋东部边缘和东北、东南两个热带海区。

2. 化学成分

锰结核的化学成分异常复杂，富含多种金属元素。其中主要有 Mn 和 Fe，其次为 Si、Al、Ca、Mg、Na、K、Ti、Ni、Cu、Co 等。与地壳中化学元素的丰度相比，锰结核中趋于富集的元素有 20 余种，其中 Mn、Ni、Co、Mo、Cu、Pb 等有用金属元素的含量高出其在地壳中平均含量的 46～274 倍。如果同海水中相应的元素相比，锰结核中的 Mn、Fe、Co、Cu、Ni 等有用元素的含量更是超过其在海水中含量的百万倍以上(表 13-11)。

表 13-11　世界各大洋多金属结核化学元素的平均含量(重量%)(Cronan，1976)

化学元素	太平洋	大西洋	印度洋	南大洋	世界大洋平均值	地壳含量	富集系数
B	0.027 7	—	—	—	—	0.001 0	27.7
Na	2.054	1.88	—	—	1.940 9	2.36	0.822
Mg	1.710	1.89	—	—	1.823 4	2.33	0.782
Al	3.060	3.27	3.60	—	3.098 1	8.23	0.376
Si	8.320	9.58	11.40	—	8.624	28.15	0.306
P	0.235	0.098	—	—	0.224 4	0.105	2.13
K	0.753	0.567	—	—	0.642 7	2.09	0.307
Ca	1.960	2.96	3.16	—	2.534 8	4.15	0.610
Sc	0.000 97	—	—	—	—	0.002 2	0.441
Ti	0.674	0.421	0.629	0.610	0.642 4	0.570	1.13
V	0.053	0.053	0.044	0.060	0.055 8	0.013 5	4.13
Cr	0.001 3	0.007	0.001 4	—	0.001 4	0.01	0.14

续表

化学元素	太平洋	大西洋	印度洋	南大洋	世界大洋平均值	地壳含量	富集系数
Mn	19.78	15.78	15.12	11.69	16.174	0.095	170.25
Fe	11.96	20.78	13.30	15.78	15.608	5.63	2.77
Co	0.335	0.318	0.242	0.240	0.298 7	0.002 5	119.48
Ni	0.634	0.328	0.507	0.450	0.488 8	0.007 5	65.17
Cu	0.392	0.116	0.274	0.210	0.256 1	0.005 5	46.56
Zn	0.068	0.084	0.061	0.060	0.071 0	0.007	10.14
Ca	0.001	—	—	—	—	0.001 5	0.666
Sr	0.085	0.093	0.086	0.080	0.082 5	0.037 5	2.20
Y	0.031	—	—	—	—	0.003 3	9.39
Zr	0.052	—	—	0.070	0.064 8	0.016 5	3.92
Mo	0.044	0.049	0.029	0.040	0.041 2	0.000 15	274.66
Po	0.602^{-6}	0.574^{-6}	0.391^{-6}	—	0.553^{-6}	0.665^{-6}	0.832
Ag	0.000 6	—	—	—	—	0.000 007	85.71
Cd	0.000 7	0.001 1	—	—	0.000 79	0.000 02	39.50
Sn	0.000 27	—	—	—	—	0.000 02	13.50
Te	0.005 0	—	—	—	—	—	—
Ba	0.276	0.498	0.182	0.100	0.201 2	0.042 5	4.73
La	0.016	—	—	—	—	0.003 0	5.33
Yb	0.003 1	—	—	—	—	0.000 3	10.33
W	0.006	—	—	—	—	0.000 15	40.00
Ir	0.939^{-6}	0.932^{-6}	—	—	0.935^{-6}	0.132^{-7}	70.83
Au	0.266^{-6}	0.302^{-6}	0.811^{-7}	—	0.248^{-6}	0.400^{-6}	0.62
Hg	0.82^{-4}	0.16^{-4}	0.15^{-6}	—	0.50^{-4}	0.80^{-6}	6.25
Ti	0.017	0.007 7	0.010	—	0.012 9	0.000 045	286.66
Pb	0.084 6	0.127	0.070	—	0.086 7	0.001 25	69.36
Bi	0.000 6	0.000 5	0.001 4	—	0.000 8	0.000 017	47.05

(四)锰结核的分类与成因

有关锰结核的分类,国内外所提方案甚多,目前尚无统一的分类方案。至今,主要有 4 种分类法:①形态分类;②成因分类;③粒级分类;④元素含量分类。

鲍根德(1991)依据锰结核的化学成分、矿物组成、丰度、品位、沉积环境等特征,将锰结核分为 A 型、B 型、C 型三类(表 13-12)。

表 13-12　多金属结核的成分—成因分类(鲍根德,1991)

特征 \ 地球化学类型	A 型结核(Mn/Fe≤1.50)	B 型(过渡型)结核(1.50<Mn/Fe≤2.50)	C 型结核(Mn/Fe>2.50)
元素含量变化规律	高 Fe,Pb,Cr,Sr,ΣREE,低 Mn,Ni,Zn	Fe,Pb,Cr,Sr,ΣREE 和 Mn,Ni,Zn 均处于 A,C 型之间	高 Mn,Ni,Zn 低 Fe,Pb,Cr,Sr 和 ΣREE
元素相关	Fe 与 Mn 呈强烈的正相关	Fe 与 Mn 呈弱的正相关	Fe 与 Mn 呈明显的负相关
主要矿物组成	δ-MnO_2	1nm 水锰矿+δ-MnO_2	1nm 水锰矿
丰度、品位	品位低(0.87%),丰度高(9.46 kg/m^2)	丰度、品位处于 A,C 型结核间,分别为 1.47%和 8.15 kg/m^2	丰度低(7.03 kg/m^2),品位高(2.27%)
生长速度	生长速度慢(1.73 mm/10^6 a)	生长速度较快,为 3.43 mm/10^6 a	生长速度快(12.33 mm/10^5 a)
沉积环境	深海黏土、硅质黏土和钙质软泥占有均等的机率	钙质软泥和深海黏土	沸石黏土和硅质黏土区

许东禹(1994)根据锰结核的直径大小、外表形态、表面结构等特征,提出了锰结核的大小—形态—表面结构分类方案(表13-13)。该方案在实际工作中对锰结核进行综合描述时,应用较为方便。

表13-13 多金属结核的大小—形态—表面结构分类
(许东禹等,1994)

类型符号	大 小	形 态	表面结构
L[S]	大型 >6 cm	球 状	粗糙/光滑
L[E]		椭球状	粗糙/光滑
L[D]		盘 状	粗糙
L[C]		菜花状	葡萄/粗糙
L[P]		连生体	粗糙/光滑
L[T]		板 状	光滑/粗糙
L[F]		碎屑状	光滑/粗糙
M[S]	中型 3~6 cm	球 状	粗糙/光滑
M[E]		椭球状	粗糙/光滑
M[D]		盘 状	葡萄/粗糙
M[C]		菜花状	粗糙/光滑
M[P]		连生体	光滑/粗糙
M[T]		板 状	光滑/粗糙
M[F]		碎屑状	光滑/粗糙
S[S]	小型 <3 cm	球 状	粗糙/光滑
S[E]		椭球状	粗糙/光滑
S[D]		盘 状	粗 糙
S[B]		杨梅状	粗 糙
S[T]		板 状	光滑/粗糙
S[P]		连生体	粗糙/光滑
S[F]		碎屑状	光滑/粗糙

L—大型,M—中型,S—小型,[]内的符号:S—球状,E—椭球状,D—盘状,C—菜花状,P—连生体,T—板状,F—碎屑状,B—杨梅状,[]右上或右下角填上 s、r 或 b 表示结构表面为光滑、粗糙和葡萄状结构特征,例 $L[C]^{s}_{r}$ 表示大型菜花状结核上表面光滑,下表面粗糙。

2. 锰结核的成因

关于锰结核的成因,目前国内外提出以下几种形成机制:①火山成因机制;②胶体化学沉淀机制;③岩石风化成因机制;④沉积物成岩机制;⑤生物成矿作用机制;⑥生物—化学二元成矿机制;⑦海底热液作用成因机制。

鲍根德(1991)认为:A 型结核中的元素主要来自上覆海水的缓慢沉积,而上覆海水中的化学元素则主要来自火山喷发和海底页岩的风化,其形成过程主要受上覆海水中 Mn^{2+} 的控制;B 型结核中的元素主要来自海底沉积物间隙水的扩散,而间隙水中的化学元素,主要来自沉积物的氧化成岩过程,Fe、Mn 氧化物水化物的复溶,主要受沉积物中 Eh 的控制;C 型结核中的化学元素亦主要来自海底沉积物间隙水的扩散,但间隙水中的元素主要是在有机物缺氧条件下形成的,即在细菌媒介下,沉积物中的 Fe^{3+}、Mn^{4+} 参与了沉积物中某些有机物的降解反应,接收了有机物的电子后被还原的结果,结核形成主要受沉积物中可资利用的活性有机物和细菌的控制。

韩喜球等(1996)曾提出锰结核的生物—化学二元成矿说。以往对锰结核的生物成矿作用的研究,主要是探讨微生物活动对锰结核的间接性影响,属间接性生物成矿作用的研究范畴。韩喜球等(1996)在锰结核中发现了大量的铁锰质超微生物化石—太平洋螺球孢菌和中华微放线菌这两个新种,它们分别构筑了粗糙型结核和光滑型结核,即嗜铁锰的超微生物汲取铁锰元素作自身组分,死亡后堆积成矿。因此她认为,铁锰矿物是生物成因,是超微生物直接作用的产物;而 Cu、Co、Ni 等金属元素,则是铁锰矿物与介质通过离子交换作用的途径进入结核中,故称生物—化学二元成矿。

哈尔巴赫(P. Halbach,1986)认为,锰结核的形成过程可分为早期成岩作用和纯水化成岩作用两种类型。海底沉积物一般分为上部未固结的液化层和下部半固结层两部分。早期成岩作用形成的锰结核,是由于上部有机碳的分解,造成液化层呈弱还原条件,有利于沉积物中 Mn^{2+} 和 Cu^{+}、Ni^{+} 离子向上迁移,因此可形成 Mn/Fe 比值高的富含 Cu、Ni 的锰结核;纯水化成岩作用形成的锰结核,是由于靠近海底水中的铁、锰胶体质点的共凝沉淀(MnO_2 为正电荷胶粒，$Fe(OH)_2$ 为负电荷胶粒）作用，形成 Mn/Fe 比值低而富含 Co 的锰结核，其主要成分是 δ-$MnO_2 \cdot H_2O$ 和 $FeOOH \cdot H_2O$。不过，自然界中大多数锰结核是成岩作用和水成作用二者混合作用的结果（图 13-7）。

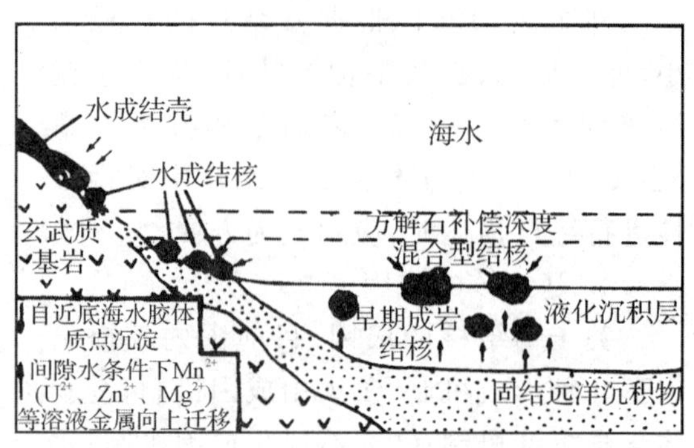

图 13-7　洋底和海山上锰结核和锰结壳的生成类型

（P. Halbach，1986）

过去，人们一般将海底热液矿床、锰结核、铁锰结壳的成因只作单独性探讨。吴世迎等（1995）认为，热液硫化物—多金属结核（即锰结核）和铁锰结壳是有内在联系的，并提出了其统一性成因模式，强调多金属结核和铁锰结壳的生成—生长—溶蚀消亡可以看作是地质历史长河中的一幕（图 13-8）。

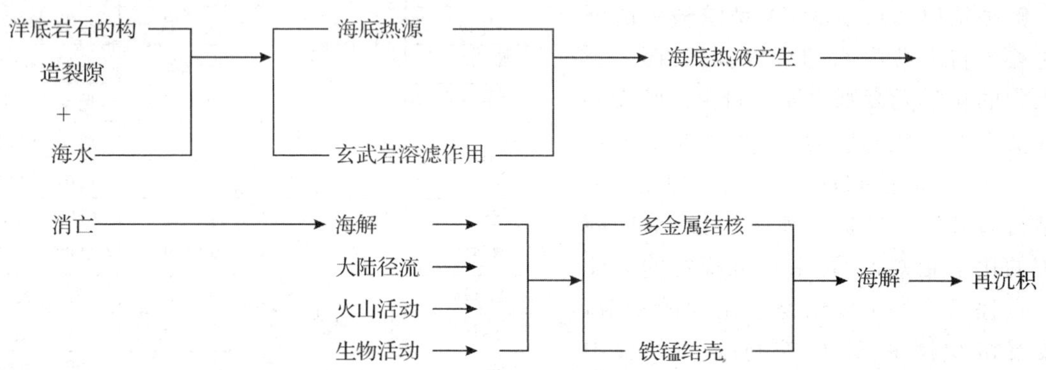

图 13-8　大洋多金属结核、铁锰结壳与热液矿床的统一性成因模式（吴世迎等，1995）

（五）锰结核的生长历史与生长速率

依据锰结核的构造特征、微体古生物记录以及 ^{10}Be 法测年等资料，锰结核的生长历史可划分三个世代（韩昌甫等，1994）：Ⅰ. 始新世末—早中新世中期（24.6～14.4 Ma B. P.）；Ⅱ. 中中新世早期—晚中新世末期（14.4～5.1 Ma B. P.）；Ⅲ. 上新世—第四纪（5.1～0 Ma B. P.）。不同结核生长历史差异性很大，有的分不出三个世代，有的却世代更多（黄永祥、杨威武，1994；韩昌甫等，1994；孙志国等，1995，1996）。

锰结核的分布与底层海水的氧含量有关，氧含量高的地方，结核富集；反之，则结核贫乏。大洋中这种分布与南极底层水（AABW）有关，因氧的高含量与 AABW 的活动范围有关，AABW 活动强烈的地方往往有锰结核分布，活动不强烈的地方则无锰结核分布。从历史上看，AABW 活动时，可以形成锰结核；从全球角度看，AABW 只有在气温低时才活动。因此，锰结核中的微层是低气温的记录，而间断面则为气温变暖的记录。

不同类型的锰结核，其生长速率相差很大，一般在 1～20 mm/Ma 之间，有小于 1 mm/Ma 者，也有大于 300 mm/Ma 者。同一种锰结核在生长过程中其生长速率波动性很大（孙志国等，1995，1996）。

（六）锰结核的资源量

锰结核的主要控制因素有：水深、沉积物间隙水的 pH 值、Eh 值、碱度，构造环境等。锰结核的丰度是指单位面积中所赋存结核的重量，单位为 kg/m^2；覆盖率是指单位面积中结核所覆盖面积的百分比，用%表示；品位是指锰结核中Cu、Ni、Co含量的总和，亦用百分数(%)表示。锰结核的主控因素及丰度、覆盖率、品位等参数，是其重要的找矿标志，也是圈定矿区的主要依据。

根据估算，整个大洋底大约储存1 500～3 000 Gt锰结核。其中按丰度10 kg/m^2、品位Cu＋Co＋Ni＞1.76%圈定的富矿区资源量为14～99 Gt(Gross和Mcleod，1987)。

二、锰结壳

锰结壳(亦称铁锰结壳、富钴锰结壳、富钴结壳、多金属结壳、富钴铁锰结壳)是一种水化成岩成因，生长在硬质基岩上的富含Mn、Co、Pt等金属元素的"壳状"沉积物。基岩主要为拉斑玄武岩和碱性玄武岩。

(一)锰结壳的基本特征

锰结壳为黑色或暗褐色，表面多呈瘤状或葡萄状，也有光滑和松散土状者。结壳内部往往具有平行纹层构造，可以反映其生长过程中的环境变化。结壳一般厚1～10 cm，最厚可达24 cm，呈壳状生长于硬质基岩表面上。

在电子显微镜下，可以观察到结壳层的分带性，从表面的光滑、多丘、松软状构造向内逐渐过渡为比较致密状、贝壳断口状和浸染状铁锰氧化物，内部有球状、纤维状、贝壳状和网格状构造。

(二)锰结壳的分布特征

现有资料表明，锰结壳主要分布在太平洋中南部和大西洋以及印度洋的海山区，在我国南海海盆和陆坡区1 500 m水深的一些海山区也有发现。太平洋海山区如天皇海岭、夏威夷海岭和莱恩海岭区、马绍尔群岛、土阿莫土—马克萨斯群岛、波利尼西亚岛和新西兰—查塔姆周围以及西太平洋的威克岛、萨摩亚岛、豪兰岛、贝克岛、关岛和北马里亚纳群岛海域均有分布，其中以中太平洋海山区最为重要。大西洋中锰结壳主要分布在亚速尔—直布罗陀区、大西洋中脊北部区、乌格洛隆起区、西北热带区、大西洋中脊赤道区、几内亚和喀麦隆隆起区、几内亚凹陷的海山区、南大西洋海底隆起区。Hein(1990)将锰结壳的沉积环境分为板块内火山堆体、大洋扩张轴、活动火山弧以及大陆边缘等单元。研究表明，锰结壳一般分布在CCD面之上，赋存水深大多为300～3 000 m，个别达4 000多米；而锰结核则分布在CCD面之下。

(三)锰结壳的矿物组成和化学成分

1. 矿物组成

锰结壳所含矿物主要为锰、铁氧化物和氢氧化物、非晶质铝硅酸盐、碳酸盐、磷酸盐和碎屑矿物，其中最主要的矿物是δ-MnO_2和隐晶质针铁矿；所含自生矿物为沸石和蒙脱石，碳酸盐矿物是方解石，磷酸盐矿物主要为氟磷灰石。方解石和氟磷灰石可能来自上覆海水的生物作用。此外，尚含少量的石英、重晶石、斜长石、钾长石、辉石和黏土矿物等。石英可能为风成来源，辉石、钾长石和沸石来自海底基岩的海解作用，部分斜长石可能来源于火山悬浮体。

2. 化学成分

锰结壳中富集了多种金属元素，其化学成分较为复杂(表13-14)。与大西洋中多金属结核相比，其铁锰结壳富集Fe、Mn、P、CO_2、$C_{有机}$、Ti、Co、V、Sr、As、Cd、Yb、Lu等，贫Na、Ba、Zn、Pb、Ni、Cu、Li、Cr、Ce等贵金属，含量大致相同的有Si、Al、K、Mg、Ca、Mo、Sc、Hf、Tk、U、Sm、Eu、Lu，以及Mn/Fe比值。太平洋中铁锰结壳相对于多金属结核更富集Ca、Pb及稀土元素，而Si、Al、Na、K、Mg等较贫乏。

表 13-14　大西洋、太平洋铁锰结壳和多金属结核中元素的平均含量（Батурин 等，1991）

元　素	大　西　洋		太　平　洋	
	铁锰结壳	多金属结核	铁锰结壳	多金属结核
造岩元素和金属元素，%				
Fe	20.4	17.0	15.5	10.4
Mn	15.3	13.25	22.5	21.6
Si	6.7	6.3	3.7	7.7
Al	2.4	2.4	1.0	2.8
Na	1.4	1.85	1.7	2.2
K	0.60	0.57	0.49	0.87
Mg	1.7	1.75	1.12	1.53
Ca	3.0	3.72	3.6	2.12
Sr	0.117	0.100	0.130	0.090
Ba	0.16	0.23	0.19	0.24
P	0.70	0.30	0.30	0.28
CO_2	1.40	0.40	0.95	0.33
$C_{有机}$	0.15	0.07	0.18	0.16
Ti	0.73	0.42	0.97	0.73
Co	0.50	0.27	0.63	0.26
Ni	0.27	0.32	0.45	0.90
Cu	0.10	0.13	0.12	0.60
Zn	0.056	0.123	0.066	0.110
Pb	0.093	0.140	0.160	0.074
V	0.077	0.060	0.060	0.050
Mo	0.036	0.037	0.040	0.040
微量元素，10^{-4}%				
Li	18	80	4	85
Sc	16	20	8	10
Cr	34	60	25	30
As	447	170	230	110
Sb	47	40	53	50
Cd	13	9	8	6
Cs	1	—	2	1
Hf	9.5	8	6.2	8
Ta	1.3	—	1	—
Th	54	50	14	25
U	8	7	17	7
La	276	223	270	115
Ce	1 400	1 766	920	480
Nd	294	256	226	133
Sm	43	48.5	45	28
Eu	11.4	11.0	10	7.6
Yb	21	16.6	24	14.3
Lu	2.6	2.4	3.5	2.4
Pt	0.200	0.250	0.440	0.210
Pd	0.003	0.005	0.001 4	0.006
Rh	0.007	0.010	0.014	0.009
Au	0.004	0.005	0.003	0.002

在对比大西洋和太平洋结壳的平均化学成分时可以发现，大西洋相对富集 Fe、Si、Al、K、Mg、P、CO_2、V、Li、Sc、As、Cd、Hf、Th、Ce、Nd、Pd 等，贫 Mn、Ni、Co、Pb、Ti、Zn、Cu、Cs、U、Lu、Pt、Rh 等，含量相近的元素有 Na、Ca、Sr、Ba、$C_{有机}$、Mo、Cr、Sb、Ta、La、Sm、Eu、Yb、Au 等。

锰结壳与多金属结核在化学成分上的差别，首先是因为前者的形成主要是由于金属物质直接来自海水，而后者却有着金属物质的补充来源—下伏沉积物。在多金属结核形成时，成岩来源的作用越大，则与锰结壳成分上的差别也越大。锰结壳化学成分的主要特征是 Co 含量较高，而 Ni、Cu、Zn 含量较低。

（四）锰结壳的成因机制

锰结壳的形成是海水中铁锰硅酸盐胶体、铁锰氧化物胶体和 MnO_2 胶体因其异性电荷相互作用而发生共凝沉淀的结果（图 13-9）。因为 MnO_2 胶体带负电荷（其零电位时 pH＝2.8），它可以吸附 Cu、Co、Ni 等正电离子，并使 Co 氧化（$Co^{2+} \rightarrow Co^{3+}$）；$Fe(OH)_3$ 带正电荷，零电位时 pH＝8.5，因而 MnO_2 胶体与 $Fe(OH)_3$ 胶体可相互作用，并发生共凝沉淀；硅酸盐中 SiO_2 胶体也带负电荷，其零电位时 pH＝4，它与 $Fe(OH)_3$ 胶体也能发生共凝沉淀。所以，富 Co 的铁锰氧化物壳是海水成岩作用形成的（哈尔巴赫，1986）。

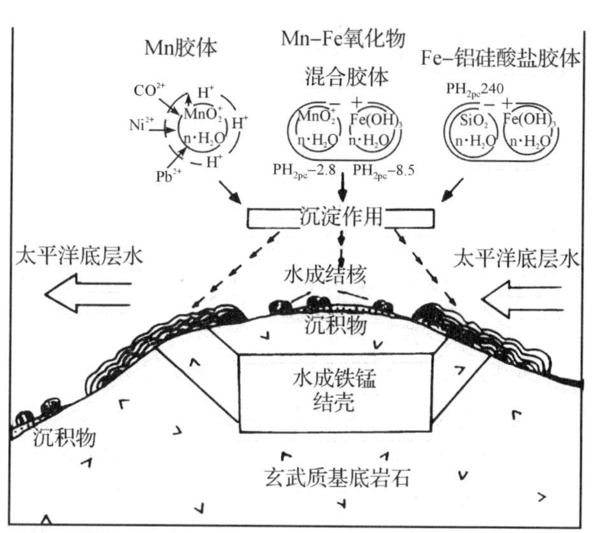

图 13-9 海洋中各种胶体形成锰结核和锰结壳的模式

（P. Halbach，1986）

锰结壳与硬质基底之间界线清晰，缺乏相互作用的痕迹，证明硬质基底的物质组成对锰结壳在其上的聚集不产生影响。锰结壳与基底表面倾斜度的密切关系说明，锰结壳的形成不是由溶于海水中的悬浮物质沉积作用造成的，而是铁和锰的氧化细菌作用的结果，这些细菌的新陈代谢作用产生 H_2O_2，使低价 Fe、Mn 高速氧化，导致洋底多金属锰结核和锰结壳的形成（А. И. Горшков 等，1991）。

（五）锰结壳的生长历史与生长速率

哈尔巴赫（P. Halbach，1987）将中太平洋的铁锰结壳分成两个世代：一个是 12～18 Ma B. P. 生长的老结壳（Ⅰ），另一个是 11 Ma B. P. 以来生长的新结壳（Ⅱ），而在 12～11 Ma B. P. 之间形成灰白色磷钙土层（图 13-10）。磷灰石主要为钙磷灰石和碳磷灰石，是铁锰结壳划分两个世代的标志层。

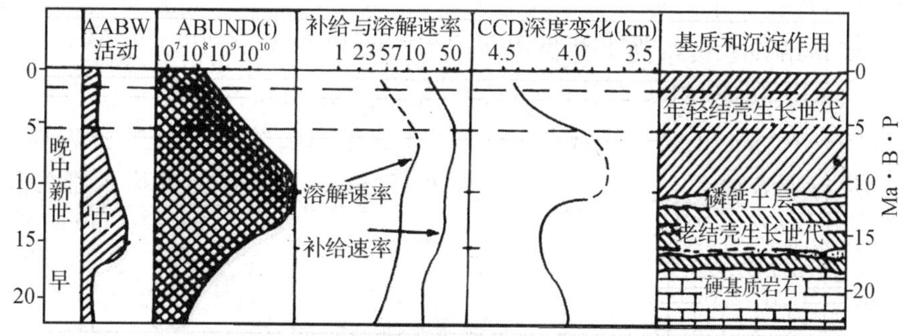

图 13-10 中太平洋铁锰结壳形成与古海洋演化的关系（Halbach，1987）

AABW：南极底层水；CCD：方解石补偿深度；ABUND：P_2O_5 全球丰度估计值

铁锰结壳的形成与地质历史密切相关。铁锰结壳一般形成于新生代晚期全球气候明显恶化的时期，南极底层流在 18 Ma B. P. 前后开始活动，并逐渐减弱，老结壳的形成正好与南极底层水活动相吻合，而新结壳则出现在南极底层水运动不太激烈的时期，形成磷钙土的时期正好与最低含氧层的扩张时期相吻合(图 13-10)。

锰结壳的生长速率一般为 1～10 mm/Ma，而热液型锰结壳的生长速率可达 100～200 mm/Ma。

Puteanus 和 Halbach(1988)的研究表明，锰结壳的生长速率(S)越快，其 Co 含量越低，其关系式为：

$$S(\mathrm{mm/Ma})=1.28/[\mathrm{Co}(\%)-0.24]$$

条件是 Co 的含量范围为 $0.24\%\leqslant \mathrm{Co}\leqslant 2.0\%$。水成锰结壳的生长速率还与生物生产力相关，生物生产力越高，铁锰结壳生长速率越大。

(六)锰结壳的资源量

根据 Cronan 等(1989)的资料，仅莱恩—库克群岛区(170°—155°W，5°N—20°S)，锰结壳的分布面积就约 7.5 万 km^2，估计资源量 112×10^6 t，其中含 Co 达 1 465×10^3 t、Pt 为 97 t。

世界洋底(尤其是太平洋底)广泛地分布着锰结核和锰结壳，其中蕴藏着极为丰富的 Cu、Ni、Mn、Co 等有用金属资源，而且这些有用金属资源目前还在随着锰结核和锰结壳的不断生长而增长着。仅据太平洋底锰结核和锰结壳中的主要金属储量与全球陆地上的储量相比(表 13-15)就可知道，它们分别是全球陆上储量的几十至几千倍。从技术上看，当今科学技术解决其开采和利用的问题并不难。但是，由于目前世界 Cu、Ni、Mn、Co 的库存量还比较大，因此世界市场并不需要立即投入开采。目前，仅美国、德国、日本等少数国家，因工业用 Co 完全依靠进口，所以这些国家对洋底锰结核和锰结壳的调查及工业试采比较积极。美国在 1980—1981 年利用“格珞玛·挑战者”号船曾作两次试采，日产量 500 t；美国与法国在夏威夷、法国在社会岛均建立了日处理 50t 的冶炼厂，日本也已着手海底开采工作。至 2000 年，各国已从大洋底锰结核和锰结壳中共提取 Ni 76.77×10^4 t、Cu 64.94×10^4 t、Co 82.1×10^4 t、Mn 819.9×10^4 t。然而，对大多数国家来说，把洋底锰结核和锰结壳作为长期战略资源来对待比较妥当。我国也正是出于战略考虑，才在近年来陆续派出远洋船队对太平洋底锰结核和锰结壳进行调查研究，并取得了初步成果，已获联合国有关机构批准为先驱投资者资格。

表 13-15　太平洋底与全球陆上储量比较

陆地储量(t)	Mn 10×10^8	Cu 1×10^8	Ni 0.15×10^8	Co 0.01×10^8
太平洋底(1m)储量(t)	$2\ 000\times10^8$	50×10^8	90×10^8	30×10^8
太平洋底储量/陆地储量	200	50	600	3 000

王玉文，1986

第五节　海底热液矿床

海底热液矿床是指由海底热液成矿作用或海底热液喷泉形成的多金属软泥和块状硫化物

矿床，它富含 Cu、Pb、Zn、Au、Ag、Mn、Fe 等多种金属元素，产于水深 1 500～3 000 m 之高热流区的洋中脊、海底裂谷带和弧后边缘海盆的构造带内。

自 1948 年瑞典科学家利用"信天翁"(*Albatross*)号考察船在红海中部阿特兰蒂斯Ⅱ号(*Atlantis*Ⅱ)深海渊附近(21°20′N，38°09′E；水深 1 937 m)发现海底存在高温高盐卤水以来，1963—1965 年国际印度洋调查期间，在红海的轴部及中央盆地中识别出层状的高温高盐卤水，发现了热液多金属软泥，从而揭开了海底热液矿床研究的序幕。深海钻探(DSDP)和大洋钻探(ODP)对东太平洋洋隆、大西洋洋脊、印度洋洋脊的热液作用研究，中德合作对马里亚纳海槽海底热液烟囱的研究，中日德三国对冲绳海槽热液活动的研究，将海底热液矿床的研究推向了高潮。据不完全统计，自 1977 年以来，DSDP/ODP 有近 20 个航次 70 余个钻孔钻遇热液作用或热液产物。

海底热液矿床主要分布在东太平洋洋隆区(加拉帕戈斯裂谷、哥斯达黎加裂谷、胡安德富卡海脊)、西太平洋弧后盆地区(马里亚纳海槽、冲绳海槽)、大西洋中脊、印度洋中脊和红海断陷扩张带等海区。大量研究结果证明，成矿热液并非来自岩浆源，而是来自被加热了的海水。加热了的海水可以从洋壳玄武岩或古老蒸发岩中淋虑并携带出多种金属元素，这些金属元素既可在海底沉淀形成多金属软泥或块状硫化物矿床，也可在玄武岩中形成浸染状或细脉状的金属硫化物矿床。这就为研究大陆上金属硫化物矿床的热液成因和沉积成因提供了前所未有的方便，使人们对热液矿床的成因概念发生了革命性的转变。

一、海底热液矿床的成因类型

根据热液成矿作用过程和矿床的地质、地球化学、矿物特征，鲍纳特(Bonatti，1983)将海底热液矿床划分为热液排出前形成的矿床、热液排出时形成的矿床、热液排出后形成的矿床和沉积层内的热液矿床等四类(图 13-11，表 13-16)。

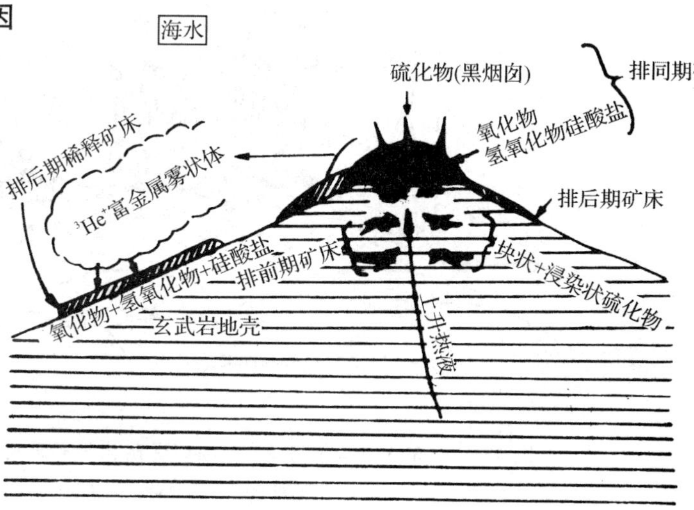

图 13-11　海底热液矿床的类型(Bonatti，1983)

(一)热液排出前形成的矿床

热液排出海底前，金属元素可在增生的玄武岩洋壳中沉淀形成浸染状和网脉状金属硫化物、硅酸盐和碳酸盐矿物。深海钻探(DSDP)和大洋钻探(ODP)岩芯中见到的铜—铁硫化物细脉证明热液从海底回流时，可在玄武岩中成矿。

(二)热液排出时形成的矿床

海底热液通过热泉、间竭泉或喷气孔从海底排出时，与海水混合，温度迅速下降。由于氧化—还原环境和溶液的 pH 值发生改变，使矿液中的金属硫化物和铁锰氧化物沉淀，形成块状硫化物矿床。高温热液从喷口喷出时，由于硫化物或非金属矿物微粒的快速晶出，形成黑、白色的雾状体，即所谓的"黑烟"和"白烟"。研究表明(Haymon 和 Kastner，1981)，高温热液自喷口涌出，矿物快速结晶，堆积成烟囱状，其内壁（高温）为硫化物颗粒，称“黑烟”；如喷出的固体微粒为蛋白石、重晶石，则称“白烟”；若烟囱被硫化物充填满，则称死烟囱；烟囱倒塌，形成“雪球”（图 13-12）。

根据海底热液烟囱形成方式和形成温度的不同，斯利普（Sleep，1983）将其分为三种类型：高温型的“黑烟囱”（形成温度 350～400 ℃），中温型的“白烟囱”（100～350 ℃）及低温型的溢口（＜100 ℃）。吴世迎等（1995）提出，马里亚纳海槽的热液烟囱可能存在两种类型：一种是低温型的“白烟囱”，为硅质烟囱；另一种可能是高温型“黑烟囱”产物转化而来的黄铁矿、白铁矿为代表的海底块状硫化物。

表 13-16　海底热液矿床的成因分类

（Bonatti，1983）

矿床	类型	矿物
热液排出后矿床	富集型	金属氧化物或金属氢氧化物
		金属硅酸盐
		层状金属硫化物（红海型）
	分散型	金属氧化物或金属氢氧化物
		金属硅酸盐
热液排出时矿床		块状金属硫化物（烟囱型）
		金属氧化物或金属氢氧化物
		金属硅酸盐
热液排出前矿床		网脉-浸染状金属硫化物
		块状金属硫化物
		浸染状金属氧化物
沉积层内热液矿床		金属硫化物
		金属硅酸盐
		金属氧化物或金属氢氧化物

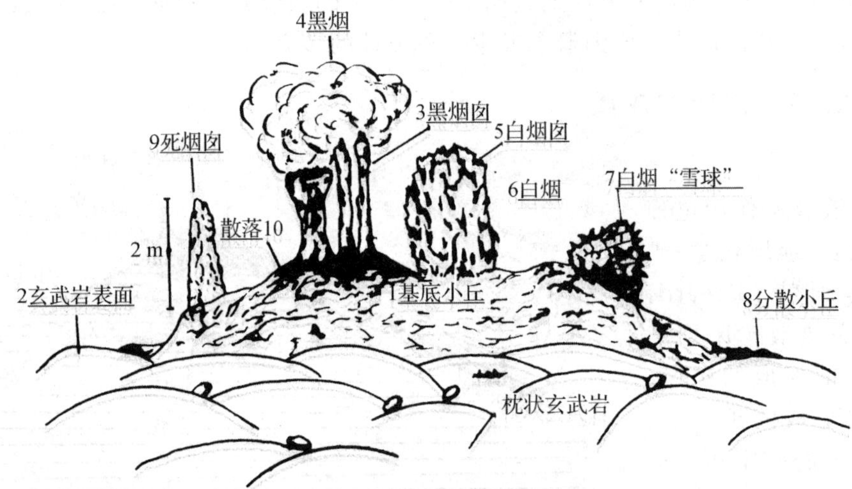

图 13-12　东太平洋海隆 21°N 喷口区硫化物矿床构造及矿物共生图解

（Haymon 和 Kastner，1981）

1. 基底小丘　闪锌矿、纤锌矿、黄铁矿、黄铜矿、白铁矿、非晶质 SiO_2、重晶石、硫针铁矿、黄钾铁钒、方黄铜矿、滑石、刚玉（?）；2. 玄武岩表面　Fe—Mn 氢氧化物；3. 黑烟囱　外部：硬石膏、含水硫酸镁、石膏闪锌矿、黄铁矿、磁黄铁矿—纤锌矿、铜蓝。内部：黄铜矿、方黄铜矿、重晶石；4. 黑烟　磁黄铁矿、黄铁矿、闪锌矿；5. 白烟囱　在硫化物基体上的虫管、非晶质 SiO_2、硫黄铁矿、重晶石、闪锌矿、纤锌矿、白铁矿、刚玉（?）；6. 白烟　非晶质 SiO_2、重晶石、黄铁矿；7. 白烟“雪球”　虫管内部基体为硬石膏、黄铁矿；8. 分散小丘　闪锌矿、黄铁矿、黄铜矿、纤锌矿、滑石、硫蓝辉铜矿、黄铁矿、石膏、铁氢氧化物；9. 死烟囱　内部：闪锌矿、硫黄铁矿、黄铜矿、纤锌矿、白铁矿、石膏、重晶石、方黄铜矿、辉铜矿　外部：非晶质 SiO_2、重晶石、钠黄钾铁矾、刚玉（?）、针铁矿；10. 散落　闪锌矿、磁黄铁矿、黄铁矿、黄铜矿、纤锌矿 S。

热液喷口处经常有烟囱和堆丘群分布（图 13-12），其主要矿物组合为黄铜矿、斑铜矿、黄铁矿、闪锌矿、纤维锌矿及少量重晶石、硬石膏、滑石和蒙脱石等。1978 年，美国、法国、墨西哥联合考察船在21°N东太平洋中隆上发现已经停止生长的多金属硫化物堆积丘，其规模达15 m×30 m×2 m。据取样化验分析，其硫化物中含Zn 50%、Cu 6%、Ag 0.05%。这种多金属硫化物堆积丘的形成，是沿中央裂谷向下渗透的海水被新生洋壳加热，形成高温(350 ℃)海水，并与玄武岩反应，致使高温的海水富含从玄武岩中淋滤出的大量多金属元素；当这种高温酸性(硫酸)热液重返海底时，与冷的氧化海水相遇，从而导致磁黄铁矿、黄铁矿、纤维锌矿、闪锌矿及Ca、Mg硫酸盐的快速沉淀。在远离热液喷口的氧化环境，Fe、Mn可呈铁锰氢氧化物或铁硅酸盐的形式形成针铁矿、钙锰矿、水钠锰矿和δ-MnO_2以及铁蒙皂石、滑石等。

(三)热液排出后形成的矿床

当热液喷出海底后，热液中的溶解金属元素即和海水混合，由于元素的溶解度、浓度和在海水中滞留时间的不同而发生“稀释”、“富集”。滞留时间相对短的金属在喷口附近形成富集型层状硫化物矿床(红海型)，滞留时间较长的金属则在喷口远处的氧化地带形成铁锰氧化物和氢氧化物或金属硅酸盐沉积。红海重金属软泥是该类矿床的典型例子：热卤海水沿红海裂谷轴部地形低洼处逸出海底，在还原条件下沉淀出闪锌矿、黄铁矿和黄铜矿等硫化物矿物，含矿层平均含Zn 12.2%、CuO 4.5%，并与富铁、锰氧化物、铁硅酸盐、陆源碎屑层呈互层产出。

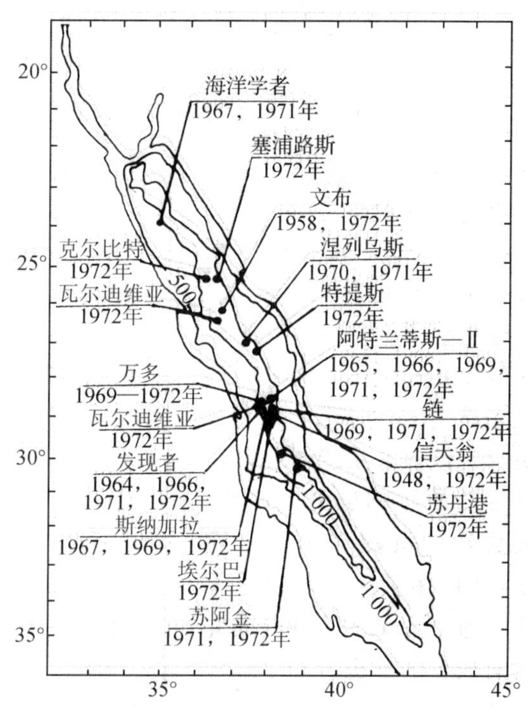

图 13-13　红海中央裂谷内热卤水池及多金属软泥出现位置和发现年份

(毕格奈尔，1976)

自从瑞典深海调查船(1948)发现红海海底存在高温高盐卤水以来，美、英、法、德等国的海洋考察船相继对该区进行过详细勘探和测量。在1 900～2 000 m深的海底，共发现24个卤水池和含多金属软泥的沉淀区(图13-13)。这些卤水池和多金属软泥沉淀区主要位于红海中央裂谷北段，并且是转换断层与中央裂谷的交切部位(R. D. Bignell，1975)。

(四)沉积层内的热液矿床

一般来说，海底扩张轴部是缺乏沉积层的。热液在海底之下循环上升，直接从洋壳玄武岩进入海水。但是，在靠近陆地及陆源沉积速率较高的洋壳增生轴部地带，扩张轴区可以被沉积物掩埋，一旦热液从洋壳岩石中排出，则可直接进入沉积层内部，金属硫化物就在沉积物柱中富集而形成硫化物矿床。例如加利福尼亚湾的重晶石—金属硫化物矿床，可能属于此种类型。

二、海底热液的循环系统

大洋中脊有两类热液循环系统(图13-14)，即有沉积型与无沉积型。两者的主要区别在于有沉积型在大洋中脊内，渗透率相对较低的沉积盖层起着阻挡作用，使得这里的热液在高温下停留时间相对较长，从而有足够时间与周围洋壳发生反应。有沉积型的大洋中脊热液系统进行研究的典型实例是ODP139航次对北美西岸外胡安德富卡洋脊北部的中央裂谷实施的钻

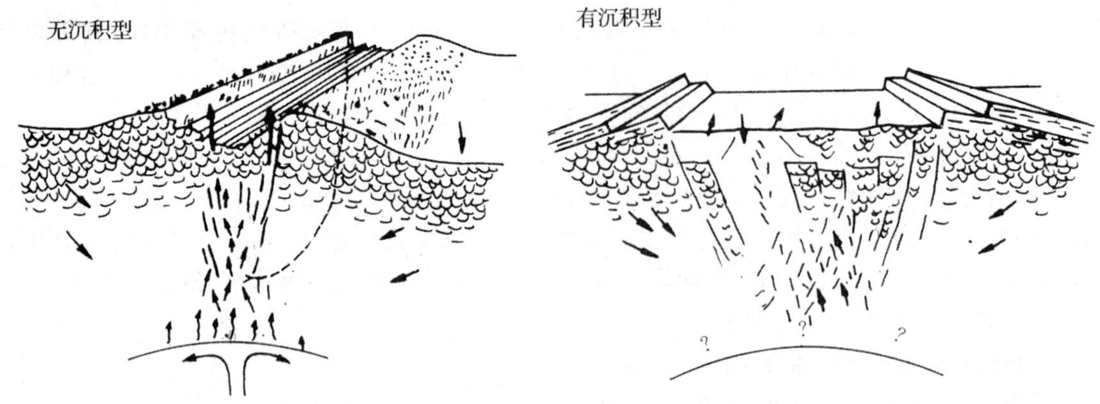

图 13-14　大洋中脊的有沉积型与无沉积型热液循环系统(COSOD Ⅱ 报告,1987)

探。通过研究,取得了如下结论(图 13-15):

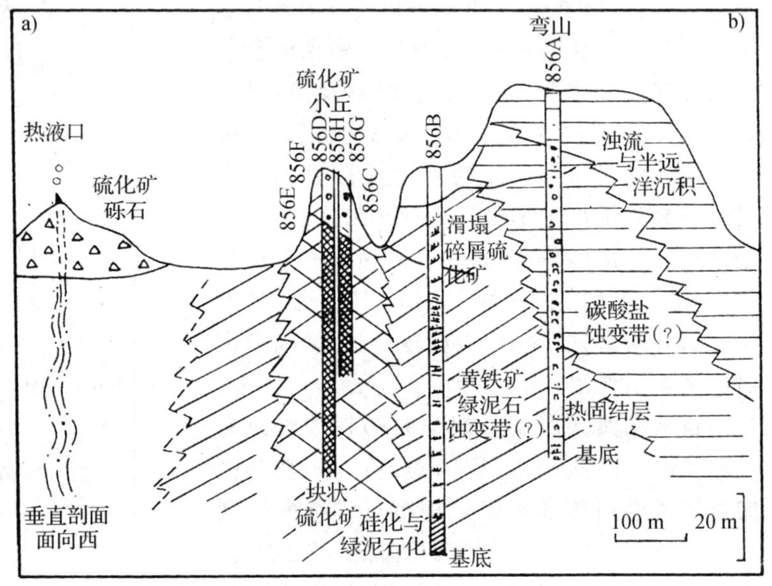

图 13-15　东太平洋胡安德富卡洋脊北部的中央裂谷 ODP-856 站热液矿床(据 ODP139 航次报告)

(1)块状硫化物矿床是在更新世从高温(>350 ℃)流体中沉淀形成的,沉淀作用发生在一个向上流动的热液系统中。856B 比 856A 孔更靠近该热液系统,相应地,它受热的影响也更大一些。硫化物的沉淀作用非常迅速,并且在矿床的形成过程中一直处于较高位置,因此含有较少的浊积岩和半远洋沉积。

(2)在部分硫化物矿床形成并接受风化和氧化作用后,硫化物碎屑发生滑塌作用,在邻近的 856B 孔中堆积了滑塌碎屑硫化物,位于 856B 北侧 190 m 的 856A 孔则没有接受这套滑塌沉积。

(3)在这些滑塌作用之后,沉积了 12～13 m 厚的更新世浊积岩、半远洋沉积互层及 1 m 厚的全新世半远洋沉积。

(4)局部的岩床侵入,导致该区的抬升和加热,加热作用使沉积物受到影响,使在沉积物中进行热液循环的海水析出硬石膏。这些侵入作用还有可能使 21 m 厚的更新世、全新世沉积物滑塌到该区的南坡,从而形成 856B 孔所处的台阶。

(5)随着岩床的逐渐冷却,沉积物内部的海水循环减弱,硬石膏开始重新溶解。

(6)伴随沉积物内海水循环的减弱和终止,微生物作用导致从海底到海底以下 17 m 的沉积物中发生硫酸盐、铵和钙的溶解,856A 和 856B 孔均是如此。

总之,856 站位有沉积型大洋中脊热液循环有两套系统:一套是形成硫化物矿床的早期高温热液系统;另一套则是对已形成的硫化物矿床进行改造的沉积物内部的海水循环系统。

ODP158航次对TAG热液区的钻探，是人类有史以来第一次在现代洋底调查无沉积型大洋中脊底下的活动热液系统。TAG热液位于26°N的大西洋中脊，面积25 km^2，由一系列高、低热流区和残余矿床组成(图13-16)。TAG区的正在活动的热液丘均呈近圆形，直径

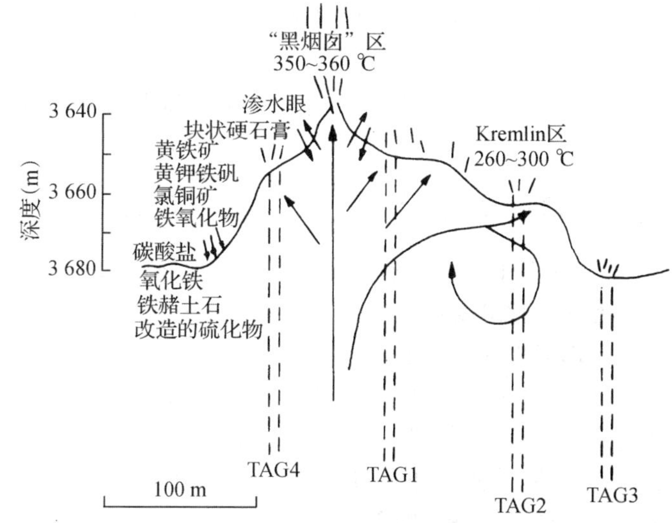

图13-16　大西洋TAG热液区热液的循环系统

(Herzig等，1995)

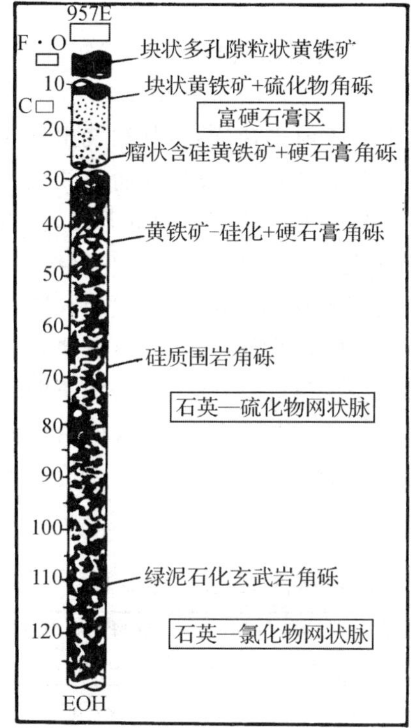

图13-17　大西洋TAG热液区TAG-1站热液丘钻孔柱状图

(Herzig等，1995)

2 000 m左右，高约30～40 m，位于裂谷底部年龄为10万年左右的洋壳上。热液丘分布在水深3 650 m和3 645 m处两个相对水平的台地上，可能是两期热液活动的结果。位于较高台地的是一批"黑烟囱"，它们喷发的热液温度达363 ℃，热液成分为黄铜矿和硬石膏。较低台地上是一批"白烟囱"，其热液温度为200～300 ℃，成分以闪锌矿为主。

TAG热液区的岩性类型自上而下可分为四类(图13-17)：

(1) 热液丘的上部10～20 m由块状黄铁矿和黄铁矿角砾组成；

(2) 介于20～30 m之间的是富硬石膏带，由基质支撑的黄铁矿—石膏角砾和黄铁矿—硬石膏—氧化硅角砾所组成，它们在TAG-1站上发育最好；

(3) 40～45 m区段，石英—黄铁矿化作用和石英脉增多；

(4) 石英—黄铁矿角砾覆盖在硅化角砾之上，后者在100 m以下演变为石英—绿泥石。TAG区硫化物的聚集主要是由热液交代作用，而不是硫化物的沉淀作用形成的。

第六节　海底油气资源

海底蕴藏着丰富的石油和天然气资源。据世界资源研究所、联合国环境规划署、联合国开发计划署所发表的《世界资源报告(1992—1993)》，1990年全世界海上石油年产量为7.553×10^8 t，已探明储量达2.970×10^{10} t；海上天然气年产量3.479×10^{11} m^3，已探明储量达1.909×10^{13} m^3。

目前，海底油气资源的勘探开发，已经从陆架区向深海推进。在当今世界经济发展中，石

油仍然占据着极为重要的战略地位。因此，可以预测，在今后相当长的一段时间里，海上油气资源的勘探开发，依然是世界各国海洋权益争夺的主要对象。据统计，全世界水深 300 m 以内的海底面积总共有 26×10^6 km²，其中沉积盆地所占面积为 10×10^6 km²，具有商业石油远景区的面积为 5.01×10^6 km²(范时清，1978)。

一、海底油气资源的开发历史与现状

自 1896 年在加利福尼亚岸外萨莫兰特(Summerland)油田用木栈桥采油起，虽然以后在其他海区也相继发现新的油气田，但至 20 世纪 50 年代之前，世界油气资源的勘探和开采活动基本上都集中在陆地上。

从 20 世纪 50 年代开始，世界油气资源的勘探和开发工作才逐渐由陆地转向海洋。海洋油气资源的开发，曾经历了 50 年代的缓慢兴起，60 年代的发展，70 年代的跃进和 80 年代的稳步前进时期，从而使许多拥有浅海石油资源的发展中国家的经济产值迅速增长，其油气出口在国民经济中具有举足轻重的地位。如印尼政府的预算收入中，有 65%以上来自石油和天然气的销售，占其总出口量的 70%以上；挪威政府总收入的 55%～68%来自北海石油的开发，其石油收入占国民经济总产值的比重在 10 年间提高了 85 倍，出口额提高了 68 倍；到 20 世纪末，挪威已成为世界第三石油生产国。北海石油还帮助英国“偿还了外债，取消了外汇管制，减少了税收和公债，增加了可以自由使用的收入，降低了利率及缩小了通货膨胀率”。中东地区如沙特阿拉伯等，其石油收入在国民经济中所占比重更大，当美元随着石油的输出而源源不断地流入时，荒芜的沙漠不断地涌现出新的城市和高速公路，上学、医疗，甚至住房、用水概由政府统包；而当世界石油市场价格下跌时，则使其财源枯竭、连年赤字、国库紧张。所以，无论是发达国家还是发展中国家，都非常重视海上油气资源的勘探和开发。

现在，已有 100 多个国家和地区在 40 多个沿海国家的海域进行油气勘探和开采，其产值占海洋经济总产值(2 500～3 000亿美元)的 65%～70%。其中，尤以委内瑞拉、沙特阿拉伯、美国等国家的海上石油产量最多，年产石油均在千万吨以上。随着海上油气勘探技术的进步，海上钻井深度也越来越大。1968 年“格珞玛・挑战者”号船在墨西哥湾水深 3 572 m 处的“挑战者号”圆丘下钻遇浸透石油的盐丘冠岩，并在其附近的钻孔中见有中新世浊积层，提示深水区可能储藏着石油；1983 年美国壳牌公司在美国东海岸 1 965 m 水深处的钻井深度达4 500 m。就目前的条件而言，在任何水深范围内进行商业性勘探钻井，无论在技术上或是经济上都是可行的。但是，由于发展石油和天然气的生产设施更为复杂，所以采油作业的水深能力总是要落后于钻探水深。

表 13-17 近海石油产量及其所占比例

	世界石油总产($\times10^8$ t)	近海石油总产($\times10^8$ t)	近海所占比例(%)
1970	23.34	3.80	16.80
1975	26.30	4.13	15.70
1976	28.61	4.17	16.50
1977	28.28	5.72	20.20
1978	30.16	5.74	19.02
1979	32.51	6.32	20.15
1980	29.80	6.50	21.80
1981	28.60	6.80	23.77
1982	26.50	6.85	25.84
1983	26.60	6.90	25.97
1984	27.05	7.00	25.92
1985		7.56	28

莫杰，1985

20 世纪 70 年代以来，海上油气产量在世界油气总产量中的比例迅速增长，1985 年海上石油产量已达 7.56×10^{8} t，占世界石油总产量的 28%（表 13-17）天然气产量 $3\,524\times10^{8}$ m^{3}，占世界天然气总产量的 25%。据 1995 年的估计，世界浅海已探明的石油资源量为 379 亿 t，天然气的储量为 39 万亿 m^{3}。据不完全统计，海底蕴藏的油气资源量约占全球油气储量的 1/3。许多国家的专家预测，如果今后海上年油产量增长率为 3.5～6%，海上年气产量增长率为 1.5～3%，不久的将来年产油气量海上和陆上可能平分秋色，各占一半，预计未来的油气储量和产量将主要来源于海洋。

二、海底油气资源的分布情况

海上勘探结果表明，世界海底油气资源主要分布在被动大陆边缘的沉积盆地中，而主动大陆边缘分布较少。据目前的统计资料，大西洋，印度洋大陆边缘的油气储量占（世界石油总储量的）7/8，而太平洋大陆边缘仅占 1/8（福建省地矿局区调队，1989）。

（一）世界油气田的分布

印度洋的波斯湾是目前世界石油储量最丰富的地区，已经探明的储量超过 120×10^{8} t，天然气储量 7.1×10^{12} m^{3}。该地区也是海上采油最多的地方，已发现十几个大油田。波斯湾自侏罗纪以来一直处于稳定下沉状态，沉积层厚达 4～5 km，其主要含油层为侏罗纪、白垩纪及第三纪的石灰岩和砂岩，以背斜圈闭为主。

大西洋加勒比海的帕里亚湾、委内瑞拉湾等海域，是世界上另一个油气资源丰富的地区，已发现几十个油田，探明储量 50×10^{8} t 以上，其油气主要产于第三纪的三角洲沉积层中；大西洋美洲岸外也是世界著名的产油区，如墨西哥湾，其中—新生代地层从岸边向湾外增厚，最厚可达 15 km，含油层以密西西比河古三角洲沉积层、礁灰岩为主，即第三纪（现称古近纪、新近纪）砂岩和白垩纪石灰岩为主要的含油层，已探明储量 20×10^{8} t。

位于大西洋北欧岸外的北海，是 20 世纪 70 年代开发起来的世界上最大而又典型的海洋油气产地，已经探明的可采石油储量超过 52×10^{8} t，天然气 $5\,877\times10^{8}$ m^{3}。其主要含油层为第三纪（现称古近纪、新近纪）沉积岩，其次为石炭—二叠纪、三叠纪、侏罗纪、白垩纪的砂岩和石灰岩。

大西洋西非岸外的几内亚湾，已发现 19 个油气田，主要分布在达荷美—卡奔达的浅海区（包括尼日尔河三角洲），其主要含油层为第三纪（现称古近纪、新近纪）砂岩。尼日尔河三角洲向外海延伸的深水区亦有可能成为油气资源远景区。

太平洋的澳大利亚岸外，菲律宾及印度尼西亚的浅海区，我国的渤海、黄海、东海、南海等海区，均是世界上重要的海洋油气产地（图 13-18）。

（二）中国海域油气田的分布

我国陆架海域辽阔，面积达 2×10^{6} km^{2}，其中沉积盆地面积达 9×10^{5} km^{2}，共有大、中型中、新生代含油气盆地 20 多个，估计浅海石油总资源量 240 亿 t，天然气总资源量可达 14 万亿 m^{3}。我国发现了渤海、南黄海、东海东部、东海西部、珠江口、北部湾、莺歌海等 7 个大型中、新生代含油气盆地和 90 多个含油气构造，现已勘探证实有工业价值的油气田 40 多个（中国石油新闻中心，2009）。

1. 渤海

为新生代沉积盆地，沉积层厚度＞4 000 m，主要含油层为第三纪（现改称古近纪、新近纪）陆相砂岩。渤海南部和西部 1990 年产出石油 738×10^{4} t，埕北油田年产石油 262×10^{4} t；辽东湾油气田初步探明的石油工业储量为 1.4×10^{8} t，是我国大型油气富集区。

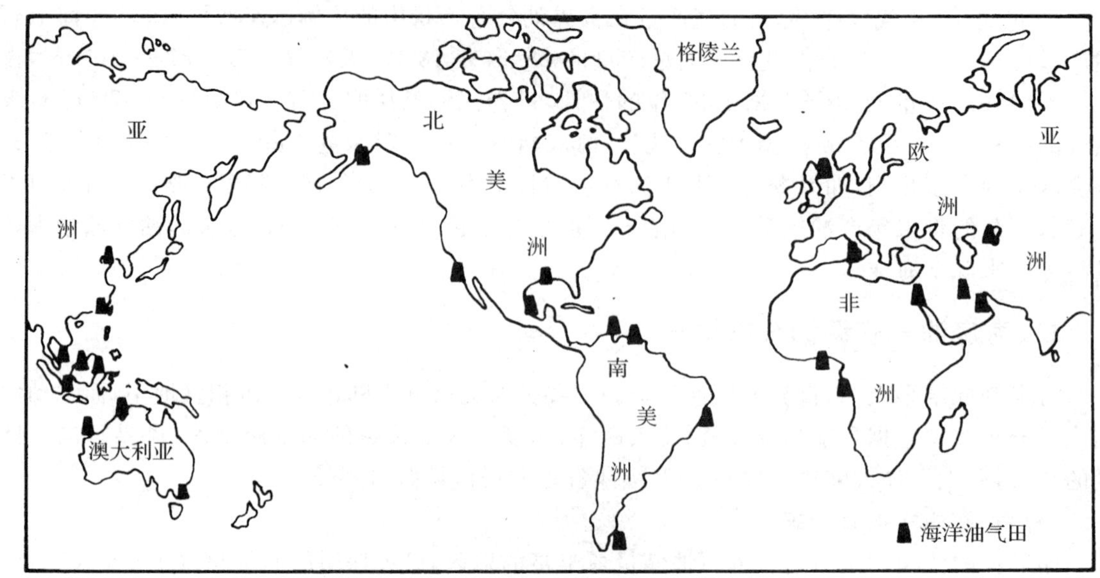

图 13-18 世界海洋油气田分布

2. 黄海

为中—新生代沉积盆地，以山东成山角至朝鲜半岛的长山之间连线分成南、北黄海。北黄海大部分海域中的沉积层厚度<2 000 m，不利于油气的储藏；而南黄海的沉积层厚度达5 000 m以上，可能与苏北油田相连。含油层主要为老第三纪(古近纪)砂岩。据勘探结果推算，古新统和始新统两个生油层的生油量达 50×10^8 t 以上，资源量在 2.86×10^8 t 以上。

3. 东海

为中—新生代沉积盆地，特别是西湖凹陷等构造，最大沉积层厚度达万米以上。其构造规模大，位置好，油气圈闭好，可能获得地质储量 $30\sim168\times10^8$ t，可采石油储量 $10\sim37.18\times10^8$ t，是我国最好的含油气远景区之一。台湾岛周围海区已有长康、长胜、长安、长隆等油气田获得工业油气流，1986 年底长康油气田已正式投产。据研究(台湾海峡课题组，1989)，位于台湾海峡的台西盆地，其面积为 3.9×10^4 km²，该盆地发育有以下白垩统、始新统、下中新统为核心的三套海相—海陆过渡相生油气层系，具有优越的多套生储盖组合，是良好的油气远景区。预测其石油资源量至少有 5.1×10^8 t，可能值为 33.2×10^8 t，最大值为 46.6×10^8 t。

4. 南海

南海周围宽窄不一的陆架上分布着许多中—新生代沉积盆地，沉积层厚度均达数千米。到目前为止，南海陆架区几乎都发现了石油，是我国重要的油气资源远景区。

(1)珠江口盆地　在 15×10^4 km² 勘探面积内，其渐新世—第四纪地层厚达 8 000～9 000 m。惠州 26—1—1 钻井单井日产 4 200 t 原油，是我国最好的高产优质中型油田，流花 11-1 油田的石油储量超过亿吨，天然气储量达 $1\,000\times10^8$ m³ 以上，是我国第二个储量逾亿吨的大型油气田。

(2)莺歌海盆地　1989 年钻出高产气流，崖 13-1-1、崖 13-1 气田，1986 年储量已达1 000～$1\,100\times10^8$ m³，1992 年开始对香港、海南省、广州市供气，预计可稳定供气 20 年。

(3)北部湾盆地　1979 年获工业油流，已发现 5 个油田，其中涠 10-3 油田储量为 $4\,000\times10^4$ t，1986 年已日产石油 1 100 t；涠 6-1-1 钻井日产天然气 94.41×10^4 m³、原油 234.4 t；涠

11-14 油田日产原油 454 t。

此外，南海南部曾母暗沙以北，发现一个 9×10^4 km^2 的大型沉积盆地，已显示良好的油气远景（福建省地矿局区调队，1989）。我国南海诸岛石油天然气资源丰富（赵焕庭，2006）。

三、海底天然气水合物

天然气水合物（Natural Gas Hydrate，简称 Gas Hydrate）主要由水分子和烃类气体分子（主要是甲烷）组成，所以也称甲烷水合物。其通用分子式为 $CH_4\cdot nH_2O$，现已证实分子式为 $CH_4\cdot 8H_2O$。从化学结构看，天然气水合物具有由水分子搭成像笼子一样的多面体结构，以甲烷为主的气体分子被包含（即通过氢键连接）在笼子的格架中，故又称“笼形包含物”（Clathrate）。纯净者为白色固体物质，外形似冰，可以如固体酒精一样直接点燃。因此，人们通俗而形象地将其称为“可燃冰”。燃烧反应式为：

$$CH_4\cdot 8H_2O+2O_2=CO_2+10H_2O \quad \text{（反应条件为“点燃”）}$$

在同等条件下，可燃冰燃烧产生的能量比煤、石油、天然气要多出数 10 倍，而且燃烧后不产生任何残渣和废气，避免了最让人担心的污染问题。20 世纪 60 年代以来，人们陆续在冻土带和海洋深处发现了这种可以燃烧的“冰”。科学家们如获至宝，将其称为“未来的能源”。美国地质调查局经多年调查研究认为，天然气水合物将成为 21 世纪的一种主要能源，是能源的一个新领域。

（一）海底天然气水合物的发现

早在 1778 年英国化学家普得斯特里就着手研究气体生成气体水合物的温度和压强。1934 年人们在油气管道和加工设备中发现了冰状固体堵塞现象，这些固体即是人们现在所说的“可燃冰”。1960 年前苏联在西伯利亚首次发现了可燃冰，并于 1969 年投入开发。1965 年前苏联专家预言，天然气水合物可能存在海洋底部的地层中，后来人们终于在北极的海底首次发现了大量的可燃冰。20 世纪 70 年代，美国地质工作者在海洋中钻探时，发现了一种看上去像普通干冰的东西，当它从海底被捞上来时，那“冰”很快就变为冒着气泡的泥水，而那些气泡却意外地被点着了，这些气泡就是甲烷。据研究测试，这些像干冰一样的灰白色物质，是由天然气与水在高压低温条件下结晶形成的固态混合物，即天然气水合物。一旦温度升高（>20 ℃）或压强降低（<30 Pa），固体水合物便会分解。1 m^3 的可燃冰可在常温常压下释放出 164 m^3 的天然气及 0.8 m^3 的淡水。

（二）海底天然气水合物的成因

关于天然气水合物的成矿机理，国内外已作过不同程度的研究。研究表明，陆地总面积的 72%和海洋总面积的 90%具有形成天然气水合物的温压条件。天然气水合物是一种非常规的天然气矿藏，其成矿系统不同于一般的油气田。它的形成至少要有三个基本条件：温度、压力和气源。首先，天然气水合物可在 0 ℃以上生成（最佳形成温度为 0～10 ℃），但超过 20 ℃就会分解；其次，天然气水合物在 0 ℃时，只需 30 个大气压即可生成，并且压力越大越稳定；最后，要有足够的甲烷等烃类气源。而海底正是可以满足这三个基本条件的最佳成矿地质环境。因为海底的温度一般保持在 2～4 ℃，30 个大气压只要在水深>300 m 的海底就能保证，而海底的有机质沉积物被细菌分解后便会产生大量的甲烷。所以，天然气水合物已被证实主要形成于世界各大洋水深>300 m 的海底沉积层中。

（三）海底天然气水合物的分布与储量

目前世界上已探明的天然气水合物主要分布在大陆坡、水下高原、边缘海和内陆海，尤其是那些与泥火山、盐(泥)底辟及大型构造断裂有关的海盆中。如大西洋海域的墨西哥湾、加勒比海、南美东部陆缘、非洲西部陆缘和美国东海岸的布莱克海台等;西太平洋海域的白令海、鄂霍茨克海、千岛海沟、冲绳海槽、日本海、四国海槽、日本南海海槽、苏拉威西海和新西兰北部海域等;东太洋海域的中美洲海槽、加利福尼亚滨外和秘鲁海槽等;印度洋的阿曼海湾,南极的罗斯海和威德尔海,北极的巴伦支海和波弗特海;以及大陆内的黑海、里海、贝加尔湖等。

据潜在气体联合会(PGC,1981)估算,天然气水合物在陆地永久冻土带的资源量为 $1.4\times10^{13}\sim3.4\times10^{16}$ m^3,海底沉积物(层)中的资源量为 $0.2\times10^{15}\sim7.6\times10^{18}$ m^3。尽管由于基础资料和估算方法不同,以及目前对天然气水合物贮存条件和成矿规律认识的局限性,研究者们估算的数字相差好几个数量级,但大多数人认为储存在天然气水合物中的碳至少有 1.1×10^{13} t,约是当前已探明的所有化石燃料(包括煤、石油和天然气)总含碳量的 2 倍以上,其中海底天然气水合物的储量够人类使用 1 000 年。

(四)海底天然气水合物的研究与开发现状

海底天然气水合物作为 21 世纪的重要后续能源,及其对人类生存环境和海底工程设施的灾害影响(因为地质历史中全球气候变化可能与水合物的迅速分解有关,在导致全球气候变暖方面,甲烷所起的作用比 CO_2 要大 20 倍,而天然气水合物如果开发不当还会引发大规模的海底滑坡等灾难),正日益受到科学家们和世界各国政府的关注。从 20 世纪 80 年代起,美、英、德、加、日等发达国家纷纷投入巨资相继开展了本土和国际海底天然气水合物的调查和评价工作,同时美、日、加、印度等国制定了勘查和开发天然气水合物的国家计划。特别是日本和印度,在勘查和开发天然气水合物方面处于领先地位。21 世纪初开始,天然气水合物的研究与勘探进入高峰时期,世界上至少有 30 多个国家参与其中。其中以美国的计划最为完善。为了开发这种新能源,国际上成立了由 19 个国家参与的地层深处海洋地质取样研究联合机构,并配备一艘 50 名科技人员参加的天然气水合物勘探专用轮船。该船实验设备先进,是当今世界上唯一一艘能从深海底岩石中取样的轮船,船上装备着能用于研究地层学、古人类学、岩石学、地球化学、地球物理学的实验室。这艘专用船由得克萨斯州 A.M 大学主管,英、德、法、日、澳、美科学基金会及欧洲联合基金会为其提供经济援助。当前,许多国家都在研究开采方法,一旦开采获得突破进展,那么天然气水合物立刻会成为 21 世纪的主要能源。

作为世界上最大的发展中国家,我国能源短缺十分突出。因此急需开发新能源,以满足中国经济的高速发展。加强天然气水合物调查评价工作是我国确定的可持续发展战略的重要措施,也是开发 21 世纪新能源、改善能源结构、增强综合国力和国际竞争力、保证经济安全的重要途径。我国对海底天然气水合物的研究与勘查已取得一定进展,在南海西沙海槽等海区已相继发现存在天然气水合物的地球物理标志。2005 年 4 月 14 日,我国在北京地质博物馆举行馆藏标本仪式上,宣布在中国海域天然气水合物调查中首次发现世界上规模最大的作为天然气水合物存在重要证据的“冷泉”碳酸盐分布区,其面积约 430 km^2,表明中国海域也蕴藏有天然气水合物资源。此后不久,2009 年 9 月 25 日中国国土资源部又在北京召开新闻发布会,公布中国地质部门在青藏高原发现“可燃冰”,粗略估算远景资源量至少有 350 亿 t 油当量,预计 10 年左右能投入使用。这是中国首次在陆地上发现可燃冰,使我国成为继加拿大、美国之后,在陆域上通过国家计划钻探发现可燃冰的第三个国家。另外,青岛海洋地质研究所已建立有自主知识产权的天然气水合物实验室,并成功点燃天然冰。广州地化所也设有天然气水合物研究中心。国家 973 计划中“南海天然气水合物富集规律与开采基础研究”项目于 2009 年初的正式启动,预示着我国开展天然气水合物研究高潮的到来。

天然气水合物作为一种非常有潜力的清洁能源，其重要性已越来越引起人们的关注，研究方法也在不断地发展和更新。但是，天然气水合物在给人类带来巨大经济利益的同时，也对人类生存环境提出了严峻挑战。所以，其开发利用犹如一柄“双刃剑”，需要小心、慎重对待。有科学家（Grauls，2001）预测，陆地上的天然气水化物在2010—2015年后，海底天然气水合物要在2030年后有望大规模开采。中国绘制的天然气水合物开发路线是按照战略规划的安排：2006—2020年是调查阶段；2020—2030年是开发试生产阶段；2030—2050年进入生产阶段。

复习思考题

1. 何谓海洋矿产资源？它有哪些主要矿种？

2. 什么是滨海砂矿？它有哪些特点和优点？我国已探明的具工业储量的矿种有哪些？

3. 什么是浅海砂矿？我国浅海砂矿有哪些主要特点？

4. 试述海洋砂矿的成矿控制因素。

5. 何谓海底磷矿？试论海底磷矿的产出环境和形成机制。

6. 何谓锰结核？其分布特征是什么？

7. 关于锰结核的成因，目前国内外提出了哪几种形成机制？

8. 何谓锰结壳？其基本特征是什么？

9. 试述锰结壳的成因机制。

10. 我国首次对洋底锰结核和锰结壳开展调查的时间、地点、船号及意义如何？

11. 为什么说洋底锰结核和锰结壳具有巨大的经济价值？

12. 何谓海底热液矿床？研究海底热液矿床的意义何在？

13. 就世界范围而言，海底油气资源的开发现状如何？为什么说海底油气资源是最重要的海洋矿产资源？

14. 我国海上油气资源的储量及其开发前景如何？

15. 名词解释：单源补给、混合源补给。

16. 何谓天然气水合物？为什么人们称之为“可燃冰”？其形成需要哪些基本条件？

17. 试述海底天然气水合物的分布与储量。

18. 海底天然气水合物的研究与开发现状如何？

19. 为什么说开发利用天然气水合物犹如一柄“双刃剑”？

20. 我国研究开发天然气水合物有何重大意义？

参 考 文 献

1 同济大学海洋地质系海洋地质教研室编．海洋地质学．北京:地质出版社,1982.

2 李叔达主编．动力地质学原理．北京:地质出版社,1983.

3 夏邦栋主编．普通地质学．北京:地质出版社,1984.

4 张宝政,陈琦主编．地质学原理．北京:地质出版社,1983.

5 刘吉祯,耿侃,李容全编．地质学基础．北京:北京师范大学出版社,1988.

6 刘以宣编著．海岸与海底．北京:海洋出版社,1982.

7 宋春青,张振春编著．地质学基础．北京:人民教育出版社,1982.

8 徐宝棻,应振华编著．地球概论教程．北京:高等教育出版社,1983.

9 金祖孟编著．地球概论．北京:人民教育出版社,1978.

10 范时清编著．地球与海洋．北京:科学出版社,1982.

11 刘宝珺主编．沉积岩石学．北京:地质出版社,1980.

12 金性春．板块构造学基础．上海:上海科学技术出版社,1984.

13 任明达,王乃梁编著．现代沉积环境概论．北京:科学出版社,1985.

14 F. P. 谢帕德著．苏宗伟等译．地质海洋学,北京:科学出版社,1981.

15 F. P. 谢帕德著．梁元博,于联生译．海底地质学．北京:科学出版社,1979.

16 大森昌卫等著．常子文译．浅海地质学．北京:科学出版社,1980.

17 竹内均,上田诚也,金森博雄著．牟维国译．地壳运动假说．北京:地质出版社,1978.

18 唐·塔林,莫琳·塔林著．范毅,高泳源译．大陆漂移浅说．北京:科学出版社,1978.

19 И. A. 列扎诺夫著．孙德佩译．大洋的起源．北京:科学出版社,1982.

20 小林和男著．袁家义,吕先进译．海洋底地球科学．北京:海洋出版社,1980.

21 D. A. 罗斯著．李允武译．海洋学导论．北京:科学出版社,1984.

22 英国开放大学教材研究室编．于联生译．海洋沉积．北京:海洋出版社,1985.

23 英国开放大学教材研究室编．王斌等译．海洋学导论．北京:海洋出版社,1985.

24 A. 高迪著．刑嘉明等译．环境变迁．北京:海洋出版社,1981.

25 F. J. 索金斯等著．张友南等译．地球的演化．北京:科学技术出版社,1982.

26 F. 普雷斯,R. 锡弗尔著．高名修,沈德富译．地球．北京:科学出版社,1986.

27 O. K. 列昂杰夫等著．朱新美译．普通地貌学．北京:人民教育出版社,1982.

28 J. T. 威尔逊等著．《大陆漂移》翻译组译．大陆漂移．北京:科学出版社,1975.

29 班武奇、陈树杰编著．板块构造学说的来龙去脉．北京:科学出版社,1984.

30 白顺良,蒴万筹等编译．地质历史与板块构造．北京:地质出版社,1984.

31 边兆祥,金以钟编译．板块构造评论．北京:地质出版社,1986.

32 严钦尚,曾昭璇主编．地貌学．北京:高等教育出版社,1985.

33 杨景春主编．地貌学教程．北京:高等教育出版社,1985.

34 H. G. Reading 主编,周明鉴等译．沉积环境和相．北京:科学出版社,1985.

35 王宝灿,黄仰松编著．海岸动力地貌．上海:华东师范大学出版社,1989.

36 同济大学海洋地质系编著．古海洋学概论．上海:同济大学出版社,1989.

37 王琦,朱而勤编著．海洋沉积学．北京:科学技术出版社,1989.

38 福建省地质矿产局区域地质调查队．海洋地质情报调研成果报告(第一篇)．福州:福建省地图出版社,1989.

39 中国科学院南海海洋研究所．福建海洋研究所台湾海峡课题组．台湾海峡西部石油地质地球物理调查研究．北京:海洋出版社,1989.

40 夏邦栋,刘寿和编著．地质学概论．北京:高等教育出版社,1992.

41 J. 肯尼特著．成国栋等译．海洋地质学．北京:海洋出版社,1992.

42 沈锡昌,郭步英编著．海洋地质学．武汉:中国地质大学出版社,1993.

43 王颖,朱大奎编著．海岸地貌学．北京:高等教育出版社,1994.

44 奈须纪幸编．白桦,王小龙译．海洋地质．北京:地质出版社,1983.

45 吕炳全,孙志国编著．海洋环境与地质．上海:同济大学出版社,1997.

46 杨殿荣主编．海洋学．北京:高等教育出版社,1986.

47 郭琨编著．海洋手册．北京:海洋出版社,1984.

48 李亚美,严寿鹤,陈国勋,刘岫峰主编．地质学基础．北京:地质出版社,1984.

49 徐道一,杨正宗,张勤文,孙亦因编著．天文地质学概论．北京:地质出版社,1983.

50 夏正楷编著．第四纪环境学．北京:北京大学出版社,1997.

51 业治铮．中国海洋地质调查研究概况．海洋地质与第四纪地质,1988,**8**(3),1～6.

52 许东禹．深海矿产资源调查开发技术问题．海洋地质动态,1988,(11),5～8.

53 严钦尚．论滨岸和浅海的风暴沉积．海洋与湖沼,1984,**15**(1),14～20.

54 沈锡昌．现代陆架海冲淡水沉积的初步研究．海洋湖沼通报,1992,(3),68～80.

55 杨怀仁,谢志仁．中国东部近 20 000 年来的气候波动与海平面升降运动．海洋与湖沼,1984,**15**(1),1～12.

56 陈丽蓉,申顺喜,徐文强,李春安．中国海碎屑矿物组合及其分布模式的探讨．沉积学报,1986,**4**(3),88～97.

57 周定成．台湾海峡西岸外海底沉积类型的展布及其控制因素．海洋学报,1987,**9**(1),64～68.

58 徐茂泉,黄奕普,施文远,陈敏．南海东沙群岛附近海域表层沉积物中碎屑矿物的研究．厦门大学学报(自然科学版),1994,**33**(3),380～385.

59 徐茂泉．九龙江口表层沉积物中碎屑矿物的研究．厦门大学学报(自然科学版),1994,**33**(5),675～680.

60 徐茂泉．闽江口表层沉积物中矿屑矿物的研究．厦门大学学报(自然科学版),1995,**34**(3),466～469.

61 倪孟书．福建岸滩动态变化．台湾海峡,1988,7(2),103～111.

62 涂霞,郑范,陈木宏．南海中、北部的浮游有孔虫．热带海洋,1988,**7**(1),28～38.

63 方惠瑛．台湾海峡中、北部浮游有孔虫同海流和沉积环境的关系．海洋与湖沼,1995,**26**(5),542～551.

64 陈宗团．深海多金属结核、结壳资源和开发前景分析．海洋地质与第四纪地质,1988,**8**(3),1～6.

65 陈丽蓉,栾作峰,郑铁民,徐文强等．渤海沉积物中的矿物组合及其分布特征的研究．海洋与湖沼,1980,**11**(1),46～64.

66 徐茂泉．闽江口表层沉积物中 0.125～0.250 mm 粒级重矿物的分布与组合特征．台湾海峡,1996,**15**(3),229～234.

67 许强,毕思文著．地球系统科学．北京:科学出版社,2003.

68 翦知湣．中国科学家领衔南海首次大洋钻探成功．海洋地质与第四纪地质,1999,**19**(2),119～120.

69 刘振夏．中国现代海平面变化及影响．海洋与海岸带开发．1991,**8**(3),17～20.

70 刘嘉麒,刘强．中国第四纪地层．第四纪研究．2000,**20**(2),129～141.

71 杨世伦主编．海岸环境和地貌过程导论．北京:海洋出版社．2003.

72 吕炳全编著．海洋地质学概论．上海:同济大学出版社．2008.

73 中国海洋学会编．21 世纪中国海洋科学与技术展望．北京:海洋出版社．1998.

74 徐茂泉．浅谈海洋地质学教学工作．厦门大学学报(哲学社会科学版),2001,增刊,17～20.

75 徐茂泉．试论21世纪第四纪科学的教育与普及工作．厦门大学学报(哲学社会科学版),2004,增刊,236～240.

76 徐茂泉,李超,裴红娜等．厦门海沧周边海域表层沉积物中重金属的地球化学特征．厦门大学学报(自然科学版),2001,**40**(3),758～763.

77 徐茂泉,李超．九龙江口沉积物中重矿物组成及其分布特征．海洋通报,2003,**22**(4),32～40.

78 徐茂泉,沈兴兴,李超等．海沧临近海域表层沉积物中重矿物研究．海洋科学,2003,**27**(11),53～58.

79 徐茂泉,许文彬,孙美琴等．福建兴化湾表层沉积物中重矿物组分及其分布物征．海洋学报,2004,**26**(5),74～82.

80 徐茂泉．试论21世纪第四纪科学的应用与普及——以厦门经济特区为例．宁夏工程技术,2004,**3**(3),260～263.

81 许文彬,徐茂泉,孙美琴．等深流沉积研究现状与展望．台湾海峡,2004,**23**(3),394～402.

82 孙美琴,徐茂泉,许文彬等．海洋中天然气水合物的成矿机理与资源评价概述．台湾海峡,2004,**23**(4),521～529.

83 李超,徐茂泉,王开发等．单细胞海藻热模拟生烃研究．厦门大学学报(自然科学版),2001,**40**(3),764～769.

84 李超,徐茂泉等．单细胞海藻有机物质热演化特征与成烃性能．台湾海峡,2002,**31**(2),203～208.

85 刘广山,徐茂泉等．胶州湾表层沉积物放射性核素含量与矿物组成．海洋与湖沼,2003,**34**(5),490～497.

86 刘广山,徐茂泉等．厦门火烧屿裸露岩石的铀放射性不平衡．地球学报,2003,**24**(6),618～621.

87 韩喜球著．大洋多金属结核的生长韵律与全球变化．北京:地质出版社,2009.

88 Xu Maoguan, Lichao, Xu Wenbin, Sun Meiqin. Characteristics of Heavy Minerals Composition and Distribution. Marine Science Bulletin. 2003, **5**(1), 74～82.

89 Xu Maoguan, Sun Meiqin, Xu Wenbin et al. Characteristics of heavy composition and distribution in surface sediment from Xinghua Bay of Fujin, China . Acta Oceanologica Sinica. 2005, **24**(3), 68～77.

90 Xu Maoguan, Xu Wenbin, Sun Meiqin. Distribution and composition characteristics (0.125～0.250mm) in surficial sediment of Minjiang Estuary. Acta Oceanologica Sinica. 2005, **24**(3), 86～93.

91 Sloan E D. Clathrates of Natural Gases New York : Marcel Dekker, 1998.

92 Encyclopædia Britannica. Chicago : Encyclopædia Britannica, 2009.

93 R. A. Davis. Coast sedimentary environment. Springer-Verlag, 1978.

94 J. P. Kennett. Marin Geology · Perntice-Hall, Inc, 1982.

95 Г. Т. Юдин. Проблемы геологии и нефтегазоности впадин внутренних морей. издательство“Наука”, Москва, 1981.

96 М. Хосино. Морская геология. Москва“Недра”, 1986.

97 М. С. Арабадж. В недрах голубого континента. Москва “Недра”, 1988.

98 В. В. Белоусов. Основные вобросы геотектоники, Государственное Научно-Техническое издателство литературы по геологии и охране недр, Москва, 1962.

99 Г. В. Богомолов. Гидрогеология с основами инженерной геологии. Государственное издатеьства 《высшая школа》, Москва, 1962.

100 Дж. П. Кеннетт. Морская геология, В двух Том 1, Москва《Мир》, 1987.

101 Дж. П. Кеннетт. Морская геология, В двух Том 2, Москва《Мир》, 1987.